tion de la perpendiculaire sera (n° 20)

$$y - y' = -\frac{1}{a}(x - x');$$

on trouverait la longueur cherchée, en calculant par l'élimination (n° précéd.) les coordonnées x, y du pied de la perpendiculaire, et substituant leurs valeurs dans la formule

$$\sqrt{\{(y - y')^2 + (x - x')^2\}} = d.$$

Mais on peut faire le calcul plus simplement ; en effet, comme on a $y - y' = -\frac{1}{a}(x - x')$, en substituant sur-le-champ cette valeur dans d, il en résulte

$$d = (x - x') \frac{\sqrt{(a^2 + 1)}}{a};$$

or l'équation $y = ax + b$ peut se mettre sous la forme

$$y - y' = a(x - x') - y' + ax' + b.$$

Cette équation combinée avec celle de la perpendiculaire, donne

$$\left(a + \frac{1}{a}\right)(x - x') = y' - ax' - b,$$

d'où

$$x - x' = \frac{y' - ax' - b}{a^2 + 1} a,$$

et partant,

$$d = \frac{y' - ax' - b}{\sqrt{(a^2 + 1)}}.$$

L'équation polaire de la ligne droite conduit à cette expression d'une manière trop simple, pour que nous négligions de le faire remarquer. Si l'on prend le pôle au point donné, l'équation polaire de la droite donnée, sera (n° 17)

$$z = -\frac{y' - ax' - b}{\sin\varphi - a\cos\varphi} = -\frac{y' - ax' - b}{\cos\varphi\,(\tan\varphi - a)} :$$

TRAITÉ

DE MÉCANIQUE.

TRAITÉ

DE MÉCANIQUE,

Par S. D. POISSON,

Professeur à l'Ecole Polytechnique et à la Faculté des Sciences de Paris, et Membre-adjoint du Bureau des Longitudes.

TOME SECOND.

PARIS,

Chez Mme veuve COURCIER, Imprimeur-Libraire pour les Mathématiques, quai des Augustins, n° 57.

1811.

TABLE DES MATIÈRES,

CONTENUES DANS CE VOLUME.

LIVRE TROISIÈME.

SUITE DE LA DYNAMIQUE.

CHAP. IV. *Du mouvement d'un corps solide autour d'un point fixe.*

CHAP. VII. *Du choc des corps.*

LIVRE QUATRIÈME.

HYDROSTATIQUE.

Ces

2.

LIVRE CINQUIÈME.

HYDRODYNAMIQUE.

FIN DE LA TABLE.

FAUTES A CORRIGER.

Pag.	lig.	
38,	9,	au lieu de (n° 228) , *lisez* (n° 328.)
—,	10,	au lieu de différentielle , *lisez* différence.
82,	4,	au lieu de $\frac{\pi}{3}$, lisez $\frac{8\pi}{3}$.
110,	4,	au lieu de n° 345 , *lisez* n° 346.
174,	2,	en remontant , (n° 343) , *lisez* (n° 344.)
192,	9,	au lieu de $g.\sin.t$, lisez $gt.\sin.t$.
194,	4,	en remontant , $e = 0$, lisez $i = 0$.
196,	5,	supprimez 415.
197,	8,	au lieu de t , lisez θ .
199,	7,	au lieu de $z_{1} = 0$, lisez $x_{1} = 0$.
222,	16,	menons par le point , *lisez* menons par le point G.
234,	1,	en remontant , même tems , *lisez* même plan.
236,	3,	en remontant , cette valeur de M , *lisez* cette valeur de N.
337,	20,	au lieu de $u.\cos.uGK$, lisez $u.\cos.hGK$.
241,	1,	au lieu de $2N - MV.\cos.HGK + M\nu.\cos.hGK = 0$, lisez $2N - MV.\cos.hGK + M\nu.\cos.HGK$.
387,	2,	en remontant , KO , lisez LO.
395,	20,	au lieu de $2h(1-r).\cos.\alpha.x$, lisez $2h(1-r).\cos.\zeta.x$.
398,	17,	au lieu d'un 2 , mettez un 3.
412,	1,	en remontant , au lieu de OE , lisez OF.
425,	12,	au lieu de $Mk^2.\dfrac{d^2\theta}{dt^2}$, lisez $-Mk^2.\dfrac{d^2\theta}{dt^2}$.
444,	15,	la même vîtesse , *lisez* la même vîtesse verticale.

LIVRE TROISIÈME.
SUITE DE LA DYNAMIQUE.

CHAPITRE PREMIER.

DE LA MASSE DES CORPS.

309. Nous avons considéré le mouvement d'un point matériel dans tous les cas qu'il peut présenter : lorsque le mobile est parfaitement libre, quand il est astreint à se mouvoir sur une courbe donnée, et enfin quand il doit rester sur une surface donnée. Nous sommes parvenus, dans ces trois cas, aux équations différentielles du mouvement ; c'est ensuite au calcul intégral à fournir, pour chaque problème particulier, les moyens de résoudre ces équations, exactement ou par approximation, afin d'en déduire les coordonnées, la vîtesse et la direction du mobile en fonction du tems. Ainsi, la dynamique d'un point matériel isolé est comprise en entier dans le livre précédent, et nous allons, dans celui-ci, considérer le mouvement d'un corps de dimensions finies, ou plus généralement, d'un système quelconque de points matériels. Mais comme nous aurons à comparer entre elles, des forces appliquées à différens corps, il est convenable, avant d'entrer en

matière, d'expliquer comment on mesure l'intensité d'une force, en ayant égard à la *masse* du mobile. En effet, lorsque deux forces sont appliquées successivement à un même corps, leurs intensités sont entre elles comme les vîtesses qu'elles impriment au mobile dans un même intervalle de tems, pendant lequel ces intensités sont supposées invariables ; mais si elles agissent sur différens corps, leur rapport dépend alors de la vîtesse qu'elles produisent et de la masse qu'elles mettent en mouvement ; or, c'est la détermination de ce rapport qui va principalement nous occuper dans ce premier chapitre. Nous y avons en outre réuni diverses autres questions, relatives à la masse des corps, qui n'ont pas pu trouver place dans le livre précédent, et qui serviront à completter les notions qu'on y a données sur la pesanteur terrestre et sur la force qui sollicite les planètes vers le centre du soleil.

§. Ier. *Mesure des forces en ayant égard aux masses des mobiles.*

310. La *masse* d'un corps est la quantité de matière dont il est composé. Dans les corps homogènes, la masse est proportionnelle au volume ; mais les corps formés de différentes substances, comprennent, en général, sous le même volume, des quantités de matière plus ou moins grandes. Nous nous représentons les parties intimes de tous les corps de la nature, séparées les unes des autres par des espaces vides, que nous appelons les *pores*

de la substance ; et c'est en élargissant ou en diminuant ces espaces, que nous concevons des nombres
plus petits ou plus grands de parties matérielles,
renfermées sous des volumes égaux.

La connaissance de la masse des corps nous est
donnée par cette propriété générale de la matière
qu'on appelle l'*inertie*. En effet, concevons un corps
posé sur un plan horizontal parfaitement poli, de manière qu'il n'éprouve aucun frottement contre ce plan;
son poids ne s'opposera pas non plus à ce qu'il puisse
glisser le long d'un plan qu'on suppose horizontal;
cependant, si nous voulons le mouvoir sur ce
même plan, il nous faudra, pour parvenir à le déplacer, faire un effort quelconque, uniquement dû à ce
que la matière dont ce corps est composé, ne saurait
se mouvoir d'elle-même et sans l'action d'une force,
c'est-à dire, uniquement dû à l'inertie de la matière.
Si à ce corps on en ajoute un second, l'effort nécessaire pour les mouvoir ensemble, devra être évidemment plus grand que pour en déplacer un seul; et
en général, cet effort sera d'autant plus grand, que
la masse qu'on veut déplacer, sera elle-même plus
considérable.

Ainsi, lorsqu'on essaie de mouvoir différens corps
sur un plan horizontal, la grandeur des efforts que
l'on est obligé de faire, pour leur imprimer le même
mouvement, peut donner l'idée de leurs masses respectives; et quand on trouve que deux corps de
même volume exigent des efforts différens, on doit
les regarder comme contenant, sous ce volume, des
quantités différentes de matière inerte. Mais le phé-

nomène le plus propre à donner une idée précise de leurs masses, et qui peut même servir à en déterminer numériquement le rapport, c'est le choc des corps dénués d'élasticité; nous allons donc analyser un cas très-simple de ce phénomène, sur lequel nous reviendrons dans un des chapitres suivans.

311. Les mobiles dont il va être question, seront des sphères homogènes, formées de différentes matières compressibles, mais dépourvues d'élasticité; nous mettrons leurs centres en mouvement sur une même droite, et nous supposerons que tous les points de chaque sphère décrivent des parallèles à cette droite, avec une vîtesse commune.

Si deux de ces sphères, égales en volume et de même matière, viennent à se rencontrer avec des vîtesses égales et contraires, il est évident qu'elles se comprimeront l'une contre l'autre, jusqu'à ce que leurs mouvemens soient détruits et qu'elles soient réduites au repos. On conçoit encore que si la vîtesse de l'une est plus grande que celle de l'autre, la plus petite vîtesse sera seule détruite, et la plus grande sera diminuée d'une quantité égale à la plus petite. Appelons donc A l'une des sphères, et B l'autre; soient a et b leurs vîtesses, et supposons $b > a$: à l'instant du choc A sera réduite au repos, et B conservera la vîtesse $b - a$; par conséquent si l'on enlevait la sphère A, aussitôt après le choc, B continuerait à se mouvoir dans le même sens qu'auparavant, avec une vîtesse $b - a$. Supposons que B rencontre une seconde sphère A', égale à la première, et animée de la même vitesse a ; si $b-a$ surpasse encore a, A' sera réduite au repos, et la vitesse de B deviendra $b-2a$. Supprimons A' aussitôt après le second choc; imaginons ensuite que B rencontre successivement une série de sphères A'', A''', etc., égales à A, et animées de la vitesse a : après un nombre quelconque n de semblables chocs, la vitesse de B sera réduite à $b-na$; de sorte que si la vitesse b est un multiple de a et égale à na, elle se trouvera entièrement épuisée, et le corps B sera réduit au repos.

Cela posé, si les corps A, A' A'' A''', etc., qui sont en nombre n, forment une série de sphères juxtaposées (fig. 1re.), et que cette série, animée de la vitesse a, vienne choquer la sphère B, la vitesse na de celle-ci, sera détruite comme précédemment. En effet, nous pouvons supposer entre les sphères A, A', A'', etc., des intervalles infiniment petits ; et alors tout se passera dans ce cas, comme dans le précédent: A perdra d'abord sa vitesse a, et celle de B sera réduite à $b-a$; A' agissant sur B, par l'intermédiaire de la sphère A qui reste interposée entre ces deux corps, perdra sa vitesse a, et réduira celle de B à $b-2a$; A'' agissant sur B, par l'intermédiaire des deux sphères A et A', perdra de même sa vitesse a, et celle de B sera encore diminuée de a, ou réduite à $b-3a$; et ainsi de suite, jusqu'à la dernière sphère de la série, qui épuisera le dernier degré de vitesse de B.

En général, il est aisé de voir que si deux séries de sphères juxtaposées, égales en volume et de même matière, viennent à se rencontrer, elles se feront équilibre, lorsque dans chaque série la vitesse sera en raison inverse du nombre des sphères.

312. Considérons maintenant le choc de deux sphères C et B, égales en volume et formées de matières différentes, qui viennent à la rencontre l'une de l'autre. L'expérience seule peut alors nous apprendre quelles sont les vitesses dont ces corps doivent être animés pour se faire équilibre; supposons donc que C animé de la vitesse a, fasse équilibre à B animé de la vitesse na : dans cette hypothèse le choc de C produit le même effet que celui d'une série composée d'un nombre n de sphères A, A', A'', etc., juxtaposées, animées de la vitesse a, égales en volume à C ou B, et de même matière que B; or, pour cette raison, nous nous représentons le corps C, comme renfermant le même nombre de points matériels que toute la série A, A', A'', etc.

Le choc des corps égaux en volume, qui se font équilibre avec des vitesses différentes, nous conduit donc naturellement à regarder les substances hétérogènes, comme renfermant, sous le même volume, des quantités différentes de matière. Le rapport de ces quantités, ou des masses des corps, se conclura de celui de leurs vitesses, dont il est l'inverse; et par ce moyen, on pourra mesurer ces masses et les représenter par des nombres.

En effet, je prends pour unité, la masse d'un corps A; j'imprime à ce corps une vitesse connue et arbitraire, que je désigne par a; et si je veux connaître la masse d'un autre corps B, je cherche, par l'expérience, la vîtesse qu'il faut donner à B, pour qu'il fasse équilibre à A; si je trouve cette vîtesse égale à b, j'en conclus que la masse de B est à celle de A, comme a est à b; par conséquent j'ai le nombre $\frac{a}{b}$, pour représenter la masse de B.

Ce moyen serait difficilement praticable et peu susceptible de précision; mais nous ferons voir, dans le n° suivant, que le poids d'un corps est proportionnel à sa masse; de manière qu'au rapport des masses, on peut toujours substituer celui des poids, qui se détermine par le moyen de la balance, aussi simplement et avec autant d'exactitude qu'on peut le desirer.

313. Après avoir ainsi expliqué ce qu'on entend par la masse d'un corps, voyons comment on compare entre elles les intensités des forces qui agissent sur des masses différentes.

Considérons un corps de forme quelconque, qui se meut dans l'espace et dont tous les points décrivent des droites parallèles avec une vîtesse commune; cette vîtesse est d'ailleurs variable ou constante pendant la durée du mouvement; nous supposons seulement qu'elle est la même à chaque instant, pour tous les points du mobile. Le mouvement de chacune des parties matérielles dont le mobile est composé, peut être attribué à l'action d'une force qui agit sur cette partie, suivant la direction de la vîtesse commune; si l'on imagine ce corps, divisé en une infinité de parties infiniment petites et égales en masse, les intensités des forces partielles qui impriment le même mouvement à toutes ces parties, seront égales entre elles, et leur résultante, ou la force qui agit sur la masse entière du mobile, sera proportionnelle à cette masse ; le mouvement restant donc le même, et la masse devenant double, triple, quadruple, etc., l'intensité de la force croîtra dans le même rapport ; et généralement, si deux corps de masses différentes ont le même mouvement dans l'espace, les forces qui produisent ce mouvement, seront entre elles comme ces masses.

L'expérience nous apprend, par exemple, que les corps pesans ont tous le même mouvement dans le vide ; il en faut donc conclure que la pesanteur exerce une action égale sur toutes les parties matérielles égales en masses, et que le poids de chaque corps est une force proportionnelle à sa masse.

314. Il suit de là que la densité relative de deux corps, exprime également le rapport de leurs poids et celui de leurs masses, sous le même volume ; en prenant donc pour unité de densité, celle d'une substance convenue, par exemple la densité de l'eau, au *maximum* de condensation (n° 93), et en choisissant pour unité de masse, celle de la même substance sous l'unité de volume, on aura

$$M = VD;$$

M, V, D désignant la masse, le volume et la densité

d'un corps quelconque. Si l'on joint à cette équation
celle du n° 94, savoir :

$$P = VDg,$$

on aura toutes les relations qui existent entre la pesanteur, le poids, la masse, le volume et la densité
d'un même corps.

315. En partant de ce principe, que les forces qui
produisent le même mouvement sont proportionnelles aux masses des mobiles, et sachant, en outre,
que leurs intensités sont entre elles comme les vitesses qu'elles impriment à un même corps, il nous
sera aisé d'exprimer ces intensités par des nombres,
dans le cas général où les vitesses et les masses sont
différentes.

· Supposons d'abord qu'on veuille comparer les
intensités de deux forces de l'espèce de celles qui
agissent instantanément sur les mobiles ; on trouvera qu'elles sont entre elles, en raison composée
des masses auxquelles ces forces sont appliquées, et
des vitesses qu'elles leur impriment, en supposant,
toutefois, que ces vitesses sont les mêmes en grandeur et en direction pour tous les points d'un
même corps.

En effet, soient F et F' les forces, m et m' les
masses, v et v' les vitesses ; considérons un troisième
corps dont la masse arbitraire sera représentée par
M ; désignons par Φ la force qui lui imprimerait
la vitesse v, et par Φ' celle qui lui imprimerait la vitesse v'. Puisque les forces F et Φ font prendre le

même mouvement uniforme, aux masses m et M, elles sont entre elles comme ces masses ; on a donc

$$F : \Phi :: m : M;$$

et, par une semblable raison,

$$F' : \Phi' :: m' : M;$$

d'ailleurs Φ et Φ' agissant sur un même corps, sont entre elles comme les vîtesses v et v', qu'elles lui impriment (n° 195) : donc

$$\Phi : \Phi' :: v : v';$$

or, de ces trois proportions, on conclut celle-ci :

$$F : F' :: mv : m'v'.$$

On appelle *quantité de mouvement* d'un corps, le produit de sa masse par sa vîtesse. Ainsi les forces dont l'action est instantanée, ont pour mesure la quantité de mouvement qu'elles produisent. Une même force imprime la même quantité de mouvement à tous les corps; mais il en résulte, pour ces corps, des vîtesses qui sont en raison inverse de leurs masses; de sorte que la force qui serait capable d'imprimer une vîtesse v, à une masse m, communiquera une vîtesse égale à $\dfrac{vm}{M}$, à une autre masse M.

316. Soit maintenant m la masse d'un corps qui se meut d'un mouvement varié quelconque, et dont tous les points décrivent des droites parallèles; appelons f, la force qui produit ce mouvement par

son action continue sur toutes les parties matérielles de ce corps ; représentons par φ, la force qui produirait le même mouvement, en agissant sur une autre masse prise pour unité : on aura , d'après le principe qu'on vient de citer,

$$f = m\varphi.$$

Quant à la valeur de φ, elle sera exprimée, comme dans le n° 198, par $\frac{dv}{dt}$, ou par $\frac{d^2e}{dt^2}$; v et e étant des fonctions du tems t, qui représentent, à chaque instant, la vitesse acquise et l'espace parcouru par le mobile.

Le produit $m\varphi$, réduit en nombre, donnera la mesure de la force f, ou son rapport à une autre force, prise pour unité. Si l'on veut que celle-ci soit un poids déterminé, par exemple un *gramme*, on exprimera en grammes le poids de la masse m ; en désignant ce poids par p, et par g la vitesse que la pesanteur imprime aux corps pendant l'unité de tems, on aura $p = mg$, ou $m = \frac{p}{g}$; d'où il suit

$$f = \frac{p\varphi}{g}.$$

Cette quantité exprimera en grammes, un poids équivalent à la force f ; de sorte que si l'on trouve, à un instant déterminé, $\frac{p\varphi}{g} = 3$, nombre que je prends au hasard, cela signifiera qu'à cet instant, la force appliquée au mobile, est équivalente et serait capable de faire équilibre à un poids de trois grammes.

Nous appellerons dorénavant la force f, qui agit sur une masse quelconque m, une *force motrice;* et nous conserverons le nom de *force accélératrice,* que nous avons déjà employé dans le livre précédent, à la force φ, qui agit sur l'unité de masse. La force motrice prend le nom de *pression*, quand elle ne produit qu'une simple tendance au mouvement qui se trouve empêché par un obstacle fixe. Ainsi, par exemple, le poids d'un corps en mouvement est une force motrice, et le poids d'un corps posé sur un plan horizontal, ou suspendu à un point fixe par un fil inextensible, est une pression.

317. Lorsque le mouvement est uniformément accéléré, la force motrice est une force constante, ainsi que la force accélératrice. Si, l'intensité de la première restant la même, la masse du mobile augmente ou diminue, la force accélératrice variera en raison inverse; d'où il suit qu'une même force motrice communiquera, pendant un même intervalle de tems, à des masses différentes, des vîtesses qui seront réciproquement proportionnelles à ces masses.

Supposons, pour en donner un exemple, qu'une masse M soit posée sur un plan horizontal contre lequel elle n'éprouve aucun frottement; attachons à cette masse, par un fil inextensible, une autre masse m qui sera suspendue verticalement, comme le représente la figure 2ème : cette masse m descendra en vertu de son poids; mais comme elle entraînera l'autre avec elle, et que ces deux masses, qui prendront le même mouvement, n'en formeront plus qu'une seule, égale à leur somme, leur vitesse commune sera plus petite que celle que prendrait la masse m, si elle était libre. En appelant g', la vitesse de ces deux masses au bout de l'unité de tems, et désignant toujours par g, celle d'un corps pesant qui tombe librement, on aura

$$g' = \frac{m}{M + m} \cdot g \, ;$$

car le poids de la masse m lui imprimerait la vitesse g, si elle était libre; par conséquent la vitesse g', que la même force motrice communique à la masse $M + m$, doit être égale à g, multipliée par le rapport de m à $M + m$.

318. La résistance de l'air, que nous avons considérée dans le mouvement des projectiles, est une force motrice dont l'intensité ne dépend évidemment que de la densité de l'air, de la vitesse du mobile, de sa forme et de l'étendue de sa surface. Deux corps semblables et égaux en volume, par exemple deux sphères de même rayon, qui se meuvent dans un même milieu, éprouvent la même résistance quand leurs vitesses sont égales : l'intensité de cette force motrice croît avec la vitesse du mobile, l'étendue de la surface et la densité du milieu; on la suppose ordinairement proportionnelle à cette surface, à cette densité, et au carré de cette vitesse; en désignant donc par r, le rayon du mobile, supposé sphérique, par v, sa vitesse, par D', la densité du milieu, et enfin par f, la force motrice qui représente la résis-

tance du milieu, on aura

$$f = \mu D' r^3 v^2;$$

μ étant un coefficient numérique, qui restera le même, tant qu'il s'agira d'un corps sphérique.

Pour déduire de cette valeur de f, celle de la force accélératrice correspondante, il faut diviser la première par la masse du mobile; or, cette masse est égale à la densité du corps, multipliée par son volume, lequel volume est proportionnel au cube du rayon; si donc nous désignons cette densité par D, la force accélératrice sera représentée par

$$\frac{f}{Dr^3} = \frac{\mu D' v^2}{Dr}.$$

C'est cette même force que nous avons désignée par mv^2, dans les n°s 207 et 208; on aura donc

$$m = \frac{\mu D'}{Dr},$$

comme nous l'avons supposé dans ce dernier n°, et en traitant du mouvement des projectiles (n° 232).

§. II. *Attraction universelle; masses des Planètes.*

319. *Toutes les molécules de la matière s'attirent mutuellement en raison directe des masses et inverse du carré des distances.* Cette grande loi de la nature, découverte par Newton, est une conséquence nécessaire du calcul et des faits observés. Si l'on admet, par exemple, le mouvement elliptique des planètes autour du soleil et la loi des aires, comme des données de l'observation, le calcul démontre que ces corps sont

retenus dans leurs orbites par une force dont l'intensité suit la raison inverse du carré des distances à cet astre (n° 240). En partant ainsi des résultats de l'expérience, on peut voir, dans l'*Exposition du Système du Monde* de M. Laplace, comment on est conduit, sans hypothèses et par une suite de raisonnemens rigoureux, au principe de l'*attraction universelle* : nous le regarderons ici comme une vérité démontrée, et nous nous bornerons à en déduire quelques conséquences relatives à la pesanteur terrestre et à la force qui agit sur les planètes, qui nous feront mieux connaître la nature de ces deux forces.

320. Celle qui retient les planètes dans leurs orbites, n'est autre chose que la résultante des attractions de toutes les molécules solaires, sur toutes les molécules de chaque planète; vu la petitesse des dimensions du soleil et des planètes, relativement aux distances qui séparent ces corps, on conçoit que ces attractions pourront être regardées, sans erreur sensible, comme des forces parallèles et égales, dans toute l'étendue d'une même planète; leur résultante est donc égale à leur somme, et l'on en peut conclure que la distance restant la même, la force motrice de chaque planète est proportionnelle au produit de sa masse multipliée par celle du soleil.

Supposons donc, pour exprimer numériquement l'intensité de cette force, que l'on prenne une certaine distance, par exemple celle du soleil à la terre, pour unité linéaire; choisissons aussi une masse et un intervalle de tems déterminés pour unité de ces deux espèces de quantités, et prenons enfin pour unité de force, comme dans le n° 198, la force accélératrice constante qui produit dans l'unité de tems une vîtesse égale à l'unité de longueur; concevons maintenant deux corps, dont les masses soient égales entre elles et à celle qu'on a prise pour unité, et qui soient placés à une distance l'un de l'autre, égale à l'unité linéaire; soit f la force attractive de l'un de ces deux corps sur l'autre, c'est-à-dire le rapport numérique de son intensité à celle de la force prise pour unité; soient aussi M et m, les masses du soleil et de la planète, et r, leur distance mutuelle : la force motrice de la planète sera exprimée par Mmf, à l'unité de distance, et elle deviendra $\frac{Mmf}{r^2}$, à la distance quelconque r. La grandeur de la quantité que nous désignons par f, dépend du pouvoir attractif dont la matière a été douée; ce pouvoir est le même, à égalité de masse et de distance, pour tous les corps de la nature; rien, jusqu'à présent, ne nous a appris qu'il augmente ou qu'il diminue avec le tems; et nous avons lieu de penser qu'il a été et qu'il restera constamment le même.

321. La force motrice de la masse M, dûe à l'attraction de la masse m, est aussi représentée par $\frac{Mmf}{r^2}$; de manière que la réaction de chaque planète sur le soleil, est égale à l'action de cet astre sur la planète; mais cette force motrice $\frac{Mmf}{r^2}$, agissant sur les deux masses M et m, leur imprime à chaque instant des vîtesses qui sont réciproquement proportionnelles à

ces

ces masses; et il en résulte que si les deux corps sont abandonnés, sans aucune vitesse initiale, à leur attraction mutuelle, ils s'avanceront l'un vers l'autre en décrivant, dans le même tems, des espaces dont le rapport sera inverse de celui de leurs masses; par conséquent ils se joindront au point qui partage leur distance primitive en deux parties réciproquement proportionnelles à ces masses. Si, par exemple, la masse m est moitié de M, la première parcourra, dans un tems quelconque, un espace double de celui qui sera parcouru, dans le même tems, par la seconde; et les deux masses se joindront au tiers de leur distance primitive, à compter du point de départ de M.

En général, si la planète est projetée dans l'espace, suivant une direction quelconque, et qu'on propose de déterminer son mouvement apparent autour du soleil, regardé comme un point fixe, il faudra concevoir que l'on imprime à chaque instant à cet astre, une vîtesse égale et contraire à celle qu'il reçoit de l'action de la planète; mais, afin de ne point altérer le mouvement relatif de ces deux corps, il faudra en même tems imprimer cette vîtesse à la planète; ce qui revient à lui appliquer une force motrice dirigée vers le soleil et égale à $\frac{Mmf}{r^2} \cdot \frac{m}{M}$ ou à $\frac{m^2f}{r^2}$; donc, dans le mouvement dont il est question, la force motrice de la planète m, sera constamment dirigée vers le soleil, et égale à la somme des deux forces $\frac{Mmf}{r^2}$ et $\frac{m^2f}{r^2}$; par conséquent, en divisant par

2.

sa masse m, la force accélératrice sera exprimée par $\frac{\mu}{r^2}$, le coefficient μ étant égal à $(M+m)f$.

Ainsi, l'on devra substituer cette valeur de μ dans les équations du mouvement elliptique des planètes, que nous avons données dans le livre précédent. Or, nous avons trouvé dans le n° 248, l'équation

$$\frac{T^2}{a^3} = \frac{4\pi^2}{\mu};$$

T désignant le tems de la révolution, a le demi-grand axe de l'orbite, et π le rapport de la circonférence au diamètre; nous aurons donc

$$\frac{T^2}{a^3} = \frac{4\pi^2}{(M+m)f}. \qquad (1)$$

Le rapport $\frac{T^2}{a^3}$ qui dépend, comme on voit, de la quantité m, ne sera donc pas le même pour deux planètes dont les masses sont inégales ; par conséquent on ne peut pas le supposer rigoureusement le même pour toutes les planètes ; cependant les observations qui conduisent à la 3ᵉ loi de *Képler* (n° 238), prouvent que ce rapport est, sinon exactement, du moins à très-peu près constant; il en faut donc conclure que les masses des planètes sont très-petites relativement à celle du soleil; de sorte que la quantité μ et le rapport du carré du tems de la révolution au cube de la distance moyenne, varient très-peu en passant d'une planète à une autre : et en effet la masse de Jupiter, la plus considérable de toutes, n'est pas un millième de celle du soleil. C'est pour cette raison que l'attraction mutuelle des planètes ne produit que des changemens, ou très-lents, ou peu considérables, dans leur mouvement elliptique, dû à l'attraction du soleil.

322. L'équation (1) nous fournit un moyen bien simple de déterminer les masses des planètes qui sont accompagnées d'un satellite. En effet, si l'on considère le mouvement du satellite autour de la planète, il est évident qu'il est semblable à celui de la planète autour du soleil, de manière que l'équation (1), ou toute autre équation relative au mouvement de la planète, s'appliquera également à celui du satellite, en y remplaçant la masse du soleil, par celle de la planète, et celle-ci, par celle du satellite. Soit donc m' la masse du satellite, a' sa distance moyenne à la planète, T'' le tems de sa révolution; nous aurons, en vertu de l'équation (1), celle-ci :

$$\frac{T'^2}{a'^3} = \frac{4\pi^2}{(m + m')f} ;$$

divisant ces deux équations, l'une par l'autre, afin de faire disparaître la quantité inconnue f, il vient

$$\frac{T^2}{T'^2} \cdot \frac{a'^3}{a^3} = \frac{m + m'}{M + m} ;$$

or, les masses des satellites sont très-petites, par rapport à celles de leurs planètes respectives ; et l'on peut, sans erreur sensible, mettre m à la place de $m + m'$; d'ailleurs les quantités a, a', T et T'' sont des données de l'observation : en mettant leurs valeurs dans la dernière équation, il n'y restera donc plus que le rapport $\frac{m}{M}$ qui soit inconnu; par conséquent, cette équation pourra servir à le déterminer.

C'est de cette manière que Newton a trouvé $\frac{1}{1067}$, pour la masse de Jupiter, celle du soleil étant prise pour unité (*). Relativement à la terre, il existe un moyen particulier de trouver sa masse, qui ne peut être expliquée qu'après avoir déterminé l'attraction d'un corps sphérique sur un point matériel ; et comme le calcul de cette attraction conduit à des théorèmes intéressans, que l'on a souvent l'occasion de citer, je vais en donner ici le développement entier.

323. Proposons-nous donc de déterminer l'attraction qu'exerce un corps homogène, terminé par deux surfaces sphériques et concentriques sur un point matériel, placé à l'intérieur ou à l'extérieur de ce corps. Soient C le centre du corps et A le point attiré (fig. 3 et 4); il est évident que l'attraction demandée doit être une force dirigée suivant la droite CA, autour de laquelle tout est parfaitement semblable; nous allons donc partager le corps attirant, en une infinité d'élémens infiniment petits; nous décomposerons, suivant la droite CA, l'attraction

---

(*) Voyez sur ce point, l'*Exposition du Système du monde*, chap. III , liv. IV.

que chaque élément exerce sur le point A; puis nous ferons, par le procédé de l'intégration, la somme de toutes ces composantes, et cette somme exprimera l'attraction du corps entier.

Soit m un point quelconque de la masse du corps; désignons par r sa distance Cm, au centre C, et par θ, l'angle mCA, aigu ou obtus, que fait la droite Cm avec la droite CA; menons arbitrairement, par cette dernière droite, un plan indéfini BCA, et soit ω l'angle compris entre ce plan et celui des deux droites Cm et CA. La position du point m dans l'espace sera déterminée au moyen des deux angles ω et θ, et du rayon r; ces trois coordonnées varieront en passant d'un point à un autre, et l'on conçoit qu'on pourra les étendre à tous les points du corps : 1° en donnant à r toutes les valeurs comprises depuis le rayon de la surface intérieure, jusqu'au rayon de la surface extérieure; 2° en faisant croître l'angle ω, depuis $\omega=0$, jusqu'à $\omega=400°$; 3° en faisant croître l'angle θ, seulement depuis $\theta=0$, jusqu'à $\theta=200°$.

Le volume de l'élément du corps, qui répond aux trois coordonnées r, θ et ω, sera égal à $r^2.\sin.\theta.drd\theta d\omega$, d'après le n° 123; en multipliant ce volume par la densité du corps, que nous désignerons par ρ, on aura la masse du même élément; de plus, si l'on appelle x, la distance Am de cet élément au point A, et qu'on fasse $CA=a$, on aura, dans le triangle CAm,

$$x^2 = a^2 - 2ar.\cos.\theta + r^2,$$

et l'attraction de cet élément, sur le point A, sera

exprimée par

$$\frac{\varrho f r^2 . \sin . \theta . dr d\theta d\omega}{x^2} ;$$

f désignant, comme précédemment, l'intensité de l'attraction à l'unité de distance et pour l'unité de masse.

Cette force est dirigée suivant la ligne Am ; pour la décomposer suivant la ligne AC, il faut la multiplier par le cosinus de l'angle CAm. Or, en abaissant du point m, la perpendiculaire mD, sur la droite AC, on aura $CD = r.\cos.\theta$, $AD = AC — CD = a — r.\cos.\theta$, et

$$\cos . CAm = \frac{AD}{Am} = \frac{a — r.\cos.\theta}{x} ;$$

par conséquent, la force décomposée sera égale à

$$\frac{\varrho f r^2 (a — r.\cos.\theta).\sin.\theta.dr d\theta d\omega}{x^3} .$$

La valeur de x étant donnée par une extraction de racine carrée, on peut la prendre indifféremment avec le signe $+$, ou avec le signe $—$; nous supposerons cette quantité toujours positive ; ainsi, par exemple, pour l'élément qui répond à $\theta = 0$, on a

$$x^2 = a^2 — 2ar + r^2 = (a — r)^2 ;$$

on a donc, ou $x = a — r$, ou $x = r — a$: nous prendrons la première valeur, si $a > r$, et la seconde, si $a < r$. De cette manière, la valeur de la force décomposée sera positive ou négative, selon qu'on aura $a > r.\cos.\theta$, ou $a < r.\cos.\theta$, c'est-à-dire, selon que l'angle CAm sera aigu ou obtus. Dans le premier cas, l'attraction de l'élément situé au point m, tend à rapprocher le point A du centre C; dans le second cas, cette attraction tend à éloigner le point A de ce centre : nous regardons donc comme positives les composantes qui tendent à rapprocher le point A du centre du corps, et comme négatives, celles qui tendent à l'en éloigner; et en ayant égard à cette opposition de signe, la force totale, qui agit sur le point A, est égale à la somme de toutes les composantes, quelle que soit la position de ce point. Il ne s'agit donc plus que d'intégrer la formule précédente, successivement par rapport aux trois variables r, θ et ω, et d'étendre l'intégrale à la masse entière du corps.

324. Les intégrations relatives à ces variables, peuvent être effectuées dans tel ordre qu'on voudra; le plus simple sera d'intégrer d'abord par rapport à ω, depuis $\omega = 0$ jusqu'à $\omega = 400°$; ensuite, par rapport à θ, depuis $\theta = 0$ jusqu'à $\theta = 200°$; enfin, par rapport à r, en prenant pour limites les rayons des surfaces intérieure et extérieure du corps.

En observant que la densité ρ est constante, et que x est indépendante de ω, la première intégration donne évidemment

$$\frac{2\pi \rho \! \int \! r^2 (\, a - r . \cos . \theta \,) . \sin . \theta . dr d\theta}{x^3};$$

π représentant la demi-circonférence pour le rayon égal à l'unité.

Pour intégrer cette formule relativement à la variable θ, et en considérant r comme une constante, je vais la transformer en une autre, dans laquelle x soit la variable. Or, en différentiant la valeur de x^2 par rapport à θ, on a

$$x\,dx = ar\,.\sin\,.\theta\,.d\theta;$$

cette même valeur de x^2 donne aussi

$$a - r\,.\cos\,.\theta = \frac{x^2 + a^2 - r^2}{2a};$$

la formule à intégrer devient donc

$$\frac{\pi\varrho fr\,.dr}{a^2} \cdot \frac{(x^2 + a^2 - r^2)}{x^2}\,.dx;$$

et son intégrale indéfinie, prise par rapport à x, et en regardant r comme une constante, est

$$\frac{\pi\varrho fr\,.dr}{a^2} \cdot \left[x - \frac{a^2 - r^2}{x} \right] + C;$$

C étant la constante arbitraire.

Les limites de l'intégrale relative à θ, étaient $\theta = 0$ et $\theta = 200°$; pour ces valeurs, on a $x^2 = (a-r)^2$, $x^2 = (a+r)^2$, c'est-à-dire, $x = \pm(a-r)$, $x = a+r$, le signe $+$ ayant lieu quand $a > r$, et le signe $-$, quand $a < r$; donc il faut prendre $\pm(a-r)$ et $a+r$, pour les limites de l'intégrale relative à x. Substituant successivement ces limites à la place de x, dans l'intégrale indéfinie, il vient

$$\frac{\pi \varrho f r . dr}{a^2}.\left[\pm(a-r)\mp(a+r)\right]+C,$$

$$\frac{\pi \varrho f r . dr}{a^2}.\left[a+r-(a-r)\right]+C;$$

en faisant les réductions, a disparaît entre les parenthèses, dans ces deux résultats; et si l'on retranche ensuite le premier du second, pour avoir l'intégrale définie, on trouve

$$\frac{2\pi \varrho f r . dr}{a^2}.\left[r\pm r\right].$$

Le signe supérieur correspond au cas de $a>r$, et le signe inférieur à celui de $a<r$.

325. Observons maintenant que si le point A est placé dans la partie vide du corps (fig. 4), on a $a<r$, relativement à tous ses élémens; il faut donc alors prendre le signe inférieur, ce qui réduit à zéro la quantité précédente; d'où l'on conclut que l'*attraction d'une sphère creuse, homogène et d'une épaisseur constante, sur un point matériel placé dans son intérieur, est toujours nulle.*

Ainsi, quel que soit le lieu où l'on place un corps de figure quelconque dans l'intérieur de cette sphère, il y restera en équilibre; car la résultante des attractions que chaque point du corps éprouve, étant nulle, le corps ne sera sollicité par aucune force.

Si le point A est placé hors du corps attirant (fig. 5), on aura $a>r$; prenant donc le signe supérieur, dans la formule précédente, on a

$$\frac{4\pi \varrho f}{a^2}.r^2 dr,$$

et, en intégrant par rapport à r,

$$\frac{4\pi\varsigma f}{3a^2}.r^3 + C\,;$$

C étant la constante arbitraire. Soient donc l et l' les rayons des surfaces extérieure et intérieure du corps attirant ; l'intégrale définie, prise depuis $r = l'$ jusqu'à $r = l$, sera

$$\frac{4\pi\varsigma f}{3a^2}.(l^3 - l'^3).$$

Cette quantité exprime la force attractive qui agit sur le point A, suivant la droite AC. Or, si l'on désigne par M la masse du corps attirant, ou le produit de son volume par sa densité, et si l'on fait attention que ce volume est la différence de deux sphères dont les rayons sont l et l', on aura

$$M = \frac{4\pi\varsigma}{3}.l^3 - \frac{4\pi\varsigma}{3}.l'^3\,;$$

par conséquent la force attractive deviendra $\frac{Mf}{a^2}$. Elle est la même que celle d'un point matériel dont la masse serait M, et qui serait placée au point C; il en faut donc conclure que l'*attraction d'un corps sphérique et homogène, sur un point extérieur, est la même que si la masse entière de ce corps était réunie à son centre.*

Ce théorème subsisterait encore, si le corps attirant, au lieu d'être entièrement homogène, était seulement composé de couches homogènes, sphériques et concentriques; car l'attraction de chaque couche est la même que si la masse était réunie au centre commun, et l'attraction du corps entier est égale à la somme des attractions de toutes ses parties.

326. La pesanteur des corps placés à la surface de la terre, est due à l'attraction du sphéroïde terrestre, un peu modifiée par la force centrifuge de ces corps (n° 262); elle est donc un cas particulier de l'attraction universelle, et pour cette raison on appelle aussi cette attraction, la *pesanteur* ou la *gravitation universelle*. Si la terre était formée de couches sphériques homogènes, et qu'elle n'eût pas de mouvement de rotation, l'intensité de la pesanteur à sa surface serait constante; mais les couches homogènes dont elle est composée, sont aplaties vers les pôles, et cet aplatissement, joint à la force centrifuge qui provient de la rotation, produit, comme nous l'avons déjà dit (n° 264), l'accroissement de pesanteur que l'on observe, en allant de l'équateur aux pôles. Cependant, comme cet aplatissement est peu considérable, l'attraction de la terre sur les corps placés à sa surface, diffère peu de celle d'une sphère de même masse et d'un rayon égal à son rayon moyen; en appelant donc l, ce rayon, et m, la masse de la terre, cette attraction sera dirigée vers son centre, et à peu près égale à $\frac{mf}{l^2}$. La force centrifuge diminue la pesanteur d'environ $\frac{1}{289}$ à l'équateur, et d'une moindre quantité en tout autre lieu; si donc on néglige cette petite diminution, et qu'on appelle g, la pesanteur, on aura, par ap-

proximation,

$$g = \frac{mf}{l^2}.$$

On pourrait même rendre cette valeur de g rigoureuse, en prenant pour l, non pas le rayon moyen de la terre, mais un certain rayon que la théorie détermine, et qui répond à un angle de latitude dont le sinus est égal à $\sqrt{\frac{1}{3}}$. Si l'on appelle ρ, la densité moyenne de la terre, on aura aussi

$$m = \frac{4\pi l^3 \rho}{3} \quad \text{et} \quad g = \frac{4\pi f l \rho}{3}.$$

Lorsqu'on s'élève au-dessus de la surface de la terre, la pesanteur, toujours dirigée vers son centre, varie en raison inverse du carré de la distance à ce point, du moins quand on fait abstraction de l'aplatissement et de la force centrifuge ; car alors l'attraction de la terre est la même que si la masse entière de cette sphère était réunie à son centre. Dans l'intérieur de la terre, la pesanteur suit une loi différente. En effet, si l'on considère un point d'un corps composé de couches sphériques et homogènes, ce point n'éprouvera aucune attraction de la part de toutes les couches qui lui sont extérieures ; il ne sera donc attiré que par une sphère dont la surface passe par ce point, et dont le rayon est égal à sa distance au centre; donc, en appelant l', cette distance, et ρ', la densité moyenne des couches intérieures qui forment cette sphère, l'attraction sera égale à $\frac{4\pi f l' \rho'}{3}$, et dirigée vers le centre. C'est l'expression de la pesanteur dans l'intérieur de la terre, supposée sphérique, et déduction faite de la force centrifuge. On voit qu'elle serait proportionnelle à la distance au centre, si la densité ρ' était constante, ou si toutes les couches étaient de même densité ; mais la densité des couches de la terre décroît, suivant une loi inconnue, en allant du centre à la surface, et pour cette raison, la loi de la pesanteur est également inconnue. Ainsi l'hypothèse du n° 202, appliquée à une grande profondeur et jusqu'au centre même, ne doit être regardée que comme un exemple de calcul ; cette hypothèse n'est exacte que près de la surface de la terre, et dans une étendue où la densité ne varie pas sensiblement.

327. Reprenons maintenant l'équation du n° 321, savoir :

$$\frac{T^2}{a^3} = \frac{4\pi^2}{(M+m)f} ;$$

et supposons que m soit la masse de la terre, a sa distance moyenne au soleil dont M est la masse, et T le tems de sa révolution autour de cet astre, ou ce que les astronomes appellent l'*année sydérale*. L'une des équations du n° précédent donne $gl^2 = mf$; par conséquent on aura

$$\frac{gl^2 T^2}{a^3} = \frac{4\pi^2 . m}{M+m} ;$$

or, les quantités g, T et a sont données par l'observation ; le rayon l est aussi connu ; cette équation servira donc à déterminer le rapport de m à M. On a trouvé, par ce moyen, la masse de la terre égale à $\frac{1}{337086}$, celle du soleil étant prise pour unité.

Cet astre est une sphère dont le rayon est égal à 110 fois celui de la terre ; d'où l'on peut conclure le rapport des volumes de ces deux corps ; connaissant ce rapport et celui de leurs masses, on obtiendra sans peine le rapport de leurs densités moyennes : celle de la terre est à peu près quadruple de celle du soleil.

328. Puisque toutes les parties de la matière sont douées d'une force attractive, il en résulte qu'une masse considérable, placée à la surface de la terre, doit écarter les corps graves de la direction verticale de la pesanteur, en vertu de l'attraction que cette masse exerce sur eux. Le fil à-plomb, dans un lieu voisin d'une pareille masse, n'indiquera plus la verticale, ou la perpendiculaire à la surface de la terre en ce lieu ; de sorte qu'en le prolongeant indéfiniment par la pensée, il coupera le ciel en un point qui ne sera pas le *zénith* de ce lieu. C'est ce que les astronomes ont eu l'occasion d'observer, près des montagnes, en Ecosse et en Amérique. Mais, dans ces déviations, l'angle du fil à-plomb, avec la verticale, reste toujours très-petit, et ne s'élève qu'à quelques secondes, parce que les masses des plus hautes montagnes sont encore fort petites, par rapport à la masse entière de la terre, dont l'attraction produit la pesanteur. D'ailleurs, la terre n'est pas homogène ; sa densité, comme nous l'avons déjà

dit, décroît en allant du centre à sa surface ; de manière que sa densité moyenne excédant en général la densité des corps qui sont à sa surface, cette circonstance contribue encore à diminuer l'influence des attractions locales. Pour juger de cette influence, supposons que l'on place une masse sphérique et homogène près d'un fil à-plomb, et cherchons l'angle de déviation de ce fil.

Nous considérerons le fil à-plomb comme un point matériel pesant, suspendu à un point fixe, par un fil inextensible. Soit (fig. 5) A le point matériel, B le point fixe, C le centre du corps attirant. La question proposée consiste à trouver les conditions d'équilibre du point A, sollicité par la pesanteur et par la force attractive dirigée suivant la ligne AC; or, ces conditions se réduisent à ce que la résultante de ces deux forces soit dirigée suivant la ligne BA, afin qu'elle soit détruite par le point fixe B; si donc on mène par le point A une droite EAF, perpendiculaire à la droite BA, et que l'on décompose la pesanteur et la force attractive, suivant cette perpendiculaire, il suffira que les composantes soient égales et contraires. Elles seront contraires, si le fil à-plomb BA s'est écarté de la verticale BD, du côté où se trouve placé le point C; supposons donc cette condition remplie, et cherchons les valeurs des composantes qui doivent être égales entre elles.

Désignons par g, la pesanteur; par x, l'angle inconnu ABD que fait la ligne BA avec la verticale ; $g \cdot \sin . x$, sera la composante de cette force, perpendiculaire à BA, ou dirigée suivant AE. Soit aussi y

la distance inconnue AC, u la masse du corps attirant, f l'intensité de la force attractive à l'unité de distance et pour l'unité de masse, et par conséquent $\frac{uf}{y^2}$, l'attraction du corps sphérique sur le point A. Désignons enfin par a la longueur de la ligne BC, par α l'angle CBD que fait cette ligne avec la verticale, de manière que $\alpha - x$ soit l'angle des deux lignes BC et BA, et $a.\sin.(\alpha - x)$, la perpendiculaire CH, abaissée du point C sur la ligne BA. Nous aurons

$$\cos.CAF = \sin.CAH = \frac{CH}{CA} = \frac{a.\sin.(\alpha - x)}{y};$$

la composante de la force $\frac{f}{y^2}$, suivant AF, aura donc pour valeur $\frac{ufa.\sin.(\alpha - x)}{y^3}$, et l'équation d'équilibre sera

$$\frac{\mu fa.\sin.(\alpha - x)}{y^3} = g.\sin.x.$$

En considérant le triangle BAC, on aura la valeur de y, au moyen de la longueur BA du fil à-plomb, de la distance BC, et de l'angle $\alpha - x$. Substituant donc cette valeur dans l'équation d'équilibre, on pourra ensuite en déduire la valeur cherchée de x. Mais pour rendre cette équation plus facile à résoudre, je supposerai que la longueur du fil à-plomb soit très-petite et puisse être négligée par rapport à la distance a, ce qui a effectivement lieu en général. Alors on aura $y = a$, et l'équation précédente deviendra

$$\frac{\mu f}{ga^2} = \frac{\sin.x}{\sin.(\alpha - x)}.$$

C'est

C'est de cette équation qu'on doit tirer la valeur
de x.

329. Appelons, comme précédemment, m la masse
de la terre, ρ sa densité moyenne, et l son rayon;
soient aussi ρ' et l', la densité et le rayon du corps
attirant; les deux masses μ et m seront entre elles
comme leurs densités multipliées par leurs volumes,
et ceux-ci seront entre eux comme les cubes des
rayons l et l'; on aura donc

$$\frac{\mu}{m} = \frac{\rho' l'^3}{\rho l^3}.$$

D'ailleurs on a aussi $g l^2 = mf$; d'où il suit

$$\frac{\mu f}{g} = \frac{\rho' l'^3}{\rho l}.$$

Substituant cette valeur dans la dernière équation du
n° précédent, on trouve

$$\frac{\rho' l'^3}{\rho l a^2} = \frac{\sin . x}{\sin . (\alpha - x)}.$$

La densité et le rayon du corps attirant restant les
mêmes, la valeur de x que l'on tirera de cette équation sera d'autant plus grande, que la distance a sera
plus petite, et que α approchera davantage d'être
un angle droit; et comme la distance a ne peut pas
être plus petite que le rayon l', il s'ensuit que l'on
aura le *maximum* de déviation du fil à-plomb, que
puisse produire le corps attirant, en prenant $a = l'$
et $\alpha = 100°$. L'équation qui détermine la valeur de x

2.

devient alors

$$\tan . x = \frac{\rho' l'}{\rho l}.$$

Si l'on suppose, par exemple, $\rho' = \rho$, et qu'on demande quel doit être le rayon l', pour que la déviation s'élève à une seconde, on aura $l' = l . \tan . 1''$; mais le quart du méridien de la terre devant être 10000000 mètres, son rayon moyen est égal au double de ce nombre divisé par le rapport de la circonférence au diamètre, ou par $3,1415926$; ce qui donne $l = 6366198^m$. En achevant le calcul numérique, au moyen de cette valeur de l, on trouve $l' = 30^m,866$.

Ainsi, une sphère homogène, d'environ 31 mètres de rayon, et d'une densité égale à la moyenne densité de la terre, ne peut produire qu'une déviation d'une seconde au plus, dans la direction du fil à-plomb.

330. Cette moyenne densité de la terre, conclue de la déviation du fil à-plomb que produit l'attraction des montagnes, a été évaluée à quatre ou cinq fois la densité de l'eau. *Cavendish* l'a trouvée égale à environ cinq fois et demie cette densité (*), en la déterminant d'après l'attraction de deux globes de plomb, qu'il a su rendre sensible au moyen de la *balance de torsion*. Sans entrer ici dans tous les détails de cette belle expérience, des diverses précautions qu'elle exige, et des calculs qu'il faut faire pour

---

(*) Voyez le volume des *Transactions philosophiques*, pour l'année 1798.

en déduire un résultat exact, je vais seulement indiquer les points principaux de ces calculs.

La balance de torsion est l'instrument le plus exact que nous ayons, pour servir à la mesure des forces très-petites. *Coulomb*, à qui l'invention en est due, l'a surtout employée à mesurer les forces d'attraction et de répulsion des corps électrisés; et pour cette raison, elle est aussi connue en physique sous le nom de *balance électrique* (*). Elle consiste principalement en un fil métallique, très-délié, attaché à un point fixe, et à l'extrémité duquel est suspendu un levier horizontal. Supposons ce levier formé d'une tige très-mince ABA' (fig. 6), partagée en deux parties égales à son point d'attache B, et terminée par deux sphères d'un petit diamètre à ses extrémités A et A'; du point B comme centre et d'un rayon égal à BA, décrivons, dans un plan horizontal, un cercle $DmD'm'$, dont nous diviserons la circonférence en un grand nombre de parties égales. Lorsque le levier tournera autour du point B, ses extrémités A et A' parcourront cette circonférence, et les points de division auxquels ils correspondront à chaque instant, feront connaître les arcs qu'ils auront décrits. Tant que le fil de suspension n'est point tordu, le levier reste en repos dans une certaine position; je suppose qu'alors il réponde à la ligne DBD', qu'on pourra appeler *la ligne de repos*. Si l'on vient à l'écarter de cette ligne, pour le mettre

---

(*) Voyez le *Traité de Physique* de M. Haüy.

3..

dans une autre position quelconque AmA', le fil de suspension sera tordu sur lui-même, et cette torsion tendra à faire revenir le levier vers la ligne de repos ; pour le retenir dans cette position, supposons qu'on applique à ses deux extrémités, des forces égales et contraires, dirigées dans le plan horizontal et perpendiculaires à sa longueur ; la valeur commune de ces deux forces sera la mesure de la force de torsion qui leur fait équilibre : or, les expériences de *Coulomb* ont prouvé que le fil de suspension restant le même, cette force de torsion est proportionnelle à l'angle ABD ; en prenant donc l'angle droit pour unité, appelant h la force de torsion qui répond à cet angle, et désignant par θ, l'angle ABD, la force de torsion, dans la position ABA', sera égale à $h\theta$. Ainsi, quand le levier est dans cette position, la torsion de son fil de suspension équivaut à deux forces égales à $h\theta$, qui seraient appliquées aux deux extrémités du levier, perpendiculairement à sa longueur et en sens contraire l'une de l'autre, et qui tendraient à le ramener vers la ligne DBD'.

Cela posé, approchons du levier deux sphères homogènes, d'une même matière, d'un même diamètre, et symétriquement placées de part et d'autre de la ligne DBD' ; soient C et C' leurs centres, situés dans le plan horizontal qui contient ce levier, à égale distance du point B, et sur une droite CBC' menée par ce point ; l'attraction de ces deux corps va écarter le levier de la ligne de repos, et, à cause que tout est semblable autour du point B, la droite ABA' tournera autour de ce point qui restera immobile. A mesure que le levier s'écarte de la ligne de repos, la force de torsion augmente ; il existe une position dans laquelle cette force ferait équilibre à l'attraction des deux sphères ; mais comme le levier atteint cette position avec une vitesse acquise, il la dépasse et il oscille, de part et d'autre, à la manière d'un pendule horizontal. L'observation fait connaître la durée des oscillations ; en comparant la longueur de ce pendule à celle d'un pendule ordinaire, qui ferait ses oscillations dans le même tems, on en conclut le rapport de la force d'attraction de chaque sphère, à la pesanteur, et par suite, on a le rapport de la masse de cette sphère à celle de la terre. L'équation qui sert à déterminer ce rapport, est facile à former, ainsi qu'on va le voir.

331. Pour simplifier la question, nous regarderons les corps A et A', attachés aux extrémités du levier, comme des points matériels, et nous ferons abstraction de la masse du levier, c'est-à-dire, que nous considérerons le pendule horizontal comme un pendule simple. Il existe, en effet, des moyens qu'on fera connaître dans la suite, pour ramener à ce pendule idéal, un pendule de forme quelconque. Les deux points A et A' étant sollicités par les mêmes forces, et ayant le même mouvement autour du point B, il suffira de déterminer le mouvement de l'un d'eux : par exemple, celui du point A. Soit donc $AB = b$, $CD = a$, $DBC = \alpha$; désignons par θ, l'angle variable DBA, par μ, la masse du corps

attirant, par f, la force attractive, à l'unité de distance et pour l'unité de masse, et enfin, par y, la distance variable AC; nous aurons, dans le triangle ABC,

$$y^2 = a^2 + b^2 - 2ab.\cos.(\alpha - \theta);$$

l'attraction sur le point A sera égale à $\dfrac{\mu f}{y^2}$, et l'on aura $\dfrac{\mu a f.\sin.(\alpha-\theta)}{y^3}$, pour la valeur de cette force décomposée suivant la perpendiculaire à la ligne AB (n° 228). En en retranchant la force de torsion $h\theta$, la différentielle exprimera la force accélératrice du point A, décomposée suivant la tangente à sa trajectoire; donc, à cause que l'arc DA de cette courbe est égal à $b\theta$, l'équation du mouvement sera, d'après le n° 251,

$$b.\frac{d^2\theta}{dt^2} = \frac{\mu a f.\sin.(\alpha - \theta)}{y^3} - h\theta;$$

dt étant l'élément du tems.

Comme l'attraction de la masse qu'on soumet à l'expérience, et qui dérange le levier de la ligne de repos, est toujours une très-petite force, il s'ensuit que θ ne peut jamais être qu'un très-petit angle; nous négligerons donc son carré dans le calcul; mais en appelant c, la ligne CD, ou la valeur de y, qui répond à $\theta = 0$, et développant la fonction $\dfrac{\sin (\alpha-\theta)}{y^3}$, suivant les puissances de θ, on trouve

$$\frac{\sin.(\alpha-\theta)}{y^3} = \frac{\sin.\alpha}{c^3} - \frac{[(a^2+b^2).\cos.\alpha - 2ab - ab.\sin^2.\alpha]}{c^5}.\theta + \text{etc.};$$

donc, en faisant, pour abréger,

$$[(a^2 + b^2).\cos.\alpha - 2ab - ab \sin^2.\alpha].\frac{\mu fa}{c^5} + h = g',$$

et négligeant le carré et les puissances supérieures de θ, l'équation du mouvement deviendra

$$b.\frac{d^2\theta}{dt^2} = \frac{\mu fa.\sin.\alpha}{c^3} - g'\theta;$$

d'où l'on tire, en intégrant,

$$\theta = \mathcal{C} + k.\cos.\left(t\sqrt{\frac{g'}{b}} + k'\right);$$

k et k' étant les constantes arbitraires, et $\mathcal{C}$, une constante déterminée par cette équation:

$$g'\mathcal{C} = \frac{\mu fa.\sin.\alpha}{c^3}.$$

D'après cette expression de θ, le plus grand et le plus petit écart du levier, à partir de la ligne $D'BD$, seront $\mathcal{C}+k$ et $\mathcal{C}-k$; de sorte que si l'on mène la droite $E'BE$, telle que l'angle DBE soit égal à $\mathcal{C}$, le levier fera, de part et d'autre de cette droite, des oscillations égales dont l'amplitude sera la constante k. L'angle $\mathcal{C}$ est donné par l'expérience; car on peut facilement mesurer le plus grand et le plus petit écart du levier, et en prenant une moyenne entre ces deux angles extrèmes, on a la valeur de $\mathcal{C}$. La droite $E'BE$ qui répond à cet angle, est la position où le levier resterait en équilibre, s'il y parvenait sans vîtesse acquise, c'est-à-dire, la position dans laquelle la force de torsion et la force d'attraction sont égales. Quant à la durée des oscillations de ce pendule, elle est aussi donnée par l'observation; or, la valeur de θ nous montre que chaque oscillation entière s'achève dans l'intervalle de tems pendant lequel l'angle $t\sqrt{\frac{g'}{b}}+k'$, augmente d'une demi-circonférence; donc, en appelant T cet intervalle de tems, et π la demi-circonférence, on aura

$$T.\sqrt{\frac{g'}{b}} = \pi;$$

d'où l'on conclut, en élevant au carré, multipliant par $\mathcal{C}$, et substituant pour $g'\mathcal{C}$, sa valeur,

$$\frac{\mu f a T^2 . \sin . \alpha}{bc^3} = \pi^2\mathcal{C}.$$

Si l'on désigne par b' la longueur d'un pendule ordinaire, qui ferait ses oscillations dans le tems T, on aura (n° 270),

$$\frac{T^2 g}{b'} = \pi^2;$$

en mettant à la place de la pesanteur g, sa valeur $\frac{mf}{l^2}$, dans laquelle m est la masse de la terre, et l, son rayon moyen, il vient

$$\frac{T^2 mf}{b' l^2} = \pi^2;$$

et en éliminant la quantité inconnue f, entre cette

équation et la précédente, on trouve

$$\frac{m}{\mu} = \frac{b' l^2 a \cdot \sin . \alpha}{bc''\mathcal{C}}.$$

Toutes les quantités qui entrent dans cette valeur de $\frac{m}{\mu}$, sont données dans chaque expérience; elle servira donc à calculer le rapport de la masse de la terre à une masse donnée; et connaissant les volumes de ces deux corps et la densité de la masse qu'on soumet à l'expérience, on en conclura la densité moyenne de la terre.

CHAPITRE II.

PRINCIPE GÉNÉRAL DE DYNAMIQUE.

332. La partie de la dynamique qui va maintenant nous occuper, a pour objet de déterminer le mouvement d'un corps ou d'un système de corps, dont les différens points sont sollicités par des forces données en grandeur et en direction. Ces points matériels, en vertu de leur liaison réciproque, modifient l'action des forces qui leur sont directement appliquées ; de sorte qu'ils ne se meuvent, en général, ni avec les vitesses que ces forces leur impriment, ni dans les directions de ces vitesses, et le plus souvent il serait très-difficile d'assigner, *à priori*, les vitesses et les directions qu'ils doivent prendre. Heureusement cette difficulté disparaît au moyen d'un principe général, que l'on doit à D'Alembert, et d'après lequel on ramène toutes les questions de dynamique à de simples questions d'équilibre. Voici l'énoncé de ce principe :

Considérons un système de points matériels, liés entre eux d'une manière quelconque, et dont les masses soient m, m', m'', etc.; supposons qu'on applique à ces mobiles des forces qui imprimeraient la vitesse v, à la masse m, la vitesse v', à la masse m', la vitesse v'', à la masse m'', etc., si chacune de ces masses était isolée; en vertu de la liaison des points du système, les vitesses v, v', v'', etc., seront altérées dans leurs grandeurs et dans leurs directions; or, si l'on désigne par u, u', u'', etc., les vitesses inconnues que les masses m, m', m'', etc., prendront, suivant des directions également inconnues, et si l'on appelle p, p', p'', etc., les vitesses qui seront perdues ou gagnées par ces mêmes masses, de manière que u et p soient les composantes de v, u' et p', celles de v', u'' et p'', celles de v'', etc. : je dis qu'*il y aura équilibre dans le système, entre les quantités de mouvement perdues ou gagnées* mp, $m'p'$, $m''p''$, etc. ; car si ces forces ne se faisaient pas équilibre, u, u', u'', etc., ne seraient plus les vitesses qui ont effectivement lieu ; ce qui serait contre l'hypothèse.

333. Ce principe a également lieu, soit que v, v', v'', etc., soient des vitesses finies, acquises par les mobiles pendant un tems fini, ou dues à des forces qui agissent instantanément sur les corps; soit que ces quantités représentent des vitesses infiniment petites, dues à des forces accélératrices; soit enfin que ces vitesses soient en partie finies et en partie infiniment petites. Nous allons montrer, par des exemples, comment on en fait usage, pour résoudre les questions de dynamique; mais auparavant, il est bon de changer l'énoncé de ce principe, et de lui donner une forme qui sera plus commode dans un grand nombre d'applications.

Il est permis de substituer aux forces mp, $m'p'$, $m''p''$, etc., qui doivent se faire équilibre, les composantes de chacune d'elles ; or, la force mp, par exemple, est la résultante de la force mv, prise dans sa direction, et de la force mu, prise en sens contraire de sa direction ; et de même pour les autres : le principe de D'Alembert revient donc à dire qu'*il y a équilibre dans le système, entre les quantités de mouvement* mv, $m'v'$, $m''v''$, *etc., imprimées aux mobiles, et les quantités de mouvement* mu, $m'u'$, $m''u''$, *etc., qui ont effectivement lieu, chacune de ces dernières étant prise en sens contraire de sa direction.*

L'avantage de ce second énoncé est de ne pas exiger que l'on considère les vîtessses perdues ou gagnées p, p', p'', etc., et d'établir directement les équations d'équilibre entre les vîtesses données v, v', v'', etc., et les vîtesses inconnues u, u', u'', etc., que ces équations serviront à déterminer.

334. Pour premier exemple, considérons deux corps pesans, attachés aux extrémités d'un fil inextensible, et posés sur deux plans inclinés, adossés l'un à l'autre ; système dont nous avons précédemment déterminé les conditions d'équilibre (n° 165).

Soit h la hauteur commune de ces deux plans, l la longueur de l'un d'eux, l' la longueur de l'autre, m la masse du corps posé sur le premier, m' celle du corps posé sur le second, g la pesanteur ; la force accélératrice qui agit sur m, sera la pesanteur décomposée suivant le premier plan, que l'on trouve égale à $\frac{gh}{l}$; et de même, la force accélératrice qui agit sur m' est égale à $\frac{gh}{l'}$. Désignons, à un instant quelconque, par t le tems écoulé depuis l'origine du mouvement, par v la vîtesse de m, par v' la vîtesse de m', et convenons de regarder les vîtesses comme positives ou comme négatives, selon que les mobiles descendent ou s'élèvent. Pendant l'instant dt, ces vîtesses augmenteront de dv et dv' ; mais pendant ce même instant, les forces accélératrices imprimeraient aux mobiles supposés libres, les vîtesses positives $\frac{gh}{l}.dt$, et $\frac{gh}{l'}.dt$; d'où l'on conclut qu'en vertu de la liaison des deux corps, la masse m perd la vîtesse $\frac{gh}{l}.dt - dv$, et la masse m', la vîtesse $\frac{gh}{l'}.dt - dv'$, dans l'instant dt. Les deux quantités de mouvement qui correspondent à ces vîtesses perdues, doivent donc se faire équilibre, d'après le principe de D'Alembert ; et comme ces forces sont appliquées en sens contraires, aux extrémités d'un fil inextensible, il faut, pour cela, qu'elles soient égales ; ce qui donne

$$m\left(\frac{gh}{l}.dt - dv\right) = m'\left(\frac{gh}{l'}.dt - dv'\right). \qquad (1)$$

De plus, les deux vîtesses v et v' sont égales et de signes contraires ; car, dans le mouvement que nous considérons, l'une des masses descend, et l'autre monte, en parcourant des espaces égaux de part et d'autre. On a donc $v + v' = 0$; donc $dv' = -dv$; substituant cette valeur de dv' dans l'équation précédente, on en tire ensuite

$$dv = \frac{(ml' - m'l)h}{(m + m')ll'}.g\,dt.$$

En intégrant, il vient

$$v = \frac{(ml' - m'l)h}{(m + m')ll'} \cdot gt + a ;$$

a étant la constante arbitraire qui représente la vitesse initiale de la masse m.

Soit x la distance variable de cette masse, à un point fixe choisi arbitrairement, par exemple, au sommet des plans inclinés ; nous aurons $v = \dfrac{dx}{dt}$, et $dx = vdt$; mettant pour v sa valeur et intégrant, on trouve

$$x = \frac{(ml' - m'l)h}{(m + m')ll'} \cdot \frac{gt^2}{2} + at + b ;$$

b étant encore une constante arbitraire, égale à la valeur de x, qui répond à l'origine du mouvement.

Les valeurs de x et de v font voir que le mouvement de m est analogue à celui d'un corps pesant, en supposant la pesanteur affaiblie dans le rapport de $(ml' - m'l)\,h$ à $(m + m')\,ll'$. Quant au mouvement de m', il sera le même, en sens contraire, que celui de m. Lorsque la vitesse initiale a est nulle, et que l'on a en même tems $ml' = m'l$, les vitesses des deux mobiles sont toujours nulles, et l'équilibre a lieu. La condition d'équilibre est donc que les masses, et par conséquent les poids des deux corps, soient dans le rapport des longueurs des plans inclinés sur lesquels ils sont posés ; ce que nous savions déjà (n° 165.)

335. Ces formules contiennent la théorie de la machine d'*Athood*, dont on se sert en physique pour dé-

montrer les lois du mouvement des corps graves. Cette machine consiste en une tige verticale AB (fig. 7), divisée en parties égales par des traits marqués sur sa longueur. Une poulie fixe est placée à la partie supérieure; on suspend à cette poulie un fil vertical, aux extrémités duquel on attache deux poids égaux; le fil peut glisser sans frottement contre la gorge de la poulie; et quand on veut mettre les deux corps en mouvement, il suffit d'augmenter la masse de l'un d'eux. Les divisions de la tige font connaître les espaces parcourus par chaque mobile; on a près de la machine un pendule qui bat les secondes, et en comparant les tems écoulés aux espaces parcourus, on détermine la loi du mouvement. On reconnaît, de cette manière, que les espaces parcourus croissent comme les carrés des tems écoulés. On parvient aussi, par un moyen très-simple, à rendre sensible la vîtesse acquise, à un instant déterminé, par le mobile qui descend. Pour cela, on attache un anneau en un point C de la tige; la masse qu'on a ajoutée à celle de ce mobile, est un barreau d'une longueur plus grande que le diamètre de cet anneau, de manière que le barreau est retenu quand le mobile arrive au point C et traverse l'anneau; les masses des deux corps redeviennent donc égales, comme elles l'étaient avant l'addition du barreau; par conséquent leur force accélératrice est nulle et leur mouvement se change subitement en un mouvement uniforme, dû à la vîtesse acquise au point C. En plaçant l'anneau en différens points de la tige, on fait voir que la vitesse acquise est proportionnelle au tems écoulé, ou à la racine carrée de la hauteur parcourue.

Il est évident que ce mouvement est un cas particulier de celui que nous venons d'examiner; c'est le cas où les deux plans donnés sont verticaux, et où, par conséquent, leurs longueurs l et l' sont égales à leur hauteur h; en faisant donc $l = l' = h$, et supposant nulle la vitesse initiale a, on aura, d'après les formules du n° précédent,

$$v = \frac{m - m'}{m + m'} \cdot gt, \qquad x = \frac{m - m'}{m + m'} \cdot \frac{gt^2}{2} + b.$$

Au moyen de ces valeurs de v et de x, on pourra comparer la théorie à l'expérience. Le mouvement sera d'autant plus lent que la différence $m - m'$ des deux masses, sera plus petite par rapport à leur somme $m + m'$. En ralentissant ainsi le mouvement des corps graves, sans en changer la loi, il devient plus facile de mesurer les espaces parcourus et de découvrir cette loi. D'ailleurs la vitesse devenant plus petite, la résistance de l'air devient aussi moins sensible, et l'on peut faire ensorte que ce mouvement soit à peu près le même que dans le vide.

336. S'il s'agissait d'une chaîne pesante, posée sur les deux plans inclinés que nous venons de considérer, le principe de D'Alembert conduirait encore à l'équation (1) du n° 334; mais dans cette équation, m représente alors la masse de la partie de la chaîne, posée sur le plan dont la longueur est l, et m', la

masse

masse de l'autre partie; ces deux quantités sont donc variables pendant le mouvement; et en prenant le cas le plus simple, celui d'une chaîne homogène et d'égale épaisseur dans toute son étendue, les masses m et m' sont entre elles comme les longueurs des deux parties. Soit x la longueur de la première partie, c la longueur constante de la chaîne entière, et par conséquent $c-x$ la longueur de la seconde partie; comme la valeur de dv du n° précédent ne renferme que les rapports des masses m et m', à la masse $m+m'$, on pourra y substituer x à la place de m, $c-x$ à la place de m', et c à la place de $m+m'$. De cette manière, on aura

$$dv = (xl' - cl + lx).\frac{ghdt}{cll'};$$

v est la vitesse commune à tous les points de la chaîne, qui sont posés, à un instant quelconque, sur le plan incliné dont la longueur est l; la distance variable du dernier de ces points, au sommet du plan, étant x, la vitesse de ce point est $\frac{dx}{dt}$; donc $v = \frac{dx}{dt}$, et $dv = \frac{d^2x}{dt}$. En faisant, pour abréger,

$$\frac{gh(l+l')}{cll'} = \alpha^2, \qquad \frac{gh}{l'} = c,$$

l'équation précédente devient

$$\frac{d^2x}{dt^2} - \alpha^2 x + c = 0.$$

Si l'on intègre cette équation linéaire, par les règles

connues, on trouve

$$x = \frac{c}{\alpha^2} + a \cdot e^{\alpha t} + b \cdot e^{-\alpha t};$$

e étant la base des logarithmes dont le module est égal à l'unité, et a et b, les deux constantes arbitraires. On déterminera facilement ces constantes, d'après la vîtesse et la position de la chaîne à un instant déterminé.

Pour que la chaîne restât en repos, il faudrait qu'on eût $a = 0$, $b = 0$; donc alors $x = \frac{c}{\alpha^2} = \frac{cl}{l+l'}$. On aurait en même tems $c - x = \frac{cl'}{l+l'}$; ce qui fait voir que dans l'état d'équilibre, les deux parties de la chaîne sont entre elles comme les longueurs l et l', des plans sur lesquels elles sont posées, ou autrement dit, les deux extrémités de la chaîne sont dans une même droite horizontale. Réciproquement, si cette condition est remplie, et que les points de la chaîne ne reçoivent aucune vîtesse, l'équilibre aura lieu; car la proportion

$$x : c - x :: l : l',$$

donne $x = \frac{cl}{l+l'} = \frac{c}{\alpha^2}$; donc on a, à un instant déterminé,

$$a \cdot e^{\alpha t} + b \cdot e^{-\alpha t} = 0;$$

mais on a en général

$$\frac{dx}{dt} = a\alpha \cdot e^{\alpha t} - b\alpha \cdot e^{-\alpha t};$$

égalant donc à zéro cette valeur de la vitesse, on aura aussi

$$a.e^{at} - b.e^{-at} = o;$$

or, cette équation, et l'avant-dernière, ayant lieu à un même instant, ou pour une même valeur de t, on en conclut $a = o$ et $b = o$; par conséquent la chaîne ne prendra aucun mouvement.

337. Considérons encore le mouvement de deux masses pesantes m et m', qui agissent, l'une sur l'autre, par l'intermédiaire d'un *treuil*, et supposons la masse m appliquée au cylindre, et la masse m' appliquée à la roue de cette machine. Soient toujours, à un instant quelconque, v la vitesse de m, et v' celle de m'; vitesses que nous regarderons comme positives ou comme négatives, selon que les mobiles descendront ou monteront. L'instant d'après, les vitesses des mobiles seront $v + dv$ et $v' + dv'$; mais pendant l'instant dt, la pesanteur produit la vitesse gdt; il s'ensuit donc que, pendant cet instant, la masse m a perdu la vitesse $gdt - dv$, et la masse m', la vitesse $gdt - dv'$; donc les quantités de mouvement $m(gdt - dv)$ et $m'(gdt - dv')$ doivent se faire équilibre dans le treuil (n° 332); ce qui exige, d'après la condition connue de cet équilibre, que la première de ces deux forces soit à la seconde, comme le rayon de la roue est au rayon du cylindre. Ainsi r' étant le premier rayon, et r, le second, on aura

$$mr(gdt - dv) = m'r'(gdt - dv').$$

D'ailleurs les deux vitesses v et v' sont en sens contraire l'une de l'autre, et par la nature de la machine, ces vitesses sont entre elles comme les circonfé-rences, ou comme les rayons r et r' du cylindre et de la roue ; de sorte que l'on a

$$r'v + rv' = 0,$$

ou bien en différentiant,

$$r'dv + rdv' = 0 ;$$

or, en combinant cette équation avec la précédente, on trouve

$$dv = \frac{(mr - m'r')r}{mr^2 + m'r'^2} \cdot gdt, \qquad dv' = \frac{(m'r' - mr)r'}{mr^2 + m'r'^2} \cdot gdt ;$$

d'où l'on conclura, comme dans le n° 334, que les mouvemens des deux corps sont uniformément va-riés, et ne diffèrent de celui d'un corps pesant, que par l'intensité de la force accélératrice.

Si le treuil avait plusieurs roues, et que des masses m', m'', m''', etc., fussent appliquées à ces roues, tan-dis que la masse m est appliquée au cylindre, on trouverait, pour déterminer la vîtesse v de cette masse, l'équation

$$dv = \frac{(mr - m'r' - m''r'' - \text{etc.})r}{mr^2 + m'r'^2 + m''r''^2 + \text{etc.}} \cdot gdt ;$$

r étant toujours le rayon du cylindre, et r', r'', etc., ceux des roues auxquelles sont appliquées les masses m', m'', etc., qui tendent toutes à faire tourner le treuil en sens contraire de la masse m : si l'une d'elles, par exemple, la masse m'', tendait à faire tourner dans le même sens que la masse m, il faudrait changer le signe du terme $m''r''$ dans la valeur de dv. Quant aux vîtesses v', v'', etc., des masses m', m'', etc., elles se déduiront de celle de m, au moyen des équations

$$r'v + rv' = 0, \quad r''v + rv'' = 0, \text{ etc.}$$

358. Je choisis maintenant une application du principe de D'Alembert, dans laquelle nous combinerons ce principe, avec celui des *vîtesses virtuelles*, et qui sera très-propre à montrer l'avantage de cette manière de résoudre les problèmes de Dynamique. On conçoit, en effet, que les quantités de mouvement perdues ou gagnées à chaque instant par les différens points d'un système de corps, devant se faire équilibre, il n'y a qu'à appliquer à ces forces le principe général des vîtesses virtuelles, pour avoir les équations du mouvement du système. C'est la marche que M. Lagrange a suivie dans la *Mécanique analytique*. Par ce moyen, toute la mécanique est ramenée à un seul principe, celui des vîtesses virtuelles ; les lois de l'équilibre et du mouvement sont renfermées dans l'équation générale que ce principe fournit (n° 163) ; et il ne s'agit que de les en déduire, dans chaque question particulière, par des procédés purement analytiques, auxquels M. Lagrange a donné toute l'uniformité et la simplicité qu'on peut desirer.

Il s'agit de déterminer le mouvement de plusieurs corps, attachés en différens points d'un fil inextensible, et forcés de se mouvoir sur des courbes données ; mais pour ne pas avoir des calculs trop longs à écrire, nous considérerons seulement deux mobiles, et nous supposerons que les courbes qu'ils sont astreints à décrire, sont situées dans un même plan : on verra, sans peine, que la même analyse s'étend à un nombre quelconque de corps, et à des courbes données dans l'espace et situées dans des plans différens.

Soient donc m et m' les masses de deux points matériels attachés l'un à l'autre par un fil inextensible, de manière que leur distance mutuelle reste constamment la même. Supposons que le point m soit forcé de se mouvoir sur la courbe AmB (fig. 8), et le point m', sur la courbe $A'm'B'$, située dans le même plan que la première; menons, dans le plan de ces deux courbes, par un point O choisi arbitrairement, deux axes rectangulaires Ox et Oy, qui seront ceux des coordonnées; soient x et y, les coordonnées du point m, x' et y', celles du point m'; en appelant a, la distance constante des deux mobiles, nous aurons d'abord l'équation de condition :

$$(x - x')^2 + (y - y')^2 = a^2. \qquad (1)$$

Réduisons toutes les forces accélératrices qui agissent sur le point m, à deux : l'une parallèle à l'axe Ox, et que nous désignerons par X; l'autre parallèle à l'axe Oy, et qui sera représentée par Y. Désignons de même par X' et Y', les forces accélératrices, parallèles aux mêmes axes, qui agissent sur le point m'.

Au bout d'un tems t quelconque, les vitesses du point m, suivant les deux axes, sont $\frac{dx}{dt}$ et $\frac{dy}{dt}$; l'instant d'après, elles deviennent $\frac{dx}{dt}+d.\frac{dx}{dt}$ et $\frac{dy}{dt}+d.\frac{dy}{dt}$; leurs

accroissemens pendant l'instant dt, sont donc $d.\frac{dx}{dt}$

et $d.\frac{dy}{dt}$; mais si le point m était libre, les forces accélératrices X et Y, lui imprimeraient, dans l'instant
dt, les vitesses Xdt et Ydt ; les vitesses perdues par ce
point, parallèlement aux axes des x et des y, sont
donc $Xdt - d.\frac{dx}{dt}$ et $Ydt - d.\frac{dy}{dt}$. Les vitesses perdues au même instant par le point m', sont $X'dt - d.\frac{dx'}{dt}$
et $Ydt - d.\frac{dy'}{dt}$; ainsi, d'après le principe de D'Alembert, l'équilibre doit avoir lieu dans le système,
entre les forces motrices

$$m\left(Xdt - d.\frac{dx}{dt} \right), \qquad m\left(Ydt - d.\frac{dy}{dt} \right),$$

$$m'\left(X'dt - d.\frac{dx'}{dt} \right), \qquad m'\left(Y'dt - d.\frac{dy'}{dt} \right),$$

appliquées aux masses m et m'.

Supposons donc, conformément à l'énoncé du
principe des vitesses virtuelles, que l'on transporte
m et m', en des points n et n', infiniment voisins de
leurs positions actuelles, pris sur les courbes AmB
et $A'm'B'$, et tels que la distance nn' soit égale à la
distance mm'. Appelons $\delta x, \delta y, \delta x', \delta y'$, les variations
de x, y, x', y', dues à ce déplacement ; il est aisé de
voir que ces variations sont les vitesses virtuelles des
points m et m', estimées suivant les directions des
quatre forces qui leur sont appliquées : δx, par exemple, exprime la vitesse virtuelle du point m, esti-

mée suivant la direction de la force $m\left(Xdt - d.\frac{dx}{dt}\right)$;
on aura donc, en vertu de ce dernier principe, l'é-
quation d'équilibre (n° 163),

$$m\left(Xdt-d.\frac{dx}{dt}\right).\delta x+m\left(Ydt-d.\frac{dy}{dt}\right).\delta y+m'\left(X'dt-d.\frac{dx'}{dt}\right).\delta x'$$
$$+m'\left(Y'dt-d.\frac{dy'}{dt}\right).\delta y'=0. \qquad (2)$$

Puisque la distance des mobiles est invariable, les
coordonnées des points n et n', doivent satisfaire à
l'équation (1); en la différentiant donc, par rapport
à la caractéristique δ, on aura

$$(x-x')(\delta x-\delta x') + (y-y')(\delta y-\delta y')=0. \qquad (3)$$

De plus, lorsque les équations des courbes AmB et
$A'm'B'$ seront données, elles fourniront une équation
entre δx et δy, et une autre entre $\delta x'$ et $\delta y'$; en les
joignant à l'équation (3), on pourra donc déterminer
trois des quatre quantités δx, δy, $\delta x'$, $\delta y'$, au moyen
de la quatrième; si l'on substitue leurs valeurs dans
l'équation (2), cette quatrième quantité disparaîtra, et
il restera une équation différentielle du second ordre,
qui, jointe à l'équation (1) et à celles des courbes
AmB et $A'm'B'$, suffira pour déterminer les quatre
coordonnées x, y, x', y', en fonction du tems.

Si un seul des deux points m et m', était assujéti à
demeurer sur une courbe donnée, il n'y aurait que
deux des quatre variations des coordonnées qui fussent déterminées ; en les éliminant dans l'équation (2),
il en resterait encore deux qui seraient indépendantes

l'une de l'autre ; et en égalant à zéro les coefficiens de ces deux indéterminées, on formerait deux équations différentielles du second ordre, qui serviraient, avec l'équation (1) et avec celle de la courbe donnée, à déterminer les valeurs de x, x', y, y', en fonction de t. On voit de même que si les deux mobiles sont seulement attachés l'un à l'autre, par un fil inextensible, et qu'ils ne soient point astreints à se mouvoir sur des courbes données, on aura une seule équation de condition, savoir, l'équation (3), entre les quantités δx, $\delta x'$, δy, $\delta y'$; on ne pourra donc éliminer qu'une seule de ces quantités dans l'équation (2) ; les trois autres resteront indéterminées, et en égalant à zéro leurs coefficiens, on aura les trois équations nécessaires pour déterminer, avec l'équation (1), les valeurs de x, y, x', y'. Enfin, si les deux points m et m', sont libres et indépendans l'un de l'autre, les variations de leurs coordonnées seront aussi indépendantes entre elles ; leurs coefficiens dans l'équation (2) devront donc être séparément nuls ; ce qui donne, pour chaque mobile, les équations connues du mouvement d'un point matériel libre et isolé (n° 219).

On voit par là comment l'équation (2) renferme la solution complète du problème qui nous occupe, et comment elle servira à déterminer le mouvement du système que nous considérons, dans tous les cas que ce système peut présenter. Il ne sera pas inutile, pour en éclaircir l'usage, de faire une hypothèse particulière sur les courbes AmB et $A'm'B'$.

339. Je supposerai que ces courbes sont des cercles dont le centre commun est le point fixe O, et dont les rayons sont r et r', de manière que leurs équations soient

$$x^2 + y^2 = r^2, \quad x'^2 + y'^2 = r'^2.$$

On en tire, en différentiant par rapport à la caractéristique δ,

$$x\delta x + y\delta y = 0, \quad x'\delta x' + y'\delta y' = 0;$$

ces équations donnent

$$\delta y = -\frac{x}{y}.\delta x, \quad \delta y' = -\frac{x'}{y'}.\delta x';$$

et elles réduisent l'équation (3) à

$$x'\delta x + y'\delta y + x\delta x' + y\delta y' = 0.$$

En y substituant les valeurs de δy et $\delta y'$, il vient

$$(yx' - xy').\frac{\delta x}{y} + (xy' - yx').\frac{\delta x'}{y'} = 0,$$

ou bien, en supprimant le facteur $yx' - xy'$,

$$\frac{\delta x}{y} = \frac{\delta x'}{y'};$$

substituant ces mêmes valeurs dans l'équation (2), on trouve

$$\left[my\left(Xdt - d.\frac{dx}{dt}\right) - mx\left(Ydt - d.\frac{dy}{dt}\right) \right].\frac{\delta x}{y}$$
$$+ \left[m'y'\left(X'dt - d.\frac{dx'}{dt}\right) - m'x'\left(Y'dt - d.\frac{dy'}{dt}\right) \right].\frac{\delta x'}{y'} = 0;$$

et si l'on supprime les facteurs égaux $\dfrac{\delta x}{y}$ et $\dfrac{\delta x'}{y'}$, on a

$$my\left(Xdt - d.\frac{dx}{dt}\right) - mx\left(Ydt - d.\frac{dy}{dt}\right)$$

$$+ m'y'\left(X'dt - d.\frac{dx'}{dt}\right) - m'x'\left(Y'dt - d.\frac{dy'}{dt}\right) = 0. \quad (4)$$

Les équations des deux cercles et l'équation (1) donnent les valeurs de trois coordonnées x, y, x', y', en fonction de la quatrième, et cette quatrième sera déterminée en fonction de t, par l'équation (4).

Comme les distances Om, Om', mm' sont invariables, il est évident que la ligne brisée mOm' est un levier dont O est le point d'appui ; de manière que le mouvement que nous considérons est celui de deux points matériels qui agissent l'un sur l'autre par l'intermédiaire d'un levier. Il est aisé de reconnaître, dans l'équation (4), l'équation d'équilibre des quantités de mouvement perdues à un instant quelconque par ces deux mobiles, telle qu'on la trouverait directement d'après le n° 51.

340. Si la pesanteur est la seule force qui sollicite les mobiles, qu'on la désigne par g, et qu'on prenne l'axe des y vertical et dirigé dans le sens de cette force, on aura $X = 0$, $X' = 0$, $Y = g$, $Y' = g$; donc l'équation (4) deviendra

$$m\left(xd.\frac{dy}{dt} - yd.\frac{dx}{dt}\right) + m'\left(x'd.\frac{dy'}{dt} - y'd.\frac{dx'}{dt}\right)$$

$$- mgx - m'gx' = 0. \quad (5)$$

Soit G le centre de gravité des deux poids mg et

$m'g$; abaissons de ce point sur l'axe Oy, la perpendiculaire GH, et soit $GH = x_{,}$; on aura (n° 99)

$$(m + m').x_{,} = mx + m'x'.$$

Appelons α et α', les angles constans mOG et $m'OG$, et θ, l'angle variable GOy; nous aurons

$$y = r.\cos.(\theta + \alpha), \quad x = r.\sin.(\theta + \alpha),$$
$$y' = r'.\cos.(\theta' - \alpha'), \quad x' = r'.\sin.(\theta' - \alpha');$$

par conséquent la question se réduira à déterminer l'angle θ, en fonction de t, au moyen de l'équation (5). Or, d'après ces valeurs de x, y, x', y', on a

$$x.\frac{dy}{dt} - y.\frac{dx}{dt} = -r^{2}.\frac{d\theta}{dt}, \quad x'.\frac{dy'}{dt} - y'.\frac{dx'}{dt} = -r'^{2}.\frac{d\theta'}{dt};$$

différentiant par rapport à t, et observant que r et r' sont constans, il vient

$$xd.\frac{dy}{dt} - yd.\frac{dx}{dt} = -r^{2}.\frac{d^{2}\theta}{dt}, \quad x'd.\frac{dy'}{dt} - y'd.\frac{dx'}{dt} = -r'^{2}.\frac{d^{2}\theta}{dt};$$

d'ailleurs, en représentant par $r_{,}$ la distance GO, on aura

$$x_{,} = r_{,}.\sin.\theta, \quad \text{et} \quad mx + m'x' = (m + m')r_{,}.\sin.\theta;$$

par conséquent l'équation (5) prendra cette forme :

$$(mr^{2} + m'r'^{2}).\frac{d^{2}\theta}{dt^{2}} + (m + m')gr_{,}.\sin.\theta = 0.$$

L'équation du mouvement d'un pendule simple dans le vide (n° 273), serait

$$l.\frac{d^{2}\theta}{dt^{2}} + g.\sin.\theta = 0;$$

l étant sa longueur, et θ, l'angle qu'il fait à un instant quelconque avec la verticale ; en comparant donc cette équation à la précédente, on en conclut que le mouvement de la ligne GO est le même que celui d'un pendule simple dont la longueur serait donnée par cette équation.

$$l = \frac{mr^2 + m'r'^2}{(m + m')r_{,}}.$$

Les deux masses m et m', liées entre elles et au point fixe O, d'une manière invariable, forment un pendule composé, et le résultat auquel nous parvenons, offre un exemple de la réduction d'un semblable pendule à un pendule simple. Nous reprendrons bientôt cette question, pour en donner la solution générale.

CHAPITRE III.

DU MOUVEMENT D'UN CORPS SOLIDE AUTOUR D'UN AXE FIXE.

341. Nous avons donné dans le cours de la première année, les équations d'équilibre d'un corps solide de figure quelconque, entièrement libre, ou gêné par des obstacles fixes; il nous sera donc facile de former les équations de son mouvement, au moyen du principe de dynamique que l'on vient d'exposer; et ces équations seront toujours en même nombre que celles de l'équilibre. Nous examinerons d'abord le cas le plus simple, où l'on n'a qu'une seule équation à considérer, et qui a lieu lorsque le corps est retenu par un axe fixe, autour duquel il est forcé de tourner.

Pour plus de clarté, substituons au corps solide un système de points matériels, liés entre eux d'une manière invariable, par des droites inflexibles. Quelles que soient les forces qui agissent sur un pareil système, chacun des points qui le composent se mouvra dans un cercle perpendiculaire à l'axe fixe, et qui aura pour rayon la distance de ce point à cet axe; de plus, les arcs de cercle décrits dans le même tems, seront d'un même nombre de degrés pour tous ces points; d'où l'on peut conclure que si l'on divise la vîtesse de chaque point, par sa distance à l'axe fixe, on aura un quotient qui ne changera pas, en passant d'un point à un autre du système. Ce quotient est ce qu'on appelle *la vitesse angulaire* du mobile. Ainsi, dans un système de forme invariable, tournant autour d'un axe fixe, tous les corps ont, à chaque instant, la même vitesse angulaire qui peut, d'ailleurs, être constante ou variable, d'un instant à un autre. En général, cette vîtesse sera une fonction du tems qui dépendra des forces appliquées au système, et qu'il s'agira de déterminer quand ces forces seront données. Nous allons examiner, en premier lieu, le cas particulier d'une vîtesse angulaire constante.

§. Ier. *Mouvement uniforme.*

342. Soient m, m', m'', etc., les masses des points matériels que nous considérons; supposons que des forces données en grandeur et en direction, agissent simultanément sur tous ces points, et désignons par v, v', v'', etc., les vîtesses finies que ces forces leur imprimeraient s'ils étaient entièrement libres; supposons aussi que ni la pesanteur, ni aucune autre force accélératrice, n'agissent sur ces points matériels. Soit ω la vîtesse angulaire inconnue, qui sera commune à tous ces corps; représentons par r, r', r'', etc., les distances de m, m', m'', etc., à l'axe de rotation; $r\omega$, $r'\omega$, $r''\omega$, etc., seront les vîtesses de ces masses, qui auront effectivement lieu; par conséquent il y aura équilibre dans le système, entre les forces ou quantité de mouvemens mv, $m'v'$, $m''v''$, etc., prises dans leurs directions, et les

forces $mr\omega$, $m'r'\omega$, $m''r''\omega$, etc., prises en sens contraire de leurs directions (n° 333).

Pour former l'équation d'équilibre d'après la règle du n° 65, menons, par les points d'application des premières forces, des plans perpendiculaires à l'axe fixe ; décomposons ensuite chaque force en deux autres, l'une dirigée dans le plan perpendiculaire, et l'autre parallèle à l'axe : en désignant par θ, θ', θ'', etc., les inclinaisons des directions des vîtesses v, v', v'', etc., sur les plans perpendiculaires à l'axe, nous aurons $mv.\cos.\theta$, $m'v'.\cos.\theta'$, $m''v''.\cos.\theta''$, etc., pour les composantes dirigées dans ces plans. Il est inutile de faire subir une semblable décomposition aux forces $mr\omega$, $m'r'\omega$, $m''r''\omega$, etc., dont les directions sont déjà comprises dans des plans perpendiculaires à l'axe de rotation. Soit ABC (fig. 9) l'un de ces plans qui rencontre l'axe fixe CD, au point C. Projetons sur ce plan, les directions de toutes les forces qui lui sont appliquées, et prenons ces projections, pour les directions même des forces. La condition d'équilibre consiste en ce que la somme des momens des forces qui tendent à faire tourner dans un sens autour du point C, soit égale à la somme des momens de celles qui tendent à faire tourner dans le sens opposé, tous les momens étant pris par rapport au point C.

Les directions des forces $mr\omega$, $m'r'\omega$, etc., dans le plan ABC, sont tangentes aux cercles décrits du point C comme centre, avec les rayons r, r', r'', etc. ; leurs momens, par rapport à ce centre, seront donc $mr^2\omega$, $m'r'^2\omega$, etc. ; et comme elles tendent

tendent toutes à faire tourner le système dans un même sens, savoir, dans le sens opposé au mouvement de rotation qui a réellement lieu, il faut prendre la somme de tous ces momens ; ce qui donne $\omega(mr^2 + m'r'^2 +$ etc.$)$. En général, nous indiquerons, par la caractéristique Σ, placée devant une quantité, la somme des quantités semblables pour tous les corps du système ; ainsi, par exemple, Σmr^2 représentera la somme des produits mr^2, $m'r'^2$, etc., et la somme précédente deviendra $\omega . \Sigma mr^2$.

Quant aux forces $mv . \cos . \theta$, $m'v' . \cos . \theta'$, etc., il peut arriver que plusieurs tendent à faire tourner le système dans un sens, et les autres dans le sens opposé ; elles fourniront donc généralement deux sommes de momens ; la plus grande sera fournie par celles de ces forces qui tendent à faire tourner dans le sens où le système tourne en effet ; en en retranchant la plus petite, on aura pour reste une quantité positive que je désignerai par L. Si toutes ces forces tendaient à faire tourner le système dans un même sens, et qu'on appelât p, p', p'', etc., les perpendiculaires abaissées du point C, sur leurs directions projetées sur le plan ABC, on aurait

$$L = mvp . \cos . \theta + m'v'p' . \cos . \theta' + \text{etc.} = \Sigma mvp . \cos . \theta ;$$

dans tous les cas, L sera la différence de deux sommes semblables à celle-ci, et nous aurons, pour l'équation d'équilibre qu'il s'agissait de former,

$$\omega . \Sigma mr^2 = L. \qquad (1)$$

Cette équation servira à déterminer la vitesse

2.

5

angulaire ω, quand les quantités m, r, v, p et θ seront données pour chaque point du système. On voit que cette vitesse demeurera constante pendant le mouvement, c'est-à-dire, que le système tournera uniformément autour de l'axe fixe.

343. Supposons que les vitesses v, v', v'', etc., soient toutes égales, parallèles entre elles, et dirigées dans des plans perpendiculaires à l'axe fixe; on aura, pour toutes ces vitesses, $\theta = 0$ et $\cos . \theta = 1$; et en désignant par v, leur valeur commune, la valeur de L deviendra $v . \Sigma mp$. De plus, si l'on mène par l'axe fixe un plan ACD parallèle à la direction de la vitesse v, il est aisé de voir que dans notre hypothèse, les lignes p, p', p'', etc., sont égales aux perpendiculaires abaissées des points m, m', m'', etc., sur ce plan; d'où il résulte, par les propriétés connues du centre de gravité (n° 99), qu'en désignant par h la perpendiculaire abaissée de celui du système entier des masses m, m', m'', etc., sur le plan ACD, et par M la somme de ces masses, nous aurons $\Sigma mp = Mh$; par conséquent, $L = Mvh$; ce qui change l'équation (1), en celle-ci :

$$\omega . \Sigma mr^2 = Mvh.$$

Si la vitesse v eût été imprimée à une partie seulement des masses m, m', m'', etc., et que l'autre partie n'eût reçu aucune vitesse, on trouverait cette autre équation

$$\omega . \Sigma mr^2 = \mu v f, \qquad (2)$$

dans laquelle μ représente la somme des masses qui ont reçu la vîtesse v, et f, la perpendiculaire abaissée du centre de gravité de cette partie du système entier, sur le plan ACD.

344. Notre système de forme invariable se changera en un corps solide continu, quand les masses m, m', m'', etc., deviendront infiniment petites, et qu'en même tems elles se rapprocheront jusqu'à ce qu'elles soient juxtaposées. Ces masses seront alors les élémens matériels du corps; en désignant par dm, l'expression différentielle de l'un quelconque de ces élémens, et par r, sa distance à l'axe fixe, la somme $\Sigma m r^2$, se changera dans l'intégrale $\int r^2 dm$, qui devra être étendue à la masse entière du corps. L'équation (2) donnera alors

$$\omega = \frac{\mu v f}{\int r^2 dm}.$$

Cette valeur de ω est la vîtesse angulaire que prend un corps solide autour d'un axe fixe, lorsqu'on imprime, par un moyen quelconque, à tous les points d'une certaine portion μ de la masse entière, une vîtesse v dont la direction est comprise dans un plan perpendiculaire à l'axe. La quantité f représente la perpendiculaire abaissée du centre de gravité de la masse μ, sur le plan mené par l'axe fixe, parallèlement à la direction donnée de la vîtesse v.

Si l'on veut avoir un exemple d'un semblable mouvement, prenons deux corps de forme quelconque, dont l'un soit retenu par un axe fixe, et l'autre entièrement libre ; supposons que celui-ci se meuve dans l'espace, et que les vîtesses de tous ses points soient égales et parallèles ; soient μ la masse de ce corps, et v sa vîtesse, dont la direction sera perpendiculaire à l'axe fixe ; concevons que ce mobile vienne choquer l'autre corps, et qu'après le choc, il lui reste attaché, de manière que les deux masses n'en forment plus qu'une seule : cette masse totale tournera autour de l'axe fixe, et sa vîtesse angulaire sera donnée par l'équation précédente, dans laquelle on mettra pour f, la distance du centre de gravité de la masse μ, à un plan mené par l'axe fixe, parallèlement à la direction de la vîtesse v. Mais si les deux corps ne restaient point attachés l'un à l'autre après le choc, la question serait différente, et nous ne nous occuperons pas maintenant de la résoudre.

On pourrait encore supposer que le corps retenu par l'axe fixe, est choqué simultanément par plusieurs masses qui lui restent attachées après le choc ; dans ce cas, il est aisé de voir que la vîtesse angulaire serait donnée par cette formule

$$\omega = \frac{\mu v f + \mu' v' f' + \mu'' v'' f'' + \text{etc.}}{\int r^2 dm}.$$

μ, μ', μ'', etc. sont les masses des corps choquans ; v, v', v'', etc., leurs vîtesses avant le choc ; les directions de ces vîtesses peuvent être différentes, mais on les suppose toutes comprises dans des plans perpendiculaires à l'axe fixe ; les lettres f, f', f'', etc. désignent les distances des centres de gravité des masses μ,

μ', μ'', etc., à des plans menés par l'axe fixe et respectivement parallèles aux directions des vîtesses v, v', v'', etc.; enfin, l'intégrale $\int r^2 dm$ doit être étendue à la masse totale, formée par la réunion des masses μ, μ', μ'', etc., et de celle du corps choqué. Si le choc d'une ou de plusieurs des masses μ, μ', μ'', etc., par exemple celui de μ', tendait à faire tourner le corps en sens contraire du choc des autres masses, il faudrait prendre avec le signe $-$, dans le numérateur de la valeur de ω, le terme $\mu'v'f'$ relatif à cette masse μ'. Quand ce numérateur, en ayant égard à ce changement de signe, se trouvera égal à zéro, il n'y aura pas de mouvement de rotation produit; de sorte que les quantités de mouvement μv, $\mu'v'$, $\mu''v''$, etc., se feront équilibre autour de l'axe fixe.

345. Lorsqu'un corps retenu par un axe fixe, est mis en mouvement autour de cet axe, par un choc, ou de toute autre manière, l'axe fixe éprouve, à l'instant où le mouvement commence, une percussion qu'il est important de connaître. Elle est due aux quantités de mouvement, perdues ou gagnées à cet instant, par les différentes parties du corps : ces forces se font équilibre au moyen de l'axe fixe, de manière qu'elles se réduisent à d'autres forces qui coupent l'axe ou qui lui sont parallèles, et qui produisent la percussion que cet axe éprouve; ainsi, on la déterminera, dans chaque cas, en cherchant la résultante des quantités de mouvement perdues ou gagnées, ou leurs résultantes, si ces forces ne peuvent pas être réduites à une seule.

Pour fixer les idées, supposons que le mouvement est produit par le choc d'une seule masse μ, animée de la vîtesse v, et qui reste attachée au corps choqué, après le choc. Soit G, le centre de gravité de cette masse, et GH, la direction de la vîtesse v, comprise dans le plan ACB perpendiculaire à l'axe fixe CD : les quantités de mouvement des élémens de la masse entière, prises en sens contraire de leurs directions, doivent faire équilibre à la force μv, dirigée suivant la force GH; par conséquent il s'agit de trouver la résultante de toutes ces forces.

Appelons M, la masse totale, formée de la masse μ et de celle du corps choqué; désignons par dm, un élément quelconque de cette masse totale, et par x, y, z, les coordonnées rectangulaires de cet élément, rapportées à l'axe CD que nous prendrons pour l'axe des z, et aux deux axes Cx et Cy, menés arbitrairement dans le plan ACB. La vîtesse angulaire étant toujours ω, et la distance de l'élément dm à l'axe CD, étant r, sa quantité de mouvement sera $r\omega \cdot dm$; la direction de cette force est tangente au cercle dont le rayon est r et dont le plan est perpendiculaire à l'axe CD; si donc on la décompose en trois forces parallèles aux axes des x, y, z, la composante parallèle à l'axe des z, sera nulle. Pour obtenir les deux autres, soit p la projection de l'élément dm, sur le plan des x, y; décrivons un cercle du point C comme centre et d'un rayon égal à Cp, ou à r; menons par le point p la tangente npn' au cercle décrit, qui coupe les axes des x et des y aux points n et n' : si le mouvement de rotation a lieu dans le sens pn, il faudra prendre la force

$r\omega.dm$, dans la direction contraire pn'; de manière que pour la décomposer suivant ces axes, il faudra la multiplier par les cosinus des angles pnx et $p'n'y$, $p'n'$ étant le prolongement de pn'; or, en observant que la tangente npn' est perpendiculaire au rayon Cp, il est aisé de trouver

$$\cos.pnx = -\frac{y}{r}, \qquad \cos.p'n'y = \frac{x}{r};$$

donc les composantes de la force $r\omega.dm$, parallèles aux axes des x et des y, seront $-y\omega.dm$ et $x\omega.dm$. Je décompose de la même manière les quantités de mouvement de tous les élémens de M; je prends ensuite la résultante ou la somme des forces parallèles à chaque axe. Celle des forces parallèles à l'axe des y est donnée par l'intégrale $\int x\omega.dm$, qui est la même chose que $\omega.\int xdm$; et l'on doit prendre cette intégrale $\int xdm$, dans toute l'étendue de la masse M. Mais, si l'on désigne par $x_{,}$ la valeur de x qui répond au centre de gravité de cette masse, et si l'on fait attention que les masses sont proportionnelles aux poids, on aura (n°99), $Mx_{,} = \int xdm$; la valeur de la résultante parallèle à l'axe des y, devient donc $Mx_{,}\omega$. On trouvera de même $-My_{,}\omega$, pour la résultante des forces parallèles à l'axe des x, en désignant par $y_{,}$, la valeur de y, qui répond au centre de gravité de M.

Les momens des forces $-y\omega.dm$ et $x\omega.dm$, par rapport au plan des x, y, sont $-yz\omega.dm$ et $xz\omega.dm$; les sommes des momens des forces parallèles à chaque axe, sont donc

$$-\omega.\int yzdm \qquad \text{et} \qquad \omega.\int xzdm;$$

les intégrales $\int yzdm$ et $\int xzdm$ étant prises dans toute l'étendue de M. Si donc on représente par z' et z'' les distances des résultantes $- My_{,\omega}$ et $Mx_{,\omega}$, au plan des x, y, ces sommes de momens seront égales aux résultantes, multipliées par les distances z' et z'' (n° 39); donc, en supprimant le facteur commun ω, on aura ces deux équations

$$ My z' = \int yzdm , \quad Mx z'' = \int xzdm, $$

qui serviront à déterminer z' et z''.

Ainsi, toutes les forces qui se font équilibre autour de l'axe fixe, sont maintenant réduites à trois, savoir :

$$ \mu\nu, \quad - My_{,\omega}, \quad Mx_{,\omega}, $$

dont la première est dirigée dans le plan CAB, et les deux autres parallèles à ce plan.

Or, il se présente deux cas à examiner :

1°. Lorsque les deux intégrales $\int yzdm$ et $\int xzdm$ seront nulles, on aura aussi $z' = 0$, $z'' = 0$; par conséquent les deux dernières forces se trouveront dans le plan des x, y, ainsi que la première. Ces trois forces étant en équilibre dans ce plan, autour du point fixe C, leur résultante doit passer par ce point; on l'obtiendra donc en transportant en ce point chacune des trois forces, parallèlement à elle-même et sans changer sa grandeur, et en les réduisant ensuite en une seule, par les règles de la composition des forces. Cette résultante sera, dans ce premier cas, la seule percussion qu'éprouve l'axe fixe.

2°. Si les deux intégrales $\int xz\,dm$ et $\int yz\,dm$ ne sont pas nulles, les forces — $My_{,\omega}$ et $Mx_{,\omega}$, tomberont hors du plan x, y. On les ramènera dans ce plan sans changer ni leurs grandeurs, ni leurs directions, par le moyen que nous avons employé dans le n° 59; mais alors on aura, outre les forces dirigées dans le plan des x, y, quatre forces parallèles à l'axe des z, qu'il sera facile de réduire à deux, égales entre elles, dirigées en sens contraires, mais non directement opposées. Ces deux forces seront détruites par la résistance de l'axe fixe, et elles produiront sur cet axe une percussion d'une espèce particulière. L'axe éprouvera de plus, comme dans le cas précédent, une percussion perpendiculaire à sa longueur, passant par le point C, et exprimée par la résultante des forces dirigées dans le plan des x, y.

346. Ce n'est que dans le premier de ces deux cas, qu'il peut arriver que l'axe fixe n'éprouve aucune percussion; et il est nécessaire, pour cela, que la résultante des forces dirigées dans le plan des x, y, soit égale à zéro; ce qui exige que les sommes de leurs composantes parallèles aux axes des x et des y, soient séparément nulles. Or, si l'on appelle α et ξ, les angles que fait la droite GH avec ces axes, on aura $\mu v \cdot \cos \cdot \alpha$ et $\mu v \cdot \cos \cdot \xi$, pour les composantes de la force μv, dirigée suivant cette droite; les deux équations nécessaires pour que la percussion soit nulle, seront donc

$$\mu v.\cos.\alpha - My_{,\omega} = 0, \qquad \mu v.\cos.\xi + Mx_{,\omega} = 0.$$

Substituant pour ω sa valeur $\dfrac{\mu v f}{\int r^2 dm}$, donnée dans le n° 344, et réduisant, ces équations deviennent

$$\cos.\alpha.\int r^2 dm - M f y_{,} = 0, \qquad \cos.\mathcal{C}.\int r^2 dm + M f x_{,} = 0;$$

d'où l'on tire d'abord

$$\frac{\cos.\mathcal{C}}{\cos.\alpha}\cdot\frac{y_{,}}{x_{,}} + 1 = 0; \qquad (3)$$

et à cause de $\cos^2.\mathcal{C} + \cos^2.\alpha = 1$, il vient aussi

$$(\int r^2 dm)^2 = M^2 f^2 (x_{,}^2 + y_{,}^2). \qquad (4)$$

Il suffira donc et il sera nécessaire que ces deux équations (3) et (4) soient satisfaites, pour que l'axe fixe n'éprouve aucune percussion.

Soit G' la projection du centre de gravité de M, sur le plan des x, y; si nous tirons la droite CG', nous aurons tang. $G'C\,x = \dfrac{y_{,}}{x_{,}}$; d'ailleurs, le rapport $\dfrac{\cos.\mathcal{C}}{\cos.\alpha}$ exprime de même la tangente de l'angle compris entre la droite GH et l'axe Cx; l'équation (3) signifie donc, d'après une formule connue, que les deux droites GH et CG' sont perpendiculaires entre elles; par conséquent la direction GH de la vîtesse du corps choquant, avant le choc, doit être perpendiculaire au plan qui contient à-la-fois l'axe fixe et le centre de gravité de M. La droite GH rencontre ce plan en un point H, dont la distance à l'axe fixe est déterminée par l'équation (4); car cette distance n'est autre chose que la quantité f, ou la perpendiculaire CH abaissée du point C sur la droite GH : en appelant r_i la distance CG', ou $\sqrt{x_i^2 + y_i^2}$, l'équation (4) donne

$$f = \frac{\int r^2 dm}{Mr_i}.$$

Ainsi l'axe de rotation n'éprouvera aucune percussion, quand la direction de la vitesse avant le choc, sera perpendiculaire au plan mené par cet axe et par le centre de gravité de M, et coupera ce plan en un point dont la distance à l'axe sera égale à cette valeur de f.

§. II. *Propriétés des momens d'inertie et des axes principaux.*

347. Avant de passer au cas général où la vitesse angulaire est variable, il est nécessaire d'expliquer comment on calcule l'intégrale $\int r^2 dm$, qui entre dans les différentes formules que nous venons de donner, et qui se retrouvera encore dans celle du mouvement varié.

Cette intégrale représente la somme des élémens matériels du mobile que l'on considère, multipliés respectivement par le carré de leur distance à l'axe de rotation. On appelle cette somme le *moment d'inertie* du corps, pris par rapport à cet axe. Quand l'équation de la surface du mobile et la loi de la densité dans son intérieur, seront données, on obtiendra la valeur de $\int r^2 dm$ par une triple intégration analogue à celles que l'on ferait pour trouver le volume, ou la position du centre de gravité de ce corps. Les exemples suivans suffiront pour éclaircir ce procédé.

348. On demande le moment d'inertie d'un parallélépipède rectangle et homogène, par rapport à l'une de ses arêtes. Soient x, y, z les coordonnées d'un point quelconque de ce corps, parallèles aux trois arêtes OA, OB, OC (fig. 10); désignons par a, b, c, les longueurs des arêtes; concevons que l'on divise chacune d'elles en une infinité de parties, et qu'on mène par tous les points de division, des plans perpendiculaires à cette arête : on aura de cette manière trois suites de plans parallèles, qui partageront le parallélépipède donné, en élémens infiniment petits dans leurs trois dimensions. Chaque élément sera un parallélépipède rectangle, dont les côtés adjacens seront parallèles aux axes des x, y, z, et auront pour longueurs, les différences entre les coordonnées de deux points consécutifs. Ainsi, en prenant sur ces axes, $Op = x$, $Oq = y$, $Os = z$, et en représentant par pp', pq', ss' les différentielles dx, dy, dz, le volume de l'élément qui répond aux trois coordonnées x, y, z, et qui est construit dans la figure, sera égal au produit $dx\,dy\,dz$. La masse de cet élément sera donc égale à ce produit multiplié par la densité du corps, que l'on suppose constante et que nous désignerons par ρ. D'ailleurs le carré de la distance du même élément, à l'axe des z, est égal à $x^2 + y^2$; le moment d'inertie, par rapport à cet axe, c'est-à-dire, par rapport à l'a-

rête OC, sera donc

$$\iiint (x^2 + y^2) . \varrho \, dx \, dy \, dz.$$

Pour étendre cette intégrale triple à tous les points du parallélépide donné, il faut intégrer, d'abord par rapport à z, depuis $z=0$, jusqu'à $z=OC=c$; ensuite par rapport à y, depuis $y=0$, jusqu'à $y = OB = b$; et enfin par rapport à x, depuis $x=0$, jusqu'à $x = OA = a$. La première intégration donne

$$\varrho c . \iint (x^2 + y^2) . dx \, dy \, ;$$

intégrant cette formule par rapport à y, il vient

$$\varrho c . \int \left(x^2 b + \frac{b^3}{3} \right) . dx \, ;$$

et en intégrant celle-ci par rapport à x, on a pour résultat définitif

$$\varrho c \left(\frac{a^3 b}{3} + \frac{ab^3}{3} \right).$$

C'est le moment d'inertie, pris par rapport à l'arête OC, dont la longueur est c ; en y échangeant entre elles les lettres a, b, c, on en déduira les momens d'inertie du même corps, pris par rapport aux arêtes OB et OA. Si l'on désigne sa masse par M, on aura $M=\varrho abc$, et les valeurs de ces trois momens d'inertie, pourront s'écrire ainsi :

$$\frac{M}{3} . (a^2 + b^2), \quad \frac{M}{3} . (a^2 + c^2), \quad \frac{M}{3} . (c^2 + b^2).$$

349. Proposons-nous de calculer le moment d'i-

d'inertie d'un ellipsoïde homogène, par rapport à l'un de ses trois diamètres conjugués rectangulaires.

L'équation de sa surface, rapportée à ces diamètres, est

$$a^2b^2z^2 + a^2c^2y^2 + b^2c^2x^2 = a^2b^2c^2; \qquad (a)$$

a, b, c, étant les longueurs des trois demi-diamètres. Son moment d'inertie par rapport à l'axe des z, sera exprimé par la même intégrale triple que dans le problème précédent. Pour obtenir cette triple intégrale, qui doit être étendue à la masse entière de l'ellipsoïde, j'intégrerai d'abord par rapport à z, en regardant y et x comme constantes; ensuite par rapport à y, en regardant toujours x comme constante; et enfin par rapport à x. On peut suivre l'ordre qu'on veut dans ces trois intégrations successives; celui que je choisis revient à concevoir l'ellipsoïde partagé en une infinité de tranches elliptiques, parallèles au plan des y, z; chaque tranche partagée de même en une infinité de parallélépipèdes, perpendiculaires au plan des y, x, et terminés de part et d'autre à la surface; et chaque parallélépipède, divisé en une infinité d'élémens infiniment petits dans leurs trois dimensions. Les limites de l'intégrale relative à z seront les deux valeurs de cette variable, qui sont données par l'équation de la surface; cette intégrale définie exprimera en fonction de x et y, le moment d'inertie de l'un quelconque des parallélépipèdes. L'intégrale relative à y, aura pour limites les deux valeurs de cette variable qui répondent à la même valeur de x, dans l'équation de la section de l'ellipsoïde par le plan des x,y; elle exprimera le moment d'inertie de la tranche parallèle au plan des y, z, qui se trouve à la distance x de ce plan. Enfin la dernière intégrale, ou l'intégrale relative à x, sera prise depuis $x = -a$, jusqu'à $x = a$, et elle exprimera le moment d'inertie de l'ellipsoïde entier.

En intégrant par rapport à z, il vient

$$(x^2 + y^2)\rho z . dx dy + \text{constante}.$$

Les deux limites, données par l'équation (a), sont

$$z = +c . \sqrt{1 - \frac{y^2}{b^2} - \frac{x^2}{a^2}}, \quad \text{et} \quad z = -c . \sqrt{1 - \frac{y^2}{b^2} - \frac{x^2}{a^2}};$$

l'intégrale définie sera donc

$$2c\rho . (x^2 + y^2) . \sqrt{1 - \frac{y^2}{b^2} - \frac{x^2}{a^2}} . dx dy;$$

ou, ce qui est la même chose,

$$2c\rho x^2 . \sqrt{1 - \frac{y^2}{b^2} - \frac{x^2}{a^2}} . dx dy + 2c\rho y^2 . \sqrt{1 - \frac{y^2}{b^2} - \frac{x^2}{a^2}} . dx dy.$$

Quand on intègre par rapport à y, on peut faire passer les facteurs x^2 et dx hors du signe $\int$, puisqu'alors x est regardée comme une constante; si de plus, on fait, pour un moment, $b^2 - \frac{b^2 x^2}{a^2} = r^2$, l'intégrale relative à y, de la première partie de cette formule, deviendra

$$\frac{2c\rho x^2 dx}{b} . \sqrt{r^2 - y^2} . dy.$$

L'équation de la section de l'ellipsoïde, par le plan

des x, y, savoir :

$$a^2 y^2 + b^2 x^2 = a^2 b^2,$$

donne $y = r$ et $y = -r$, pour les deux limites de l'intégrale relative à y; or l'intégrale $\int \sqrt{r^2 - y^2} \, . \, dy$, prise entre ces limites, exprime évidemment l'aire du demi-cercle dont le rayon est r ; elle est donc égale à $\frac{1}{2} . \pi r^2$, π désignant le rapport de la circonférence au diamètre ; donc

$$\frac{2c\varrho x^2 dx}{b} . \int \sqrt{r^2 - y^2} \, . \, dy = \frac{c\varrho \pi r^2 x^2 dx}{b} = \frac{bc\varrho\pi}{a^2} . (a^2 x^2 - x^4) dx,$$

en remettant pour r^2, sa valeur.

L'intégrale de cette dernière quantité, prise depuis $x = -a$, jusqu'à $x = a$, est égale, toute réduction faite, à $\frac{4}{15} . bca^3 \varrho\pi$; on a donc, après les deux intégrations relatives à x et y,

$$2c\varrho . \int\!\!\int x^2 . \sqrt{1 - \frac{y^2}{b^2} - \frac{x^2}{a^2}} . dy dx = \frac{4}{15} . bca^3 \varrho\pi.$$

Sans nouveaux calculs, et en échangeant simplement les lettres x et y entre elles, et les lettres a et b aussi entre elles, on en déduit

$$2c\varrho . \int\!\!\int y^2 . \sqrt{1 - \frac{x^2}{a^2} - \frac{y^2}{b^2}} . dy dx = \frac{4}{15} . acb^3 \varrho\pi.$$

Concluons donc enfin que le moment d'inertie de l'ellipsoïde, qui est la somme de ces deux dernières intégrales définies, sera égal à

$$\frac{4}{15} . abc \, \varrho \, \pi . (a^2 + b^2).$$

Ce

Ce moment se rapporte à l'axe des z; en y échangeant les lettres a et c entre elles, on en déduira le moment d'inertie, par rapport à l'axe des x; et en échangeant, dans celui-ci, les lettres a et b entre elles, on aura celui qui se rapporte à l'axe des y. Ces deux derniers momens seront

$$\frac{4}{15}.abc\rho\pi\,(c^2 + b^2), \qquad \frac{4}{15}.abc\rho\pi\,(c^2 + a^2).$$

Le volume de l'ellipsoïde est égal à $\frac{4\pi}{3}.abc$; en appelant M sa masse, ou le produit de ce volume par la densité ρ, les valeurs des trois momens deviendront

$$\frac{M}{5}.(a^2 + b^2), \qquad \frac{M}{5}.(c^2 + b^2); \qquad \frac{M}{5}.(c^2 + a^2).$$

On peut observer que le plus grand des trois momens d'inertie relatifs aux diamètres conjugués rectangulaires, répond à celui de ces diamètres, dont la longueur est la plus petite, et qu'au contraire, le plus petit moment répond au plus grand diamètre.

350. Dans le cas de la sphère, on a $a=b=c$; les trois momens d'inertie deviennent égaux entre eux, et sont exprimés par $\frac{8\pi}{15}.\rho a^5$. Si le rayon a augmente d'une quantité infiniment petite, et se change en $a+da$, l'accroissement correspondant du moment d'inertie de la sphère, exprimera le moment d'inertie de la couche sphérique qui lui est concentrique, et dont les rayons intérieur et extérieur sont a et

$a + da$; de sorte que le moment de cette couche sera la différentielle de celui de la sphère, prise par rapport à a, c'est-à-dire, qu'il sera égal à $\frac{\pi}{3} . \rho a^4 . da$. Maintenant, supposons que la sphère ne soit point homogène, mais qu'elle soit seulement composée de couches homogènes concentriques; la quantité ρ sera alors une fonction de a, qui dépendra de la loi que suit la densité, en allant du centre à la surface; il faudra donc, pour avoir le moment d'inertie de la sphère, intégrer la formule qui exprime celui d'une couche quelconque, en y regardant ρ comme une fonction donnée de a. Ainsi le moment d'inertie d'une sphère composée de couches homogènes concentriques, pris par rapport à l'un de ses diamètres, sera exprimé par

$$\frac{8\pi}{3} . \int \rho a^4 da ;$$

l'intégrale étant prise depuis $a = 0$, jusqu'à a égal au rayon de la sphère.

351. Le calcul du moment d'inertie d'un corps homogène, terminé par une surface de révolution, se réduit à une seule intégration, dépendante de la nature de la courbe génératrice, quand on prend ce moment par rapport à l'axe de figure. Pour le prouver, divisons ce corps en anneaux circulaires, d'une épaisseur et d'une largeur infiniment petites, dont chacun ait son centre dans l'axe et soit compris entre deux plans perpendiculaires à cet axe. Soit *enf* (fig. 11), une

section d'un de ces anneaux, p son centre, CpD l'axe de figure, CmD la courbe génératrice, dont le plan est perpendiculaire à cet anneau. Appelons r le rayon intérieur pn, $r + dr$ le rayon extérieur pn', de manière que dr soit la largeur nn' de l'anneau; appelons aussi x, la distance Cp du centre p, à un point fixe C, pris arbitrairement sur l'axe CD; et soit enfin dx, l'épaisseur de l'anneau, ou la distance mutuelle des deux plans perpendiculaires à l'axe, qui le comprennent. Cet anneau est évidemment la différence de deux cylindres, dont la hauteur commune est dx, et qui ont pour rayon, r et $r+dr$; son volume, en représentant par π le rapport de la circonférence au diamètre, sera donc égal à $\pi(r+dr)^2 . dx - \pi r^2 . dx$, quantité qui se réduit à $2\pi r dr dx$, en négligeant le terme infiniment petit du 3ᵉ ordre : la masse de cet anneau sera donc $2\pi \rho r dr dx$, ρ étant la densité du corps. Tous les points de l'anneau sont à des distances de l'axe CD, qui sont égales à r, ou qui n'en diffèrent que d'une quantité infiniment petite ; on aura donc son moment d'inertie, en multipliant sa masse, par le carré de r; ce qui donne

$$2\pi \rho r^3 dr dx.$$

Si l'on intègre cette formule par rapport à r, et depuis $r=0$, jusqu'à $r=pm$, on aura le moment d'inertie d'une tranche du corps, dont l'épaisseur est dx, et comprise entre deux plans perpendiculaires à l'axe CD, c'est-à-dire, la somme des momens d'inertie de tous les anneaux compris entre ces deux plans; soit donc y l'ordonnée pm de la courbe

6..

génératrice, qui répond à l'abscisse quelconque Cp ou x, nous aurons, en effectuant cette intégration, et observant que la densité est supposée constante,

$$\tfrac{1}{2} \cdot \pi \varrho y^4 dx.$$

Lorsque l'équation de la courbe génératrice sera donnée, on en tirera la valeur de y en fonction de x; en la substituant dans cette dernière formule, il ne restera plus ensuite qu'à l'intégrer par rapport à x, depuis $x = 0$ jusqu'à $x = CD$: cette intégrale définie exprimera la somme des momens d'inertie de toutes les tranches du corps, ou, ce qui est la même chose, le moment d'inertie du corps entier. Si l'on veut seulement avoir le moment d'inertie d'une tranche du corps, d'une épaisseur finie et comprise entre deux plans perpendiculaires à l'axe CD, on donnera pour limites à cette intégrale, les valeurs de x qui répondent aux deux plans extrêmes.

Quand le corps sera un solide creux, terminé par deux surfaces de révolution qui ont le même axe, on aura son moment d'inertie par rapport à cet axe, en regardant ce corps comme la différence de deux solides de révolution, et en retranchant le moment relatif à l'un, du moment relatif à l'autre. Enfin, si l'on demandait le moment d'inertie d'un segment de solide de révolution, compris entre deux plans menés par l'axe de figure, il est évident, d'après la symétrie d'un pareil corps autour de cet axe, que le moment d'inertie d'un segment quelconque est au moment d'inertie du solide entier, comme l'angle des deux plans qui comprennent ce segment, est à la circonférence entière; par conséquent le moment d'inertie de chaque segment se déduira toujours, sans aucune difficulté, de celui du solide.

352. Supposons, pour donner un exemple, que la courbe génératrice CmD soit une demi-circonférence, dont le diamètre CD, soit représenté par $2a$. L'équation de cette courbe, rapportée au point C comme origine des coordonnées, aura cette forme :

$$y^2 = 2ax - x^2;$$

la formule à intégrer deviendra donc, en y mettant pour y^2, cette valeur

$$\frac{1}{2} \cdot \pi \rho \, (4a^2 x^2 - 4ax^3 + x^4) \, . dx;$$

et en intégrant, on aura

$$\frac{1}{2} \cdot \pi \rho \left(\frac{4a^2 x^3}{3} - ax^4 + \frac{x^5}{5} \right).$$

Cette intégrale, qui s'évanouit au point C, exprime le moment d'inertie de la portion de sphère engendrée par l'aire Cpm, tournant autour de la droite Cp. Si l'on veut avoir celui de la sphère entière, engendrée par le demi-cercle CmD, il n'y a qu'à supposer $x = CD = 2a$, et il vient $\dfrac{8\pi \rho a^5}{15}$ pour la valeur du moment ; résultat qui est le même que celui du n° 350.

353. Si la génératrice est une droite AB (fig. 12),

tournant autour de la droite CD, menée dans son plan, son équation sera

$$y = ax + b :$$

je prends la droite CD, pour axe des abscisses x; je fixe l'origine des coordonnées au point C, de manière qu'on a

$$b = CA, \quad a = \text{tang}. BED.$$

La formule à intégrer est, dans ce cas,

$$\frac{1}{2} . \pi \varrho (ax + b)^4 . dx;$$

intégrant donc depuis $x = o$, jusqu'à $x = CD$, et représentant par α, cette ligne CD, il vient

$$\frac{1}{10} . \frac{\pi \varrho}{a} . [(a\alpha + b)^5 - b^5].$$

Cette quantité est donc le moment d'inertie pris par rapport à la droite CD, du cône tronqué, engendré par le trapèze $CABD$, tournant autour de cette droite. Si la droite AB est parallèle à CD, on a $a = o$, le cône se change en un cylindre, et l'expression du moment d'inertie devient

$$\frac{1}{2} . \pi \varrho \alpha b^4.$$

554. Quand on connaît le moment d'inertie d'un corps, par rapport à un axe passant par le centre de gravité, on en conclut aisément le moment d'inertie du même corps, rapporté à tout autre axe parallèle au premier.

En effet, plaçons l'origine des coordonnées x, y, z, au centre de gravité, et prenons le premier axe, pour celui des z; soient $x = \alpha$, $y = \mathfrak{G}$, les coordonnées du point où le second axe coupe le plan des x, y, auquel ce second axe est aussi perpendiculaire; désignons par a, la distance du centre de gravité, au second axe; par r, celle d'un élément quelconque dm au premier axe; par r', la distance du même élément au second axe. Le moment d'inertie connu sera $\int r^2 dm$, et celui qu'on demande, sera $\int r'^2 dm$; ces intégrales étant étendues à la masse entière du corps. Or, nous aurons

$$r'^2 = (x - \alpha)^2 + (y - \mathfrak{G})^2 = x^2 + y^2 - 2\alpha x - 2\mathfrak{G}y + \alpha^2 + \mathfrak{G}^2;$$

multipliant par dm, intégrant et observant que $x^2 + y^2 = r^2$, $\alpha^2 + \mathfrak{G}^2 = a^2$, il vient

$$\int r'^2 dm = \int r^2 dm - 2\alpha.\int x dm - 2\mathfrak{G}.\int y dm + a^2.\int dm;$$

mais à cause que le centre de gravité est sur l'axe des z, on a $\int x dm = 0$, $\int y dm = 0$, car ces intégrales, divisées par la masse du corps, représenteraient en général les distances de ce centre, aux plans des y, z et des x, z; de plus $\int dm$ est la masse entière du corps, que je représenterai par M; l'équation précédente se réduit donc à

$$\int r'^2 dm = \int r^2 dm + Ma^2.$$

Donc on aura le moment demandé, en ajoutant à celui qui est donné, la masse du corps, multipliée par le carré de la distance du centre de gravité au nouvel axe.

D'après cette règle, on aura immédiatement le moment d'inertie d'une sphère homogène, ou composée de couches homogènes concentriques, par rapport à un axe quelconque, puisque ce moment est connu par rapport à tous les axes passant par le centre de figure, qui est aussi le centre de gravité.

355. Dorénavant, nous représenterons par k^2 le rapport du moment d'inertie $\int r^2 dm$, à la masse M du corps. Ce rapport est une quantité essentiellement positive, dont l'expression numérique sera toujours indépendante de l'unité de masse que l'on choisit. Nous aurons de cette manière,

$$\int r'^2 dm = M(k^2 + a^2);$$

d'où l'on peut conclure que le moment d'inertie rapporté à un axe quelconque, passant par le centre de gravité, est plus petit que celui qui se rapporte à tout autre axe parallèle au premier. Les momens d'inertie sont les mêmes par rapport à des axes équidistans du centre de gravité et parallèles entre eux; leur valeur augmente à mesure que les axes s'éloignent de ce point.

356. Non - seulement le moment d'inertie d'un corps change avec la position absolue de l'axe auquel on le rapporte, mais il change aussi avec la direction de cet axe. Pour montrer comment cette direction influe sur la grandeur du moment d'inertie, proposons-nous de trouver celui de la masse M, par rapport à un axe mené par l'origine des coordonnées

x, y, z, et qui fasse avec les axes des x, y, z, les trois angles donnés $\alpha, \varepsilon, \gamma$.

Soit p, la perpendiculaire abaissée de la molécule dm, sur le nouvel axe ; D la distance de cette molécule à l'origine des coordonnées ; δ l'angle compris entre la ligne D et le nouvel axe. Les cosinus des angles que fait la ligne D avec les axes des x, y, z, seront égaux aux rapports $\dfrac{x}{D}, \dfrac{y}{D}, \dfrac{z}{D}$; par conséquent on aura (n° 78)

$$\cos . \delta = \frac{x}{D} . \cos . \alpha + \frac{y}{D} . \cos . \varepsilon + \frac{z}{D} . \cos . \gamma.$$

D'ailleurs on a

$$p = D . \sin . \delta \quad \text{et} \quad p^2 = D^2 . \sin^2 . \delta = D^2 - (D . \cos . \delta)^2 ;$$

substituant donc pour $D . \cos . \delta$, la valeur précédente de $\cos . \delta$, multipliée par D ; observant que $D^2 = x^2 + y^2 + z^2$, et réduisant, on en conclut

$$p^2 = x^2 . \sin^2 . \alpha + y^2 . \sin^2 . \varepsilon + z^2 . \sin^2 . \gamma - 2xy . \cos . \alpha . \cos . \varepsilon$$
$$- 2xz . \cos . \alpha . \cos . \gamma - 2yz . \cos . \varepsilon . \cos . \gamma ;$$

multipliant par dm et intégrant, il vient

$$\int p^2 dm = \sin^2 . \alpha . \int x^2 dm + \sin^2 . \varepsilon . \int y^2 dm + \sin^2 . \gamma . \int z^2 dm$$
$$- 2 . \cos . \alpha . \cos . \varepsilon . \int xy dm - 2 . \cos . \alpha . \cos . \gamma . \int xz dm$$
$$- 2 . \cos . \varepsilon . \cos . \gamma . \int yz dm.$$

Au moyen de cette formule, on aura immédiatement le moment d'inertie $\int p^2 dm$, relatif à un axe de direction donnée et passant par l'origine des coordonnées, quand on connaîtra les six intégrales $\int x^2 dm$,

$\int y^2 dm$, $\int z^2 dm$, $\int xy\, dm$, $\int xz\, dm$, $\int yz\, dm$, qui s'étendent à la masse entière du corps, et qui se rapportent aux axes des coordonnées.

357. Si ces axes sont choisis de manière que les trois dernières intégrales soient nulles, la formule se simplifie et se réduit à

$$\int p^2 dm = \sin^2.\,\alpha.\int x^2 dm + \sin^2.\,\mathcal{C}.\int y^2 dm + \sin^2.\,\gamma.\int z^2 dm.$$

Alors il suffit de connaître les momens d'inertie relatifs aux trois axes des coordonnées, pour former la valeur de $\int p^2 dm$.

En effet, soit A le moment d'inertie qui se rapporte à l'axe des x, B celui qui se rapporte à l'axe des y, et C celui qui se rapporte à l'axe des z; on aura

$$\int (y^2 + z^2) dm = A, \quad \int (z^2 + x^2) dm = B, \quad \int (x^2 + y^2) dm = C;$$

d'où l'on tire

$$2\int z^2 dm = A + B - C, \quad 2\int y^2 dm = A + C - B, \quad 2\int x^2 dm = B + C - A;$$

et par conséquent

$$2\int p^2 dm = A\,(\sin^2.\,\mathcal{C} + \sin^2.\,\gamma - \sin^2.\,\alpha) + B\,(\sin^2.\,\alpha + \sin^2.\,\gamma - \sin^2.\,\mathcal{C})$$
$$+ C\,(\sin^2.\,\alpha + \sin^2.\,\mathcal{C} - \sin^2.\,\gamma);$$

équation qui donne la valeur de $\int p^2 dm$, au moyen de A, B, C.

On peut l'écrire sous une forme plus simple, en observant que

$$\cos^2.\,\alpha + \cos^2.\,\mathcal{C} + \cos^2.\,\gamma = 1;$$

d'où l'on tire facilement

$$\sin^2.\theta + \sin^2.\gamma - \sin^2.\alpha = 2.\cos^2.\alpha,$$
$$\sin^2.\alpha + \sin^2.\gamma - \sin^2.\theta = 2.\cos^2.\theta,$$
$$\sin^2.\alpha + \sin^2.\theta - \sin^2.\gamma = 2.\cos^2.\gamma.$$

Ce qui change l'équation précédente en celle-ci :

$$\int p^2 dm = A.\cos^2.\alpha + B.\cos^2.\theta + C.\cos^2.\gamma.$$

558. Nous démontrerons plus bas, que dans tous les corps, on peut mener par un point pris au hasard, trois axes rectangulaires qui sont tels qu'en les prenant pour ceux des coordonnées x, y, z, on a

$$\int xy\, dm = 0, \quad \int xz\, dm = 0, \quad \int yz\, dm = 0.$$

On les nomme *axes principaux;* et les momens d'inertie qui s'y rapportent, et qui suffisent pour déterminer le moment relatif à tout autre axe passant par leur intersection, s'appellent les *momens d'inertie principaux.*

En combinant le résultat du n° précédent avec celui du n° 354, on aura le moment d'inertie d'un corps, rapporté à un axe quelconque, quand on connaîtra les trois momens du même corps, relatifs aux trois axes principaux qui se coupent au centre de gravité. Par exemple, dans un ellipsoïde homogène, le centre de gravité est le centre de figure. De plus, on peut prouver que les trois diamètres conjugués rectangulaires sont des axes principaux ; car en prenant ces diamètres pour les axes des x, y, z, le corps sera partagé en parties égales et semblables, par chacun des plans des coordonnées; s'il y a donc une molécule dm au-dessus du plan des x, y, dont les trois coordonnées soient x, y, z, il y en aura une autre au-dessous, qui sera égale en masse à la première, et dont les coordonnées seront x, y, et $-z$; les élémens des intégrales $\int xzdm$ et $\int yzdm$, correspondans à ces deux molécules, seront donc $xzdm$ et $-xzdm$, $yzdm$ et $-yzdm$: donc chacune de ces intégrales est la somme d'une infinité de quantités infiniment petites, qui se détruisent, par l'opposition des signes; par conséquent ces intégrales, et par la même raison, la troisième $\int xydm$, sont nulles; ce qui est la propriété caractéristique des axes principaux. Or, nous avons donné (n° 349) les momens d'inertie de cet ellipsoïde, rapportés à ses trois diamètres : on formera donc, quand on voudra, son moment d'inertie rapporté à un axe mené par un point et dans une direction quelconques.

359. Le plus grand des trois momens d'inertie principaux, A, B, C, est le plus grand de tous ceux qui se rapportent à des axes menés par l'origine des coordonnées. Soit, en effet, A la plus grande des trois quantités A, B, C, de sorte que les différences $A-B, A-C$, soient positives; en mettant $1-\cos^2.\beta -\cos^2.\gamma$, à la place de $\cos^2.\alpha$, dans la valeur de $\int p^2 dm$, elle prendra cette forme :

$$\int p^2 dm = A - (A - B).\cos^2.\beta - (A - C).\cos^2.\gamma;$$

où l'on voit que $\int p^2 dm < A$, quels que soient les angles β et γ. De même la plus petite des trois quantités A, B, C, est le plus petit des momens d'inertie, relatifs à des axes passant par l'origine des coordonnées; car, en supposant que C soit cette plus petite quantité, et en mettant la valeur de $\int p^2 dm$ sous cette forme :

$$\int p^2 dm = C + (A - C).\cos^2.\alpha + (B - C).\cos^2.\varepsilon,$$

on voit que $\int p^2 dm$ surpasse toujours C.

Dans le cas particulier où les trois quantités A, B, C sont égales entre elles, on a aussi $\int p^2 dm = A$, quelle que soit la direction de l'axe auquel ce moment $\int p^2 dm$ est rapporté ; donc alors, les momens d'inertie sont égaux, par rapport à tous les axes menés par l'origine des coordonnées. Ce cas est celui de la sphère homogène, ou composée de couches homogènes et concentriques, pourvu que l'origine des coordonnées soit placée au centre; mais il peut y avoir, et il y a en effet d'autres corps qui jouissent de la même propriété.

Si l'on a seulement $A = B$, la valeur de $\int p^2 dm$ se réduira à

$$\int p^2 dm = A(\cos^2.\alpha + \cos^2.\varepsilon) + C.\cos^2.\gamma = A.\sin^2.\gamma + C.\cos^2.\gamma ;$$

cette valeur sera donc indépendante des angles α et ε ; et le moment d'inertie sera le même par rapport à tous les axes menés par l'origine des coordonnées, qui font un même angle γ avec l'axe des z : par exemple, par rapport à tous les axes compris dans le plan des x, y, ou qui font un angle droit avec l'axe des z.

D'après ce que nous avons déjà vu dans le n° 354, nous pouvons dire maintenant que le plus petit de tous les momens d'inertie qu'un même corps puisse avoir, se rapporte à l'un des trois axes principaux qui se coupent à son centre de gravité. Ainsi le plus petit de tous les momens d'inertie d'un ellipsoïde homogène, se rapporte au plus grand de ses trois diamètres conjugués rectangulaires ; ce qui est d'ailleurs évident par la nature du moment d'inertie (n° 347).

360. Il nous reste présentement à démontrer l'existence des axes principaux dans tous les corps. Pour cela, soit O (fig. 13) l'origine des coordonnées qui est placée en un point donné, à l'intérieur ou en dehors du corps ; soient x, y, z, les coordonnées d'un élément quelconque dm, parallèles aux trois axes rectangulaires Ox, Oy, Oz ; désignons par $x_{,}$, $y_{,}$, $z_{,}$, les coordonnées du même point, parallèles à trois autres axes $Ox_{,}$, $Oy_{,}$, $Oz_{,}$, aussi rectangulaires : les premiers axes sont trois lignes choisies arbitrairement et que nous regarderons comme fixes ; la position des seconds est indéterminée par rapport aux premiers. Cette position dépend, comme on sait par la transformation des coordonnées, de trois angles qui entrent dans les valeurs de $x_{,}$, $y_{,}$, $z_{,}$, en fonction de x, y, z ; en substituant donc ces valeurs dans $\int x_{,}y_{,}dm$, $\int x_{,}z_{,}dm$, $\int y_{,}z_{,}dm$, ces intégrales deviendront des fonctions des trois angles inconnus : or, je dis qu'on pourra toujours déterminer ces angles de manière qu'on ait

$$\int x_{,}y_{,}dm = 0, \quad \int x_{,}z_{,}dm = 0, \quad \int y_{,}z_{,}dm = 0 ;$$

et alors les lignes $Ox_{,}$, $Oy_{,}$, $Oz_{,}$, seront trois axes principaux.

361. Il est nécessaire, pour démontrer cette proposition, de rappeler les formules connues de la transformation des coordonnées, dans le cas où l'on passe d'un système de coordonnées rectangulaires x, y, z, à un autre système semblable de coordonnées $x_{,}$, $y_{,}$, $z_{,}$, qui ont la même origine O que les premières.

Les valeurs de x, y, z, en fonction de $x_{,}$, $y_{,}$, $z_{,}$, sont linéaires et de cette forme :

$$x = ax_{,} + by_{,} + cz_{,},$$
$$y = a'x_{,} + b'y_{,} + c'z_{,},$$
$$z = a''x_{,} + b''y_{,} + c''z_{,}.$$

Les neuf coefficiens a, b, c, etc., représentent les cosinus des angles que font les axes des x, y, z, avec ceux des $x_{,}$, $y_{,}$, $z_{,}$; le coefficient a, par exemple, est le cosinus de l'angle $xOx_{,}$, compris entre les axes Ox et $Ox_{,}$; le coefficient a' est celui de l'angle $yOx_{,}$, compris entre les axes Oy et $Ox_{,}$; et de même pour les autres. Ils sont liés entre eux par les six équations de condition :

$$a^2 + a'^2 + a''^2 = 1, \qquad ab + a'b' + a''b'' = 0,$$
$$b^2 + b'^2 + b''^2 = 1, \qquad ac + a'c' + a''c'' = 0,$$
$$c^2 + c'^2 + c''^2 = 1, \qquad bc + b'c' + b''c'' = 0,$$

qui résultent de ce qu'on doit avoir identiquement

$$x^2 + y^2 + z^2 = x_{,}^2 + y_{,}^2 + z_{,}^2;$$

car les coordonnées rectangulaires x, y, z, et $x_{,}$, $y_{,}$, $z_{,}$, appartenant au même point, et ayant même origine, il s'ensuit que le carré de la distance de ce point à l'origine, peut s'exprimer indifféremment par $x^2 + y^2 + z^2$, ou par $x_{,}^2 + y_{,}^2 + z_{,}^2$.

Réciproquement, les valeurs de $x_{,}$, $y_{,}$, $z_{,}$, en fonction de x, y, z, sont

$$x_{,} = ax + a'y + a''z,$$
$$y_{,} = bx + b'y + b''z,$$
$$z_{,} = cx + c'y + c''z;$$

et au lieu des six équations de condition précédentes, on peut prendre ces six autres qui leur sont équivalentes :

$$a^2 + b^2 + c^2 = 1, \qquad aa' + bb' + cc' = 0,$$
$$a'^2 + b'^2 + c'^2 = 1, \qquad aa'' + bb'' + cc'' = 0,$$
$$a''^2 + b''^2 + c''^2 = 1, \qquad a'a'' + b'b'' + c'c'' = 0.$$

On pourrait regarder trois des neuf coefficiens a, b, c, etc., comme indéterminés, et les six autres comme déterminés par ces équations de condition; mais il sera plus simple d'exprimer explicitement les neuf coefficiens, en fonction de trois nouvelles quantités déterminées et indépendantes entre elles.

Pour cela, supposons que la ligne NON' soit l'intersection du plan des $x_{,}$, $y_{,}$, avec celui des x, y; désignons par ψ, l'angle NOx; par φ, l'angle $NOx_{,}$; par θ, l'inclinaison du plan des $x_{,}$, $y_{,}$, sur celui des x, y, qui est la même chose que l'angle $zOz_{,}$, compris entre les axes $Oz_{,}$ et Oz. Il est évident que quand ces trois angles ψ, φ et θ seront donnés,

la

la position des axes $Ox_{,}$, $Oy_{,}$, $Oz_{,}$, sera entièrement déterminée, par rapport aux axes Ox, Oy, Oz : les neuf cosinus a, b, c, etc., doivent donc être des fonctions déterminées de ces trois angles; et en effet, on a

$$a = \cos.\theta.\sin.\psi.\sin.\varphi + \cos.\psi.\cos.\varphi,$$
$$b = \cos.\theta.\sin.\psi.\cos.\varphi - \cos.\psi.\sin.\varphi,$$
$$c = \sin.\theta.\sin.\psi,$$
$$a' = \cos.\theta.\cos.\psi.\sin.\varphi - \sin.\psi.\cos.\varphi,$$
$$b' = \cos.\theta.\cos.\psi.\cos.\varphi + \sin.\psi.\sin.\varphi,$$
$$c' = \sin.\theta.\cos.\psi,$$
$$a'' = -\sin.\theta.\sin.\varphi,$$
$$b'' = -\sin.\theta.\cos.\varphi,$$
$$c'' = \cos.\theta.$$

En substituant ces neuf valeurs dans les équations de condition, on vérifie aisément qu'elles deviennent identiques, et qu'il n'en résulte aucune relation entre les angles ψ, θ et φ.

362. Quoique ces dernières formules soient généralement connues, il ne sera pas inutile d'indiquer, en peu de mots, la manière suivante d'y parvenir.

On sait que α, δ, γ, étant les trois côtés d'un triangle sphérique quelconque, et A l'angle opposé au côté α, on a

$$\cos.\alpha = \cos.A.\sin.\delta.\sin.\gamma + \cos.\delta.\cos.\gamma.$$

Or, si nous imaginons une sphère décrite du point O, comme centre, et d'un rayon quelconque, nous aurons d'abord sur cette sphère, un triangle formé

2.

7

par les trois arcs interceptés par les angles NOx, $NOx_{,}$, et $x_{,}Ox$, dans lequel l'angle opposé au dernier côté est l'inclinaison θ; donc, à cause de $NOx = \psi$, $NOx_{,} = \varphi$, on aura

$$\cos.x Ox_{,} = a = \cos.\theta.\sin.\psi.\sin.\varphi + \cos.\psi.\cos.\varphi.$$

Cette équation ayant lieu pour des valeurs quelconques des angles φ et ψ, on peut supposer que φ devienne $\varphi + 100°$; alors la ligne $Ox_{,}$ prendra la place de $Oy_{,}$; l'angle $xOx_{,}$ deviendra $xOy_{,}$, et l'on aura

$$\cos.x Oy_{,} = b = \cos.\theta.\sin.\psi.\cos.\varphi - \cos.\psi.\sin.\varphi.$$

De même, en mettant $\psi + 100°$ à la place de ψ, dans l'équation précédente, la ligne Ox se changera dans la ligne Oy; l'angle $xOx_{,}$ deviendra $yOx_{,}$; de sorte que l'on aura

$$\cos.y Ox_{,} = a' = \cos.\theta.\cos.\psi.\sin.\varphi - \sin.\psi.\cos.\varphi.$$

Et si l'on met à la fois dans cette équation précédente, $\psi + 100°$ et $\varphi + 100°$ à la place de ψ et φ, l'angle $xOx_{,}$ sera remplacé par l'angle $yOy_{,}$; par conséquent

$$\cos.y Oy_{,} = b' = \cos.\theta.\cos.\psi.\cos.\varphi + \sin.\psi.\sin.\varphi.$$

Considérons de même le triangle dont les trois côtés sont les arcs interceptés par les angles $NOz_{,}$, NOx, $xOz_{,}$. L'angle opposé au dernier côté est égal à $100° - \theta$; de plus, on a $NOz_{,} = 100°$, $NOx = \psi$; l'équation générale se réduit donc à

$$\cos.x Oz_{,} = c = \sin.\theta.\sin.\psi;$$

d'où l'on conclut aussi

$$\cos. y Oz_, = c' = \sin.\theta.\cos.\psi,$$

en augmentant l'angle ψ d'un angle droit, ce qui change la ligne Ox dans la ligne Oy, et l'angle $xOz_,$, dans l'angle $yOz_,$.

Enfin, dans le triangle qui a pour côtés les arcs interceptés par les angles NOz, $NOx_,$, $x_,Oz$, l'angle opposé au dernier côté est égal à $100° + \theta$; on a $NOz = 100°$ et $NOx_, = \varphi$; faisant donc $\mathcal{C} = 100°$, $\gamma = \varphi$, $A = 100° + \theta$, et $\alpha = x_,Oz$, dans l'équation générale, on aura

$$\cos. x_,Oz = a'' = -\sin.\theta.\sin.\varphi.$$

En mettant $\varphi + 100°$ à la place de φ, dans ce résultat, la ligne $Ox_,$ prendra la place de la ligne $Oy_,$, l'angle $x_,Oz$ deviendra $y_,Oz$, et l'on aura aussi

$$\cos. y_,Oz = b'' = -\sin.\theta.\cos.\varphi.$$

Quant au neuvième coefficient c'', on a

$$c'' = \cos. zOz_, = \cos.\theta.$$

363. Nous pouvons maintenant démontrer la proposition du n° 360. En substituant les valeurs de a, b, etc., dans celles de $x_,, y_,, z_,$, il vient

$$z_, = x.\sin.\theta.\sin.\psi + y.\sin.\theta.\cos.\psi + z.\cos.\theta,$$
$$y_, = Y.\cos.\varphi - X.\sin.\varphi,$$
$$x_, = Y.\sin.\varphi + X.\cos.\varphi:$$

où l'on a fait, pour abréger,

$$Y = x.\cos.\theta.\sin.\psi + y.\cos.\theta.\cos.\psi - z.\sin.\theta,$$
$$X = x.\cos.\psi - \sin.y.\psi.$$

7··

On tire de là

$$y_{,}x_{,} = (Y^2 - X^2).\cos.\varphi.\sin.\varphi + YX.(\cos^2.\varphi - \sin^2.\varphi),$$

et par conséquent

$$\textstyle\int y_{,}x_{,}dm = \cos.\varphi.\sin.\varphi.\int(Y^2-X^2)dm + (\cos^2.\varphi - \sin^2.\varphi).\int YX dm;$$

égalant cette quantité à zéro, et observant que $2.\cos.\varphi.\sin.\varphi = \sin.2\varphi$, et $\cos^2.\varphi - \sin^2.\varphi = \cos.2\varphi$, on a

$$\sin.2\varphi.\int(Y^2-X^2)dm + 2.\cos.2\varphi.\int YX dm = 0. \qquad (1)$$

Les deux autres équations $\int x_{,}z_{,}dm = 0$, $\int y_{,}z_{,}dm = 0$, du n° cité, prennent cette forme :

$$\cos.\varphi.\int Yz_{,}dm - \sin.\varphi.\int Xz_{,}dm = 0,$$
$$\sin.\varphi.\int Yz_{,}dm + \cos.\varphi.\int Xz_{,}dm = 0,$$

quand on y substitue les valeurs de $y_{,}$ et $x_{,}$. Si on les ajoute après avoir multiplié la première par $\cos.\varphi$ et la seconde par $\sin.\varphi$, et si on retranche l'une de l'autre, après avoir multiplié la première par $\sin.\varphi$ et la seconde par $\cos.\varphi$, on trouve

$$\int Yz_{,}dm = 0, \quad \int Xz_{,}dm = 0. \qquad (2)$$

De cette manière les trois équations du n° 360, sont remplacées par l'équation (1) et les équations (2); et il s'agit de prouver qu'on en tirera toujours des valeurs réelles pour les angles φ, ψ et θ. Les équations (2) ne contiennent pas l'angle φ; elles serviront à déterminer les angles θ et ψ, et quand ces angles seront connus, l'équation (1) donnera la valeur de $\dfrac{\sin.2\varphi}{\cos.2\varphi}$ ou de tang.2φ, qui fera connaître l'angle φ.

Or, en effectuant les calculs, on trouve

$$Yz_{,} = \cos.\theta.\sin.\theta.(x^2.\sin^2.\psi + 2xy.\cos.\psi.\sin.\psi + y^2.\cos^2.\psi - z^2)$$
$$+ (\cos^2.\theta - \sin^2.\theta)(xz.\sin.\psi + yz.\cos.\psi),$$
$$Xz_{,} = \sin.\theta.[xy.(\cos^2.\psi - \sin^2.\psi) + (x^2 - y^2).\sin.\psi.\cos.\psi]$$
$$+ \cos.\theta.(xz.\cos.\psi - yz.\sin.\psi).$$

Les six intégrales $\int x^2 dm$, $\int y^2 dm$, $\int z^2 dm$, $\int xy dm$, $\int xz dm$, $\int yz dm$, sont des quantités données, qui dépendent de la nature du corps que l'on considère, et de la direction des axes Ox, Oy, Oz, que l'on a choisis arbitrairement : nous ferons donc

$$\int x^2 dm = f, \quad \int y^2 dm = g, \quad \int z^2 dm = h,$$
$$\int xy dm = f', \quad \int xz dm = g', \quad \int yz dm = h';$$

et les équations (2) deviendront

$$\left. \begin{aligned} &\cos.\theta.\sin.\theta(f.\sin^2.\psi + 2f'.\cos.\psi.\sin.\psi + g.\cos^2.\psi - h) \\ &\quad + (\cos^2.\theta - \sin^2.\theta).(g'.\sin.\psi + h'.\cos.\psi) = 0, \\ &\sin.\theta.[f'.(\cos^2.\psi - \sin^2.\psi) + (f - g).\cos.\psi.\sin.\psi] \\ &\quad + \cos.\theta.(g'.\cos.\psi - h'.\sin.\psi) = 0. \end{aligned} \right\} \quad (4)$$

Je désigne par u, l'inconnue tang.ψ, ce qui donne

$$\sin.\psi = \frac{u}{\sqrt{1 + u^2}}, \qquad \cos.\psi = \frac{1}{\sqrt{1 + u^2}};$$

je substitue ces valeurs dans les équations précédentes, puis je prends la valeur de $\sin.\theta$ dans la seconde, pour la substituer dans la première ; je supprime, dans le résultat, le facteur $\cos^2.\theta.(1+u^2)^{\frac{3}{2}}$ et le dénominateur $[f'(1-u^2)+(f-g).u]^2$, qui sont communs à tous les termes, et je trouve, toute réduction faite,

$$[f'(1-u^2)+(f-g).u].[g'g-g'h-h'f'+(h'h-h'f+f'g').u]$$
$$+(g'u+h').(g'-h'u)^2 = 0; \qquad (5)$$

équation du troisième degré qui donnera au moins une valeur réelle pour u, à laquelle répondra une valeur réelle de l'angle ψ.

Cette valeur étant substituée dans la seconde des équations (4), on en tirera aussi une valeur réelle pour tang.θ, et pour l'angle θ. On peut donc satisfaire aux équations (2) par des valeurs réelles de ψ et θ; et comme l'équation (1) donne une valeur réelle pour tang.2φ, et par conséquent pour l'angle φ, il s'ensuit qu'on peut toujours satisfaire aux équations du n° 360, dont les précédentes ne sont que des transformations, par des valeurs réelles de ψ, φ et θ. Concluons donc qu'il existe au moins un système d'axes principaux, qui se coupent au point donné O.

364. Les trois racines de l'équation (5) sont nécessairement réelles; et elles représentent les tangentes des angles compris entre l'axe des x, et chacune des trois droites suivant lesquelles les plans des coordonnées $x_{,}, y_{,}, z_{,}$ coupent le plan des x, y. En effet, ces trois tangentes doivent être données par la même équation, puisqu'on ne saurait exprimer, dans le calcul, aucune différence entre les trois axes principaux dont on cherche la position.

On conclut de là qu'il n'existe, en général, qu'un seul système d'axes principaux qui se coupent au point donné O; car, pour qu'il en existât plusieurs, il faudrait que l'équation (5) fût d'un degré supérieur au troisième, et qu'elle eût trois fois autant de racines réelles qu'il y aurait de ces systèmes. Mais, dans quelques cas particuliers, les équations dont dépendent les valeurs de ψ, θ et φ, deviennent identiques, et alors les axes principaux sont en nombre infini. Nous pourrions déterminer ces cas particuliers, en examinant avec soin les équations précédentes ; mais les considérations suivantes nous les ferons plus simplement connaître.

365. D'après les valeurs de x, y, z, du n° 361, et à cause des équations $\int x_{,}y_{,}dm = 0$, $\int x_{,}z_{,}dm = 0$, $\int y_{,}z_{,}dm = 0$, qui caractérisent les axes principaux $Ox_{,,}$ $Oy_{,,}$ $Oz_{,,}$, on a évidemment

$$\int xy\,dm = aa'.\int x_{,}^2 dm + bb'.\int y_{,}^2 dm + cc'.\int z_{,}^2 dm,$$
$$\int xz\,dm = aa''.\int x_{,}^2 dm + bb''.\int y_{,}^2 dm + cc''.\int z_{,}^2 dm,$$
$$\int yz\,dm = a'a''.\int x_{,}^2 dm + b'b''.\int y_{,}^2 dm + c'c''.\int z_{,}^2 dm :$$

or, si les trois intégrales $\int x_{,}^2 dm$, $\int y_{,}^2 dm$, $\int z_{,}^2 dm$ sont égales, ces valeurs se réduisent à

$$\int xy\,dm = (aa' + bb' + cc').\int x_{,}^2 dm,$$
$$\int xz\,dm = (aa'' + bb'' + cc'').\int x_{,}^2 dm,$$
$$\int yz\,dm = (a'a'' + b'b'' + c'c'').\int x_{,}^2 dm;$$

quantités nulles, en vertu des relations qui existent entre a, b, etc. (n° 361); par conséquent, dans ce cas, les axes Ox, Oy, Oz, forment un second système d'axes principaux ; et comme leur direction reste absolument indéterminée par rapport aux premiers $Ox_{,}$, $Oy_{,}$, $Oz_{,}$, il s'ensuit que tous les systèmes d'axes rectangulaires qu'on peut mener par le point O, sont des axes principaux. Ce cas est celui où les trois momens d'inertie principaux sont égaux ; car de ce qu'on suppose

$$\int x_{,}^2 dm = \int y_{,}^2 dm = \int z_{,}^2 dm,$$

il en résulte

$$\int(x_{,}^2 + y_{,}^2)dm = \int(x_{,}^2 + z_{,}^2)dm = \int(y_{,}^2 + z_{,}^2)dm.$$

Si deux seulement des trois momens d'inertie principaux sont égaux, par exemple ceux qui se rapportent aux axes $Ox_{,}$ et $Oy_{,}$, de manière qu'on ait

$$\int(x_{,}^2 + z_{,}^2)dm = \int(y_{,}^2 + z_{,}^2)dm,$$

il existera encore un nombre infini de systèmes d'axes principaux ; mais tous ces systèmes auront un axe commun, savoir, l'axe $Oz_{,}$. En effet, on a dans cette hypothèse, $\int x_{,}^2 dm = \int y_{,}^2 dm$, et d'après les équations du n° 361, entre les neuf quantités a, b, etc., on peut mettre les valeurs de $\int xy\,dm$, $\int xz\,dm$, $\int yz\,dm$, sous cette forme :

$$\int xy\,dm = (aa' + bb')\cdot\int x_{,}^2 dm + cc'\cdot\int z_{,}^2 dm = cc'\cdot\left(\int z_{,}^2 dm - \int x_{,}^2 dm\right),$$
$$\int xz\,dm = (aa'' + bb'')\cdot\int x_{,}^2 dm + cc''\cdot\int z_{,}^2 dm = cc''\cdot\left(\int z_{,}^2 dm - \int x_{,}^2 dm\right),$$
$$\int yz\,dm = (a'a'' + b'b'')\cdot\int x_{,}^2 dm + c'c''\cdot\int z_{,}^2 dm = c'c''\cdot\left(\int z_{,}^2 dm - \int x_{,}^2 dm\right);$$

or, si l'on fait coïncider l'axe Oz avec l'axe principal $Oz_{,}$, les angles $xOz_{,}$ et $yOz_{,}$ seront droits, et l'on aura

$$c = \cos.\,xOz_{,} = 0, \qquad c' = \cos.\,yOz_{,} = 0 ;$$

par conséquent

$$\int xy\,dm = 0, \quad \int xz\,dm = 0, \quad \int yz\,dm = 0.$$

Donc, dans ce cas, tout système formé de l'axe $Oz_{,,}$ et de deux autres axes rectangulaires, menés arbitrairement par le point O dans le plan $y_{,}Ox_{,,}$ sera un système d'axes principaux.

Enfin, lorsque les trois momens d'inertie principaux sont inégaux, on peut être certain qu'il n'existe qu'un seul système d'axes principaux ; car soit A, le plus grand de ces trois momens inégaux ; supposons, pour un moment, qu'il existe un second système d'axes principaux, et désignons par A', le plus grand des trois momens d'inertie qui s'y rapportent. Il faudrait, d'après le théorème du n° 359, qu'on eût à la fois $A > A'$ et $A' > A$; ce qui est impossible ; donc il est également impossible qu'il existe un second système d'axes principaux.

366. Jusqu'ici les axes principaux ne sont pour nous que des droites dont la considération est utile dans le calcul des momens d'inertie d'un corps, parce qu'elle réduit ce calcul à former les valeurs des trois momens d'inertie principaux (n° 357), d'où l'on déduit ensuite, sans nouvelle intégration, le moment d'inertie du même corps, rapporté à un axe quelconque. Mais ces axes jouissent, en mécanique, d'une propriété importante, qui les a fait nommer *axes principaux de rotation*, et que nous allons maintenant exposer.

Considérons un corps solide tournant autour d'un

axe fixe, en vertu d'une impulsion primitive, et sans qu'aucune force accélératrice ne lui soit appliquée. Soit Oz, l'axe fixe; désignons toujours par x, y, z, les coordonnées d'un élément quelconque dm du corps, respectivement parallèles aux axes Ox, Oy, Oz; par r, la distance de cette molécule à l'axe fixe, ou le rayon du cercle que cette molécule décrit; enfin par ω la vîtesse angulaire, commune à tous les points du corps. La force centrifuge de l'élément dm sera exprimée par $r\omega^2$ (n° 259) et dirigée suivant le prolongement du rayon r; la force motrice correspondante à cette force accélératrice est égale au produit $r\omega^2.dm$; l'axe fixe est donc tiré perpendiculairement à sa longueur, par cette force $r\omega^2.dm$, et par une force semblable pour chacun des élémens du corps. La résultante de cette infinité de forces, ou leurs deux résultantes, si ces forces ne sont pas réductibles à une seule, expriment la pression totale que l'axe éprouve pendant le mouvement du corps; pression qu'il est important de connaître, et qu'on déterminera facilement.

En effet, transportons le point d'application de la force $r\omega^2.dm$, au point où sa direction coupe l'axe Oz; et décomposons-la en ce point, en deux forces parallèles aux axes Ox, Oy, et dirigées dans les plans des x, z, et des y, z : la direction de la force $r\omega^2.dm$, fait avec les axes des x et des y, des angles dont les cosinus sont $\dfrac{x}{r}$ et $\dfrac{y}{r}$; les composantes de cette force, parallèles à ces axes, sont donc $x\omega^2.dm$ et $y\omega^2.dm$; donc la résultante ou la somme de toutes les composantes parallèles à l'axe des x, est donnée par l'intégrale $\int x\omega^2.dm$, ou $\omega^2\int xdm$; laquelle intégrale est égale à $\omega^2.Mx_{,}$, M désignant la masse du corps, et $x_{,}$ la valeur de x, qui répond à son centre de gravité. De même la résultante des forces parallèles à l'axe des y, et dirigées dans le plan des y, z, est égale à $\omega^2.My_{,}$, en désignant par $y_{,}$ la distance du centre de gravité au plan des x, z. Et si l'on représente par z' et z'', les distances des résultantes $\omega^2.Mx_{,}$, et $\omega^2.My_{,}$, au plan des x, y, on trouvera, d'après la théorie des momens des forces parallèles, les deux équations

$$Mx_{,}z' = \int xzdm, \qquad My_{,}z'' = \int yzdm,$$

dont on se servira pour déterminer z' et z''. De cette manière, on connaîtra les intensités des forces dirigées dans les plans des x, z, et des y, z, qui tirent l'axe fixe perpendiculairement à sa longueur, et les points de cette ligne où ces forces sont appliquées. Quand on aura $z' = z''$, les deux forces $\omega^2.Mx_{,}$, et $\omega^2.My_{,}$, seront appliquées au même point; par conséquent elles se réduiront à une seule, dont l'intensité sera $\omega^2.M\sqrt{x_{,}^2 + y_{,}^2}$, et qui exprimera la pression que l'axe éprouve pendant le mouvement du corps.

367. Maintenant, supposons que la ligne Oz soit un des trois axes principaux de M, qui se coupent à son centre de gravité. Soient G ce centre, et α sa distance au point O; puisque le centre de gravité est sur l'axe Oz, on a $x_{,} = 0$, $y_{,} = 0$; d'ailleurs, si l'on

transporte l'origine des coordonnées au point G, sans changer la direction des axes, les coordonnées de dm deviendront x, y et $z-\alpha$; donc la ligne Gz étant un des axes principaux, on aura

$$\int x\,(z-\alpha)\,dm = \int xz\,dm - \alpha.\int x\,dm = 0,$$
$$\int y\,(z-\alpha)\,dm = \int yz\,dm - \alpha.\int y\,dm = 0;$$

d'où l'on conclut $\int xz\,dm = 0$, et $\int yz\,dm = 0$, en observant que $\int x\,dm = Mx_{,} = 0$, $\int y\,dm = My_{,} = 0$. Or, la résultante $\omega^2.Mx_{,}$ des forces dirigées dans le plan des x, z, et la somme $\omega^2.\int xz\,dm$ de leurs momens, étant nulles, ces forces se font équilibre, indépendamment de l'axe fixe; et par une raison semblable, les forces dirigées dans le plan des y, z, se font également équilibre; donc, dans le cas que nous examinons, les forces centrifuges des différens points du corps n'exercent aucune pression sur l'axe de rotation, de sorte que si cet axe cessait tout à coup d'être fixe, le mouvement du corps n'en serait aucunement changé, et continuerait comme auparavant.

368. Si la ligne Oz ne passe pas par le centre de gravité, et que cette ligne soit un des axes principaux de M, qui se coupent au point O, on n'aura plus $x_{,} = 0$ et $y_{,} = 0$, mais on aura toujours $\int xz\,dm = 0$, $\int yz\,dm = 0$; par conséquent les deux distances z' et z'' seront nulles, et l'axe de rotation éprouvera une pression égale à $\omega^2.M\sqrt{x_{,}^2+y_{,}^2}$, et appliquée au point O; il suffira donc, dans ce cas, que ce point reste fixe pour que la pression due aux forces centrifuges soit détruite; donc, si l'on suppose que la

ligne Oz cesse d'être fixe et devienne libre de tourner autour du point fixe O, le mouvement ne sera pas changé, et le corps continuera de tourner autour de cet axe, comme s'il fût resté fixe.

Ainsi, un point fixe O étant donné dans un corps solide de figure quelconque, il existe toujours trois axes passant par ce point, autour desquels le corps pourra tourner uniformément, sans que ces axes se déplacent, et comme si ces droites étaient entièrement immobiles.

Les axes principaux qui se coupent au point O, sont les seuls qui jouissent de cette propriété ; car si l'on forçait le corps de tourner autour d'un autre axe fixe, mené par le point O, cet axe éprouverait une pression qui ne passerait pas par le point O, puisqu'alors les distances z' et z'' ne seraient plus égales à zéro ; lors donc que l'axe deviendrait libre de tourner autour du point O, qui resterait seul fixe, la pression ne serait plus détruite ; par conséquent cette force déplacerait l'axe de rotation, et le mouvement serait changé.

Lorsqu'un corps solide, retenu par un seul point fixe, sera mis en mouvement par le choc d'un autre corps ou de toute autre manière, il suffira qu'il commence à tourner autour d'un des axes principaux qui se coupent en ce point, pour que son mouvement continue indéfiniment autour de ce même axe, comme s'il était fixe ; il sera donc nécessaire et suffisant que la percussion que l'axe de rotation éprouve à l'origine du mouvement, se réduise à une seule force perpendiculaire à cet axe et passant par le point fixe, puisqu'alors la résistance de ce point suffira pour que l'axe puisse supporter cette percussion, sans se déplacer et aussi bien que s'il était entièrement fixe. Nous avons donné, dans le n° 345, un exemple de ce cas particulier.

§. III. *Mouvement varié; oscillations du Pendule composé.*

369. Après cette digression sur les propriétés des momens d'inertie et des axes principaux, reprenons le problème du mouvement d'un corps solide autour d'un axe fixe, et supposons maintenant que tous les points du mobile sont sollicités par des forces accélératrices données.

Partageons toujours la masse du corps en élémens infiniment petits : soit dm un de ces élémens; r sa distance à l'axe fixe, ou le rayon du cercle que ce point matériel décrit dans un plan perpendiculaire à cet axe; $m_{,}m$, mm' (fig. 14) deux élémens consécutifs de ce cercle, et $m_{,}mT$, $mm'T'$, leurs prolongemens dans le sens du mouvement du corps. Considérons le point matériel dm, à l'instant qu'il parvient au point m de sa trajectoire; désignons, à cet instant, par φ, l'intensité de la force accélératrice qui agit sur dm; par δ, l'angle aigu ou obtus, que la direction de cette force fait avec la ligne mT; par ω, la vîtesse angulaire du corps; et par t, le tems écoulé depuis l'origine du mouvement. Si l'on décompose la force φ, en trois forces rectangulaires, l'une parallèle à l'axe fixe, l'autre dirigée suivant le rayon r, et la troisième dirigée suivant la ligne mT, les deux premières seront détruites par la résistauce de l'axe : il serait nécessaire d'y avoir égard dans le calcul de la pression que cette droite supporte ; mais elles n'ont aucune influence sur le mouvement du corps, et nous en pouvons faire entièrement abstraction. La composante de φ, dirigée suivant mT, est égale à $\varphi.\cos.\delta$; c'est cette force qui fait varier la vîtesse angulaire ω, dont nous nous proposons de déterminer la valeur en fonction du tems.

Or, à la fin du tems t, la vîtesse de dm est égale à $r\omega$, et dirigée suivant mT; si l'élément dm se détachoit du corps et devenait libre, l'action de la force $\varphi.\cos.\delta$ augmenterait cette vîtesse de $\varphi.\cos.\delta.dt$, pendant l'instant dt; donc à la fin du tems $t+dt$, la vitesse de dm serait encore dirigée suivant mT, et égale à $r\omega+\varphi.\cos.\delta.dt$. Mais l'élément dm continuant de faire partie du corps, sa vîtesse, à la fin du tems $t+dt$, se trouve dirigée suivant $mm'T'$ et égale à $r(\omega+d\omega)$; donc, en vertu du principe général de dynamique (n° 333), il y aura équilibre dans le système, si l'on imprime à chaque élément du corps, deux vî-tesses qui seront, par rapport à l'élément quelconque dm, $r\omega+\varphi.\cos.\delta.dt$ et $r(\omega+d\omega)$: la première, dirigée suivant mT, dans le sens du mouvement du corps ; la seconde, dirigée suivant $T'm'm$, en sens contraire de ce mouvement. En multipliant ces vî-tesses par la masse de l'élément, on aura les quan-tités de mouvement qui doivent se faire équilibre ; et en multipliant de nouveau ces produits par la dis-tance de l'élément à l'axe fixe, on aura les momens de ces forces qui doivent entrer dans l'équation d'équilibre autour de cet axe (n° 65), lesquels momens seront $r^2\omega\,.\,dm + r\varphi\,.\,\cos.\,\delta\,.\,dt\,.\,dm$ et $r^2(\omega + d\omega)\,.\,dm$, relativement à l'élément dm. Cette équation se forme en égalant la somme des momens des forces qui tendent à faire tourner leurs points d'application, dans le sens du mouvement du corps, à la somme des momens de celles qui tendent à faire tourner leurs points d'application en sens contraire de ce mouvement ; la première somme est donnée par l'intégrale de $r^2\omega\,.\,dm + r\varphi\,.\,\cos.\,\delta\,.\,dt\,.\,dm$, prise par rapport à dm, et étendue à la masse entière du corps ; la seconde est donnée par l'intégrale de $r^2(\omega + d\omega)\,.\,dm$, prise de la même manière ; donc l'équation d'équilibre sera

$$\textstyle\int r^2\omega\,.\,dm + \int r\varphi\,.\,\cos.\,\delta\,.\,dt\,.\,dm = \int r^2(\omega + d\omega)\,.\,dm\,;$$

ou bien, en réduisant,

$$dt\,.\,\textstyle\int r\varphi\,.\,\cos.\,\delta\,.\,dm = d\omega\,.\,\int r^2 dm. \qquad (1)$$

Cette équation servira à déterminer la vîtesse angulaire ω, en fonction du tems, lorsque la force φ et l'angle δ seront donnés pour tous les points du corps.

370. Prenons, pour exemple, le cas particulier où la pesanteur est la seule force qui agisse sur les points du corps, et où l'axe de rotation est une droite horizontale. Soient alors x, y, z, les coordonnées de l'élément quelconque dm, parallèles à trois axes rectangulaires Ox, Oy, Oz, dont le troisième Oz est supposé l'axe de rotation ; prenons aussi
l'axe

l'axe Oy horizontal, comme l'axe Oz, et l'axe Ox, vertical et dirigé dans le sens de la pesanteur ; et soit g cette force accélératrice constante. Nous aurons $\varphi = g$, et quand l'élément dm se trouvera u point m, nous aurons aussi $\delta = AmT$, Am étant la verticale menée par le point m; j'abaisse de ce point la perpendiculaire mC sur l'axe Oz, et je prolonge la droite mA jusqu'à ce qu'elle rencontre le plan des y, z, au point p; on aura $mC = r$, $Cp = y$, et à cause que l'angle Cmp est complément de l'angle AmT, il en résultera

$$y = r.\sin.Cmp = r.\cos.\delta\,;$$

par conséquent

ou bien,

$$\textstyle\int r\varphi.\cos.\delta.dm = g.\int ydm,$$

$$\textstyle\int r\varphi.\cos.\delta.dm = gMy_{\prime}\,;$$

M étant la masse du corps, et $y_{\prime}$ la distance de son centre de gravité au plan des x, z. Soit encore a la distance de ce point à l'axe Oz, et $M(a^2 + k^2)$ la valeur du moment d'inertie $\int r^2 dm$, de sorte que Mk^2 soit, comme dans le n° 355, le moment d'inertie de M, rapporté à un axe parallèle à Oz, et mené par le centre de gravité de ce corps. L'équation (1) devient, en y substituant ces valeurs de $\int r\varphi.\cos.\delta.dm$ et $\int r^2 dm$, et supprimant le facteur M,

$$gy_{\prime}.dt - (a^2 + k^2).d\omega = 0. \qquad (2)$$

Supposons que le point G désigne le centre de gravité de M; à l'origine du mouvement le plan mobile GOz, qui passe par ce centre et par l'axe de rotation,

2.

8

faisait un certain angle avec le plan vertical des x, z : représentons cet angle par α, et par $\alpha - \theta$, l'angle que le même plan GOz fait, à un instant quelconque, avec sa position initiale ; θ sera l'angle compris, au même instant, entre le plan GOz et celui des x, z ; cet angle deviendra négatif, quand le centre de gravité passera de l'autre côté du plan des x, z, et il est aisé de voir que l'on aura toujours $y = a \cdot \sin \cdot \theta$. L'arc de cercle décrit par le point G, depuis l'origine du mouvement jusqu'à l'instant quelconque que nous considérons, sera égal à $a(\alpha - \theta)$; sa différentielle, divisée par l'élément du tems, donne la vîtesse de ce point ; donc en divisant cette vîtesse, par la distance a du même point à l'axe de rotation, on aura la vîtesse angulaire du corps ; donc $\omega = -\dfrac{d\theta}{dt}$, et

$$d\omega = -\frac{d^2\theta}{dt}.$$

Au moyen de ces valeurs de y, et de $d\omega$, l'équation (2) se change en celle-ci :

$$\frac{d^2\theta}{dt^2} + \frac{ga}{a^2 + k^2} \cdot \sin \cdot \theta = 0.$$

Multipliant les deux membres par $2\,d\theta$, et intégrant, on a

$$\frac{d\theta^2}{dt^2} = \frac{2ag}{a^2 + k^2} \cdot \cos \cdot \theta + C.$$

On déterminera la constante arbitraire C, en supposant que Ω soit la vîtesse angulaire à l'origine du mouvement ; de manière qu'on ait, à la fois, $\dfrac{d\theta}{dt} = -\Omega$

et $\theta = \alpha$; ce qui donne $C = \Omega^2 - \dfrac{2ag}{a^2 + k^2} \cdot \cos.\alpha$, et par conséquent

$$\frac{d\theta^2}{dt^2} = \frac{2ag}{a^2 + k^2} \cdot (\cos.\theta - \cos.\alpha) + \Omega^2. \qquad (3)$$

En résolvant cette équation par rapport à dt, et intégrant ensuite, on aura t en fonction de θ, et réciproquement θ en fonction de t. On connaîtra donc, à chaque instant, la position du plan GOz, ce qui suffit pour déterminer la position du corps ; et dans chaque position, sa vitesse angulaire sera aussi connue, puisqu'on a, en fonction de l'angle θ, la valeur de $\frac{d\theta^2}{dt^2}$, qui est le carré de cette vitesse.

371. Si l'on suppose que le corps se réduise à un point matériel pesant, attaché à l'axe Oz par une droite inflexible et dénuée de pesanteur, et qu'on désigne par l la longueur de cette droite, on aura $a = l$; le moment d'inertie $M(a^2 + k^2)$ se réduira au produit de la masse M, par le carré de la distance l ; donc $k = 0$, et

$$\frac{d\theta^2}{dt^2} = \frac{2g}{l} \cdot (\cos.\theta - \cos.\alpha) + \Omega^2.$$

Cette équation doit coïncider avec celle que nous avons donnée, dans le n° 269, pour déterminer le mouvement du pendule simple ; et c'est en effet ce qu'il est aisé de vérifier. En la comparant à l'équation (3), on voit que le mouvement du point matériel que nous considérons maintenant, sera le même

8..

que celui du corps solide dont il était question dans le n° précédent, toutes les fois que les coefficiens $\frac{2g}{l}$ et $\frac{2ag}{a^2 + k^2}$, par lesquels ces deux équations diffèrent l'une de l'autre, seront égaux entre eux, c'est-à-dire, lorsqu'on aura

$$l = \frac{a^2 + k^2}{a}.$$

C'est d'après cette formule que l'on calcule, ainsi que nous l'avons annoncé (n° 265), la longueur du pendule simple qui correspond à un pendule composé donné. On détermine, d'abord par le calcul ou par l'expérience, la masse de ce pendule et la distance de son centre de gravité à l'axe de suspension; distance qui est représentée par a, dans notre formule; on calcule aussi le moment d'inertie de cette masse, par rapport à un axe parallèle à l'axe de suspension et passant par le centre de gravité; divisant ce moment par la masse, on a la valeur de k^2, et en substituant ces valeurs de a et de k^2 dans la formule, on a la longueur l du pendule simple, qu'il s'agissait de trouver.

La vitesse initiale de ce pendule simple est égale à $l\Omega$, et l'angle α est la quantité dont il a été écarté de la verticale; ces deux quantités étant données, il sera aisé de reconnaître si le pendule doit faire des révolutions entières autour de son point de suspension, ou s'il doit simplement osciller de part et d'autre de la verticale (n° 269) : or, le pendule composé fera aussi des révolutions entières autour de son axe de suspension, ou bien il oscillera de part et d'autre de sa position d'équilibre, dans les mêmes cas que le pendule simple qui lui correspond; et les durées de ces révolutions ou de ces oscillations seront égales entre elles, et les mêmes pour les deux pendules. Ainsi, par exemple, si la vitesse initiale et l'écartement primitif sont supposés très-petits, les deux pendules feront des oscillations isochrones, dont la durée sera égale à $\pi \cdot \sqrt{\dfrac{l}{g}}$, ou à $\pi \cdot \sqrt{\dfrac{a^2 + k^2}{ga}}$ (n° 270).

372. Lorsqu'un corps pesant, de figure quelconque, oscille autour d'un axe horizontal, il existe une infinité de points de ce corps, dont le mouvement est le même que s'ils étaient isolés et simplement attachés à l'axe fixe, par un fil inextensible dénué de pesanteur. Ces points se nomment des *centres d'oscillation*. Pour les distinguer des autres, j'observe d'abord que chaque point du corps fait des oscillations égales de part et d'autre de la position qu'il occupe, quand le corps est en équilibre, c'est-à-dire, lorsque son centre de gravité se trouve dans le plan vertical mené par l'axe fixe; les points qui appartiennent à la section du corps faite par un plan mené par l'axe et par le centre de gravité, et qui sont situés du même côté que ce centre par rapport à cette droite, sont donc les seuls qui oscillent de part et d'autre de la verticale, comme des points isolés; mais la durée de leurs oscillations étant la même que pour le pendule simple dont nous venons de déterminer la longueur, il s'ensuit que ceux de

ces points qui sont à une distance l de l'axe, sont les seuls qui fassent leurs oscillations dans le même tems que s'ils étoient isolés; donc tous les centres d'oscillation sont rangés sur une droite parallèle à l'axe de suspension, menée à la distance l de cet axe, et située dans le même plan que l'axe et le centre de gravité, du même côté que ce centre.

On voit par la valeur de l, que l'axe de suspension et l'axe qui renferme lès centres d'oscillation, sont réciproques l'un de l'autre; de manière que si la seconde droite devenait l'axe de suspension, la première deviendrait l'axe des centres d'oscillation. En effet, soit a' la distance du centre de gravité à la seconde droite, et l' la distance des centres d'oscillation à cette droite, quand elle est devenue l'axe de suspension, on aura

$$a' = l - a = \frac{k^2}{a}, \quad \text{et} \quad l' = a' + \frac{k^2}{a'} = \frac{k^2}{a} + a = l;$$

donc alors les centres d'oscillation se trouvent sur la première droite, et par conséquent cette droite devient l'axe de ces centres.

373. Les distances l et l' étant égales, il en résulte que les petites oscillations du corps seront de même durée, soit qu'on choisisse la première droite, ou qu'on prenne la seconde pour axe horizontal de suspension; mais ces deux droites ne sont pas les seules qui jouissent de cette propriété, et l'on peut trouver dans un même corps une infinité d'axes différens,

antour desquels ce corps fera ses oscillations dans le même tems.

D'abord il est évident que la valeur de l et la durée des oscillations seront les mêmes pour tous les axes de suspension parallèles entre eux et équidistans du centre de gravité, puisque, pour tous ces axes, les quantités k^2 et a ne varient pas. On peut aussi changer la direction de ces axes et leur distance au centre de gravité, sans que la valeur de l change; car si l'on désigne par ε, ε', ε'', les angles que la parallèle à l'axe de suspension, menée par le centre de gravité, fait avec les trois axes principaux du corps qui se coupent en ce point, et par A, B, C, les momens d'inertie relatifs à ces axes; si de plus on observe que M étant la masse du corps, Mk^2 désigne le moment d'inertie rapporté à cette parallèle (n° 370), on aura, d'après le n° 357,

$$Mk^2 = A.\cos^2.\varepsilon + B.\cos^2.\varepsilon' + C.\cos^2.\varepsilon'',$$

et par conséquent

$$l = \frac{Ma^2 + A.\cos^2.\varepsilon + B.\cos^2.\varepsilon' + C.\cos^2.\varepsilon''}{Ma};$$

or, on peut évidemment donner à a, ε, ε', ε'', une infinité de valeurs différentes pour lesquelles cette valeur de l restera la même.

Si l'on voulait que la fonction l fût un *minimum* par rapport aux quantités variables a, ε, ε', ε'', il résulte de sa forme qu'en supposant A la plus petite des trois quantités A, B, C, il faudrait qu'on eût d'abord $\epsilon = 0$, $\epsilon' = 100°$, $\epsilon'' = 100°$; donc

$$l = \frac{Ma^2 + A}{Ma} \; ;$$

d'où l'on conclut, par la règle connue, $a = \sqrt{\dfrac{A}{M}}$, pour la valeur de a, qui répond au *minimum* demandé. Il s'ensuit donc que les axes de suspension, par rapport auxquels les petites oscillations d'un corps se font dans le tems le plus court, sont parallèles à l'un des trois axes principaux, qui se coupent à son centre de gravité, savoir, à celui qui répond au plus petit moment d'inertie; et qu'ils sont à une distance de cet axe principal, égale à la racine carrée de ce moment d'inertie, divisé par la masse du corps.

CHAPITRE IV.

DU MOUVEMENT D'UN CORPS SOLIDE AUTOUR D'UN POINT FIXE.

§. Ier. *Formules préliminaires.*

574. Considérons d'abord, en lui-même et indépendamment des forces qui le produisent, le mouvement de rotation d'un corps solide de figure quelconque, autour d'un point fixe. Soit O (fig. 13) ce point; Ox, Oy, Oz, trois axes fixes et rectangulaires, choisis arbitrairement; $Ox_{,}, Oy_{,}, Oz_{,}$, trois autres axes rectangulaires, fixes dans le corps et mobiles avec lui, autour du point O : dans la suite, nous supposerons que ces dernières droites sont les axes principaux du corps, qui se coupent au point O; mais maintenant leurs directions sont regardées comme entièrement arbitraires. Soient aussi x, y, z, les coordonnées d'un point quelconque du corps, parallèles aux premiers axes, et $x_{,}, y_{,}, z_{,}$ les coordonnées du même point, parallèles aux axes $Ox_{,}, Oy_{,}, Oz_{,}$. En conservant toutes les dénominations du n° 361, nous aurons

$$x = ax_{,} + by_{,} + cz_{,},$$
$$y = a'x_{,} + b'y_{,} + c'z_{,},$$
$$z = a''x_{,} + b''y_{,} + c''z_{,}.$$

Les coefficiens a, b, c, etc., sont liés entre eux par les équations de condition que nous avons données dans ce n°, et dont nous ferons, dans tout ce qui va suivre, un usage remarquable. Ces coefficiens représentent les cosinus des angles compris entre les droites Ox, Oy, Oz, et les droites $Ox_{,}$, $Oy_{,}$, $Oz_{,}$; de manière qu'on a

$$a = \cos.xOx_{,}, \quad b = \cos.xOy_{,}, \quad c = \cos.xOz_{,},$$
$$a' = \cos.yOx_{,}, \quad b' = \cos.yOy_{,}, \quad c' = \cos.yOz_{,},$$
$$a'' = \cos.zOx_{,}, \quad b'' = \cos.zOy_{,}, \quad c'' = \cos.zOz_{,}.$$

Il est évident que les quantités a, b, c, etc., sont les mêmes, à chaque instant, pour tous les points du corps; mais elles varient pendant le mouvement, et l'on doit les considérer comme des fonctions du tems : au contraire, les coordonnées $x_{,}, y_{,}, z_{,}$, varient en passant d'un point à un autre du corps; mais elles restent constamment les mêmes pour un même point; de sorte qu'elles ne varient pas avec le tems. En représentant donc le tems par t, et en différentiant les valeurs de x, y, z, par rapport à cette variable, on aura

$$\frac{dx}{dt} = x_{,}\cdot\frac{da}{dt} + y_{,}\cdot\frac{db}{dt} + z_{,}\cdot\frac{dc}{dt},$$
$$\frac{dy}{dt} = x_{,}\cdot\frac{da'}{dt} + y_{,}\cdot\frac{db'}{dt} + z_{,}\cdot\frac{dc'}{dt},$$
$$\frac{dz}{dt} = x_{,}\cdot\frac{da''}{dt} + y_{,}\cdot\frac{db''}{dt} + z_{,}\cdot\frac{dc''}{dt}.$$

Ces valeurs de $\frac{dx}{dt}$, $\frac{dy}{dt}$, $\frac{dz}{dt}$, expriment, à un instant quelconque, les composantes parallèles aux droites Ox, Oy, Oz, de la vitesse du point qui répond aux coordonnées $x_{,}$, $y_{,}$, $z_{,}$; si donc on veut connaître les points du corps dont la vitesse est nulle à cet instant, on les déterminera en égalant ces valeurs à zéro; ce qui donne

$$\left.\begin{array}{l} x_{,}da + y_{,}db + z_{,}dc = 0, \\ x_{,}da' + y_{,}db' + z_{,}dc' = 0, \\ x_{,}da'' + y_{,}db'' + z_{,}dc'' = 0. \end{array}\right\} \qquad (1)$$

Or, en multipliant la première de ces équations par c, la seconde par c', la troisième par c''; les ajoutant ensuite, faisant, pour abréger,

$$cdb + c'db' + c''db'' = pdt, \qquad cda + c'da' + c''da'' = -qdt,$$

et observant que l'équation $c^2 + c'^2 + c''^2 = 1$, du n° 361, donne, en la différentiant, $cdc + c'dc' + c''dc'' = 0$, il vient

$$py_{,} - qx_{,} = 0.$$

Si l'on ajoute ces mêmes équations, après avoir multiplié la première par b, la second par b', la troisième par b'', on trouve

$$rx_{,} - pz_{,} = 0,$$

en faisant, pour abréger,

$$bda + b'da' + b''da'' = rdt,$$

et en observant que les équations $b^2 + b'^2 + b''^2 = 1,$

et $bc + b'c' + b''c'' = 0$, du n° cité, donnent $bdb + b'db'$
$+ b''db'' = 0$, et

$$bdc + b'dc' + b''dc'' = - cdb - c'db' - c''db'' = - pdt.$$

Enfin, les trois équations (1) étant multipliées respectivement par a, a', a'', et ensuite ajoutées, il vient

$$qz_, - ry_, = 0;$$

car on a $ada + a'da' + a''da'' = 0$, à cause de $a^2 + a'^2$ $+ a''^2 = 1$; et de plus, les équations $ba + b'a' + b''a'' = 0$, et $ca + c'a' + c''a'' = 0$ (n° 361), donnent

$$adb + a'db' + a''db'' = - bda - b'da' - b''da'' = - rdt,$$
$$adc + a'dc' + a''dc'' = - cda - c'da' - c''da'' = qdt.$$

Nous avons de cette manière, au lieu des équations (1), les trois équations équivalentes :

$$py_, - qx_, = 0, \quad rx_, - pz_, = 0, \quad qz_, - ry_, = 0: \quad (2)$$

l'une quelconque de celles-ci est comprise dans les deux autres ; et il est évident qu'elles appartiennent à une droite passant par l'origine des coordonnées $x_,$ $y_,$, $z_,$, ou par le point O.

Il suit donc de cette analyse que tous les points du corps , dont la vitesse est nulle à un instant quelconque, sont rangés sur une droite passant par le point fixe. Cette droite peut être regardée comme immobile pendant un instant infiniment petit ; donc, pendant cet instant, le corps tourne autour de cette droite comme autour d'un axe fixe ; par conséquent, l'on doit se représenter le mouvement de rotation d'un corps solide, autour d'un point fixe, comme ayant lieu à chaque instant autour d'un axe qui reste immobile pendant un intervalle de tems infiniment petit. En général, la position de cet axe change d'un instant à l'autre pendant le mouvement; et pour cette raison, on l'appelle l'*axe instantanée de rotation*.

375. Supposons que la droite OI représente cet axe à un instant quelconque; les équations (2) sont celles de ses projections sur les plans des coordonnées $x_{,}, y_{,}, z_{,}$; d'où l'on conclut, par les formules connues,

$$\cos . IOx_{,} = \frac{p}{\sqrt{p^2 + q^2 + r^2}},$$

$$\cos . IOy_{,} = \frac{q}{\sqrt{p^2 + q^2 + r^2}},$$

$$\cos . IOz_{,} = \frac{r}{\sqrt{p^2 + q^2 + r^2}}.$$

Lors donc que les trois quantités p, q, r, seront connues, on pourra assigner la position de l'axe instantanée, par rapport aux trois axes mobiles $Ox_{,}$, $Oy_{,}$, $Oz_{,}$. Toutes les fois que ces quantités seront constantes, l'axe de rotation restera fixe dans le corps, c'est-à-dire, qu'il le traversera constamment dans les mêmes points : leurs vîtesses seront donc nulles, et ces points demeureront immobiles pendant toute la durée du mouvement; donc, dans ce cas, l'axe de rotation sera aussi une droite fixe dans l'espace.

376. Puisqu'à chaque instant le mobile tourne au-

tour de l'axe instantanée comme autour d'un axe fixe; il en résulte que la vitesse angulaire, relative à cet axe, est la même pour tous les points du corps (n° 341). Pour en déterminer la valeur, considérons le point qui se trouve sur l'axe $Oz_{,}$, à une distance du point O, égale à l'unité; nous aurons, relativement à ce point, $x_{,}=0$, $y_{,}=0$, $z_{,}=1$; sa vitesse absolue sera donc

$$\sqrt{\frac{dx^2}{dt^2} + \frac{dy^2}{dt^2} + \frac{dz^2}{dt^2}} = \frac{\sqrt{dc^2 + dc'^2 + dc''^2}}{dt};$$

d'ailleurs sa distance à l'axe de rotation est égale à $\sin.IOz_{,}$, dont la valeur est, d'après le n° précédent,

$$\sin.IOz_{,} = \sqrt{1 - \cos^2.IOz^2_{,}} = \frac{\sqrt{p^2 + q^2}}{\sqrt{p^2 + q^2 + r^2}};$$

donc en divisant la vitesse absolue par cette distance, on aura, pour la vitesse angulaire,

$$\frac{\sqrt{dc^2 + dc'^2 + dc''^2}}{dt.\sqrt{p^2 + q^2}} \cdot \sqrt{p^2 + q^2 + r^2}.$$

Or, nous avons (n° 374)

$$-pdt = bdc + b'dc' + b''dc'', \qquad qdt = adc + a'dc' + a''dc'';$$

d'où l'on déduit, en ayant égard aux équations de condition du n° 361,

$$(p^2 + q^2).dt^2 = dc^2 + dc'^2 + dc''^2 - (cdc + c'dc' + c''dc'')^2;$$

quantité qui se réduit à $dc^2 + dc'^2 + dc''^2$, à cause que

$cdc + c'dc' + c''dc'' = o$: par conséquent la vitesse angulaire cherchée est simplement égale à $\sqrt{p^2 + q^2 + r^2}$.

On voit que cette vitesse sera constante toutes les fois que la position de l'axe instantanée demeurera invariable ; mais l'inverse de cette proposition n'est pas également vraie, et il est possible que l'axe change de position, sans que la vitesse angulaire change de valeur ; ou autrement dit, il est possible que les quantités p, q, r soient variables, et que la quantité $\sqrt{p^2 + q^2 + r^2}$ reste constante.

377. Non-seulement on peut, au moyen des trois quantités p, q, r, déterminer la vitesse angulaire du mobile et la position de son axe de rotation, par rapport aux droites $Ox_{,}$, $Oy_{,}$, $Oz_{,,}$, mais on peut aussi exprimer les vitesses et les forces accélératrices de ses différens points, décomposées suivant ces trois droites ; ce qui nous servira, comme on le verra bientôt, à trouver de la manière la plus directe, les équations de son mouvement de rotation.

En effet, les composantes parallèles aux axes fixes Ox, Oy, Oz, de la vitesse du point qui répond aux coordonnées x, y, z, étant $\frac{dx}{dt}$, $\frac{dy}{dt}$, $\frac{dz}{dt}$, il s'ensuit que les composantes de la même vitesse, parallèles aux droites $Ox_{,}$, $Oy_{,}$, $Oz_{,,}$, seront

$$a.\frac{dx}{dt} + a'.\frac{dy}{dt} + a''.\frac{dz}{dt},$$

$$b.\frac{dx}{dt} + b'.\frac{dy}{dt} + b''.\frac{dz}{dt},$$

$$c.\frac{dx}{dt} + c'.\frac{dy}{dt} + c''.\frac{dz}{dt}.$$

Cela résulte de ce que a, a', etc., représentent les cosinus des angles compris entre les premières et les secondes droites, et de ce que la décomposition des vitesses se fait suivant les mêmes règles que celle des forces (n° 220). Or, en substituant, dans ces expressions, les valeurs de $\frac{dx}{dt}$, $\frac{dy}{dt}$, $\frac{dz}{dt}$, du n° 374, et effectuant des réductions qu'on a déjà faites dans ce n°, on trouve

$$a.\frac{dx}{dt} + a'.\frac{dy}{dt} + a''.\frac{dz}{dt} = qz_, - ry_,,$$

$$b.\frac{dx}{dt} + b'.\frac{dy}{dt} + b''.\frac{dz}{dt} = rx_, - pz_,,$$

$$c.\frac{dx}{dt} + c'.\frac{dy}{dt} + c''.\frac{dz}{dt} = py_, - qx_,;$$

donc les trois quantités $qz_, - ry_,$, $rx_, - pz_,$, $py_, - qx_,$, qui sont nulles pour tous les points du corps qui se trouvent sur l'axe instantanée de rotation, expriment, pour un autre point quelconque, les composantes de sa vitesse, parallèles aux droites $Ox_,$, $Oy_,$, $Oz_,$.

On tire de ces dernières équations, en ayant égard à celles du n° 361,

$$\frac{dx}{dt} = a(qz_, - ry_,) + b(rx_, - pz_,) + c(py_, - qx_,),$$

$$\frac{dy}{dt} = a'(qz_, - ry_,) + b'(rx_, - pz_,) + c'(py_, - qx_,),$$

$$\frac{dz}{dt} = a''(qz_, - ry_,) + b''(rx_, - pz_,) + c''(py_, - qx_,);$$

et en différentiant par rapport au tems, il vient

$$\frac{d^2x}{dt}$$

$$\frac{d^2x}{dt} = a(z_{,}dq - y_{,}dr) + b(x_{,}dr - z_{,}dp) + c(y_{,}dp - x_{,}dq)$$
$$+ (qz_{,} - ry_{,}).da + (rx_{,} - pz_{,}).db + (py_{,} - qx_{,}).dc,$$

$$\frac{d^2y}{dt} = a'(z_{,}dq - y_{,}dr) + b'(x_{,}dr - z_{,}dp) + c'(y_{,}dp - x_{,}dq)$$
$$+ (qz_{,} - ry_{,}).da' + (rx_{,} - pz_{,}).db' + (py_{,} - qx_{,}).dc',$$

$$\frac{d^2z}{dt} = a''(z_{,}dq - y_{,}dr) + b''(x_{,}dr - z_{,}dp) + c''(y_{,}dp - x_{,}dq)$$
$$+ (qz_{,} - ry_{,}).da'' + (rx_{,} - pz_{,}).db'' + (py_{,} - qx_{,}).dc''.$$

Les coefficiens différentiels du second ordre, $\frac{d^2x}{dt^2}$, $\frac{d^2y}{dt^2}$, $\frac{d^2z}{dt^2}$, sont les composantes parallèles aux axes fixes Ox, Oy, Oz, de la force accélératrice du point qui répond aux coordonnées x, y, z ; donc en désignant par $p_{,}$, $q_{,}$, $r_{,}$, les composantes de la même force, parallèles aux axes $Ox_{,}$, $Oy_{,}$, $Oz_{,}$, on aura

$$p_{,} = a.\frac{d^2x}{dt^2} + a'.\frac{d^2y}{dt^2} + a''.\frac{d^2z}{dt^2},$$

$$q_{,} = b.\frac{d^2x}{dt^2} + b'.\frac{d^2y}{dt^2} + b''.\frac{d^2z}{dt^2},$$

$$r_{,} = c.\frac{d^2x}{dt^2} + c'.\frac{d^2y}{dt^2} + c''.\frac{d^2z}{dt^2}.$$

Substituant les valeurs précédentes de $\frac{d^2x}{dt}$, $\frac{d^2y}{dt}$, $\frac{d^2z}{dt}$; et faisant des réductions semblables à celles du n° 574, on trouve

$$p_{,}dt = z_{,}dq - y_{,}dr + (py_{,} - qx_{,}).qdt + (pz_{,} - rx_{,}).rdt,$$
$$q_{,}dt = x_{,}dr - z_{,}dp + (qx_{,} - py_{,}).pdt + (qz_{,} - ry_{,}).rdt,$$
$$r_{,}dt = y_{,}dp - x_{,}dq + (rx_{,} - pz_{,}).pdt + (ry_{,} - qz_{,}).qdt;$$

2.

et en divisant par dt, on aura les valeurs de $p_{,}$, $q_{,}$, $r_{,}$.

378. Si l'on considère, à un instant quelconque, les quantités de mouvement dont les différens points du mobile sont animés; que l'on décompose chacune de ces forces en deux autres, l'une parallèle à un plan mené arbitrairement par le point O, et l'autre perpendiculaire à ce plan; que l'on projette sur ce plan, les composantes qui lui sont parallèles, et que l'on prenne ensuite la somme de leurs momens par rapport au point O : on sait que parmi tous les plans qui passent par le point O, il en existe un pour lequel cette somme de momens est un *maximum* (n° 86); or la position de ce plan, relativement à ceux des coordonnées $x_{,}$, $y_{,}$, $z_{,}$, peut encore se déterminer au moyen des quantités p, q, r.

Pour le faire voir, j'observe que, d'après ce qu'on a démontré dans le n° 86, la position de ce plan, par rapport à trois plans rectangulaires quelconques, dépend de trois quantités que l'on a désignées par L, M, N; les valeurs de ces quantités dépendent elles-mêmes des composantes des forces et des coordonnées de leurs points d'application, parallèles aux intersections de ces trois plans; mais en désignant par dm, la masse de l'élément du corps qui répond aux coordonnées $x_{,}$, $y_{,}$, $z_{,}$, les composantes de sa quantité de mouvement, parallèles aux droites $Ox_{,}$, $Oy_{,}$, $Oz_{,}$, seront égales aux produits $(qz_{,}-ry_{,}).dm$, $(rx_{,}-pz_{,}).dm$, $(py_{,}-qx_{,}).dm$, puisque $qz_{,}-ry_{,}$, $rx_{,}-pz_{,}$, $py_{,}-qx_{,}$, sont les composantes de sa vitesse, parallèles aux mêmes axes : il faudra donc substituer ces produits aux composantes $P.\cos.\alpha$, $P.\cos.\beta$, $P.\cos.\gamma$, qui entrent dans les expressions générales de L, M, N (n° 69), et y remplacer, en même tems, les coordonnées x, y, z, par les coordonnées $x_{,}$, $y_{,}$, $z_{,}$.

Ces substitutions donnent d'abord les trois quantités

$$(qz_{,}-ry_{,}) \cdot y_{,}dm - (rx_{,}-pz_{,}) \cdot x_{,}dm,$$
$$(py_{,}-qx_{,}) \cdot x_{,}dm - (qz_{,}-ry_{,}) \cdot z_{,}dm,$$
$$(rx_{,}-pz_{,}) \cdot z_{,}dm - (py_{,}-qx_{,}) \cdot y_{,}dm;$$

leurs intégrales, prises par rapport à l'élément dm et à ses coordonnées $x_{,}$, $y_{,}$, $z_{,}$, et étendues à la masse entière du corps, exprimeront les sommes de ces quantités pour tous les points du corps; lesquelles sommes doivent former les valeurs de L, M, N; donc on aura

$$L = q.\textstyle\int y_{,}z_{,}dm + p.\int x_{,}z_{,}dm - r.\int(x_{,}^2 + y_{,}^2)dm,$$
$$M = p.\textstyle\int x_{,}y_{,}dm + r.\int z_{,}y_{,}dm - q.\int(z_{,}^2 + x_{,}^2)dm,$$
$$N = r.\textstyle\int z_{,}x_{,}dm + q.\int y_{,}x_{,}dm - p.\int(y_{,}^2 + z_{,}^2)dm.$$

On simplifiera ces valeurs en prenant, ce qui est permis, les axes principaux du corps, qui se coupent au point O, pour les droites $Ox_{,}$, $Oy_{,}$, $Oz_{,}$; alors les trois intégrales $\int x_{,}y_{,}dm$, $\int x_{,}z_{,}dm$, $\int y_{,}z_{,}dm$, seront nulles; et si, de plus, on désigne par A, B, C, les momens d'inertie relatifs à ces axes principaux, ou les valeurs des intégrales $\int(z_{,}^2+y_{,}^2)dm$, $\int(z_{,}^2+x_{,}^2)dm$, $\int(y_{,}^2+x_{,}^2)dm$, on aura simplement

$$L = -Cr, \quad M = -Bq, \quad N = -Ap.$$

9..

Donc, en élevant par le point O, une perpendiculaire Om au *plan principal* des momens, nous aurons ($n°$ 86)

$$\cos.mOz_{,} = -\frac{Cr}{\sqrt{A^2p^2 + B^2q^2 + C^2r^2}},$$

$$\cos.mOy_{,} = -\frac{Bq}{\sqrt{A^2p^2 + B^2q^2 + C^2r^2}},$$

$$\cos.mOx_{,} = -\frac{Ap}{\sqrt{A^2p^2 + B^2q^2 + C^2r^2}};$$

équations qui déterminent la position de cette perpendiculaire, par rapport aux axes mobiles $Ox_{,}$, $Oy_{,}$, $Oz_{,}$.

379. Nous pouvons aussi déterminer la position de cette droite Om, par rapport aux axes fixes Ox, Oy, Oz; car on a ($n°$ 78)

$$\cos.mOx = \cos.xOx_{,}.\cos.mOx_{,}$$
$$+ \cos.xOy_{,}.\cos.mOy_{,} + \cos.xOz_{,}.\cos.mOz_{,},$$
$$\cos.mOy = \cos.yOx_{,}.\cos.mOx_{,}$$
$$+ \cos.yOy_{,}.\cos.mOy_{,} + \cos.yOz_{,}.\cos.mOz_{,},$$
$$\cos.mOz = \cos.zOx_{,}.\cos.mOx_{,}$$
$$+ \cos.zOy_{,}.\cos.mOy_{,} + \cos.zOz_{,}.\cos.mOz;$$

d'où l'on conclut

$$\cos.mOx = -\frac{Apa + Bqb + Crc}{\sqrt{A^2p^2 + B^2q^2 + C^2r^2}},$$

$$\cos.mOy = -\frac{Apa' + Bqb' + Crc'}{\sqrt{A^2p^2 + B^2q^2 + C^2r^2}},$$

$$\cos.mOz = -\frac{Apa'' + Bqb'' + Crc''}{\sqrt{A^2p^2 + B^2q^2 + C^2r^2}}.$$

Le dénominateur $\sqrt{A^2p^2 + B^2q^2 + C^2r^2}$, qui entre dans toutes ces formules, exprime la somme des momens relatifs au plan principal, ou ce que nous avons appelé le *moment principal* (n° 87).

380. La position du mobile à chaque instant, par rapport aux axes fixes des x, y, z, dépend des trois angles ψ, φ et θ, du n° 361; car au moyen de ces angles, les trois sections du corps que l'on a prises pour les plans mobiles des $x_{,}$, $y_{,}$, $z_{,}$, sont déterminées de position par rapport à ces plans fixes; et il suffit de connaitre la position de deux sections non parallèles d'un corps solide, pour que la position de ce corps, ou de tous les points de ce corps, soit entièrement connue. Le problème du mouvement de rotation autour d'un point fixe se réduit donc, en dernière analyse, à déterminer en fonction du tems les valeurs des trois inconnues ψ, φ et θ. Or, les valeurs des quantités p, q, r, étant supposées connues, celles de φ, ψ et θ dépendent de trois équations différentielles fort simples, que l'on obtiendra en différentiant les expressions de a, b, c, etc., en fonction de ψ, φ et θ, données dans le n° 361, et en substituant ces fonctions et leurs différentielles dans les valeurs de pdt, qdt, rdt, du n° 374. Ce calcul donne, toute réduction faite,

$$\left.\begin{aligned}
pdt &= \sin.\varphi.\sin.\theta.d\psi - \cos.\varphi.d\theta, \\
qdt &= \cos.\varphi.\sin.\theta.d\psi + \sin.\varphi.d\theta, \\
rdt &= d\varphi - \cos.\theta.d\psi.
\end{aligned}\right\} \qquad (a)$$

Pour l'effectuer de la manière la plus simple, on

prendra les valeurs de pdt et qdt, sous cette forme :

$$pdt = -bdc - b'dc'' - b''dc', \qquad qdt = adc + a'dc' + a''dc''.$$

Comme les valeurs de c, c', c'', ne contiennent pas l'angle φ, il s'ensuit que celles de pdt et qdt ne contiendront pas la différentielle de cet angle ; d'ailleurs les valeurs de b, b', b'', se déduisent de celles de a, a', a'', en y augmentant l'angle φ d'un angle droit, ou en y changeant $\sin.\varphi$ en $\cos.\varphi$, et $\cos.\varphi$ en $-\sin.\varphi$; donc la valeur de $-pdt$ se déduira de même de celle de qdt. On peut aussi s'assurer d'avance que le coefficient de $d\varphi$ doit être égal à l'unité dans l'expression de rdt ; car on a $rdt = bda + b'da' + b''da''$; à la seule inspection des valeurs de a, a', a'', b, b', b'', du n° 561, on voit qu'en différentiant a, a' a'', par rapport à φ, on aura

$$\frac{da}{d\varphi} = b, \qquad \frac{da'}{d\varphi} = b', \qquad \frac{da''}{d\varphi} = b'' ;$$

donc le coefficient de $d\varphi$ dans la valeur de rdt, sera

$$b \cdot \frac{da}{d\varphi} + b' \cdot \frac{da'}{d\varphi} + b'' \cdot \frac{da''}{d\varphi} = b^2 + b'^2 + b''^2 = 1.$$

381. Il existe entre les quantités a, b, c, etc., et les quantités p, q, r, des relations importantes à connaître, parce qu'elles peuvent être utiles dans beaucoup d'occasions.

Si l'on ajoute les trois équations

$$adc + a'dc' + a''dc'' = qdt,$$
$$bdc + b'dc' + b''dc'' = -pdt,$$
$$cdc + c'dc' + c''dc'' = 0,$$

après avoir multiplié la première par a, la seconde par b, la troisième par c, on trouve, à cause des équations de condition du n° 361,

$$dc = (aq - bp).dt.$$

En ajoutant ces mêmes équations, après les avoir multipliées d'abord par a', b', c', et ensuite par a'', b'', c'', il vient

$$dc' = (a'q - b'p).dt, \quad dc'' = (a''q - b''p).dt.$$

En considérant les équations

$$cdb + c'db' + c''db'' = pdt,$$
$$adb + a'db' + a''db'' = -rdt,$$
$$bdb + b'db' + b''db'' = 0,$$

on obtiendra facilement celles-ci :

$$db = (cp-ar).dt, \quad db' = (c'p-a'r).dt, \quad db'' = (c''p-a''r).dt ;$$

et en considérant ces autres équations

$$bda + b'da' + b''da'' = rdt,$$
$$cda + c'da' + c''da'' = -qdt,$$
$$ada + a'da' + a''da'' = 0,$$

on en déduira de même

$$da = (br-cq).dt, \quad da' = (b'r-c'q).dt, \quad da'' = (b''r-c''q).dt.$$

On a encore ces trois équations

$$pda + qdb + rdc = 0,$$
$$pda' + qdb' + rdc' = 0,$$
$$pda'' + qdb'' + rdc'' = 0,$$

qui se vérifient aisément, au moyen des valeurs de da, db, dc, etc., que nous venons de donner.

§. II. *Equations du mouvement de rotation.*

382. Tout ce qui précède étant admis, supposons maintenant que des forces accélératrices données agissent sur tous les points du mobile, et cherchons, en ayant égard à ces forces, les équations de son mouvement de rotation autour du point fixe O.

Désignons, comme précédemment, par dm l'élément de sa masse qui répond aux coordonnées $x_{,}$, $y_{,}$, $z_{,}$, parallèles aux axes $Ox_{,}$, $Oy_{,}$, $Oz_{,}$; quelles que soient les forces accélératrices qui agissent sur ce point matériel, on peut les supposer à chaque instant réduites à trois forces dirigées suivant ces trois axes mobiles; soient donc $X_{,}$, $Y_{,}$, $Z_{,}$, ces forces données : si le point matériel était libre, ces forces augmenteraient les vîtesses parallèles aux mêmes axes, de $X_{,}dt$, $Y_{,}dt$, $Z_{,}dt$, pendant l'instant dt; mais à cause que ce point fait partie du corps solide qui tourne autour du point O, sa force accélératrice a pour composantes parallèles à ces axes, les quantités $p_{,}$, $q_{,}$, $r_{,}$ du n° 377 ; donc les augmentations de vîtesse qui ont réellement lieu sont $p_{,}dt$, $q_{,}dt$, $r_{,}dt$; par conséquent les vîtesses perdues par l'élément dm, dans les directions des trois axes $Ox_{,}$, $Oy_{,}$, $Oz_{,}$, sont exprimées par $(X_{,}-p_{,}).dt$, $(Y_{,}-q_{,}).dt$, $(Z_{,}-r_{,}).dt$; et les forces motrices qui correspondent à ces vîtesses, le sont par

$$(X_{,}-p_{,}).dm\,dt, \quad (Y_{,}-q_{,}).dm.dt, \quad (Z_{,}-r_{,}).dm.dt.$$

Il y aura donc équilibre dans le système (n° 332), en supposant chaque élément du corps sollicité par trois forces parallèles aux droites $Ox_{,,}$ $Oy_{,,}$ $Oz_{,,}$ dont les intensités, relativement à l'élément quelconque dm, sont exprimées par ces trois dernières quantités; or, dans le cas d'un point fixe, les équations d'équilibre d'un corps solide sont au nombre de trois (n° 62); et par rapport aux forces motrices perdues que nous considérons, ces équations auront cette forme :

$$\int [y_{,} (X_{,} - p_{,}).dm.dt - x_{,}(Y_{,} - q_{,}).dm.dt] = 0,$$
$$\int [x_{,} (Z_{,} - r_{,}).dm.dt - z_{,}(X_{,} - p_{,}).dm.dt] = 0,$$
$$\int [z_{,} (Y_{,} - q_{,}).dm.dt - y_{,}(Z_{,} - r_{,}).dm.dt] = 0;$$

les intégrales étant relatives à l'élément dm, et aux coordonnées $x_{,},$ $y_{,}^{.},$ $z_{,,}$ et devant s'étendre à la masse entière du corps.

Ces équations se déduisent des trois équations (3), (5), (6), du n° 60, en y remplaçant les composantes $P.\cos.\alpha,$ $P.\cos.6,$ $P.\cos.\gamma,$ parallèles aux axes, et les coordonnées $x, y, z,$ de leur point d'application, par les composantes $(X_{,} - p_{,}).dm.dt,$ $(Y_{,} - q_{,}).dm.dt,$ $(Z_{,} - r_{,}).dm.dt,$ et les coordonnées $x_{,,}$ $y_{,,}$ $z_{,};$ et en observant que le signe intégral $\int$ marque la somme des quantités renfermées entre les crochets, relativement à tous les points du corps.

383. Si l'on fait, pour abréger,

$$\int(x_{,}Y_{,} - y_{,}X_{,}).dm = N,$$
$$\int(z_{,}X_{,} - x_{,}Z_{,}).dm = N',$$
$$\int(y_{,}Z_{,} - z_{,}Y_{,}).dm = N'',$$

on pourra écrire les trois équations précédentes sous cette forme plus simple :

$$\int (x_{,}q_{,}dt - y_{,}p_{,}dt).dm = Ndt,$$
$$\int (z_{,}p_{,}dt - x_{,}r_{,}dt).dm = N'dt,$$
$$\int (y_{,}r_{,}dt - z_{,}q_{,}dt).dm = N''dt.$$

Or, en substituant sous les signes $\int$, les valeurs de $p_{,}dt$, $q_{,}dt$, $r_{,}dt$, trouvées dans le n° 377, et effectuant ensuite les intégrations, les premiers membres de ces équations renfermeront les six intégrales $\int x_{,}^2 dm$, $\int y_{,}^2 dm$, $\int z_{,}^2 dm$, $\int x_{,}y_{,}dm$, $\int x_{,}z_{,}dm$, $\int y_{,}z_{,}dm$; il est donc avantageux de prendre, comme dans le n° 378, les trois axes principaux du corps qui se coupent au point O, pour les axes $Ox_{,}$, $Oy_{,}$, $Oz_{,}$; car alors les trois dernières intégrales seront nulles, et les termes qui les renferment disparaîtront dans les équations précédentes. Je fais donc les substitutions des valeurs de $p_{,}dt$, $q_{,}dt$, $r_{,}dt$; je supprime tous les termes qui sont multipliés par les intégrales $\int x_{,}y_{,}dm$, $\int x_{,}z_{,}dm$, $\int y_{,}z_{,}dm$; et de cette manière je trouve

$$\int (x_{,}q_{,}dt - y_{,}p_{,}dt).dm = dr.\int (x_{,}^2 + y_{,}^2).dm$$
$$+ pqdt.\int (x_{,}^2 - y_{,}^2).dm$$
$$\int (z_{,}p_{,}dt - x_{,}y_{,}dt).dm = dq.\int (z_{,}^2 + x_{,}^2).dm$$
$$+ rpdt.\int (z_{,}^2 - x_{,}^2).dm$$
$$\int (y_{,}r_{,}dt - z_{,}q_{,}dt).dm = dp.\int (y_{,}^2 + z_{,}^2).dm$$
$$+ qrdt.\int (y_{,}^2 - z_{,}^2).dm.$$

Soient maintenant A, B, C, les trois momens d'inertie du corps, relatifs aux axes principaux $Ox_{,}$

$Oy_{,,}$ $Oz_{,,}$ de sorte qu'on ait

$$A = \int(y_{,}^{2} + z_{,}^{2}).dm, \quad B = \int(x_{,}^{2} + z_{,}^{2}).dm, \quad C = \int(x_{,}^{2} + y_{,}^{2}).dm;$$

on aura aussi

$$\int(x_{,}^{2} - y_{,}^{2}).dm = B - A,$$
$$\int(z_{,}^{2} - x_{,}^{2}).dm = A - C,$$
$$\int(y_{,}^{2} - z_{,}^{2}).dm = C - B;$$

et au moyen de toutes ces valeurs, les trois équations du mouvement deviennent

$$\left. \begin{aligned} Cdr + (B - A).pqdt &= Ndt, \\ Bdq + (A - C).rpdt &= N'dt, \\ Adp + (C - B).qrdt &= N''dt. \end{aligned} \right\} \qquad (b)$$

384. Observons que les forces $X_{,}$, $Y_{,}$, $Z_{,}$, qui proviennent de la décomposition des forces données, suivant les axes mobiles $Ox_{,}$, $Oy_{,}$, $Oz_{,}$, dépendront en général de la direction de ces axes dans l'espace, ou des trois angles ψ, φ et θ; les quantités N, N', N'' sont donc des fonctions de ces angles, donnés dans chaque cas particulier; par conséquent le problème du mouvement de rotation d'un corps solide autour d'un point fixe, conduit à six équations différentielles du premier ordre, entre les six inconnues p, q, r, ψ, φ et θ, et la variable t, savoir, les trois équations (a) du n° 380, et les trois équations (b) du n° précédent. En éliminant les trois inconnues p, q, r, au moyen des équations (a), on pourrait ramener le problème à trois équations différentielles du second ordre, entre les angles ψ, φ et θ, et le

tems t ; mais il est plus simple de conserver les six équations du premier ordre.

585. Examinons, en particulier, le cas où la pesanteur est la seule force qui agisse sur les points du mobile. Prenons, dans ce cas, l'axe fixe Oz vertical et dirigé dans le sens de cette force constante, que nous représenterons par g ; ses trois composantes suivant les axes $Ox_{,}$, $Oy_{,}$, $Oz_{,}$, seront $g.\cos.zOx_{,}$, $g.\cos.zOy_{,}$, $g.\cos.zOz_{,}$; donc on aura (n° 374)

$$X_{,} = ga'', \quad Y_{,} = gb'', \quad Z_{,} = gc'';$$

et si l'on désigne par M, la masse du corps, et par α, $\mathit{6}$, γ, les distances de son centre de gravité, aux trois plans des axes principaux $Ox_{,}$, $Oy_{,}$, $Oz_{,}$, de sorte qu'on ait

$$\textstyle\int x_{,}dm = M\alpha, \quad \int y_{,}dm = M\mathit{6}, \quad \int z_{,}dm = M\gamma,$$

il en résultera

$$N = \textstyle\int (x_{,}Y_{,} - y_{,}X_{,}).dm = (ab'' - \mathit{6}a'').gM,$$
$$N' = \textstyle\int (z_{,}X_{,} - x_{,}Z_{,}).dm = (\gamma a'' - \alpha c'').gM,$$
$$N'' = \textstyle\int (y_{,}Z_{,} - z_{,}Y_{,}).dm = (\mathit{6}c'' - \gamma b'').gM;$$

donc, dans le cas d'un corps pesant, les équations (b) se changent en celles-ci :

$$Cdr + (B - A).pqdt = (ab'' - \mathit{6}a'').gMdt,$$
$$Bdq + (A - C).rpdt = (\gamma a'' - \alpha c'').gMdt,$$
$$Adp + (C - B).qrdt = (\mathit{6}c'' - \gamma b'').gMdt.$$

586. On parvient facilement à intégrer ces équations, lorsque leurs seconds membres sont nuls, ce

qui a lieu dans le cas où l'on fait abstraction de la pesanteur et dans celui où l'on suppose que le point fixe O est le centre de gravité du corps; nous nous bornerons ici à considérer l'un ou l'autre de ces deux cas, qui reviennent au même pour le calcul ; nous supposerons donc, ou $g = 0$, ou $\alpha = 0$, $\beta = 0$, $\gamma = 0$; et alors nous aurons à intégrer ces trois équations

$$\left. \begin{array}{l} Cdr + (B - A).pqdt = 0, \\ Bdq + (A - C).rpdt = 0, \\ Adp + (C - B).qrdt = 0. \end{array} \right\} \qquad (c)$$

Or, en multipliant la première par r, la seconde par q, la troisième par p, et les ajoutant ensuite, il vient

$$Crdr + Bqdq + Apdp = 0;$$

en intégrant, on a

$$Cr^2 + Bq^2 + Ap^2 = h^2;$$

h^2 étant une constante arbitraire, essentiellement positive.

Si l'on ajoute ces mêmes équations, après avoir multiplié la première par Cr, la seconde par Bq, la troisième par Ap, on trouve

$$C^2rdr + B^2qdq + A^2pdp = 0;$$

d'où l'on conclut, en intégrant,

$$C^2r^2 + B^2q^2 + A^2p^2 = k^2;$$

k^2 étant une seconde constante arbitraire, qui sera toujours une quantité positive.

En résolvant ces deux équations intégrales, par rapport à p^2 et q^2, on en tire

$$p^2 = \frac{k^2 - Bh^2 + (B-C).Cr^2}{(A-B).A}, \qquad q^2 = \frac{k^2 - Ah^2 + (A-C).Cr^2}{(B-A).B};$$

substituant les valeurs de p et de q dans la première des équations (c), et la résolvant ensuite par rapport à dt, il vient

$$dt = \frac{\sqrt{AB}.Cdr}{[k^2 - Bh^2 + (B-C).Cr^2]^{\frac{1}{2}}.[Ah^2 - k^2 + (C-A).Cr^2]^{\frac{1}{2}}}.$$

En intégrant le second membre de cette équation, qui est de la forme $Fr.dr$, on aura la valeur de t en fonction de r; d'où l'on conclura, réciproquement, la valeur de r en fonction de t : les valeurs des trois quantités p, q, r, en fonction de cette variable, peuvent donc être censées connues, ou du moins elles ne dépendent plus que d'une seule intégration qui se rapporte à la méthode des quadratures.

L'intégrale de la valeur de dt ne peut s'obtenir sous forme finie, par les règles connues, que dans les cas particuliers où deux des trois quantités A, B, C sont égales entre elles, ou bien, quand on suppose les constantes arbitraires h et k, telles qu'on ait $k^2 = Ah^2$, ou $k^2 = Bh^2$.

387. Si l'on examine avec attention la forme des équations (c), et les expressions des différentielles da, db, etc., données dans le n° 381, on parvient à découvrir différentes transformations de ces équations, qui conduisent à de nouvelles intégrales.

En effet, j'ajoute les équations (c), après avoir multiplié la première par c, la seconde par b, la troisième par a, ce qui donne

$$[cdr + (qa-pb).rdt].C + [bdq + (pc-ra).qdt].B$$
$$+ [adp + (rb-qc).pdt].A = 0;$$

mais à cause des équations du n° cité, savoir :

$$dc = (qa-pb).dt, \quad db = (pc-ra).dt, \quad da = (rb-qc).dt,$$

la précédente est la même chose que

$$C.d.rc + B.d.qb + A.d.pa = 0;$$

on aura donc, en intégrant,

$$Crc + Bqb + Apa = l;$$

l étant une constante arbitraire.

On trouvera de la même manière deux autres intégrales analogues à celles-ci, savoir :

$$Crc' + Bqb' + Apa' = l', \quad Crc'' + Bqb'' + Apa'' = l'';$$

l' et l'' étant des constantes arbitraires.

Ces trois intégrales ne sont pas des équations distinctes entre elles; car si l'on ajoute leurs carrés, on trouve, en ayant égard aux équations du n° 361,

$$C^2r^2 + B^2q^2 + A^2p^2 = l^2 + l'^2 + l''^2;$$

résultat qui rentre dans la seconde des intégrales du n° précédent, et qui donne, entre les quatre constantes arbitraires k, l, l', l'', l'équation de condition

$$l^2 + l'^2 + l''^2 = k^2.$$

Si l'on substitue dans ces trois nouvelles inté-grales, à la place de a, b, c, etc., leurs valeurs en fonction de ψ, φ, θ (n° 361), on aura trois équations entre les six variables ψ, φ, θ, p, q, r, et les cons-tantes arbitraires l, l', l'', qui seront des intégrales des trois équations (a) du n° 380 ; et c'est en effet ce qu'il est aisé de vérifier. Comme ces trois intégrales n'é-quivalent qu'à deux équations réellement distinctes, il s'ensuit qu'il doit exister une troisième intégrale des équations (a) ; mais avant de la chercher, il est né-cessaire de voir ce que signifient les dernières équa-tions que nous venons de trouver.

588. En les comparant aux formules du n° 379, on voit qu'on a

$$\cos.mOx = -\frac{l}{k}, \quad \cos.mOy = -\frac{l'}{k}, \quad \cos.mOz = -\frac{l''}{k} ;$$

et puisque les quantités l, l', l'', k, sont des cons-tantes, il s'ensuit que la droite Om conserve tou-jours la même position, par rapport aux axes fixes Ox, Oy, Oz; donc aussi le plan principal des mo-mens, qui est perpendiculaire à cette droite, doit rester fixe pendant toute la durée du mouvement. Sa position changera par rapport aux plans mobiles des coordonnées $x_{,}$, $y_{,}$, $z_{,}$; mais on la retrouvera à chaque instant, au moyen des formules du n° 378, dans lesquelles on peut supposer connues les va-leurs des quantités p, q, r ; de sorte qu'on pourra assigner à chaque instant la trace de ce plan sur la surface du mobile.

Ainsi, toutes les fois qu'un corps solide tourne
autour

autour d'un point fixe, en vertu d'une impulsion primitive, et sans qu'aucune force accélératrice agisse
sur ses points, il existe un plan passant par le point
fixe, qui demeure invariable pendant le mouvement
et dont on peut déterminer la position, à chaque instant, par rapport aux plans mobiles des axes principaux du corps.

Nous aurons occasion, dans la suite, de générali-
ser ce théorème ; maintenant il va nous servir à fa-
ciliter la recherche de la troisième intégrale des
équations (a).

389. Le plan principal des momens étant fixe,
nous pouvons le choisir pour l'un des trois plans des
coordonnées x, y, z ; supposons donc que ce plan
soit celui des x, y, ou, ce qui est la même chose,
supposons que la droite Om coïncide avec l'axe Oz ;
nous aurons

$$\cos.mOx_{,} = \cos.zOx_{,} = a'',$$
$$\cos.mOy_{,} = \cos.zOy_{,} = b'',$$
$$\cos.mOz_{,} = \cos.zOz_{,} = c'';$$

et par conséquent (n° 378)

$$a'' = -\frac{Ap}{k}, \qquad b'' = -\frac{Bq}{k}, \qquad c'' = -\frac{Cr}{k};$$

ou bien encore, en mettant pour a'', b'', c'', leurs valeurs (n° 361),

$$\sin.\theta.\sin.\varphi = \frac{Ap}{k}, \qquad \sin.\theta.\cos.\varphi = \frac{Bq}{k}, \qquad \cos.\theta = -\frac{Cr}{k};$$

équations qui s'accordent entre elles, à cause que

2.   10

$k^2 = A^2p^2 + B^2q^2 + C^2r^2$, et qui serviront à déterminer les angles φ et θ, en fonction du tems.

Maintenant, si l'on élimine la différentielle $d\theta$ entre les deux premières équations (a) du n° 380, on trouve, pour résultat,

$$\sin^2.\theta.d\psi = \sin.\theta.\sin.\varphi.pdt + \sin.\theta.\cos.\varphi.qdt;$$

d'où l'on tire, en vertu des équations précédentes,

$$d\psi = \frac{Ap^2 + Bq^2}{k^2 - C^2r^2}.kdt;$$

donc, à cause de $Ap^2 + Bq^2 + Cr^2 = h^2$, on aura

$$d\psi = \frac{h^2 - Cr^2}{k^2 - C^2r^2}.kdt;$$

et en substituant pour dt, sa valeur précédemmen t trouvée (n° 386), celle de $d\psi$ prendra la forme $d\psi = Fr.dr$. Ainsi, en intégrant cette formule par la méthode des quadratures, nous aurons la valeur de ψ en fonction de r, laquelle valeur renfermera une constante arbitraire, et sera la troisième intégrale des équations (a). Comme la valeur de r, en fonction de t, est censée connue, il s'ensuit que la valeur du troisième angle ψ, en fonction du tems, doit aussi être regardée comme connue.

390. Les valeurs des six variables p, q, r, ψ, θ, φ, résultant de notre analyse, sont des fonctions du tems, qui contiennent en outre quatre constantes arbitraires, savoir, h, k, et les deux constantes qui seront introduites par les intégrations des valeurs de

dt et $d\psi$. Les intégrales complètes des équations (a) et (c) dont ces valeurs dépendent, devraient contenir six constantes arbitraires; mais le choix que nous venons de faire, du plan principal des momens pour celui des coordonnées x, y, a fait disparaître deux de ces constantes; car ce choix revient à supposer droits les deux angles mOx, mOy; d'où il résulte $l = o$ et $l' = o$ (n° 388). Nous n'avons plus, pour achever la solution générale du problème qui nous occupe, qu'à déterminer les constantes restantes, d'après les conditions initiales du mouvement.

Pour cela, supposons que le mobile a été mis en mouvement autour du point O (fig 15) par l'action d'une force, comme le choc d'un autre corps, ou par l'action simultanée de plusieurs forces qui ont une résultante unique. Soit FE la direction de cette force, E le point où elle rencontre la surface du mobile, NEN' la section de cette surface, faite par un plan mené par le point O et par la droite FE; abaissons de ce point la perpendiculaire Oe sur la droite FE, et représentons cette perpendiculaire par f. Pour mesurer la force donnée qui agit suivant FE, supposons que cette force est capable d'imprimer une vitesse v à tous les points d'une masse μ, que l'on regarde comme entièrement libre : la mesure de cette force sera alors la quantité de mouvement μv (n° 315), et son moment, par rapport au point O, sera le produit $\mu v f$. Or, quelles que soient les quantités de mouvement que les points du corps que nous considérons, ont dû prendre dans le premier instant de son mouvement, ces forces, prises en sens contraire de leurs directions, font équilibre à la force dirigée suivant FE (n° 333); d'où il est aisé de conclure, 1°. que le plan principal de leurs momens, par rapport au point O, doit coïncider avec le plan NEN', qui contient à la fois le point O et la direction FE; 2°. que leur moment principal doit être égal au moment $\mu v f$ de la force donnée. Mais à un instant quelconque, le moment principal des quantités de mouvement de tous les points du mobile, est égal à $\sqrt{A^2 p^2 + B^2 p^2 + C^2 r^2}$ (n° 379); donc, en vertu de la seconde intégrale du n° 386, on aura $k = \mu v f$, pour la valeur de la constante arbitraire k, contenue dans cette intégrale.

La trace NEN' du plan principal sur la surface du mobile étant connue à l'origine du mouvement, si l'on élève par le point O une perpendiculaire Om à ce plan, on connaîtra aussi les angles que cette droite fait avec les axes principaux du mobile qui se coupent en ce point; et si l'on suppose que $Ox_,$, $Oy_,$, $Oz_,$, sont les trois axes, et A, B, C, les momens d'inertie qui s'y rapportent, on aura (n° 389)

$$Ap = -k.\cos.mOx_,$$
$$Bq = -k.\cos.mOy_,$$
$$Cr = -k.\cos.mOz_,$$

Ces équations détermineront les valeurs de p, q, r, qui répondent à l'origine du mouvement; en les substituant dans la première intégrale du n° 386, on aura la valeur de la constante arbitraire h, que cette intégrale renferme.

Quant aux constantes arbitraires qui entrent dans les valeurs de t et de ψ, en fonction de r, l'une dépend de l'époque d'où l'on veut compter le tems t, et l'autre, de la ligne d'où l'on compte l'angle ψ. On déterminera leurs valeurs, dans chaque cas particulier, aussitôt qu'on aura choisi arbitrairement cette époque et la position de cette ligne, qui doit être menée dans le plan NEN'.

391. Appliquons maintenant cette solution générale à un exemple particulier. Supposons que le mobile est un corps homogène terminé par une surface de révolution, et que le point fixe O est situé sur son axe de figure, qui sera l'axe principal $Oz_{,}$. Les momens d'inertie A et B, relatifs aux deux autres axes principaux $Ox_{,}$ et $Oy_{,}$, seront égaux entre eux ; or, en faisant $A = B$, dans la dernière équation du n° 386, on en tire

$$AC.\frac{dr}{dt} = [k^2 - Ah^2 + (A - C).Cr^2].\sqrt{-1} \, ;$$

il est donc nécessaire, pour que la valeur de $\frac{dr}{dt}$ ne soit pas imaginaire, qu'on ait

$$k^2 - Ah^2 + (A - C).Cr^2 = 0 \, ;$$

mais alors les formules du même n°, qui donnent les valeurs de p^2 et q^2, prennent la forme $\frac{0}{0}$: il devient impossible d'en déduire ces valeurs, et l'on est obligé de recourir aux équations (c).

La première de ces trois équations se réduit à

$Cdr=0$; d'où l'on tire $r=n$, n étant une constante arbitraire ; les deux autres deviennent

$$Adq + (A - C).npdt = 0, \qquad Adp + (C - A).nqdt = 0.$$

D'après leur forme, on voit qu'on y satisfera en prenant

$$p = \alpha.\sin.(n't+\gamma), \qquad q = \zeta.\cos.(n't+\gamma) ;$$

$\alpha, \zeta, \gamma, n'$ étant des constantes indéterminées ; et en effet, en y substituant ces valeurs, il vient

$$[-A\zeta n' + (A - C).\alpha n].\sin.(n't+\gamma).dt = 0,$$
$$[+A\alpha n' + (C - A).\zeta n].\cos.(n't+\gamma).dt = 0 ;$$

équations que l'on rend identiques, en supposant

$$-A\zeta n' + (A - C).\alpha n = 0, \qquad A\alpha n' + (C - A).\zeta n = 0 ;$$

d'où l'on tire

$$n' = \frac{(A - C).n}{A} \qquad \text{et} \qquad \zeta = \alpha ;$$

par conséquent

$$p = \alpha.\sin.(n't+\gamma), \qquad q = \alpha.\cos.(n't+\gamma),$$

en conservant n' pour abréger. Les deux constantes α et γ restent arbitraires ; de sorte que les valeurs de p et q sont les intégrales complètes des deux équations différentielles du premier ordre, auxquelles elles satisfont.

Connaissant ainsi les valeurs de p, q, r, il reste à déterminer celles des trois angles ψ, θ, φ, d'où dépend, à chaque instant, la position des axes principaux. Si l'on met dans les équations du n° 389, à la place de p, q, r, leurs valeurs, et à la place de k, le moment $\mu v f$ de la force qui a produit le mouvement, elles deviennent

$$\sin.\theta.\sin.\varphi = \frac{A\alpha.\sin.(n't+\gamma)}{\mu v f},$$

$$\sin.\theta.\cos.\varphi = \frac{A\alpha.\cos.(n't+\gamma)}{\mu v f},$$

$$\cos.\theta = -\frac{Cn}{\mu v f}.$$

L'angle θ exprime, dans ces équations, l'inclinaison du plan des deux axes principaux $Ox_{,}$ et $Oy_{,}$, sur le plan principal des momens, c'est-à-dire, sur le plan NEN', mené par le point O et par la direction FE de l'impulsion primitive; cette inclinaison est donc constante, d'après la troisième équation; et comme elle est donnée à l'origine du mouvement, il s'ensuit qu'elle servira à déterminer la constante arbitraire n: on aura

$$n = -\frac{\mu v f.\cos.\theta}{C}.$$

En divisant la première équation par la seconde, il vient

$$\text{tang}.\varphi = \text{tang}.(n't+\gamma), \quad \text{ou} \quad \varphi = n't+\gamma;$$

cet angle φ est, à un instant quelconque, l'angle compris entre l'axe principal $Ox_{,,}$ et l'intersection du plan des deux axes $Ox_{,}$ et $Oy_{,,}$ avec le plan NEN'; de manière qu'en supposant que NON' soit cette intersection, on a $\varphi = NOx_{,}$. L'angle $NOx_{,}$ est connu à l'origine du mouvement, puisque l'on sait à cet instant, suivant quelle droite le plan donné NEN' coupe le plan des deux axes Ox, et Oy, ; en comptant donc le tems t à partir de cette origine, la constante arbitraire sera égale à la valeur initiale de l'angle NOx,. Quant à la constante arbitraire α, en ajoutant les carrés des deux premières équations, on trouve

$$\sin^2 \theta = \frac{A^2 \gamma^2}{\mu^2 v^2 f^2}, \qquad \text{ou} \qquad \alpha = \frac{\mu v f . \sin . \theta}{A}.$$

Enfin, en faisant $B = A$ et $k = \mu v f$, dans la valeur de $d\psi$ du n° 389, on a

$$d\psi = \frac{A(p^2 + q^2)}{\mu^2 v^2 f^2 - C^2 n^2} . \mu v f . dt ;$$

ou bien, en mettant pour p, q, n et α, leurs valeurs,

$$d\psi = \frac{\mu v f}{A} . dt ;$$

et en intégrant

$$\psi = \frac{\mu v f}{A} . t + \varepsilon,$$

ε étant la constante arbitraire. L'angle ψ est l'angle compris entre la droite ON et une ligne fixe, telle que Ox, menée arbitrairement dans le plan NEN'. On est maître de prendre pour cette ligne Ox, la position de la droite ON à l'origine du mouvement : alors on aura à la fois $t = 0$ et $\psi = 0$, et par conséquent $\varepsilon = 0$.

Au moyen de ces valeurs de θ, φ, ψ, qui sont complètement déterminées, on pourra assigner à chaque instant la position du mobile par rapport au plan fixe NEN'.

D'après la valeur de ψ, l'intersection ON du plan des deux axes principaux $Ox_,$ et $Oy_{,,}$ avec le plan fixe, tourne uniformément sur ce second plan avec une vitesse angulaire égale à $\frac{\mu v f}{A}$; la valeur de φ nous montre que l'axe principal $Ox_,$, tourne aussi uniformément dans le plan mobile $x_,Oy_{,,}$ avec une vitesse angulaire égale à n' ou à $\frac{(A-C).n}{A}$; et, pendant ce double mouvement, le plan $x_,Oy_,$ conserve une inclinaison constante sur le plan fixe NEN', de manière que l'axe $Oz_,$ décrit un cône droit autour de la ligne Om, perpendiculaire au plan fixe.

392. Si nous voulons connaître dans ce mouvement particulier, l'axe instantanée de rotation et la vitesse angulaire autour de cet axe, nous aurons d'abord pour la vitesse (n° 376),

$$\sqrt{p^2 + q^2 + r^2} = \sqrt{\alpha^2 + n^2}.$$

Ce qui nous montre que cette vitesse est constante ; en la représentant par ω, et mettant pour α et n, leurs valeurs, nous aurons

$$\omega = \mu v f . \sqrt{\frac{\sin^2 \theta}{A^2} + \frac{\cos^2 . \theta}{C^2}}.$$

Les formules du n° 375 donnent aussi, en y substituant les valeurs de $p, q, r,$

$$\cos. IOz, = \frac{n}{\omega} = -\frac{A.\cos.\theta}{\sqrt{C^2.\sin^2.\theta + A^2.\cos^2.\theta}},$$

$$\cos. IOy, = \frac{\alpha.\cos.(n't+\gamma)}{\omega} = \frac{C\sin.\theta.\cos.(n't+\gamma)}{\sqrt{C^2.\sin^2.\theta + A^2.\cos^2.\theta}},$$

$$\cos. IOx, = \frac{\alpha.\sin(n't+\gamma)}{\omega} = \frac{C.\sin.\theta.\sin.(n't+\gamma)}{\sqrt{C^2.\sin^2.\theta + A^2.\cos^2.\theta}}$$

L'axe instantanée change donc de position dans l'intérieur du corps, puisque les angles qu'il fait avec les axes $Ox,$ et $Oy,$, sont variables; mais l'angle qu'il fait avec l'axe $Oz,$ est constant; par conséquent l'axe instantanée décrit un cône droit autour de la droite $Oz,$, et le point I où il rencontre la surface du mobile, tracé sur cette surface un cercle qui a son centre dans l'axe $Oz,$.

Lorsque l'angle θ est nul, l'axe $Oz,$ coïncide avec la droite fixe Om; l'axe instantanée devient également immobile, et le corps tourne uniformément autour de son axe principal $Oz,$, comme si cet axe était fixe. La vîtesse de rotation se réduit à

$$\omega = \frac{\mu\nu f}{C};$$

en se rappelant que C est le moment d'inertie du mobile, par rapport à l'axe de rotation $Oz,$, on voit que cette vîtesse est celle que nous avons trouvée en considérant le mouvement d'un corps autour d'un axe fixe. Ce cas a toujours lieu quand le solide de révolution dont nous considérons le mouvement, est une sphère dont le centre est le point fixe O; car alors toutes les droites menées par ce point sont des axes principaux, et par conséquent on peut prendre la droite Om, quelle qu'elle soit, pour l'axe $Oz_{,}$.

393. Le cas dans lequel un corps de figure quelconque tourne à très-peu près autour d'un des axes principaux $Ox_{,}$, $Oy_{,}$, $Oz_{,}$, mérite d'être considéré en particulier ; on peut dans ce cas déterminer, par une approximation suffisante et d'une manière fort simple, les petites oscillations de l'axe instantanée de rotation autour de cet axe principal ; et cette détermination nous conduira à quelques propriétés des axes principaux qui nous sont déjà connues (n° 368).

Soit $Oz_{,}$ l'axe principal dont l'axe instantanée OI s'écarte très-peu pendant le mouvement du corps ; nous avons (n° 375)

$$\sin . IOz_{,} = \frac{\sqrt{p^2 + q^2}}{\sqrt{p^2 + q^2 + r^2}};$$

donc l'angle $IOz_{,}$ étant supposé très-petit, p et q doivent aussi être des quantités très-petites. En négligeant donc leur produit, la première équation (c) du n° 386 se réduira à $Cdr = 0$; d'où l'on tire $r = n$, n étant une constante arbitraire qui représente à très-peu près la vîtesse de rotation du corps, ou la valeur de la quantité $\sqrt{p^2 + q^2 + r^2}$. Les deux autres équations (c) deviennent

$$Bdq + (A - C).npdt = 0, \qquad Adp + (C - B).nqdt = 0 ;$$

en les intégrant comme précédemment, on aura

$$p = \alpha.\sin (n't + \gamma), \qquad q = \mathcal{C}.\cos (n't + \gamma) ;$$

α et γ étant les constantes arbitraires, et n' et $\mathcal{C}$, deux constantes déterminées par ces équations

$$-B\mathcal{C}n' + (A-C).\alpha n = o, \quad A\alpha n' + (C-B).\mathcal{C}n = o;$$

d'où l'on tire

$$n' = n.\sqrt{\frac{(C-A).(C-B)}{AB}} \quad \text{et} \quad \mathcal{C} = \alpha.\sqrt{\frac{(A-C).A}{(B-C).B}}.$$

Les valeurs de p, q, r étant connues, on en conclura celles des angles ψ, θ et φ, comme dans l'exemple précédent; mais celles-ci sont inutiles à l'objet que nous nous proposons.

394. La constante α dépend de l'angle $IOz_{,}$, à l'origine du mouvement; si cet angle, au lieu d'être seulement très-petit, était rigoureusement nul, on aurait à cet instant $p = o$ et $q = o$, par conséquent $\alpha = o$ et $\mathcal{C} = o$: les valeurs de p et de q seraient donc toujours nulles, et l'axe instantanée coïnciderait toujours avec l'axe $Oz_{,}$. Ainsi les axes principaux jouissent de cette propriété, que si le mobile a commencé à tourner autour de l'un d'eux, le mouvement continuera indéfiniment autour de cet axe.

Pour que les quantités p et q soient nulles à l'origine du mouvement, il faut, d'après le n° 390, qu'à cet instant la droite Om ait coïncidé avec l'axe $Oz_{,,}$ ou que le plan NEN' ait été perpendiculaire à cet axe; il faut donc que l'impulsion qui a mis le corps en mouvement autour du point O, ait été dirigée dans un plan mené par ce point, perpendiculairement à l'axe $Oz_{,}$: cette condition étant remplie, le

mouvement commencera autour de cet axe principal, et par conséquent il continuera de la même manière, comme si la droite Oz, était réellement fixe.

Au reste, il n'y a que les axes principaux qui
puissent demeurer immobiles pendant le mouvement
du corps autour du point O; car, pour que l'axe instantanée de rotation conserve toujours la même position, il faut que les trois quantités p, q, r, soient
constantes (n° 375); on doit donc avoir $dp = 0$,
$dq = 0$, $dr = 0$; ce qui réduit les équations (c) à

$$(B-A).pqdt = 0, \quad (A-C).rpdt = 0, \quad (C-B).qrdt = 0.$$

Si les trois momens d'inertie A, B, C, sont inégaux,
il faudra supposer nulles deux des trois quantités p,
q, r, pour satisfaire à ces équations; et alors l'axe de
rotation coïncidera avec l'une des trois droites Ox,,
Oy,, Oz,. Si deux de ces trois momens d'inertie sont
égaux, que l'on ait, par exemple, $A = B$, la première équation sera identique, et l'on satisfera aux
deux autres en prenant $r = 0$; l'axe instantanée sera
donc situé dans le plan des deux axes principaux Ox,
et Oy,; mais on sait que dans un pareil cas (n° 365),
toutes les droites menées dans ce plan par le point
O, sont des axes principaux; donc l'axe de rotation
sera encore un axe principal. Enfin, lorsqu'on a
$A = B = C$, les trois équations sont identiques, et
l'on peut prendre les valeurs de p, q, r, comme on
voudra; mais aussi, dans ce cas particulier, toutes
les droites qui passent par le point O sont des axes
principaux: donc, dans tous les cas, l'axe de rota-

tion, s'il demeure immobile, ne pourra être qu'un axe principal.

395. Supposons maintenant que l'axe de rotation s'écartait un peu de l'axe $Oz_{,}$ à l'origine du mouvement, de manière que l'angle initial $IOz_{,}$ soit très-petit, les deux constantes α et $\mathcal{C}$ seront aussi des quantités très-petites ; mais il n'en faut pas conclure que les valeurs de p et q, qui ont ces constantes pour facteur, demeureront toujours très-petites. Cette circonstance dépendra de la nature de la quantité n'.

En effet, lorsque cette quantité sera réelle, les valeurs de p et q seront exprimées par les sinus et cosinus de l'arc réel $n't$, qui sont des fonctions périodiques de t ; ces valeurs ne seront donc pas susceptibles de croître indéfiniment avec le tems ; et au contraire, elles resteront toujours très-petites, comme à l'origine du mouvement. Mais si la quantité n' est imaginaire, les sinus et cosinus de l'arc imaginaire $n't$ se changeront, par les formules connues, en exponentielles dont les exposans seront proportionnels à t ; ces exponentielles, et les valeurs de p et q, qui les renferment, croîtront indéfiniment avec le tems ; de manière que ces valeurs, quelque petites qu'elles soient à l'origine du mouvement, finiront par devenir aussi grandes que l'on voudra.

Dans le cas de n' réelle, l'axe instantanée oscillera de part et d'autre de l'axe $Oz_{,}$; l'étendue de ses oscillations sera proportionnelle à son écart primitif, et par conséquent très-petite. Au contraire, dans le cas de n' imaginaire, ces deux axes s'écarteront indéfiniment l'un de l'autre. Or, d'après la valeur n', le premier cas aura lieu, quand le produit $(A-C).(B-C)$ sera positif, c'est-à-dire, quand C sera le plus petit ou le plus grand des trois momens d'inertie A, B, C; et lorsque C ne sera ni le plus petit ni le plus grand de ces trois momens, le produit sera négatif, et la valeur de n', imaginaire. Si donc le mobile tourne autour de l'axe $Oz_{,}$, son mouvement subsistera autour de cette droite, tant qu'il ne sera troublé par aucune nouvelle force; mais si une cause quelconque vient à déranger un tant soit peu son axe de rotation, le mobile continuera à tourner, à très-peu près, autour de la droite $Oz_{,}$, ou bien il s'en écartera indéfiniment, selon que les différences $A-C$ et $B-C$ seront de même signe ou de signe contraire. Ainsi, le mouvement de rotation est dans un état *stable*, autour des axes principaux qui répondent au plus petit et au plus grand moment d'inertie, et ce mouvement n'est plus stable autour du troisième axe.

396. Comme les valeurs de p et q du n° 393 ne sont qu'approchées, on pourrait conserver quelque doute sur la stabilité du mouvement autour des axes du plus petit et du plus grand moment; mais au moyen des intégrales (n° 386),

$$Ap^2 + Bq^2 + Cr^2 = h^2, \quad A^2p^2 + B^2q^2 + C^2r^2 = k^2,$$

on démontre cette stabilité en toute rigueur et d'une manière fort simple.

En effet, en multipliant la première par C, et la retranchant de la seconde, on a

$$A(A-C).p^2 + B(B-C).q^2 = D; \qquad (d)$$

D désignant, pour abréger, la quantité constante $k^2 - Ch^2$. Si donc l'axe instantanée s'écarte très-peu de l'axe Oz, à l'origine du mouvement, de sorte que les quantités p et q soient très-petites à cette époque, la constante D sera aussi très-petite; d'où je conclus que les valeurs de p et q devront rester très-petites pendant toute la durée du mouvement, lorsque les deux différences $A-C$ et $B-C$ seront de même signe; car il faudra, en vertu de l'équation (d), que les carrés p^2 et q^2, multipliés par des coefficiens de même signe, et ensuite ajoutés, donnent constamment une somme très-petite. On peut même, dans ce cas, fixer les limites des valeurs de p et q, et l'on voit qu'on aura toujours

$$p^2 < \frac{D}{A(A-C)} \quad \text{et} \quad q^2 < \frac{D}{B(B-C)}.$$

Mais, si les différences $A-C$ et $B-C$, sont de signe contraire, et que la constante D soit toujours supposée très-petite, on conçoit que l'équation (d) pourra être satisfaite, sans que les valeurs de p et q soient astreintes à rester constamment très-petites; et les calculs précédens montrent qu'effectivement ces valeurs ne sauraient être supposées très-petites pendant toute la durée du mouvement.

CHAPITRE V

CHAPITRE V.

DU MOUVEMENT D'UN CORPS SOLIDE LIBRE.

397. Pour nous représenter avec plus de facilité le mouvement d'un corps solide dans l'espace, nous lui substituerons deux autres mouvemens simultanées, l'un de *rotation*, autour d'un point du corps, regardé comme fixe, l'autre de *translation*, commun à tous les points du mobile. Cela revient évidemment à regarder, à un instant quelconque, la vîtesse de chaque point, comme la résultante de deux vîtesses, dont l'une soit commune à tous les points, égale et parallèle à celle du point que l'on choisit pour centre du mouvement de rotation, et dont l'autre soit particulière à chaque point : en ayant seulement égard aux vîtesses particulières, le corps tourne autour du centre comme autour d'un point fixe ; et en vertu de la vîtesse commune, tous ses points sont transportés dans l'espace, d'un mouvement commun qui n'altère, en aucune manière, le mouvement de rotation.

Tant qu'on aura seulement pour but de décomposer le mouvement du corps en deux mouvemens plus simples et plus faciles à concevoir, on pourra choisir arbitrairement le centre du mouvement de rotation ; mais lorsqu'il s'agira de déterminer ces deux mouvemens, nous prendrons pour ce point, le

2.

centre de gravité du mobile, parce que son mouvement, dans un grand nombre de cas, peut être déterminé directement et indépendamment de celui des autres points du corps : c'est ce que nous allons d'abord faire voir, en cherchant les équations du mouvement de ce centre, considéré comme un point matériel.

398. Appelons G le centre de gravité du mobile; M sa masse; dm un élément quelconque de cette masse; x, y, z, les coordonnées de ce point matériel, parallèles à trois axes fixes et rectangulaires; $\bar{x}, \bar{y}, \bar{z}$, les coordonnées du point G, parallèles aux mêmes axes; on aura, d'après les propriétés connues du centre de gravité (n° 99), et en substituant les masses aux poids,

$$M\bar{x} = \int x\, dm, \quad M\bar{y} = \int y\, dm, \quad M\bar{z} = \int z\, dm;$$

ces trois intégrales devant être étendues à la masse entière du corps. Différentions ces équations, par rapport au tems, dont l'élément sera représenté par dt, nous aurons

$$\left. \begin{array}{l} M \cdot \dfrac{d\bar{x}}{dt} = \displaystyle\int \dfrac{dx}{dt} \cdot dm, \\[2ex] M \cdot \dfrac{d\bar{y}}{dt} = \displaystyle\int \dfrac{dy}{dt} \cdot dm, \\[2ex] M \cdot \dfrac{d\bar{z}}{dt} = \displaystyle\int \dfrac{dz}{dt} \cdot dm; \end{array} \right\} \qquad (1)$$

et en différentiant une seconde fois, de la même manière, il vient

$$M.\frac{d^2\bar{x}}{dt^2} = \int \frac{d^2x}{dt^2}.dm,$$

$$M.\frac{d^2\bar{y}}{dt^2} = \int \frac{d^2y}{dt^2}.dm, \qquad\qquad (2)$$

$$M.\frac{d^2\bar{z}}{dt^2} = \int \frac{d^2z}{dt^2}.dm.$$

Ces trois dernières équations sont celles du mouvement du point G; il s'agit de les rendre, s'il est possible, indépendantes des coordonnées x, y, z, des autres points du mobile.

Or, à la fin du tems quelconque t, les vîtesses de dm, parallèles aux axes des coordonnées, sont $\frac{dx}{dt}$, $\frac{dy}{dt}$, $\frac{dz}{dt}$; à la fin du tems $t + dt$, ces vîtesses deviennent

$$\frac{dx}{dt} + d.\frac{dx}{dt}, \qquad \frac{dy}{dt} + d.\frac{dy}{dt}, \qquad \frac{dz}{dt} + d.\frac{dz}{dt};$$

mais si l'on décompose parallèlement à ces axes, toutes les forces accélératrices données qui agissent sur cet élément, et que l'on représente par X, Y, Z, les sommes de ces composantes, respectivement parallèles aux axes des x, des y et des z, on aura Xdt, Ydt, Zdt, pour les vîtesses qui seraient imprimées, pendant l'instant dt, à ce point matériel supposé libre; donc, dans cette hypothèse, les vîtesses parallèles aux axes seraient

$$\frac{dx}{dt} + Xdt, \qquad \frac{dy}{dt} + Ydt, \qquad \frac{dz}{dt} + Zdt,$$

à la fin du tems $t + dt$; par conséquent, en retranchant les précédentes de celles-ci, on aura

$$Xdt - d.\frac{dx}{dt}, \quad Ydt - d.\frac{dy}{dt}, \quad Zdt - d.\frac{dz}{dt},$$

pour les vitesses perdues par l'élément dm. Le corps solide resterait donc en équilibre, en imprimant à ce point, les quantités de mouvement

$$\left(Xdt - d.\frac{dx}{dt}\right).dm, \quad \left(Ydt - d.\frac{dy}{dt}\right).dm, \quad \left(Zdt - d.\frac{dz}{dt}\right).dm,$$

qui correspondent à ces vîtesses perdues, et en en faisant autant, par rapport à tous les autres élémens; mais ce corps étant supposé entièrement libre, cet équilibre exige que la somme de toutes les forces parallèles à chacun des trois axes, soit égale à zéro; on aura donc, en prenant les intégrales dans toute l'étendue de la masse du corps,

$$\int \left(Xdt - d.\frac{dx}{dt}\right).dm = 0,$$

$$\int \left(Ydt - d.\frac{dy}{dt}\right).dm = 0,$$

$$\int \left(Zdt - d.\frac{dz}{dt}\right).dm = 0;$$

d'où l'on tire

$$\int \frac{d^2x}{dt^2}.dm = \int Xdm, \quad \int \frac{d^2y}{dt^2}.dm = \int Ydm, \quad \int \frac{d^2z}{dt^2}.dm = \int Zdm;$$

ce qui change les équations (2) en celles-ci :

$$M.\frac{d^2\overline{x}}{dt^2} = \int Xdm, \quad M.\frac{d^2\overline{y}}{dt^2} = \int Ydm, \quad M.\frac{d^2\overline{z}}{dt^2} = \int Zdm. \quad (3)$$

En divisant ces équations par M, et les comparant ensuite à celles du mouvement d'un point matériel libre (n° 219), on voit que le centre de gravité G se meut comme si la masse entière M y était réunie, et que les forces motrices de tous les points du corps fussent appliquées à ce point G, parallèlement à leurs directions respectives, et sans changer leurs intensités. En effet les intégrales $\int X\,dm$, $\int Y\,dm$, $\int Z\,dm$, sont les sommes des composantes de toutes ces forces, suivant les axes des x, des y et des z; de manière qu'en les divisant par M, on a les forces accélératrices, suivant ces axes, d'un point matériel dont la masse serait M, et qui serait sollicité par la résultante des forces motrices de tous les points du corps.

399. Lorsque les forces données qui agissent sur les points du mobile, seront des attractions dirigées vers d'autres points fixes ou mobiles, leurs intensités dépendront des distances des premiers points aux seconds, et les quantités X, Y, Z, seront des fonctions des coordonnées de tous ces points. Dans ce cas, les équations (3) ne pourront pas servir à déterminer directement les coordonnées $\bar{x}$, $\bar{y}$, $\bar{z}$, du point G; ou, autrement dit, on ne pourra pas déterminer le mouvement de ce point, indépendamment de celui des autres points du corps. Mais quand ces forces seront constantes en grandeur et en direction, comme la pesanteur dans un corps de dimension ordinaire, les équations (3) feront connaître immédiatement le mouvement du centre de gravité : ce centre se mouvra alors comme un point matériel

pesant; son mouvement horizontal sera uniforme , son mouvement vertical, uniformément varié, et sa trajectoire, une parabole dont le sommet et le paramètre dépendront de sa position et de sa vîtesse initiales (n° 229).

400. En général les équations différentielles secondes du mouvement d'un point matériel, laissent indéterminées les coordonnées, la vîtesse et la direction du mobile à l'origine; ces coordonnées et les composantes de cette vîtesse, parallèles aux trois axes, sont les constantes arbitraires qui complètent les intégrales de ces équations, et qui doivent être déterminées dans chaque cas particulier. Or, la position initiale du corps étant censée connue, on aura, sans difficulté, les coordonnées du point de départ de son centre de gravité; et quant aux vîtesses initiales de ce point, suivant les axes, on les déterminera immédiatement, d'après les intensités et les directions des forces qui ont agi sur le corps à l'origine du mouvement.

En effet, quelles que soient les vîtesses initiales des différens points du corps, il faut que leurs quantités de mouvement, prises en sens contraire des directions de ces vîtesses, fassent équilibre aux forces appliquées à ces points, et qu'on regarde comme données (n° 333); il faut donc, puisque le corps est entièrement libre, que la somme de ces quantités de mouvement, suivant chaque axe des coordonnées , soit égale à la somme des composantes des forces données, suivant le même axe; mais, à un instant quelconque, les quantités de mouvement de l'élément dm, sont $\frac{dx}{dt}.dm$, $\frac{dy}{dt}.dm$, $\frac{dz}{dt}.dm$, parallèlement aux axes des x, y, z; on aura donc, à l'origine du mouvement,

$$\int \frac{dx}{dt}.dm = A, \quad \int \frac{dy}{dt}.dm = B, \quad \int \frac{dz}{dt}.dm = C,$$

en prenant ces intégrales dans toute l'étendue de la masse du mobile, et en représentant par A, B, C, les sommes des composantes des forces données, respectivement parallèles aux axes des x, des y et des z. Donc, en vertu des équations (1), on aura

$$M.\frac{d\bar{x}}{dt} = A, \quad M.\frac{d\bar{y}}{dt} = B, \quad M.\frac{d\bar{z}}{dt} = C;$$

et en divisant par M, on en conclura les valeurs initiales de $\frac{d\bar{x}}{dt}$, $\frac{d\bar{y}}{dt}$, $\frac{d\bar{z}}{dt}$.

401. Ces équations montrent que la vitesse initiale du centre de gravité, est la même, en grandeur et en direction, que si la masse entière du corps y était réunie, et que les forces appliquées en différens points du mobile, à l'origine du mouvement, fussent transportées à ce centre, parallèlement à elles-mêmes et sans changer leurs intensités.

Si donc le corps solide $AA'A''$ (fig. 16) est entièrement libre, et qu'on applique en un point A, suivant la direction quelconque BA, une force de l'espèce de celles qui agissent instantanément sur les mobiles : le centre de gravité G de ce corps se mouvra suivant la droite GC, parallèle à BA ; sa vitesse sera égale à l'intensité de cette force, divisée par la masse du corps ; de manière que l'intensité de la force étant représentée par F, la masse du mobile par M, et la vitesse de son centre de gravité par v, on aura

$$v = \frac{F}{M}.$$

La grandeur de cette vitesse ne dépend, comme on voit, ni de la direction, ni du point d'application de la force F ; la même force, appliquée successivement en différens points d'un corps, et suivant différentes directions, imprimera toujours la même vitesse à son centre de gravité ; propriété qui distingue ce centre, de tous les autres points du mobile.

On voit aussi que si des forces dont les intensités sont inconnues, agissent dans des directions quelconques sur des masses données, ces intensités seront entre elles comme les produits de ces masses par les vîtesses que prendront leurs centres de gravité ; par conséquent, quelle que soit la direction d'une force qui agit instantanément sur un corps solide libre, et quel que soit aussi le mouvement qu'elle imprime à ses différens points, son intensité aura pour mesure le produit de la masse de ce corps, multipliée par la vîtesse de son centre de gravité.

Ce résultat complète ce que nous avons dit, dans le n° 315, sur la mesure des forces qui agissent instantanément sur les mobiles : nous savions qu'une force de cette nature a pour mesure la quantité de mouvement qu'elle imprime à une masse quelconque, en supposant que tous les points de cette masse prennent des vîtesses égales et parallèles ; mais quand l'action de la force produit un mouvement de rotation, de manière que les vîtesses des différens points du mobile ne sont plus les mêmes, il restait à déterminer par laquelle de ces vîtesses on doit multiplier la masse du corps pour avoir la mesure de la force qui a produit le mouvement : or, nous voyons maintenant que l'intensité de cette force sera toujours égale au produit de la masse du mobile, multipliée par la vîtesse de son centre de gravité.

Le choc d'un corps en mouvement contre un corps en repos, est une force qui agit instantanément sur ce second corps, ou du moins, le tems pendant lequel elle exerce son action est, en général, si petit qu'on en peut faire abstraction sans erreur sensible ; l'intensité de cette force devra donc être représentée dans le calcul, par le produit de la masse du corps choqué, multipliée par la vîtesse que le choc imprime à son centre de gravité ; quant à son point d'application, c'est le point de contact des deux mobiles, et sa direction est toujours la normale commune en ce point aux deux surfaces. Lorsqu'un corps en repos sera choqué à la fois par plusieurs autres corps en mouvement, l'intensité de chaque force de percussion sera égale au produit de la masse du corps choqué, multipliée par la vîtesse que prendrait son centre de gravité, si cette force agissait seule.

402. Après avoir trouvé les équations du mouvement du centre de gravité, il nous reste maintenant à déterminer le mouvement de rotation du corps autour de ce point.

Pour cela, imprimons à tous les points de ce mobile un mouvement égal et contraire à celui de son centre de gravité G; ce point deviendra immobile; l'un des deux mouvemens du corps, celui de translation, sera détruit, et son mouvement de rotation, autour du point G, ne sera aucunement altéré. Or, pour produire ce mouvement contraire, il est évident qu'il faut imprimer à tous les points du corps, 1°. une vîtesse initiale, égale et contraire à la vîtesse initiale du centre de gravité; 2°. une force accélératrice variable, égale et contraire, à chaque instant, à la force accélératrice du point G. Voyons d'abord ce qui résulte de la première condition.

En imprimant ainsi à tous les points du corps, des vîtesses égales et parallèles entre elles, il en résultera pour tous ces points, des quantités de mouvement proportionnelles à leurs masses et de même direction; ou bien, si l'on partage le corps en élémens égaux en masse, tous ces élémens auront des quantités de mouvement égales; or, la résultante de ces forces parallèles et égales, passera toujours par le centre de gravité de la masse entière; mais dans tout mouvement de rotation autour d'un point fixe, on peut négliger les forces dont la résultante passe par ce point; on peut donc ici faire abstraction de ces forces parallèles, puisque le centre de gravité du corps est supposé être le point fixe. Donc le mouvement de rotation initial d'un corps solide, autour de son centre de gravité, sera produit par les forces données qui agissent à l'origine sur différens points de ce corps, et ce mouvement sera le même que si le centre de gravité ne prenait lui-même aucune vitesse initiale.

Relativement à la seconde condition, j'observe qu'il en résultera, pour tous les points du corps, des forces motrices qui seront constamment parallèles entre elles, et proportionnelles aux masses de ces points; on pourra donc aussi en faire abstraction, puisque leur résultante passera à chaque instant par le centre de gravité; d'où je conclus que le mouvement de rotation, autour de ce centre, est produit, à l'origine, et pendant toute sa durée, par les forces données qui agissent sur les points du mobile, et auxquelles on ne doit ajouter aucune autre force. Connaissant ces forces et leurs directions, dans chaque cas particulier, on formera les six équations différentielles du premier ordre, ou les trois équations du second ordre, dont ce mouvement de rotation dépend (n° 384); en les joignant aux équations (3) du n° 398, on aura toutes les équations nécessaires pour déterminer les deux mouvemens du corps; mais ce ne sera que dans un très-petit nombre de cas particuliers qu'on parviendra à les intégrer.

403. Il est aisé de concevoir, d'après cela, comment on déterminera le double mouvement de rotation et de translation d'un corps solide entièrement libre,

produit par l'action simultanée de plusieurs forces données, qui agissent instantanément sur ce mobile. Supposons, en effet, que F, F', F'', etc., soient les intensités de ces forces, et qu'elles soient appliquées aux points A, A', A'', etc., d'un corps solide libre (fig. 16), suivant les directions BA, $B'A'$, $B''A''$, etc. Puisque ces intensités sont données, on est censé connaître la vitesse que chaque force imprimerait au mobile, si cette force agissait seule; soit donc v la vitesse qui serait due à la force F, v' celle qui serait due à F', etc., et désignons par M, la masse du mobile : nous aurons (n° 401)

$$F = Mv, \quad F' = Mv', \quad F'' = Mv'', \text{ etc.}$$

Or, G étant le centre de gravité du corps, ce point doit se mouvoir comme si la masse M y était réunie, et que les forces F, F', F'', etc., y fussent appliquées parallèlement à leurs directions; je mène donc, par le point G, des droites GC, GC', GC'', etc., parallèles aux directions BA, $B'A'$, $B''A''$, etc.; sur ces droites, je porte, à partir du point G, des parties qui soient entre elles comme les forces F, F', F'', etc., ou, ce qui est la même chose, comme les vitesses v, v', v'', etc.; je prends ensuite, par les règles connues, la résultante de ces vitesses, et cette résultante sera, en grandeur et en direction, la vitesse du point G. Ainsi le centre de gravité du mobile que nous considérons, se meut d'un mouvement rectiligne et uniforme, avec une vitesse égale à la résultante de celles qui lui seraient communiquées par les forces

F, F', F'', si chacune de ces forces était seule appliquée au mobile.

Maintenant le corps doit tourner autour de son centre mobile, comme s'il était fixe, et que les mêmes forces données F, F', F'', etc., fussent appliquées au mobile, sans rien changer à leurs directions et à leurs points d'application; je regarde donc le centre de gravité G, comme un point fixe ; je détermine, par les formules du premier livre (n° 86), le moment principal des forces F, F', F'', etc., relativement au point G, et la direction du plan auquel ce moment se rapporte, lequel plan sera celui qui passe par le point G et par la direction de leur résultante, quand ces forces auront une résultante unique : le mouvement de rotation autour du point G, ne dépend que de la direction de ce plan et de la grandeur de ce moment, et connaissant l'une et l'autre, on peut, dans tous les cas, déterminer ce mouvement d'une manière complète (n° 390).

Lorsque les forces F, F', F'', etc., se réduiront à deux, parallèles, égales et dirigées en sens opposés, la vîtesse du centre de gravité sera nulle, puisqu'en transportant ces forces au point G, elles s'y feront équilibre. Dans ce cas, le centre de gravité demeurera immobile, et le corps aura seulement un mouvement de rotation autour de ce point. Au contraire, quand les forces F, F', F'', etc., auront une résultante unique, passant par le point G, il n'y aura pas de mouvement de rotation; tous les points du corps seront transportés dans l'espace, avec une vîtesse commune, égale et parallèle à celle du point G.

Mais, en général, les deux mouvemens de rotation et de translation subsisteront ensemble et se détermineront indépendamment l'un de l'autre, ainsi que nous venons de l'expliquer.

404. Pour fixer les idées, supposons que le mobile est mis en mouvement, par l'action de la seule force F, et que le plan qui renferme à la fois le centre de gravité G et la direction BA de cette force, est perpendiculaire à l'un des trois axes principaux du corps qui se coupent au point G. Cet axe resterait immobile, et le corps tournerait uniformément si le point G était réellement un point fixe (n°s 368 et 394); donc, puisque le mobile doit tourner autour de son centre de gravité, de la même manière que s'il était fixe, il s'ensuit que l'axe principal sera transporté dans l'espace, parallèlement à lui-même, avec le centre de gravité, et que, pendant ce mouvement, ce corps tournera uniformément autour de cet axe. En désignant toujours par M, la masse du mobile; par v, la vîtesse de son centre de gravité, qui sera parallèle à la direction BA de la force F; par f, la perpendiculaire GH, abaissée du point G sur cette direction : le produit Mvf sera le moment, pris par rapport à ce point, de la force qui produit le mouvement; et si l'on représente encore par C, le moment d'inertie de la masse M, par rapport à l'axe de rotation, et par ω, la vîtesse angulaire autour de cet axe regardé comme fixe, on aura ($n°$ 343)

$$\omega = \frac{Mvf}{C}.$$

Cet exemple est très-propre à montrer comment on parvient à déterminer complètement, le double mouvement que prend un corps solide, frappé suivant une direction qui ne passe pas par son centre de gravité.

D'après ce qu'on a démontré dans le n° 395, le mouvement que nous considérons sera dans un état stable, quand la quantité C sera le plus grand ou le plus petit des trois momens d'inertie relatifs aux axes principaux qui se coupent au point G ; au contraire, quand elle ne sera ni le plus grand, ni le plus petit, ce mouvement manquera de stabilité; par conséquent, lorsqu'on voit un corps solide libre tourner autour d'un axe qui reste parallèle à lui-même, ou qui s'écarte très-peu du parallélisme, en faisant des oscillations très-petites de part et d'autre d'une position moyenne, on peut être assuré que l'axe de rotation est un des axes principaux du mobile, qui se coupent à son centre de gravité, et que le moment d'inertie relatif à cet axe, est le plus petit ou le plus grand des trois momens d'inertie principaux.

405. Lorsque les points du mobile seront sollicités par la pesanteur ou par d'autres forces accélératrices, ces forces troubleront, en général, les deux mouvemens du corps produits par l'impulsion primitive qu'il a reçue; mais toutes les fois que les forces accélératrices auront une résultante qui passera constamment par le centre de gravité du mobile, elles n'influeront aucunement sur le mouvement de rotation autour de ce centre, et l'on pourra en faire

abstraction quand il s'agira de déterminer ce mouvement. Ainsi, en supposant que le mobile que nous avons considéré dans les deux n°ˢ précédens, soit un corps pesant, son mouvement de rotation ne sera pas changé : il arrivera seulement que son centre de gravité, au lieu de se mouvoir en ligne droite, décrira une parabole dans l'espace. Si, par exemple, le mobile est un boulet et qu'on le suppose exactement sphérique et homogène, le plan mené par le centre et par la direction de l'impulsion primitive, sera toujours perpendiculaire à un axe principal, puisque tous les diamètres sont des axes principaux ; le boulet tournera donc uniformément autour du diamètre perpendiculaire à ce plan; ce diamètre restera constamment parallèle à lui-même, pendant le mouvement; et le centre décrira une parabole, contenue dans un plan vertical et dont la première tangente sera parallèle à la direction de l'impulsion primitive.

406. En supposant le soleil et les planètes sphériques et homogènes, ou composés de couches homogènes, l'attraction du soleil sur chaque planète, et la réaction de cette planète sur le soleil, sont des forces constamment dirigées suivant la droite qui joint les centres de ces deux corps; donc, dans cette hypothèse, la force motrice qui retient chaque planète dans son orbite autour du soleil (n° 321), passera rigoureusement par le centre de gravité de la planète; de sorte qu'elle ne troublera pas son mouvement de rotation. Ce mouvement aurait donc lieu

autour

autour du diamètre de la planète, perpendiculaire au plan qui contient le centre et la direction de l'impulsion primitive, lequel diamètre resterait parallèle à lui-même, tandis que le centre décrirait une ellipse autour du soleil. Mais les planètes sont aplaties vers leurs pôles de rotation; la résultante des attractions que le soleil exerce sur toutes leurs molécules, ne passe pas exactement par le centre de chaque planète, dans toutes ses positions par rapport au soleil; et pour cette raison, l'attraction solaire influe sur les mouvemens de rotation de ces corps.

Relativement à la terre, les *perturbations* de son mouvement de rotation sont dues à l'attraction du soleil et à celle de la lune; ces forces n'altèrent pas sensiblement la vîtesse de rotation de la terre, dans laquelle l'observation et la théorie n'ont fait découvrir aucune variation appréciable; elles ne déplacent pas non plus les pôles de rotation à la surface de la terre, c'est-à-dire, que l'axe de rotation et le plan de l'équateur qui lui est perpendiculaire, rencontrent la surface de la terre constamment dans les mêmes points; mais ces forces font varier la direction de l'axe et de l'équateur dans l'espace, de manière que cette droite et ce plan, prolongés indéfiniment, rencontrent le ciel en des points qui ne sont pas toujours les mêmes : c'est dans ces variations que consistent le phénomène de la *précession des équinoxes* et celui de la *nutation de l'axe terrestre.*

CHAPITRE VI.

DU MOUVEMENT D'UN CORPS SOLIDE SUR UN PLAN FIXE.

407. Considérons un corps solide, terminé par une surface continue dont l'équation sera donnée dans chaque cas particulier; supposons que tous les points de ce corps sont sollicités par des forces données en grandeur et en direction, et qu'en vertu de ces forces, le mobile roule sur un plan fixe, de manière qu'il le touche constamment en un seul point, dans lequel ce plan est tangent à la surface du mobile. Les quantités de mouvement perdues à un instant quelconque, par les différens points du corps, devront se faire équilibre au moyen du plan fixe; ces forces auront donc une résultante unique passant par le point de contact et perpendiculaire au plan fixe, ou normale à la surface du mobile; laquelle résultante sera détruite par la résistance du plan et exprimera la pression qu'il éprouve. Comme cette pression devra être telle, qu'elle appuie le mobile sur le plan fixe, il faudra qu'elle soit dirigée suivant la partie de la normale à sa surface, qui tombe hors du corps; la résistance du plan sera, au contraire, dirigée suivant la partie de cette normale, comprise dans l'intérieur du corps; or, si

l'on ajoute aux forces données, qui agissent sur le mobile, une force agissant suivant cette dernière direction, et qui représente, à chaque instant, la résistance du plan fixe, on pourra ensuite faire abstraction de ce plan, et considérer le mobile comme un corps solide entièrement libre.

Ainsi le centre de gravité se mouvra de la même manière que si la masse entière du mobile y était réunie, et que toutes les forces, y compris la résistance du plan, fussent appliquées à ce point parallèlement à elles-mêmes et sans changer leurs intensités (n° 398). De plus on formera les équations du mouvement de rotation autour de ce centre mobile, en le considérant comme un point fixe, et en ayant égard aux forces données et à la résistance du plan (n° 402); ces équations contiendront donc quatre quantités inconnues, savoir, l'intensité de cette résistance dont la direction seulement est connue, et les coordonnées de son point d'application qui, en général, change de position, pendant le mouvement, sur la surface du mobile; mais on aura quatre autres équations de condition qui complètteront, dans tous les cas, le nombre des équations nécessaires pour déterminer le double mouvement de translation et de rotation du mobile. En effet, le point d'application de la force inconnue, étant le point de contact de la surface du mobile avec le plan fixe, on a d'abord, entre ses trois coordonnées, les équations de ce plan et de cette surface; et ensuite, on en a deux autres pour exprimer la condition du contact.

408. Pour former ces équations de condition, ce qu'il y a de plus simple, c'est de choisir le plan fixe pour l'un des plans des coordonnées; menons donc dans ce plan, les deux droites perpendiculaires Ox et Oy (fig. 17), et une troisième Oz, perpendiculaire à ce plan; soient x, y, z, les coordonnées d'un point quelconque m du mobile, rapportées à ces trois axes fixes; soit aussi G le centre de gravité de ce corps, et $\bar{x}$, $\bar{y}$, $\bar{z}$, les valeurs de x, y, z, relatives à ce point; supposons que $Gx_{,}$, $Gy_{,}$, $Gz_{,}$, sont les trois axes principaux qui se coupent au point G, et désignons par $x_{,}$, $y_{,}$, $z_{,}$, les coordonnées du point m, parallèles à ces axes; enfin concevons par le point fixe O, trois axes $Ox_{,}$, $Oy_{,}$, $Oz_{,}$, respectivement parallèles aux axes mobiles $Gx_{,}$, $Gy_{,}$, $Gz_{,}$: en conservant aux lettres a, b, c, etc., la même signification que dans le n° 361, nous aurons

$$x = \bar{x} + ax_{,} + by_{,} + cz_{,},$$
$$y = \bar{y} + a'x_{,} + b'y_{,} + c'z_{,},$$
$$z = \bar{z} + a''x_{,} + b''y_{,} + c''z_{,};$$

et réciproquement

$$x_{,} = a(x - \bar{x}) + a'(y - \bar{y}) + a''(z - \bar{z}),$$
$$y_{,} = b(x - \bar{x}) + b'(y - \bar{y}) + b''(z - \bar{z}),$$
$$z_{,} = c(x - \bar{x}) + c'(y - \bar{y}) + c''(z - \bar{z}).$$

Cela posé, la surface du mobile sera définie, dans chaque cas particulier, par une équation entre les coordonnées de ses différens points, rapportées à des axes fixes dans l'intérieur du corps et mobiles avec lui;

nous supposerons que ces axes sont les trois droites $Gx_,$, $Gy_,$, $Gz_,$, de manière que l'équation de la surface soit exprimée au moyen des trois coordonnées $x_,$, $y_,$, $z_,$; et L étant une fonction de ces trois variables, nous représenterons cette équation par $L = 0$. En y substituant, à la place de $x_,,y_,, z_,$, leurs valeurs précédentes, L deviendra une fonction de x, y, z, et l'on aura l'équation de la même surface, rapportée aux trois axes Ox, Oy, Oz, par rapport auxquels elle change de position pendant le mouvement. L'équation du plan tangent au point m, qui répond aux coordonnées x, y, z, sera, comme on sait,

$$\frac{dL}{dz} \cdot (z' - z) + \frac{dL}{dy} \cdot (y' - y) + \frac{dL}{dx} \cdot (x' - x) = 0 ;$$

x', y', z', étant les coordonnées d'un point quelconque de ce plan, parallèles aux axes Ox, Oy et Oz.

Maintenant si l'on suppose que m est le point de contact de la surface du mobile et du plan sur lequel il se meut, qu'on a pris pour le plan des x, y, on aura, par rapport à ce point, $z = 0$, et par conséquent

$$z + a''x_, + b''y_, + c''z_, = 0 ; \qquad (1)$$

d'ailleurs le plan tangent, en ce point, devant coïncider avec celui des x, y, son équation devra se réduire à $z' = 0$; ce qui exige qu'on ait

$$\frac{dL}{dy} = 0, \qquad \frac{dL}{dx} = 0.$$

Or, sans effectuer la substitution des valeurs de $x_,$,

$y_{,}$, $z_{,}$, dans la fonction L, si l'on y considère ces variables comme des fonctions de x, y, z, on aura

$$\frac{dL}{dx} = \frac{dL}{dx_{,}} \cdot \frac{dx_{,}}{dx} + \frac{dL}{dy_{,}} \cdot \frac{dy_{,}}{dx} + \frac{dL}{dz_{,}} \cdot \frac{dz_{,}}{dx} ,$$

$$\frac{dL}{dy} = \frac{dL}{dx_{,}} \cdot \frac{dx_{,}}{dy} + \frac{dL}{dy_{,}} \cdot \frac{dy_{,}}{dy} + \frac{dL}{dz_{,}} \cdot \frac{dz_{,}}{dy} ;$$

mais d'après les valeurs précédentes de $x_{,}, y_{,}, z_{,}$, on a aussi

$$\frac{dx_{,}}{dx} = a, \quad \frac{dy_{,}}{dx} = b, \quad \frac{dz_{,}}{dx} = c, \quad \frac{dx_{,}}{dy} = a', \quad \frac{dy_{,}}{dy} = b', \quad \frac{dz_{,}}{dy} = c' ;$$

les équations $\dfrac{dL}{dx} = 0$ et $\dfrac{dL}{dy} = 0$, peuvent donc être remplacées par celles-ci :

$$\left. \begin{array}{l} \dfrac{dL}{dx_{,}} \cdot a + \dfrac{dL}{dy_{,}} \cdot b + \dfrac{dL}{dz_{,}} \cdot c = 0, \\[2ex] \dfrac{dL}{dx_{,}} \cdot a' + \dfrac{dL}{dy_{,}} \cdot b' + \dfrac{dL}{dz_{,}} \cdot c' = 0, \end{array} \right\} \qquad (2)$$

dans lesquelles on a l'avantage d'employer la quantité L, telle qu'elle est donnée immédiatement, c'est-à-dire, en fonction de $x_{,}, y_{,}, z_{,}$.

Ainsi l'équation de la surface $L = 0$, et les équations (1) et (2) ont lieu ensemble, entre les coordonnées $x_{,}, y_{,}, z_{,}$ du point de contact m. Ce sont ces quatre équations qu'il faudra joindre à celles du mouvement du corps, pour avoir le nombre des équations nécessaires, dans chaque cas, à la solution complète du problème.

409. Appliquons maintenant ces considérations générales à un exemple particulier.

Supposons que le mobile est un ellipsoïde homogène, le centre de gravité G sera son centre de figure, et les axes principaux $Gx_{,}$, $Gy_{,}$, $Gz_{,}$, seront ses trois diamètres conjugués rectangulaires (n° 358); l'équation de sa surface, rapportée à ces trois axes, sera donc

$$\alpha^2 c^2 z_{,}^2 + \alpha^2 \gamma^2 y_{,}^2 + c^2 \gamma^2 x_{,}^2 = \alpha^2 c^2 \gamma^2\,;$$

α, c, γ, étant les longueurs des trois demi-diamètres; par conséquent on aura dans ce cas,

$$L = \alpha^2 c^2 z_{,}^2 + \alpha^2 \gamma^2 y_{,}^2 + c^2 \gamma^2 x_{,}^2 - \alpha^2 c^2 \gamma^2,$$

d'où l'on tire

$$\frac{dL}{dx_{,}} = 2 c^2 \gamma^2 x_{,}, \quad \frac{dL}{dy_{,}} = 2 \alpha^2 \gamma^2 y_{,}, \quad \frac{dL}{dz_{,}} = 2 \alpha^2 c^2 z_{,};$$

les équations (2) deviennent donc,

$$c^2 \gamma^2 a x_{,} + \alpha^2 \gamma^2 b y_{,} + \alpha^2 c^2 c z_{,} = 0,$$
$$c^2 \gamma^2 a' x_{,} + \alpha^2 \gamma^2 b' y_{,} + \alpha^2 c^2 c' z_{,} = 0:$$

or, à cause que (n° 361)

$$aa'' + bb'' + cc'' = 0, \quad a'a'' + b'b'' + c'c'' = 0,$$

on satisfait à ces équations, en prenant

$$x_{,} = \alpha^2 a'' u, \quad y_{,} = c^2 b'' u, \quad z_{,} = \gamma^2 c'' u\,;$$

u étant une quantité indéterminée. En substituant ces valeurs dans l'équation de la surface, et supprimant le facteur $\alpha^2 b^2 \gamma^2$, commun à tous les termes, il vient

$$(\gamma^2 c''^2 + b^2 b''^2 + \alpha^2 a''^2).u^2 = 1;$$

ce qui donne

$$u = \pm \frac{1}{\sqrt{\gamma^2 c''^2 + b^2 b''^2 + \alpha^2 a''^2}}.$$

Si l'on substitue ces mêmes valeurs dans l'équation
(1), on trouve en réduisant

$$\bar{z} + \frac{1}{u} = 0.$$

Nous supposerons le mobile placé au-dessus du
plan des x, y, et nous compterons les valeurs positives de la variable z, au-dessus du même plan ; alors
l'ordonnée $\bar{z}$ du point G sera positive, de manière
qu'on devra prendre le signe — devant la valeur de
u ; on aura donc

$$\bar{z} = \sqrt{\gamma^2 c''^2 + b^2 b''^2 + \alpha^2 a''^2},$$

$$x_{,} = - \frac{\alpha^2 a''}{\sqrt{\gamma^2 c''^2 + b^2 b''^2 + \alpha^2 a''^2}},$$

$$y_{,} = - \frac{b^2 b''}{\sqrt{\gamma^2 c''^2 + b^2 b''^2 + \alpha^2 a''^2}},$$

$$z_{,} = - \frac{\gamma^2 c''}{\sqrt{\gamma^2 c''^2 + b^2 b''^2 + \alpha^2 a''^2}}.$$

Telles sont l'expression de la distance du centre G
de l'ellipsoïde que nous considérons, au plan des x,
y, et celles des coordonnées de son point de contact
m avec ce plan, rapportées à ses diamètres principaux. Il est aisé de vérifier ces résultats, en obser-

vant que a'', b'', c'', sont les trois cosinus des angles que fait la perpendiculaire à ce plan, avec les trois axes $Gx_{,,}$ $Gy_{,,}$ $Gz_{,}$.

410. Quant aux équations du mouvement de cet ellipsoïde, elles dépendront des forces qui lui sont appliquées; supposons donc que la pesanteur est la seule force accélératrice qui agisse sur les points de ce corps, et que le plan fixe sur lequel il roule, est un plan incliné; désignons cette force par g, l'inclinaison du plan par ε, la masse du mobile par M, et par R, la résistance du plan qui agira au point de contact m, suivant la perpendiculaire mK. Si nous prenons l'axe Ox horizontal, ou, ce qui revient au même, le plan des y, z vertical, la composante de la force g sera nulle parallèlement à cet axe, et ses composantes suivant les axes Oy et Oz, seront exprimées par $g \cdot \sin \cdot \varepsilon$ et $-g \cdot \cos \cdot \varepsilon$; d'où l'on conclut, en ayant égard au poids du mobile et à la résistance du plan fixe (n° 398), ces équations du mouvement du centre de gravité :

$$M \cdot \frac{d^2 \bar{z}}{dt^2} = - Mg \cdot \cos \cdot \varepsilon + R ; \qquad (3)$$

$$\frac{d^2 \bar{y}}{dt^2} = g \cdot \sin \cdot \varepsilon , \qquad \frac{d^2 \bar{x}}{dt^2} = 0 ;$$

dt étant l'élément du tems.

En intégrant les deux dernières, on a

$$\bar{y} = \frac{g \cdot \sin \cdot \varepsilon \cdot t^2}{2} + Dt + E , \qquad \bar{x} = D't + E' ;$$

D, E, D', E', désignant les constantes arbitraires, dont les valeurs se détermineront au moyen de la vitesse et de la position initiale du point G. Ces équations montrent déjà que le mouvement de ce point, parallèlement au plan fixe, est uniformément accéléré, et qu'il serait uniforme si ce plan était horizontal.

Comme la valeur de $\bar{z}$ est déjà connue en fonction des quantités a'', b'', c'', l'équation (3) servira à déterminer la force R, au moyen des mêmes quantités, dont les valeurs, en fonction du tems, dépendent du mouvement de rotation autour du point G.

411. D'après les formules générales du n° 383, les équations de ce mouvement de rotation doivent contenir les composantes de la force R, parallèles aux axes principaux $Gx_,$, $Gy_,$, $Gz_,$; les composantes du poids du mobile n'y entrent pas, parce que le point G est son centre de gravité; or, en multipliant la force R, par les cosinus a'', b'', c'', des angles que fait sa direction avec ces trois axes, on a Ra'', Rb'', Rc'', pour les valeurs de ses composantes; et les équations du mouvement de rotation seront, d'après le n° cité,

$$Cdr + (B - A).pqdt = R(x_,b'' - y_,a'').dt,$$
$$Bdq + (A - B).rpdt = R(z_,a'' - x_,c'').dt,$$
$$Adp + (C - B).qrdt = R(y_,c'' - z_,b'').dt.$$

A, B, C sont les trois momens d'inertie de l'ellipsoïde, par rapport à ses diamètres principaux;

p, q, r, représentent les quantités variables dont dépend la position de l'axe instantanée, et la vitesse de rotation autour de cet axe (n° 375); enfin, $x_{,,}$ $y_{,,}$ $z_{,,}$ sont les coordonnées du point de contact m, dont nous venons de donner les valeurs. En les substituant dans ces équations, elles deviennent

$$\left.\begin{aligned}
Cdr + (B - A).pqdt &= \frac{R(\varepsilon^2 - \alpha^2)a''b''.dt}{\sqrt{\gamma^2 c''^2 + \varepsilon^2 b''^2 + \alpha^2 a''^2}}, \\[2mm]
Bdq + (A - C).rpdt &= -\frac{R(\alpha^2 - \gamma^2)c''a''.dt}{\sqrt{\gamma^2 c''^2 + \varepsilon^2 b''^2 + \alpha^2 a''^2}}, \\[2mm]
Adp + (C - B).qrdt &= \frac{R(\gamma^2 - \varepsilon^2)b''c''.dt}{\sqrt{\gamma^2 c''^2 + \varepsilon^2 b''^2 + \alpha^2 a''^2}}.
\end{aligned}\right\} \quad (4)$$

On obtient facilement deux intégrales premières de ces trois équations. D'abord, en les ajoutant après avoir multiplié la première par c'', la deuxième par b'', la troisième par a'', il vient

$$C\left[c''dr + (qa'' - pb'').rdt\right] + B\left[b''dq + (pc'' - ra'').qdt\right] + A\left[a''dp + (rb'' - qc'').pdt\right] = 0;$$

mais il existe entre les quantités a'', b'', c'', p, q, r, les relations (n° 381)

$$(qa'' - pb'').dt = dc'', \quad (pc'' - ra'').dt = db'', \quad (rb'' - qc'').dt = da'',$$

qui réduisent l'équation précédente à

$$C.d.c''r + B.d.b''q + A.d.a''p = 0;$$

on aura donc, en intégrant

$$Cc''r + Bb''q + Aa''p = l;$$

l étant la constante arbitraire.

J'ajoute de nouveau les équations (4), après

avoir multiplié la première par r, la seconde par q, la troisième par p; et en ayant égard aux relations qu'on vient de citer, je trouve

$$Crdr + Bqdq + Apdp = \frac{-R(\gamma^2 c''.dc'' + \mathfrak{C}^2 b''.db'' + \alpha^2 a''.da'')}{\sqrt{\gamma^2 c''^2 + \mathfrak{C}^2 b''^2 + \alpha^2 a''^2}}$$
$$= -R.d.\sqrt{\gamma^2 c''^2 + \mathfrak{C}^2 b''^2 + \alpha^2 a''^2}$$

mettant $\bar{z}$ à la place de $\sqrt{\gamma^2 c''^2 + \mathfrak{C}^2 b''^2 + \alpha^2 a''^2}$, et pour R, sa valeur tirée de l'équation (3), on a

$$Crdr + Bqdq + Apdp = -M.\frac{d\bar{z}\,d^2\bar{z}}{dt^2} - Mg.\cos.\varepsilon.d\bar{z};$$

et en intégrant, il vient

$$Cr^2 + Bq^2 + Ap^2 + M\left(\frac{d\bar{z}}{dt}\right)^2 + 2Mg.\cos.\varepsilon.\bar{z} = Mh; \quad (5)$$

h étant une constante arbitraire essentiellement positive.

On ne saurait trouver, sous forme finie, d'autres intégrales des équations (4); mais la dernière suffit dans un cas particulier que nous nous bornerons à considérer.

412. Ce cas est celui où l'un des axes principaux, par exemple, l'axe $Gx_{,,}$ reste constamment horizontal. Il suffit, pour qu'il ait lieu, que le plan des deux autres axes ait été, à l'origine du mouvement, vertical et perpendiculaire au plan incliné, et que l'impulsion primitive, si le mobile en a reçu une, ait été dirigée dans ce plan; car alors tout étant parfaitement semblable de part et d'autre de ce plan principal, il n'y a aucune raison pour qu'il s'in-

cline, ni d'un côté ni de l'autre, de sorte qu'il demeurera vertical et perpendiculaire au plan incliné
pendant toute la durée du mouvement. Nous supposerons donc que le plan des $y_{,}$, $z_{,,}$ coïncide constamment avec celui des y, z. L'axe de rotation sera
alors l'axe $Gx_{,}$; par conséquent il sera perpendiculaire
aux deux autres axes principaux $Gy_{,}$ et $Gz_{,}$, et deux
des trois quantités p, q, r, savoir q et r, seront
nulles (n° 575). La vitesse de rotation qui est, en
général, $\sqrt{p^2+q^2+r^2}$, se réduira donc à p; d'ailleurs, si l'on mène par le centre de gravité G
(fig. 18), une droite Gz, parallèle à l'axe fixe Oz,
et qu'on appelle θ l'angle variable $z_{,}Gz$ compris
entre l'axe $Gz_{,}$ et cette droite, il est évident que la
vitesse angulaire sera le coefficient différentiel $\frac{d\theta}{dt}$.
On aura donc $p = \frac{d\theta}{dt}$; on aura aussi $c'' = \cos . \theta$,
$b'' = \cos.(100° + \theta) = -\sin . \theta$, et $a'' = 0$, puisque ces trois quantités a'', b'', c'', sont les cosinus
des angles compris entre les axes $Gx_{,,}$ $Gy_{,,}$ $Gz_{,,}$
et l'axe Oz, ou sa parallèle Gz.

Au moyen de toutes ces valeurs, l'équation (5)
devient

$$A.\frac{d\theta^2}{dt^2} + M.\frac{d\bar{z}^2}{dt^2} + 2Mg.\cos . \varepsilon.\bar{z} = Mh;$$

et la valeur de $\bar{z}$ se réduit à

$$\bar{z} = \sqrt{\gamma^2.\cos^2.\theta + C^2.\sin^2.\theta};$$

d'où l'on tire

$$\frac{d\bar{z}}{dt} = \frac{(C^2 - \gamma^2).\sin.\theta.\cos.\theta}{\sqrt{\gamma^2.\cos^2.\theta + C^2.\sin.\theta}}.\frac{d\theta}{dt}.$$

En calculant le moment d'inertie de l'ellipsoïde, par rapport à l'axe $Gx_{,}$, on trouve (n° 349)

$$A = \frac{M}{5} \cdot (\beta^2 + \gamma^2);$$

Substituant donc ces valeurs de $\bar{z}$, $\frac{d\bar{z}}{dt}$ et A, dans l'équation précédente, et supprimant le facteur M, il vient

$$\left[\frac{1}{5} \cdot (\beta^2 + \gamma^2) + \frac{(\beta^2 - \gamma^2)^2 \cdot \sin^2 . \theta . \cos^2 . \theta}{\gamma^2 . \cos^2 . \theta + \beta^2 . \sin^2 . \theta} \right] \cdot \frac{d\theta^2}{dt^2}$$
$$= h - 2g . \cos . z . \sqrt{\gamma^2 . \cos^2 . \theta + \beta^2 . \sin^2 . \theta}. \qquad (6)$$

Si l'on résout cette équation par rapport à dt, on aura la valeur de dt, sous la forme : $dt = F\theta . d\theta$; d'où l'on tirera, par la méthode des quadratures, la valeur de t en fonction de θ, et réciproquement la valeur de θ en fonction de t. Puisqu'on connaît l'ordonnée $\bar{z}$ en fonction de θ, on aura aussi la valeur de cette quantité en fonction de t; on pourra donc assigner la position du mobile à chaque instant; d'ailleurs l'équation (3) fera connaître la valeur de R, et par conséquent la pression que le plan fixe éprouve; ainsi le problème peut être regardé comme complètement résolu, ou du moins il ne reste plus qu'à déterminer les constantes arbitraires qui entreront dans les valeurs de t et des coordonnées du centre de gravité.

413. A cause que le centre G se meut dans le plan vertical des y, z, sa coordonnée $\bar{x}$ doit être constamment nulle; par conséquent les constantes

arbitraires E' et D', qui entrent dans sa valeur (n° 410), seront toutes deux égales à zéro. La constante E comprise dans la valeur de $\bar{y}$, dépend de la distance initiale du point G à l'axe Oz, et l'on peut, si l'on veut, la supposer nulle; de même la constante arbitraire qui sera introduite par l'intégration de la valeur de dt, dépendra de la valeur initiale de l'angle θ; quant aux constantes h et D, elles se détermineront d'après la grandeur et la direction de l'impulsion primitive, ainsi qu'on va le voir.

Soit FH la direction de cette force; v la vîtesse que le centre de gravité aurait prise parallèlement à cette droite, si le mobile eût été entièrement libre; f la perpendiculaire GH, abaissée du point G sur cette droite; k l'angle GFH, compris entre la direction FH et la droite FG. L'intensité de cette force sera égale au produit Mv (n° 401); on aura Mvf, pour la valeur de son moment par rapport au centre G; et en la décomposant en deux forces, dirigées suivant FG et suivant la droite FE parallèle au plan fixe, ses composantes seront $Mv.\cos.k$ et $Mv.\sin.k$. Mais à l'origine du mouvement, le plan fixe éprouve une certaine *percussion*, due à l'impulsion primitive, et détruite par la résistance de ce plan, qui lui est égale et contraire; cette résistance s'exerce au point de contact m, suivant la perpendiculaire mK; nous représenterons sa grandeur inconnue par P, et en la joignant à la force Mv, nous pourrons considérer le mobile comme un corps entièrement libre.

Ainsi, 1°. la vîtesse initiale du centre de gravité sera la même, en grandeur et en direction, que si la masse M était réunie en ce point, et que les deux forces Mv et P, lui fussent directement appliquées ; on aura donc, pour déterminer les valeurs initiales de $\frac{d\bar{y}}{dt}$ et $\frac{d\bar{z}}{dt}$, ces deux équations

$$\frac{d\bar{y}}{dt} = v.\sin.k,\ M.\frac{d\bar{z}}{dt} = P - Mv.\cos.k\ ;$$

mais à un instant quelconque, on a

$$\frac{d\bar{y}}{dt} = g.\sin.t + D, \qquad \frac{d\bar{z}}{dt} = \frac{(\mathfrak{C}^2 - \gamma^2).\sin.\theta.\cos.\theta}{\sqrt{\gamma^2.\cos^2.\theta + \mathfrak{C}^2.\sin^2.\theta}} \cdot \frac{d\theta}{dt}\ ;$$

supposant donc que l'on compte le tems à partir de l'origine du mouvement, et désignant par e et ω les valeurs de θ et $\frac{d\theta}{dt}$, qui répondent à cette origine, de sorte qu'on ait à la fois

$$t = 0, \qquad \theta = e, \qquad \frac{d\theta}{dt} = \omega,$$

on en conclura

$$D = v.\sin.k,\ P = Mv.\cos.k + \frac{M\omega(\mathfrak{C}^2 - \gamma^2).\sin.e.\cos.e}{\sqrt{\gamma^2.\cos^2.e + \mathfrak{C}^2.\sin^2.e}}\ ;$$

ce qui fait déjà connaître la valeur de D et celle de P.

2°. Les forces P et Mv impriment à l'ellipsoïde, autour de l'axe principal $Gx_{,}$, perpendiculaire à leur plan, la même vîtesse de rotation que si cet axe était fixe ; or, la force P étant dirigée suivant la droite mK, son moment par rapport au point G est égal à

$$P(\bar{y} - y),$$

$P(\bar{y}-y)$, $\bar{y}$ et y étant les distances des points G et m, à l'axe Oz; d'ailleurs le moment d'inertie de l'ellipsoïde, par rapport à l'axe de rotation, est égal à $\frac{M}{5}.(\mathfrak{b}^2+\gamma^2)$; la vitesse angulaire ω, ou la valeur initiale de $\frac{d\theta}{dt}$, sera donc déterminée par cette équation (n° 344) :

$$\frac{M}{5}.(\mathfrak{b}^2+\gamma^2)\omega = P(\bar{y}-y)+Mvf. \qquad (7)$$

Mais $z,$ et $y,$ étant les coordonnées du point m, rapportées aux axes $Gz,$ et $Gy,$, on a par les formules les plus simples de la transformation des coordonnées

$$y=\bar{y}+y,.\cos.e + z,.\sin.e;$$

les valeurs de $y,$ et $z,$ se déduisent des formules du n° 409, en y faisant $a''=0$, $b''=-\sin.e$, $c''=\cos.e$, de sorte que

$$y, = \frac{\mathfrak{b}^2.\sin.e}{\sqrt{\gamma^2.\cos^2.e+\mathfrak{b}^2.\sin^2.e}}, \quad z, = -\frac{\gamma^2.\cos.e}{\sqrt{\gamma^2.\cos^2.e+\mathfrak{b}^2.\sin^2.e}};$$

d'où il suit

$$\bar{y}-y = \frac{(\gamma^2-\mathfrak{b}^2).\sin.e.\cos.e}{\sqrt{\gamma^2.\cos^2.e+\mathfrak{b}^2.\sin^2.e}}.$$

En substituant dans l'équation (7), cette valeur de $\bar{y}-y$, et celle de P qu'on vient d'obtenir, on trouve

$$\left[\frac{1}{5}.(\mathfrak{b}^2+\gamma^2)+\frac{(\mathfrak{b}^2-\gamma^2)^2.\sin^2.e.\cos^2.e}{\gamma^2.\sin^2.e+\mathfrak{b}^2.\cos^2.e}\right].\omega$$

$$= vf + \frac{(\gamma^2-\mathfrak{b}^2)v.\cos.k.\sin.e.\cos.e}{\sqrt{\gamma^2.\sin^2.e+\mathfrak{b}^2.\cos^2.e}};$$

2.   15

équation qui. servira à déterminer la vîtesse initiale ω.

Maintenant si l'on fait $\theta = e$ et $\dfrac{d\theta}{dt} = \omega$, dans l'équation (6), et que l'on y substitue cette valeur de ω, on aura la valeur de la constante h que cette équation renferme.

414. Examinons spécialement le cas où le plan fixe est horizontal, et où l'ellipsoïde n'a reçu aucune impulsion primitive; nous aurons alors $\varepsilon = 0$, $v = 0$, $\omega = 0$, $D = 0$; la valeur de $\bar{y}$ du n° 410 se réduit à E; d'où l'on voit que le centre G demeurera constamment sur la même perpendiculaire au plan fixe, c'est-à-dire, sur la même verticale. Soient BGB' et CGC' (fig. 19), les deux axes de l'ellipsoïde dont les longueurs sont représentées par $2\mathfrak{C}$ et 2γ, et qui tournent autour du point G, tandis que le troisième axe reste horizontal. Tant que l'une de ces deux droites coïncide avec la verticale OGz, menée par le centre G, l'ellipsoïde demeure en équilibre; le mouvement commence aussitôt que l'on incline un tant soit peu l'axe qui était vertical. Représentons toujours par e, l'angle initial CGz, angle que nous supposerons très-petit, de manière que l'ellipsoïde soit très-peu écarté de la position d'équilibre dans laquelle l'axe CGC' est vertical.

En faisant $e = 0$, $\theta = e$, $\dfrac{d\theta}{dt} = 0$, dans l'équation (6), on aura

$$h = 2g . \sqrt{\gamma^2 . \cos^2 . e + \mathfrak{C}^2 . \sin^2 . e};$$

et en y substituant cette valeur de h, elle deviendra

$$\left[\frac{1}{5}.(\mathfrak{b}^2 + \gamma^2) + \frac{(\mathfrak{b}^2 - \gamma^2)^2 . \sin^2 . \theta . \cos^2 . \theta}{\mathfrak{b}^2 . \cos^2 . \theta + \gamma^2 . \sin^2 . \theta} \right] . \frac{d\beta^2}{dt^2}$$

$$= 2g . \sqrt{\gamma^2 . \cos^2 . e + \mathfrak{b}^2 . \sin^2 . e} - 2g . \sqrt{\gamma^2 . \cos^2 . \theta + \mathfrak{b}^2 . \sin^2 . \theta}.$$

Le premier membre est une quantité essentiellement positive ; la valeur du second membre devra donc rester positive pendant toute la durée du mouvement ; or, il est aisé d'écrire ce second membre sous cette autre forme :

$$\frac{2g . (\mathfrak{b}^2 - \gamma^2) . (\sin^2 . e - \sin^2 . \theta)}{\sqrt{\gamma^2 . \cos^2 . e + \mathfrak{b}^2 . \sin^2 . e} + \sqrt{\gamma^2 . \cos^2 . \theta + \mathfrak{b}^2 . \sin^2 . \theta}} \, ;$$

d'où l'on conclut que le produit des deux facteurs $\mathfrak{b}^2 - \gamma^2$ et $\sin.^2 e - \sin.^2 \theta$ sera constamment positif, ou que ces deux facteurs auront constamment le même signe. Si donc on a $\mathfrak{b} > \gamma$, on aura aussi $\theta < e$ pendant toute la durée du mouvement ; donc alors l'axe CG oscillera de part et d'autre de la verticale Gz, et ne s'en écartera jamais d'un angle plus grand que e. Si l'on a $\mathfrak{b} < \gamma$, il faudra qu'on ait en même tems $\theta > e$; par conséquent, quelque petit que soit l'angle initial e, l'axe CG ne reviendra pas à la position verticale dont on l'a écarté, et au contraire il s'en éloignera davantage.

On voit par là que la position de l'ellipsoïde, dans laquelle CGC' est vertical, est une position d'équilibre *stable* ou seulement *instantanée*, selon que cet axe est plus petit ou plus grand que l'autre axe BGB'. Au reste, cette stabilité n'est relative qu'aux dérangemens dans lesquels le troisième axe de l'ellipsoïde demeure horizontal : pour la stabilité absolue, il est nécessaire, d'après le théorème cité dans le n° 178, que l'axe CGC', qu'on suppose vertical, soit à-la-fois plus petit que l'axe BGB' et plus petit que le troisième axe.

415. En supposant l'angle e très-petit et $\gamma < \mathfrak{C}$, il est facile de déterminer la loi des oscillations du petit axe CGC', de part et d'autre de la verticale OGz. En effet, si l'on tire de la dernière équation du n° précédent, la valeur de $\frac{d\theta^2}{dt^2}$, et qu'on y néglige les quatrièmes puissances des angles θ et e, ainsi que le produit de leurs carrés, on trouve

$$\frac{d\theta^2}{dt^2} = \frac{5(\mathfrak{C}^2 - \gamma^2)g}{(\mathfrak{C}^2 + \gamma^2)\gamma} \cdot (e^2 - \theta^2).$$

Je fais, pour abréger,

$$\frac{(\mathfrak{C}^2 + \gamma^2)\gamma}{5(\mathfrak{C}^2 - \gamma^2)} = l;$$

la quantité l est positive, et en résolvant l'équation précédente par rapport à dt, il vient

$$\sqrt{\frac{g}{l}} \cdot dt = -\frac{d\theta}{\sqrt{e^2 - \theta^2}} :$$

je mets le signe — devant le radical, parce que je compte le tems t à partir de l'origine du mouvement, de manière que l'angle θ diminue, quand le tems augmente. En intégrant et déterminant la constante arbitraire, par la condition $\theta = e$, quand $t = 0$, on a

$$\sqrt{\frac{g}{l}}.t = \operatorname{arc}.\left(\cos = \frac{\theta}{c}\right) \quad \text{et} \quad \theta = c.\cos.t\sqrt{\frac{g}{l}}.$$

Cette valeur de θ montre que les oscillations du petit axe CGC', suivent la même loi et se font dans le même tems, que celle d'un pendule simple d'une longueur égale à l (n° 271).

Pendant ce mouvement, le centre G oscille également sur la verticale OGz; en négligeant la quatrième puissance de t dans l'expression de son ordonnée verticale, on a

$$\bar{z} = \sqrt{\gamma^2.\cos^2.\theta + \mathcal{C}^2.\sin^2.\theta} = \gamma + \frac{(\mathcal{C}^2 - \gamma^2)\jmath^2}{2\gamma};$$

en mettant pour θ sa valeur, et observant que $\cos.^2 = \frac{1}{2} + \frac{1}{2}.\cos.2$, il vient

$$\bar{z} = \gamma + \frac{1}{4}.\frac{(\mathcal{C}^2 - \gamma^2)e^2}{\gamma} + \frac{1}{4}.\frac{(\mathcal{C}^2 - \gamma^2)e^2}{\gamma}.\cos.2t\sqrt{\frac{g}{l}};$$

d'où l'on peut conclure que le centre G sera le plus haut, toutes les fois que l'angle $2t\sqrt{\frac{g}{l}}$ sera un multiple pair de la demi-circonférence, et le plus bas, quand ce même angle en sera un multiple impair. La différence entre la plus grande et la plus petite hauteur, ou l'amplitude de chaque oscillation, est égale $\frac{(\mathcal{C}^2 - \gamma^2)e^2}{2\gamma}$, et sa durée est moitié de celle des oscillations du petit axe; de manière que le centre fait deux oscillations entières sur la verticale OGz, pendant que le petit axe en achève une seule, de part et d'autre de cette ligne.

415. Pour second exemple du mouvement d'un corps sur un plan fixe, nous nous contenterons d'indiquer le mouvement d'une sphère pesante et non homogène, qui roule sur un plan incliné. Chacun peut facilement appliquer à cet exemple une analyse semblable à celle dont nous venons de donner tous les détails, relativement à l'ellipsoïde homogène, et l'on sera conduit à des résultats tout-à-fait analogues.

Nous avons supposé jusqu'ici, que le point de contact du mobile et du plan fixe pouvait varier pendant le mouvement, sur la surface du corps ; mais il arrive quelquefois que le plan fixe touche le mobile, constamment en un même point de sa surface ; dans cette hypothèse, il n'est plus nécessaire que l'équation de cette surface soit donnée, et elle peut même n'être point assujétie à la loi de continuité : il suffit de connaître la position du centre de gravité, la direction des trois axes principaux qui se coupent en ce point, et les valeurs des trois momens d'inertie relatifs à ces axes. C'est ce cas particulier que nous allons considérer dans la question suivante, où il s'agira de déterminer le mouvement d'un corps pesant terminé par une *pointe*, et qui touche constamment le plan fixe, par l'extrémité de cette pointe : le jeu de la *toupie* présente un exemple de ce mouvement.

416. Soit m (fig. 20) l'extrémité de la pointe ; G le centre de gravité du mobile, et l la distance Gm. Pour simplifier la question, supposons que

Gm est un des axes principaux du mobile, qui se coupent au point G. Soient $Gx_{,}$ et $Gy_{,,}$ les deux autres axes ; désignons par $x_{,,} y_{,,} z_{,,}$ les coordonnées d'un point quelconque du mobile, parallèles aux trois axes $Gx_{,}, Gy_{,}, Gz_{,}$, dont le troisième est le prolongement de Gm ; relativement au point m, nous aurons $z_{,}=0$, $y_{,}=0$, $z_{,}=-l$; par conséquent les trois équations du mouvement de rotation autour du centre de gravité, données précédemment (n° 411), et qui conviennent à un corps pesant de forme quelconque, deviendront, dans le cas actuel,

$$Cdr + (B - A).pqdt = 0 ,$$
$$Bdq + (A - C).rpdt = - Rla''.dt,$$
$$Adp + (C - B).qrdt = Rlb''.dt :$$

A, B, C sont les momens d'inertie relatifs aux axes $Gx_{,}, Gy_{,}, Gz_{,}$; R est la résistance du plan fixe qui s'exerce au point m, suivant la perpendiculaire mK élevée sur ce plan ; a'' et b'' sont les cosinus des angles que font les axes $Gx_{,}$ et $Gy_{,,}$ avec cette droite, ou avec sa parallèle Gz ; enfin, les quantités $p, q, r,$ ont ici la même signification que dans le n° 375.

Menons par un point O, pris arbitrairement dans le plan fixe, trois axes fixes et rectangulaires Oz, Oy, Ox, le premier perpendiculaire au plan, et les deux autres dirigés dans le plan même ; supposons l'axe Ox horizontal ; représentons par ε l'inclinaison du plan fixe sur un plan horizontal, par g la pesanteur, et par $\bar{x}, \bar{y}, \bar{z},$ les coordonnées du centre de gravité G, rapportées à ces trois axes fixes. Nous trouverons, comme dans le n° 410,

$$\bar{y} = \frac{g.\sin.\varepsilon.t^2}{2} + Dt, \quad \bar{x} = D't;$$

t désignant le tems écoulé depuis l'origine du mouvement, et D et D' des constantes arbitraires qui dépendent de la vitesse initiale du point G : je supprime les constantes E et E', ce qui revient à supposer qu'à l'origine, l'axe Oz passait par le point G. Quant à la troisième coordonnée $\bar{z}$, du centre de gravité, nous avons évidemment

$$\bar{z} = lc'',$$

en appelant c'', le cosinus de l'angle KmG, ou zGz, Substituant cette valeur de $\bar{z}$ dans l'équation (3), du n° cité, on aura

$$R = Mg.\cos.\varepsilon + Ml.\frac{d^2c''}{dt^2},$$

M étant la masse du mobile ; et si l'on élimine maintenant l'inconnue R, contenue dans les équations précédentes, elles serviront ensuite à déterminer le mouvement de rotation autour du point G.

417. D'après la remarque générale du n° 380, les véritables inconnues du mouvement de rotation sont les trois angles d'où dépend à chaque instant la direction des axes principaux du mobile, par rapport à trois axes fixes. Concevons donc, par le

point O, trois axes $Ox_{,}$, $Oy_{,}$, $Oz_{,}$, qui demeurent constamment parallèles aux axes principaux $Gx_{,}$, $Gy_{,}$, $Gz_{,}$; soit NON', l'intersection du plan mobile $x_{,}Oy_{,}$, avec le plan fixe xOy, faisons, comme dans le n° 361,

$$zOz_{,} = \theta, \quad NOx = \psi, \quad NOx_{,} = \varphi;$$

la direction des trois axes mobiles dépendra de ces trois angles ψ, θ, φ, dont les valeurs seront déterminées au moyen des quantités p, q, r, par les trois équations (a) du n° 380, savoir :

$$\left. \begin{aligned} pdt &= \sin.\varphi.\sin.\theta.d\psi - \cos.\varphi.d\theta, \\ qdt &= \cos.\varphi.\sin.\theta.d\psi + \sin.\varphi.d\theta, \\ rdt &= d\varphi - \cos.\theta.d\psi. \end{aligned} \right\} \qquad (a)$$

Nous aurons aussi (n° 361)

$$a'' = -\sin.\theta.\sin.\varphi, \quad b'' = -\sin.\theta.\cos.\varphi, \quad c'' = \cos.\theta;$$

de sorte qu'en substituant ces valeurs de a'', b'', c'', dans les équations du n° précédent, et les joignant ensuite aux équations (a), on aura les six équations différentielles nécessaires pour déterminer les inconnues p, q, r, ψ, θ et φ, en fonction du tems.

418. On trouve facilement deux intégrales premières des équations du n° 416, savoir :

$$Apa'' + Bqb'' + Crc'' = k,$$

$$Ap^2 + Bq^2 + Cr^2 + Ml^2.\left(\frac{dc''}{dt}\right)^2 + 2Mgl.\cos.\varepsilon.c'' = h;$$

k et h étant les constantes arbitraires. La première

s'obtient en multipliant ces équations par c'', b'', a''; les ajoutant ensuite, réduisant et intégrant, comme dans le n° 411; la seconde, en les ajoutant après les avoir multipliés par r, p, q, ce qui donne

$$Apdp + Bqdq + Crdr = Rl(pb'' - qa'').dt;$$

puis en mettant pour R sa valeur (n° 416), observant que $(qa'' - pb'').dt = dc''$, et intégrant.

Ces deux intégrales suffisent pour résoudre le problème dans un cas particulier fort étendu : dans le cas où les deux momens d'inertie A et B sont égaux, et où, par conséquent, toutes les droites menées par le point G et perpendiculaires à l'axe Gm, sont des axes principaux. Cette hypothèse a lieu, quand le mobile que nous considérons est un solide de révolution, dont Gm est l'axe de figure; ou bien, quand ce corps est une pyramide dont m est le sommet, et qui a pour base un polygone régulier d'un nombre quelconque de côtés; et enfin, relativement à un grand nombre d'autres solides.

En faisant $A = B$, la première des équations du n° 416, se réduit à $Cdr = 0$; d'où l'on tire, en intégrant, $r = n$, n étant une constante arbitraire. Les deux intégrales précédentes deviennent

$$A(pa'' + qb'') + Cnc'' = k,$$

$$A(p^2 + q^2) + Ml^2.\left(\frac{dc''}{dt}\right)^2 + 2Mgl.\cos.\varepsilon.c'' = h - Cn^2;$$

or, on a $c'' = \cos.\theta$, $dc'' = -\sin.\theta.d\theta$, et en vertu des équations (a),

$$pa'' + qb'' = -\sin^2.\theta.\frac{d\psi}{dt}, \qquad p^2 + q^2 = \sin^2.\theta.\left(\frac{d\psi}{dt}\right)^2 + \left(\frac{d\theta}{dt}\right)^2;$$

par conséquent,

$$\left.\begin{aligned}
&-A.\sin^2.\theta.\frac{d\psi}{dt} + Cn.\cos.\theta = k, \\
&(A + Ml^2.\sin^2.\theta).\frac{d\theta^2}{dt^2} + A.\sin^2.\theta.\frac{d\psi^2}{dt^2} + 2Mgl.\cos.\varepsilon.\cos.\theta = h:
\end{aligned}\right\} (b)$$

je comprends, ce qui est permis, la constante $-Cn^2$, dans la constante arbitraire h. Eliminant $\frac{d\psi}{dt}$, entre ces deux équations, on trouve

$$(A^2.\sin^2.\theta + AMl^2.\sin^4.\theta).\frac{d\theta^2}{dt^2} = A.\sin^2.\theta.(h - 2Mgl.\cos.\varepsilon.\cos.\theta)$$
$$- (k - Cn.\cos.\theta)^2. \qquad (c)$$

Si l'on resout celle-ci par rapport à dt, on en tirera une valeur de cette forme : $dt = F\theta.d\theta$; d'où l'on conclura, par la méthode des quadratures, la valeur de t en fonction de θ, et réciproquement, celle de θ en fonction de t. En mettant pour dt, sa valeur dans la première des équations (b), on aura la valeur de $d\psi$ sous la même forme ; intégrant donc, on en déduira la valeur de ψ en fonction de θ. De même, si l'on met les expressions de dt et $d\psi$, dans la troisième des équations (a), et qu'on y fasse $r = n$, on aura la valeur de $d\varphi$ sous la forme : $d\varphi = f\theta.d\theta$; par conséquent, par une troisième intégration, l'angle φ sera aussi déterminé en fonction de θ. Ainsi la solution du problème est ramenée à intégrer trois formules différentielles dépendantes d'une seule variable, savoir, de l'angle θ; mais ces formules ne sont pas du nombre de celles dont on connaît les intégrales sous forme finie.

Les constantes arbitraires qui seront introduites par les intégrations des valeurs de dt, $d\psi$, $d\varphi$, se détermineront immédiatement d'après les valeurs des trois angles ψ, φ, θ, à l'origine du mouvement, époque d'où l'on comptera le tems t. Les trois constantes n, k, h, qui entrent dans ces expressions différentielles, ainsi que D et D' qui sont contenues dans les valeurs de $\bar{y}$ et $\bar{x}$, dépendront de a grandeur et de la direction de l'impulsion primitive que le mobile a pu recevoir; on les déterminera en ayant égard à la percussion que le plan fixe éprouve à l'origine du mouvement, ou à la résistance de ce plan, qui détruit cette percussion; mais nous n'insisterons pas sur cette détermination, qui ne présente ni une grande difficulté, ni un grand intérêt.

419. Soit α la valeur initiale de l'angle θ, c'est-à-dire, l'angle compris à l'origine du mouvement, entre l'axe mG du mobile et la perpendiculaire mK au plan fixe. Pendant un certain intervalle de tems, l'angle θ différera peu de α; or, si l'on fait $\theta = \alpha + u$, on déterminera aisément une valeur de u, qui sera suffisamment approchée, tant que cette quantité demeurera très-petite; par ce moyen, on pourra reconnaître s'il est possible que l'angle θ reste à peu

près constant pendant toute la durée du mouvement, et dans quel cas cette circonstance aura lieu.

En effet, nous aurons $d\theta = du$; en mettant dans l'équation (c), $\alpha + u$ à la place de θ, elle donnera la valeur de $\dfrac{du^2}{dt^2}$ en fonction de u, et en développant cette valeur suivant les puissances de u, on aura un résultat de cette forme :

$$\frac{du^2}{dt^2} = a + 2bu - cu^2 + \text{etc.} ;$$

a, b, c, etc., étant des coefficiens constans. Je néglige la troisième puissance de u; je résous cette équation par rapport à dt, et j'ai

$$dt = \frac{du}{\sqrt{a + 2bu - cu^2}} ;$$

d'où l'on tire en intégrant

$$t\sqrt{c} + \mathcal{C} = \text{arc.}\left(\sin. = \frac{uc - b}{\sqrt{b^2 + ac}}\right);$$

$\mathcal{C}$ désignant la constante arbitraire. Si l'on compte le tems t à partir de l'origine du mouvement, on aura à-la-fois $\theta = 0$ et $u = 0$, ce qui déterminera la valeur de la constante; mais, pour simplifier, nous conserverons la lettre $\mathcal{C}$.

Cette intégrale donne

$$u = \frac{b}{c} + \sqrt{\frac{a}{c} + \frac{b^2}{c^2}} . \sin.(t\sqrt{c} + \mathcal{C}).$$

Quand la quantité c sera négative, $\sqrt{c}$ sera imaginaire, et le sinus de $t\sqrt{c}+6$, se changera, par les formules connues, en exponentielles réelles; d'où l'on peut conclure qu'il est nécessaire et qu'il suffit, pour que la valeur de u reste constamment très-petite, que les quantités $\dfrac{b}{c}$ et $\sqrt{\dfrac{a}{c}+\dfrac{b^2}{c^2}}$, soient l'une et l'autre très-petites, et que c soit positive.

420. Lorsque les deux premiers coefficiens a et b seront nuls, la valeur de u sera aussi égale à zéro; donc alors l'angle θ sera rigoureusement constant pendant toute la durée du mouvement, de manière que l'axe mG et le plan $x,Gy,$, qui lui est perpendiculaire, conserveront une inclinaison constante sur le plan fixe. En meme tems la droite NON', parallèle à l'intersection mobile de ces deux plans, tournera uniformément autour du point O; car, d'après la première équation (b), si l'angle θ est invariable, la valeur de $\dfrac{d\psi}{dt}$ l'est aussi, et l'angle ψ, ou NOx, croît proportionnellement au tems.

Quand la valeur de u sera seulement très-petite, l'inclinaison de l'axe mG et celle du plan $x,Gy,$, sur le plan fixe, oscilleront pendant le mouvement, de part et d'autre d'un état moyen, dont elles s'écarteront d'autant moins, que le coefficient $\sqrt{\dfrac{a}{c}+\dfrac{b^2}{c^2}}$ sera supposé plus petit. Le mouvement de la droite NON' autour du point G, sera également variable, et l'on déterminera l'inégalité de ce mouvement qui correspond à la variation de l'angle θ, en substituant $\alpha + u$ à la place de θ, dans la première équation (b). Si l'on néglige le carré de u, et qu'on mette pour u sa valeur, il est évident qu'on aura

$$d\psi = a'dt + b'.\sin.(t\sqrt{c}+\varepsilon).dt,$$

a' et b' étant des coefficiens constans ; d'où l'on tire, en intégrant,

$$\psi = a't - \frac{b'}{\sqrt{c}}.\cos.(t\sqrt{c}+\varepsilon)+\gamma;$$

γ désignant la constante arbitraire. La troisième équation (a) donnera de la même manière, la valeur approchée de l'angle φ ; au moyen de ces valeurs de θ, ψ et φ, en fonction du tems, on pourra assigner à chaque instant la direction des axes $Ox_{,,}$ $Oy_{,,}$ $Oz_{,,}$ parallèles aux trois axes principaux $Gx_{,,}$ $Gy_{,,}$ $Gz_{,;}$ d'ailleurs les coordonnées $\bar{x}$ et $\bar{y}$ du point G sont connues ; sa troisième coordonnée $\bar{z}$ l'est aussi, puisqu'on a (n° 416) $\bar{z} = lc'' = l.\cos.\theta$; par conséquent le double mouvement de rotation et de translation du mobile, est complètement déterminé.

CHAPITRE VII.

DU CHOC DES CORPS.

§. Ier. *Choc de deux corps sphériques et homogènes.*

421. Tous les corps de la nature sont plus ou moins *compressibles ;* et quand une cause quelconque les a comprimés, ils tendent tous, plus ou moins, à reprendre leur figure primitive. Cette tendance est ce qu'on appelle l'*élasticité.* Un corps est *parfaitement élastique*, lorsqu'il reprend exactement sa figure primitive, aussitôt que la cause qui l'a comprimé vient à cesser d'agir sur lui. L'élasticité n'est point en raison de la compressibilité : l'air et le gaz sont les corps les plus compressibles, et ils sont aussi parfaitement élastiques ; mais il y a tel autre corps très-compressible, qui est à peu près dénué d'élasticité, et tel autre, très-peu compressible, dans lequel on observe une élasticité parfaite.

Nous allons exposer les lois de la communication du mouvement, d'abord entre des corps que nous regarderons comme dénués d'élasticité, et ensuite entre des corps parfaitement élastiques ; et pour commencer par le cas le plus simple, les mobiles que nous considérerons dans ce premier paragraphe, seront des sphères homogènes, dont les centres se meuvent sur une même droite, et dont tous les

points

points décrivent des parallèles à cette droite. Tout étant semblable autour de cette droite, il est évident que le choc ne saurait imprimer aucun mouvement de rotation à de semblables mobiles, de manière qu'après le choc, leurs différens points continueront de décrire des droites parallèles, avec une vitesse commune qu'il s'agira de déterminer.

422. Soient A et A' (fig. 21) deux sphères homogènes et non élastiques; c et c' leurs centres; BD, la droite sur laquelle ces deux points se meuvent. Pour fixer les idées, supposons que les deux corps s'avancent du point B vers le point D, et que la vitesse de A est plus grande que celle de A'. Le mobile A finira par atteindre le mobile A'; or, quand deux corps compressibles viennent à se rencontrer, ils se compriment mutuellement, en vertu de leur différence de vitesse; la compression continue jusqu'à ce que, pour ainsi dire, leurs vitesses se soient mises de niveau; ce qui arrive dans un tems d'autant plus court, que les corps sont moins compressibles, ou qu'ils approchent davantage d'être parfaitement durs. Il faut toujours admettre dans les corps les plus durs qu'on puisse trouver, un certain degré de compressibilité, et supposer qu'en se choquant ils se compriment pendant un tems dont la durée sera quelquefois inappréciable. Ainsi, dans le choc, la vitesse de A sera diminuée, et celle de A' augmentée, jusqu'à ce qu'elles soient devenues égales; alors les deux mobiles cesseront d'agir l'un sur l'autre; puisque nous les supposons dénués

2.   14

d'élasticité, ils conserveront la forme que la compression leur aura donnée ; ils continueront donc à se mouvoir avec une vîtesse commune, comme s'ils ne formaient qu'un seul et même corps. Désignons par u cette vîtesse après le choc ; par v la vîtesse de A, et par v' celle de A', avant le choc ; par m et m' les masses de ces deux corps. Nous aurons $v - u$, pour la vîtesse perdue dans le choc par le corps A, et $u - v'$, pour la vîtesse gagnée par A' ; donc, d'après le principe de D'Alembert, l'équilibre doit exister entre les deux masses m et m', animées des vîtesses $v - u$ et $u - v'$. Or, la notion que nous avons de la masse des corps, suppose que les masses de deux mobiles sont en raison inverse des vîtesses avec lesquelles elles se font équilibre dans le choc (n° 312); nous aurons donc cette équation

$$m(v - u) = m'(u - v'),$$

qui servira à déterminer la vîtesse u, au moyen des vîtesses v et v', et d'où l'on tire

$$u = \frac{mv + m'v'}{m + m'}.$$

Par un raisonnement semblable, et que je me dispenserai de répéter, on trouvera, pour la vîtesse après le choc,

$$u = \frac{mv - m'v'}{m + m'},$$

dans le cas où les deux mobiles, au lieu de se mouvoir dans le même sens, iront au contraire l'un au-devant de l'autre, avec des vîtesses v et v'. Le mouvement des deux masses réunies aura lieu, après le choc, dans le sens du mouvement de m, ou dans celui du mouvement de m', avant le choc, selon qu'on aura $mv > m'v'$, ou $m'v' > mv$. Au reste, cette seconde valeur de u peut être comprise dans la première, en convenant de regarder comme positives, les vîtesses dirigées dans un sens, par exemple, de B vers D, et comme négatives, les vîtesses dirigées dans le sens opposé, ou de D vers B.

423. Il est important d'observer que le seul effet du choc mutuel de deux corps non élastiques, est de réunir leur masse en une seule, qui se trouve avoir la même vîtesse que si les forces qui ont mis ces deux corps en mouvement, agissaient simultanément sur cette masse totale. En effet, soit F la force qui imprime la vîtesse v, à la masse m; cette même force communiquera une vîtesse $\dfrac{mv}{m+m'}$, à la masse $m+m'$ (n° 315); soit aussi F', la force qui a communiqué la vîtesse v', à la masse m'; agissant sur la masse $m+m'$, elle lui communiquera la vîtesse $\dfrac{m'v'}{m+m'}$; la vîtesse de $m+m'$, due à l'action simultanée des deux forces F et F', sera donc égale à la somme $\dfrac{mv}{m+m'} + \dfrac{m'v'}{m+m'}$, quand F et F' seront dirigées dans le même sens; elle sera égale à la différence $\dfrac{mv}{m+m'} - \dfrac{m'v'}{m+m'}$, lorsque leurs directions seront contraires, et dans ce cas, cette vîtesse sera

dirigée dans le sens de la plus grande de ces deux forces, qui répond à la plus grande des deux quantités mv et $m'v'$. Or, dans les deux cas, la vitesse de $m+m'$ coïncide avec celle qui résulte du choc des deux masses m et m'.

424. Si l'une des masses m et m', par exemple la masse m', est en repos avant le choc, et qu'elle soit extrêmement grande par rapport à la masse m, qui vient la frapper, on aura $v'=o$, et la vitesse après le choc se réduira à $\dfrac{mv}{m+m'}$, quantité extrêmement petite, que l'on peut souvent regarder comme nulle.

Dans la nature, il n'existe aucun point absolument fixe; il n'existe que des masses qui sont comme infinies par rapport à celles des corps en mouvement; de manière que ces grandes masses détruisent le mouvement des autres corps, sans prendre une vitesse appréciable. C'est, par exemple, ce qui arrive par rapport aux différens mobiles qui viennent frapper la surface de la terre.

425. Lorsqu'on veut évaluer l'effet d'une machine, ou comparer entre eux les effets que l'on peut attendre de différentes machines, on a besoin de considérer le produit de la masse qu'il s'agit de mouvoir, multipliée par le carré de sa vitesse. Ce produit est ce qu'on appelle une *force vive*.

C'est une règle générale que toutes les fois que le mouvement d'un système de corps éprouve un changement brusque, il en résulte une diminution dans la somme des forces vives de tous ces corps.

D'après un théorème que l'on doit à **M. *Carnot*** , cette diminution est équivalente à la somme des forces vives dues aux vîtesses perdues ou gagnées par les mobiles. Pour le vérifier dans le choc de deux corps durs , j'observe qu'on a alors (n° 422)

$$(m + m').u = mv \pm mv';$$

multipliant les deux membres de cette équation par $2u$, et la retranchant ensuite de l'équation identique :

$$mv^2 + m'v^2 + (m + m').u^2 = mv^2 + m'v'^2 + (m + m').u^2,$$

il vient

$$mv^2 + m'v'^2 - (m + m').u^2 = mv^2 + m'v'^2 - 2u.(mv \pm m'v') + (m + m').u^2,$$

ou, ce qui est la même chose,

$$mv^2 + m'v'^2 - mu^2 - m'u^2 = m(v - u)^2 + m'(u \mp v')^2 :$$

équation qui coïncide évidemment avec l'énoncé du théorème.

426. Connaissant les lois du choc des corps dépourvus d'élasticité, il est facile d'en conclure celles du choc des corps parfaitement élastiques. Examinons d'abord ce qui arrive lorsqu'un corps de cette espèce vient frapper un plan fixe , dans une direction perpendiculaire à ce plan. L'observation nous apprend qu'alors le corps se comprime contre le plan, c'est-à-dire, que son diamètre perpendiculaire à ce plan diminue successivement, tandis que que sa section parallèle s'élargit ; en se comprimant

ainsi, le mobile perd graduellement sa vitesse, et la compression cesse aussitôt que cette vitesse est détruite; à cet instant, le corps commence à retourner vers sa forme primitive; son diamètre perpendiculaire augmente, et sa section parallèle au plan fixe se rétrécit; pendant ce retour, la vitesse qu'il a perdue, lui est restituée en sens contraire et par les mêmes degrés qu'elle lui a été enlevée; de manière que, si l'élasticité est supposée parfaite, le corps reprend une vitesse exactement égale et contraire à sa vîtesse primitive. Ainsi l'effet général de l'élasticité est de rendre aux corps une vîtesse égale et contraire à celle que la compression leur a fait perdre.

S'il s'agissait, par exemple, d'un corps pesant, abandonné à lui-même et tombant dans le vide, d'une certaine hauteur, sur un plan horizontal : la compression, produite par le choc, lui enleverait d'abord toute la vîtesse acquise pendant sa chute ; ensuite l'élasticité parfaite lui rendant une vîtesse égale et contraire, le corps remonterait à la hauteur d'où il est tombé (n° 190). Dans le cas d'une élasticité imparfaite, la vîtesse rendue serait plus petite que la vîtesse perdue; par conséquent, le mobile remonterait à une hauteur plus petite que celle de sa chute; d'où il résulte un moyen fort simple de comparer entre eux les degrés d'élasticité de différens corps.

427. Considérons présentement les deux corps A et A', comme parfaitement élastiques, et cherchons les vîtesses de chacun d'eux, après leur choc

mutuel. Soient toujours m et m', leurs masses, et v et v' leurs vitesses avant le choc. Supposons d'abord que ces deux corps vont au-devant l'un de l'autre, avec des vitesses telles, qu'ils se feraient équilibre s'ils étaient dénués d'élasticité, c'est-à-dire, supposons $mv = m'v'$. Soit aussi E (fig. 22), le point de la droite BD, où les deux mobiles se joignent; concevons par ce point, un plan MN, perpendiculaire à la droite BD; nous pouvons regarder MN comme un plan fixe, contre lequel les deux masses m et m' viennent se comprimer, et perdre leurs vitesses v et v'; en reprenant leur forme sphérique, l'élasticité leur restituera, en sens contraire, des vitesses égales à celles qu'ils auront perdues; par conséquent, dans ce premier cas, les deux mobiles retrograderont après le choc, avec des vitesses égales à celles qu'ils avaient auparavant.

Quelles que soient maintenant les vitesses v et v' des deux mobiles avant le choc, nous pouvons partager chaque vitesse en deux autres, l'une, qui sera la même pour les deux mobiles et que nous déterminerons comme nous le jugerons convenable, et l'autre, égale à l'excès de la vitesse donnée, sur cette première vitesse arbitraire. Désignons celle-ci par u, ou, ce qui est la même chose, remplaçons par $u + (v - u)$ et $u - (u - v')$, les deux vitesses v et v'. Soient aussi V et V', les vitesses de A et A' après le choc, et afin de n'avoir pas à distinguer les différens cas que peuvent présenter les directions des mobiles, avant et après le choc, convenons de regarder comme positives, les vitesses dirigées dans le sens du mouvement de m, avant le choc, et comme négatives, les vîtesses dirigées en sens opposé; de cette manière v sera toujours une quantité positive; v', u, V et V', pourront être des quantités positives ou négatives.

Il est évident que les deux corps sont dans le même état que s'ils allaient l'un au-devant de l'autre, avec des vîtesses $v-u$ et $u-v'$, et qu'en même tems la droite BD que leurs centres parcourent, fût elle-même en mouvement avec la vîtesse u; or, le mouvement de cette droite ne saurait avoir aucune influence sur le choc de ces deux corps; faisons donc abstraction, pour un moment, de la vîtesse u; de plus, supposons la quantité u déterminée par l'équation

$$m\,(v-u) = m'\,(u-v')\,;$$

de manière que $v-u$ et $u-v'$ soient les vîtesses avec lesquelles les masses m et m' se feraient équilibre, si elles n'étaient point élastiques. D'après ce qu'on vient de dire, ces vîtesses seront détruites dans le choc; mais en vertu de l'élasticité, les deux mobiles rétrograderont l'un et l'autre, savoir, A avec la vîtesse $v-u$, et A', avec la vîtesse $u-v'$; d'où l'on conclut, en rétablissant la vîtesse u, que celle de A après le choc, sera égale à u diminuée de $v-u$, et celle de A' égale à u, augmentée de $u-v'$; par conséquent on aura, pour les valeurs de V et V',

$$V = u-(v-u) = 2u-v, \quad V' = u+(u-v') = 2u-v'.$$

L'équation précédente donne

$$u = \frac{mv + m'v'}{m + m'}\,;$$

substituant cette valeur dans celles de V et V', elles deviennent

$$V = \frac{(m - m').v + 2m'v'}{m + m'}, \qquad V' = \frac{(m' - m).v' + 2mv}{m + m'}.$$

428. Il se présente plusieurs conséquences à déduire de ces formules :

1°. Quand on a $m = m'$, les dernières valeurs de V et V', deviennent :

$$V = v', \quad V' = v;$$

ainsi, dans le cas particulier où les masses sont égales, il arrive qu'après le choc, chacun des mobiles a la vîtesse de l'autre avant le choc.

2°. Les deux valeurs $V = 2u - v$, $V' = 2u - v'$, donnent immédiatement :

$$V - V' = v' - v;$$

ce qui signifie que dans tous les cas la vîtesse relative des deux corps après le choc, est égale et de signe contraire à leur vîtesse relative avant le choc. On entend en général par *vîtesse relative* de deux mobiles, la différence de leurs vîtesses absolues.

3°. Ces mêmes valeurs de V et V', donnent aussi :

$$mV^2 + m'V'^2 = 4u^2(m+m') - 4u(mv+m'v') + mv^2 + m'v'^2.$$

En ayant égard à la valeur de u, on voit que le second membre de cette équation se réduit à $mv^2 + mv'^2$; on a donc

$$mV^2 + m'V'^2 = mv^2 + m'v'^2;$$

par conséquent, dans le choc de deux corps parfaitement élastiques, la somme de leurs forces vives est la même avant et après le choc. Les corps ne sont jamais ni parfaitement élastiques, ni entièrement dénués d'élasticité ; c'est pour cette raison qu'il y a toujours une perte de force vive dans le choc de deux corps; mais cette perte est moindre que celle qui a été trouvée dans le n° 425, et elle est d'autant plus petite que les deux corps approchent davantage d'être parfaitement élastiques.

429. Le choc des corps durs et celui des corps élastiques, ont une propriété commune qui n'est qu'un cas particulier d'un principe général de mécanique, connu sous le nom de *principe de la conservation du mouvement du centre de gravité*. Il consiste en ce que l'action réciproque de différens corps d'un même système, qui agissent les uns sur les autres, soit en se choquant, soit de toute autre manière, n'altère pas le mouvement du centre de gravité du système entier. Nous en donnerons la démonstration dans le chapitre suivant : il ne s'agit ici que de vérifier ce théorème, dans le cas du choc de deux corps.

Pour cela, je conserve les dénominations du n°427; de plus, je représente par e et e' les distances variables des centres des deux mobiles, au point fixe B, choisi arbitrairement sur la ligne qu'ils décrivent, et par x, la distance du centre de gravité de ces deux corps au même point. En observant que les poids sont proportionnels aux masses, on aura pour déterminer x,

$$(m + m').x = me + m'e'.$$

Si l'on différentie cette équation par rapport au tems, que nous appellerons t, il vient

$$(m + m').\frac{dx}{dt} = m.\frac{de}{dt} + m'.\frac{de'}{dt};$$

or, $\frac{de}{dt}$ et $\frac{de'}{dt}$ expriment les vitesses des deux mobiles au bout du tems t, et $\frac{dx}{dt}$ exprime la vîtesse correspondante de leur centre de gravité; on obtiendra donc la valeur de cette vîtesse avant le choc, en mettant v et v' à la place de $\frac{de}{dt}$ et $\frac{de'}{dt}$, dans la dernière équation; et pour avoir la vitesse du même point, après le choc, il faudra mettre, dans cette équation, V et V' à la place de $\frac{de}{dt}$ et $\frac{de'}{dt}$. Soient donc y et y', ces deux vitesses du centre de gravité, nous aurons

$$y = \frac{mv + m'v'}{m + m'}, \quad y' = \frac{mV + m'V'}{m + m'}.$$

Cette valeur de y n'est autre chose que celle de la quantité que nous avons désignée précédemment par u; mais dans le cas où les deux mobiles ne sont point élastiques, les vitesses V et V' après le choc, sont égales entre elles, et l'on a $V' = V = u$; d'où il résulte $y' = u$, et par conséquent $y = y'$. Si, au contraire, ces deux corps sont parfaitement élastiques, on a $V = 2v - u$, $V' = 2v' - u$; substituant ces valeurs dans celle de y', et comparant celle-ci à la valeur de y, on trouve $y' = 2y - u$; par conséquent $y' = y$, à cause de $y = u$.

Ainsi, la vitesse du centre de gravité est la même immédiatement avant et après la rencontre des deux mobiles; de manière que le choc de deux corps, qui change la vitesse de chacun d'eux, n'apporte cependant aucune altération dans la vitesse de leur centre de gravité.

§. II. *Choc de deux corps de forme quelconque.*

430. Le mouvement d'un corps solide dans l'espace est déterminé lorsqu'on connaît à chaque instant : 1°. la vitesse et la direction du centre de gravité ; 2°. la direction de l'axe instantanée de rotation, passant par ce point ; 3°. la vitesse angulaire de rotation autour de cet axe. L'effet du choc mutuel de deux corps en mouvement est, en général, de changer brusquement ces divers élémens; le problème qui va nous occuper, consistera donc à déterminer ces changemens, par rapport à l'un et à l'autre mobile; de sorte qu'en supposant ces élémens connus à l'instant du choc, nous nous proposerons de trouver ce qu'ils seront devenus immédiatement après.

Or, si l'on fait d'abord abstraction de l'élasticité des deux mobiles, il faudra, d'après le principe de

D'Alembert, que l'équilibre ait lieu entre les quantités de mouvement perdues ou gagnées, dans leur choc mutuel, par toutes leurs molécules. Soient donc M et M' (fig. 23), les deux mobiles; supposons qu'à l'instant du choc leurs surfaces ont un seul point de contact : soit μ ce point; soit aussi $K\mu K'$, la normale commune aux deux surfaces, la partie $K\mu$ étant comprise dans l'intérieur de M, et l'autre partie $K'\mu$, dans l'intérieur de M'. Dans le choc, ces deux corps s'appuieront l'un contre l'autre, par le point de contact μ; si donc on veut que des forces quelconques, appliquées aux différens points de M et de M', se fassent équilibre au moyen de ce point d'appui, il sera nécessaire que toutes les forces appliquées au corps M se réduisent à une seule, dirigée suivant la normale $K\mu K'$, du point μ vers le point K', et que toutes celles qui agissent sur M', se réduisent de même à une force égale à la première résultante et dirigée en sens contraire, c'est-à-dire du point μ vers le point K. Les quantités de mouvement que le choc fait perdre ou gagner à toutes les molécules de chacun des deux corps auront donc une résultante unique, dirigée suivant la normale, au point de contact μ; la grandeur de cette force sera la même pour les deux mobiles, et elle sera, pour chaque mobile, égale et contraire à la *percussion* qu'il éprouve, laquelle percussion s'exerce sur le corps M, suivant la direction μK, et sur le corps M', suivant la direction $\mu K'$. En appliquant donc à l'un et à l'autre une force inconnue en grandeur, qui représentera cette percussion, et que j'appellerai N, on pourra ensuite considérer chaque mobile isolément; par conséquent on aura, par rapport à chacun des deux corps, un certain nombre d'équations d'équilibre entre la force N et les quantités de mouvement perdues par ses molécules, savoir, six équations, quand le mobile sera entièrement libre, et un moindre nombre, quand il sera retenu par un point ou un axe fixe.

Nous allons d'abord former ces équations d'équilibre, dans le cas où les mobiles ne sont retenus par aucun point fixe; nous verrons ensuite si elles suffisent à la détermination complète du mouvement des deux corps après le choc, puis nous examinerons comment ces résultats sont modifiés par l'élasticité.

431. Menons par le point, centre de gravité de M, trois axes rectangulaires $Gx_{,,}$ $Gy_{,,}$ $Gz_{,,}$ fixes dans l'intérieur du corps, et mobiles avec lui dans l'espace. Soit v la vîtesse du point G, et GH la direction de cette vîtesse à l'instant du choc; appelons $e, f, g,$ les cosinus des angles $HGx_{,,}$ $HGy_{,,}$ $HGz_{,,}$ que fait cette direction avec les trois axes, de manière que ve, vf, vg, soient les composantes de la vîtesse v, suivant les droites $Gx_{,,}$ $Gy_{,,}$ $Gz_{,}$. Soient aussi, au même instant, GI la direction de l'axe instantanée de rotation, et ω la vîtesse angulaire autour de cet axe; désignons par l, m, n, les produits de cette vîtesse par les cosinus des angles $IGx_{,,}$ $IGy_{,,}$ $IGz_{,,}$ c'est-à-dire, faisons

$$\omega.\cos.IGx_{,} = l, \qquad \omega.\cos.IGy_{,} = m, \qquad \omega.\cos.IGz_{,} = n;$$

ensorte que l, m, n soient, à l'instant du choc, les valeurs des quantités p, q, r, que nous avons considérées dans le n° 375. Nous savons qu'au moyen de ces quantités on peut exprimer d'une manière fort simple, les vîtesses des différens points du mobile, dues à son mouvement de rotation autour du point G regardé comme fixe : $x_{,}$, $y_{,}$, $z_{,}$, étant les coordonnées d'un point quelconque, parallèles aux axes $Gx_{,}$, $Gy_{,}$, $Gz_{,}$, les composantes suivant ces axes, de la vîtesse de ce point, seront, d'après le n° 377,

$$mz_{,} - ny_{,} \qquad nx_{,} - lz_{,}, \qquad ly_{,} - mx_{,};$$

or, le mobile ayant un mouvement de translation dans l'espace et un mouvement de rotation autour du point G, la vîtesse absolue de chacun de ses points, est la résultante de la vîtesse du point G, combinée avec celle du mouvement de rotation (n° 397); donc puisque ve, vf, vg, sont les composantes de la vîtesse du centre de gravité, celles de la vîtesse absolue d'un point quelconque seront

$$ve + mz_{,} - ny_{,}, \qquad vf + nx_{,} - lz_{,}, \qquad vg + ly_{,} - mx_{,};$$

la première suivant la droite $Gx_{,}$, la seconde suivant $Gy_{,}$, la troisième suivant $Gz_{,}$.

Maintenant supposons que Gi soit la direction de l'axe instantanée, et Gh celle du mouvement du point G, immédiatement après le choc; désignons par u et $\theta_{,}$ ce que deviennent les vîtesses v et ω aussi après le choc; par x, y, z, les cosinus des angles inconnus $hGx_{,}$, $hGy_{,}$, $hGz_{,}$; faisons

$$\theta.\cos.iGx_{,}=p, \qquad \theta.\cos.iGy_{,}=q, \qquad \theta.\cos.iGz_{,}=r:$$

les composantes de la vîtesse d'un point quelconque deviendront après le choc

$$ux + qz_{,} - ry_{,}, \qquad uy + rx_{,} - pz_{,}, \qquad uz + py_{,} - qx_{,};$$

donc, en désignant par dm l'élément de la masse du corps qui répond aux coordonnées $x_{,}$, $y_{,}$, $z_{,}$, nous aurons

$$[ve - ux + z_{,}(m-q) - y_{,}(n-r)].dm,$$
$$[vf - uy + x_{,}(n-r) - z_{,}(l-p)].dm,$$
$$[vg - uz + y_{,}(l-p) - x_{,}(m-q)].dm,$$

pour les composantes suivant les axes $Gx_{,}$, $Gy_{,}$, $Gz_{,}$, de la quantité de mouvement perdue dans le choc, par la molécule dm.

Soient encore α, β, γ, les coordonnées du point de contact μ, rapportées à ces axes; représentons par a, b, c, les cosinus des angles obtus ou aigus que fait la normale μK, avec des parallèles à ces axes, menées par le point μ, angles qui déterminent la direction de la force N: nous aurons Na, Nb, Nc, pour les composantes de cette force respectivement parallèles aux axes $Gx_{,}$, $Gy_{,}$, $Gz_{,}$. Il nous sera aisé d'appliquer à la force N et aux quantités de mouvement perdues par tous les points du corps M, les six équations générales de l'équilibre données dans le n° 60; on trouvera, sans aucune difficulté,

$$Na +$$

$$
\left.
\begin{aligned}
&Na + \int [ve - ux + z_{,}(m-q) - y_{,}(n-r)].dm = 0, \\
&Nb + \int [vf - uy + x_{,}(n-r) - z_{,}(l-p)].dm = 0, \\
&Nc + \int [vg - uz + y_{,}(l-p) - x_{,}(m-q)].dm = 0, \\
&N(\mathfrak{b}a - \alpha b) + \int [ve - ux + z_{,}(m-q) - y_{,}(n-r)].y_{,}dm \\
&\qquad - \int [vf - uy + x_{,}(n-r) - z_{,}(l-p)].x_{,}dm = 0, \\
&N(\alpha c - \gamma a) + \int [vg - uz + y_{,}(l-p) - x_{,}(m-q)].x_{,}dm \\
&\qquad - \int [ve - ux + z_{,}(m-q) - y_{,}(n-r)].z_{,}dm = 0, \\
&N(\gamma b - \mathfrak{b}c) + \int [vf - uy + x_{,}(n-r) - z_{,}(l-p)].z_{,}dm \\
&\qquad - \int (vg - uz + y_{,}(l-p) - x_{,}(m-q)].y_{,}dm = 0.
\end{aligned}
\right\} \ (a)
$$

Les intégrales contenues dans ces équations sont relatives aux seules variables $x_{,}, y_{,}, z_{,}$; elles doivent être étendues à la masse entière du corps; en désignant cette masse par M, on aura $\int dm = M$; de plus le point G, origine des coordonnées $x_{,}, y_{,}, z_{,}$, étant le centre de gravité de M, on aura aussi

$$
\int x_{,}dm = 0, \quad \int y_{,}dm = 0, \quad \int z_{,}dm = 0;
$$

et si l'on suppose, ce qui est permis, que les trois droites $Gx_{,}, Gy_{,}, Gz_{,}$, sont les axes principaux qui se coupent au point G, on aura encore

$$
\int x_{,}y_{,}dm = 0, \quad \int x_{,}z_{,}dm = 0, \quad \int y_{,}z_{,}dm = 0.
$$

Au moyen de cela, nos six équations deviennent beaucoup plus simples et se réduisent à

$$
\left.
\begin{aligned}
&Na - M(ux - ve) = 0, \\
&Nb - M(uy - vf) = 0, \\
&Nc - M(uz - vg) = 0, \\
&N(\mathfrak{b}a - \alpha b) + C(r - n) = 0, \\
&N(\alpha c - \gamma a) + B(q - m) = 0, \\
&N(\gamma b - \mathfrak{b}c) + A(p - l) = 0;
\end{aligned}
\right\} \ (b)
$$

2.

en faisant, pour abréger

$$\int(x_{,}^{2}+y_{,}^{2}).dm=C, \quad \int(x_{,}^{2}+z_{,}^{2}).dm=B, \quad \int(y_{,}^{2}+z_{,}^{2}).dm=A;$$

c'est-à-dire, en désignant par A, B, C, les momens d'inertie du corps M, relatifs aux trois axes $Gz_{,}$, $Gy_{,}$, $Gx_{,}$.

On aura six équations semblables à celles-ci, pour l'équilibre des quantités de mouvement perdues par tous les points de M', et de la force N appliquée à ce corps suivant la direction $\mu K'$. Pour former ces nouvelles équations, je représenterai par les mêmes lettres avec des accens, les quantités analogues à celles qui entrent dans les équations (b); ainsi, A', B', C', seront les momens d'inertie de M', relatifs aux trois axes principaux de ce corps, qui se coupent à son centre de gravité; α', $\mathcal{C}'$, γ', les coordonnées du point μ, rapportées à ces trois axes; a', b', c', les cosinus des angles que fait la direction $\mu K'$ avec ces mêmes axes; v' et u', les vîtesses du centre de gravité de M', à l'instant du choc, et immédiatement après; et de même pour toutes les autres quantités. De cette manière les six équations relatives au corps M', seront

$$\left.\begin{array}{l} Na' - M'(u'x' - v'e') = 0, \\ Nb' - M'(u'y' - v'f') = 0, \\ Nc' - M'(u'z' - v'g') = 0, \\ N(\mathcal{C}'a' - \alpha'b') + C'(r' - n') = 0, \\ N(\alpha'c' - \gamma'a') + B'(q' - m') = 0, \\ N(\gamma'b' - \mathcal{C}'c') + A'(p' - l') = 0. \end{array}\right\} \quad (b')$$

Les douze équations (b) et (b') renferment treize

inconnues, savoir, la force N, les six quantités p, q, r, p', q', r', et les six produits ux, uy, uz, $u'x'$, $u'y'$, $u'z'$; elles ne sont donc point en nombre suffisant pour déterminer ces inconnues, et il faut en trouver une treizième par quelqu'autre considération.

432. La question serait en effet indéterminée si l'on considérait les deux mobiles comme absolument durs, et qu'on fît abstraction de la compression qu'ils éprouvent dans le choc. Mais en ayant égard à cette compression, quelque petite qu'on la suppose, on conçoit qu'elle est due à ce que les points dans lesquels les deux mobiles se touchent, n'ont pas la même vîtesse suivant la normale commune à leurs surfaces; à raison de cette différence de vîtesse normale, les deux corps s'appuient et se compriment l'un contre l'autre, jusqu'à ce qu'elle soit devenue nulle; et c'est quand elle n'existe plus, que le phénomène du choc est achevé. A la rigueur, les deux mobiles peuvent se toucher en des points qui varient sur leurs surfaces, pendant le tems que dure la compression; mais comme nous faisons abstraction de cette durée, nous pouvons aussi, sans erreur sensible, supposer que le contact se fait toujours dans le même point. Il faudra donc qu'immédiatement après le choc, la vîtesse du point de contact μ, décomposée suivant la normale $K\mu K'$, soit égale et dirigée dans le même sens, soit qu'on le regarde comme appartenant au corps M, soit qu'on le considère comme faisant partie du corps M'.

15..

Or, en tant que ce point appartient au corps M, ses coordonnées rapportées aux axes $Gx_{,}$, $Gy_{,}$, $Gz_{,}$ sont α, β, γ, et, d'après ce qu'on a vu dans le n° précédent, les composantes de sa vîtesse, parallèles à ces axes, sont, immédiatement après le choc,

$$u x + q \gamma - r \beta, \quad u y + r \alpha - p \gamma, \quad u z + p \beta - q \alpha;$$

d'ailleurs a, b, c, sont les cosinus des angles que fait la droite μK, avec des parallèles à ces axes menées par le point μ; on aura donc la vitesse du point μ, suivant la direction μK, en faisant la somme de ses vîtesses suivant les axes, multipliées respectivement par ces cosinus, laquelle somme est égale à

$$u(ax + by + cz) + p(\beta c - \gamma b) + q(\gamma a - \alpha c) + r(\alpha b - \beta a).$$

Si l'on considère le même point μ comme faisant partie du corps M', la composante de sa vîtesse suivant la direction $\mu K'$, sera exprimée immédiatement après le choc, par

$$u'(a'x' + b'y' + c'z') + p'(\beta'c' - \gamma'b') + q'(\gamma'a' - \alpha'c') \\ + r'(\alpha'b' - \beta'a');$$

donc, pour que la vîtesse normale du point μ soit la même et de même direction dans les deux cas, il faudra que ces deux quantités soient égales et de signes contraires, ou que leur somme soit nulle; ce qui donne

$$\left. \begin{array}{l} aux + buy + cuz + p(\beta c - \gamma b) + q(\gamma a - \alpha c) + r(\alpha b - \beta a) \\ + a'u'x' + b'u'y' + c'u'z' + p'(\beta'c' - \gamma'b') + q'(\gamma'a' - \alpha'c') \\ \qquad\qquad + r'(\alpha'b' - \beta'a') = 0. \end{array} \right\} (c)$$

433. En joignant cette équation aux douze que nous avons déjà trouvées, on aura toutes les équations nécessaires pour déterminer les treize inconnues que ces équations contiennent. Ces équations sont, comme on peut le voir, du premier degré par rapport aux inconnues N, ux, uy, etc.; il sera donc aisé de les résoudre dans chaque cas particulier. Quand on aura les valeurs de ux, uy, uz, la somme de leurs carrés donnera celle de u^2, à cause que $x^2 + y^2 + z^2 = 1$; et en les divisant par u, on connaîtra les cosinus x, y, z, des angles $x{,}Gh$, $y{,}Gh$, $z{,}Gh$, et par conséquent, la direction Gh de la vitesse u. De même les valeurs de $u'x'$, $u'y'$, $u'z'$ feront connaître, en grandeur et en direction, la vitesse du centre de gravité de M' après le choc. Les valeurs des quantités p, q, r, détermineront la direction de la droite Gi, qui représente l'axe de rotation après le choc, et la vitesse angulaire θ, autour de cet axe; car en ajoutant leurs carrés, on aura $p^2 + q^2 + r^2 = \theta^2$, et en divisant p, q, r, par la valeur de θ, les quotiens seront les cosinus des angles $iGx{,}$, $iGy{,}$, $iGz{,}$. La direction de l'axe instantanée de rotation du corps M', passant par son centre de gravité, et la grandeur de sa vitesse de rotation après le choc, se déduiront semblablement des valeurs de p', q', r'.

On voit donc que les équations (b), (b') et (c) renferment la solution complète du problème que nous nous sommes proposé de résoudre, du moins quand on suppose les mobiles sans aucune élasticité. Voyons maintenant ce qui doit arriver, lorsqu'on a égard à cette propriété de la matière.

434. Il faut distinguer trois époques dans le choc de deux corps élastiques : l'instant où les deux mobiles se rencontrent et commencent à se comprimer mutuellement, celui de leur plus grande compression, enfin l'instant où ils ont repris leurs formes primitives, et cessé d'agir l'un contre l'autre. Tout cela se passe en général dans un tems extrêmement court, pendant lequel on peut supposer, sans erreur sensible, que les deux mobiles se touchent toujours dans le même point de leurs surfaces. Les vîtesses et les directions de leurs centres de gravité, les directions de leurs axes et leurs vîtesses de rotation, sont censées connues immédiatement avant le choc, ou au premier instant ; il s'agit de savoir ce que ces vîtesses et ces directions deviennent, d'abord à l'instant de la plus grande compression, et ensuite à la fin du choc, ou au troisième instant. Or, jusqu'à l'instant de la plus grande compression, les choses se passent comme si les deux corps étaient simplement compressibles et sans élasticité. On déterminera donc, au moyen des équations (b), (b') et (c), la vîtesse et la direction du centre de gravité et du mouvement de rotation de chaque mobile, qui répondent à l'instant de la plus grande compression, d'après celles qui ont lieu au premier instant. Ainsi, nous regarderons comme connues, par ces équations, toutes les quantités qui déterminent ces vîtesses et ces directions au second instant. Les mêmes équations feront aussi connaître la percussion N que chaque mobile éprouve, en se comprimant contre l'autre ; mais l'effet de l'élasticité (n° 426) est d'impri-

mer aux corps parfaitement élastiques, une quantité
de mouvement égale et contraire à celle qu'ils ont
déjà perdue pendant la compression; par conséquent, les deux mobiles M et M' éprouveront, en
vertu de leur élasticité, une seconde percussion
égale à la première, dirigée suivant μK, pour le
corps M, et suivant $\mu K'$, pour le corps M'; et c'est
cette force qui changera une seconde fois les grandeurs et les directions de leurs vitesses. D'après
cette considération, il nous sera aisé de déterminer
leurs vîtesses définitives.

En effet, conservons toutes les dénominations précédentes; désignons en outre, à la fin du choc, par
V, la vîtesse du point G; par X, Y, Z, les cosinus
des angles que fait sa direction avec les axes $Gx_,$,
$Gy_,$, $Gz_,$; par Θ, la vîtesse angulaire de rotation
du corps M; par P, Q, R, les produits de Θ, par
les cosinus des angles que fait l'axe de rotation du
même corps, avec les axes $Gx_,$, $Gy_,$, $Gz_,$; enfin,
par les mêmes lettres accentuées, toutes les quantités analogues relativement au corps M'. De cette
manière, les quantités v, e, f, g, l, m, n, se rapportent au premier instant du choc, et elles sont don-
nées; elles se changent au second instant, dans les
quantités u, x, y, z, p, q, r, qui sont déterminées par
les équations précédentes; puis elles deviennent
V, X, Y, Z, P, Q, R, au troisième instant. Or ,
il résulte de ce qu'on vient de dire, qu'on aura
pour déterminer ces dernières au moyen des précédentes, des équations semblables aux équations
(b), qui déterminent celles-ci au moyen des pre-

mières; c'est-à-dire, qu'on aura

$$Na - M(VX - ux) = o,$$
$$Nb - M(VY - uy) = o,$$
$$Nc - M(VZ - uz) = o,$$
$$N(\zeta a - \alpha b) + C(R - r) = o,$$
$$N(\alpha c - \gamma a) + B(Q - q) = o,$$
$$N(\gamma b - \zeta c) + A(P - p) = o.$$

Afin d'éliminer les quantités u, x, y, z, p, q, r, j'ajoute chacune de ces équations à sa correspondante parmi les équations (b), il vient

$$2Na - M(VX - ve) = o,$$
$$2Nb - M(VY - vf) = o,$$
$$2Nc - M(VZ - vg) = o,$$
$$2N(\zeta a - zb) + C(R - n) = o,$$
$$2N(\alpha c - \gamma a) + B(Q - m) = o,$$
$$2N(\gamma b - \zeta c) + A(P - l) = o.$$

$$(d)$$

En éliminant les six quantités p, q, r, p', q', r', et les six produits ux, uy, uz, $u'x'$, $u'y'$, $u'z'$, entre les treize équations (b), (b') et (c), il restera une équation qui donnera la valeur de N, exprimée en fonction de quantités connues; mais comme cette fonction serait très-compliquée, nous conserverons, pour abréger, la lettre N, à la place de sa valeur, dans les formules générales; il sera plus simple de calculer cette valeur dans chaque cas particulier; on la substituera ensuite, dans les équations (d), d'où l'on tirera les valeurs des quantités P, Q, R, et des produits VX, VY, VZ; par conséquent, ces six équations feront connaître, dans tous les cas et d'une manière complète, le mouvement du corps M, immédiatement après le choc, savoir : la vitesse et la direction de son centre de gravité, la direction de l'axe de rotation, passant par ce point, et la vitesse angulaire autour de cet axe.

Relativement au corps M', nous aurons, en accentuant toutes les lettres, excepté la force N qui est la même pour les deux corps,

$$\left.\begin{aligned}
&2Na' - M'(V'X' - v'e') = 0,\\
&2Nb' - M'(V'Y' - v'f') = 0,\\
&2Nc' - M'(V'Z' - v'g') = 0,\\
&2N(\mathcal{C}'a' - \alpha'b') + C'(R' - n') = 0,\\
&2N(\alpha'c' - \gamma'a') + B'(Q' - m') = 0,\\
&2N(\gamma'b' - \mathcal{C}'c') + A'(P' - l') = 0;
\end{aligned}\right\} \quad (d')$$

équations qui suffiront aussi pour déterminer les valeurs des quantités P', Q', R', et des produits $V'X'$, $V'Y'$, $V'Z'$.

435. En considérant seulement les trois premières équations de chacun des groupes (b), (b'), (d), (d'), on peut s'assurer que le choc des deux mobiles n'altérera pas la vitesse de leurs centres de gravité, suivant une direction perpendiculaire à la normale $K\mu K'$. En effet, si l'on mène par le point G une droite quelconque, qui fasse des angles ϵ, ϵ', ϵ'', avec les trois axes $Gx_{,}$, $Gy_{,}$, $Gz_{,}$ et qu'on veuille connaître la vitesse du point G suivant cette droite, on aura $ve . \cos . \epsilon + vf . \cos . \epsilon' + vg . \cos . \epsilon''$, pour sa valeur avant le choc ; cette même vitesse deviendra, après le choc, $ux . \cos . \epsilon + uy . \cos . \epsilon'$

$+\, uz.\cos.\varepsilon''$, ou bien, $VX.\cos.\varepsilon + VY.\cos.\varepsilon'$ $+\, VZ.\cos.\varepsilon''$, selon que les mobiles seront dénués d'élasticité, ou parfaitement élastiques; or, on tire des premières équations (b) et (d),

$$M(ux.\cos.\varepsilon + uy.\cos.\varepsilon' + uz.\cos.\varepsilon'')$$
$$= M(ve.\cos.\varepsilon + vf.\cos.\varepsilon' + vg.\cos.\varepsilon'')$$
$$+\, N(a.\cos.\varepsilon + b.\cos.\varepsilon' + c.\cos \varepsilon''),$$
$$M(VX.\cos.\varepsilon + VY.\cos.\varepsilon' + VZ.\cos.\varepsilon'')$$
$$= M(ve.\cos.\varepsilon + vf.\cos.\varepsilon' + vg.\cos.\varepsilon'')$$
$$+\, 2N(a.\cos.\varepsilon + b.\cos.\varepsilon' + c.\cos.\varepsilon'');$$

mais si la droite qui répond aux angles ε, ε', ε'', est perpendiculaire à la normale $K\mu K'$, la partie multipliée par N, disparaîtra dans ces équations, parce qu'on aura (n° 78) $a.\cos.\varepsilon + b.\cos.\varepsilon' + c.\cos.\varepsilon = 0$; donc en divisant ensuite par M, on voit que les valeurs de la vîtesse suivant cette droite, sont égales avant et après le choc. Il en sera de même par rapport au corps M'.

Ainsi, dans chaque cas particulier, il suffira de déterminer la vîtesse du centre de gravité de chaque mobile après le choc, suivant la droite $K\mu K'$; on composera cette vîtesse avec celle qui avait lieu avant le choc, parallèlement au plan tangent mené par le point μ, et qui n'a été changée ni en grandeur, ni en direction; la résultante sera la vîtesse du centre de gravité après le choc, de sorte que pour chaque mobile, les directions des vîtesses de ce centre, avant et après le choc, et la normale au point de contact, seront toujours comprises dans un même tems.

436. Appliquons maintenant cette analyse générale à quelques hypothèses particulières.

Supposons d'abord que la normale μK, au point
de contact, passe par le centre de gravité G du corps
M, de manière qu'elle soit la droite μGK (fig. 24).
D'après la signification des lettres α, ς, γ, a, b, c,
il est aisé de voir qu'on aura, dans ce cas,

$$\varsigma a - \alpha b = 0, \quad \alpha c - \gamma a = 0, \quad \gamma b - \varsigma c = 0;$$

alors les trois dernières équations (b) donneront $p=l$,
$q=m, r=n$, et les trois dernières équations (d) donneront de même $P=l, Q=m, R=n$; ce qui signifie
que la direction de l'axe de rotation, et la vîtesse
autour de cet axe, seront les mêmes immédiatement avant et après le choc. Donc toutes les fois
que la normale au point de contact des deux mobiles, passe par le centre de gravité de l'un d'eux,
le choc ne change rien au mouvement de rotation
de celui-ci, soit que les deux corps n'aient aucune
élasticité, ou qu'ils soient composés d'une matière
élastique.

Si la même normale passe aussi par le centre de
gravité G' du corps M', on aura également

$$\varsigma'a' - \alpha'b' = 0, \quad \alpha'c' - \gamma'a' = 0, \quad \gamma'b' - \varsigma'c' = 0;$$

le mouvement de rotation de M' ne sera pas non
plus altéré, et l'on aura seulement à déterminer
les vîtesses des deux points G et G' après le choc,
suivant la direction normale $K\mu K'$. Or, l'équation
(c) se réduira à

$$u(ax + by + cz) + u'(a'x' + b'y' + c'z') = 0; \qquad (e)$$

mais en observant que $a^2+b^2+c^2=1$, on tire des trois premières équations (b),

$$N - Mu(ax + by + cz) + Mv(ae + bf + cg) = 0; \quad (f)$$

et de même, à cause de $a'^2+b'^2+c'^2$, les trois premières équations (b') donnent

$$N - M'u'(a'x' + b'y' + c'z') + M'v'(a'e' + b'f' + c'g') = 0; \quad (f')$$

combinant ces deux équations avec la précédente, on en déduit celle-ci :

$$\frac{N}{M} + \frac{N}{M'} + v(ae + bf + cg) + v'(a'e' + b'f' + c'g') = 0.$$

Les deux droites GH et GK font avec les axes principaux qui se coupent au point G, des angles dont les cosinus sont e, f, g, et a, b, c; donc on aura (n° 78),

$$ae + bf + cg = \cos. HGK ;$$

de même, si la droite $G'H'$ est la direction du point G', avant le choc, on aura

$$a'e' + b'f' + c'g' = \cos. H'G'K' ;$$

d'où l'on conclut

$$N = - \frac{MM'(v.\cos. HGK + v'.\cos. H'G'K')}{M + M'}.$$

Cette valeur de M doit être essentiellement positive; lorsqu'elle se trouvera négative, il en faudra conclure qu'il n'y a pas de choc entre les deux mobiles : si, par exemple, la direction GH coïncide avec la droite GK, et la direction $G'H'$, avec la droite $G'K'$, on aura cos.$HGK = 1$, cos.$H'G'K' = 1$, et la valeur de N sera négative ; or, dans ce cas, les vîtesses des deux points G et G' ont des directions qui tendent à les écarter l'un de l'autre, de sorte que les deux mobiles se sépareront sans se choquer. Généralement, il sera nécessaire qu'au moins un des deux angles HGK et $H'G'K$, soit obtus, et si c'est l'angle HGK, il faudra qu'abstraction faite du signe, le produit $v.\cos.HGK$ surpasse $v'.\cos. H'G'K'$.

D'après la signification des quantités a, b, c, x, y, z, on a

$$ax + by + cz = \cos.hGK ;$$

la composante de la vîtesse u, suivant la direction GK, est donc égale à $u\,(ax + by + cz)$; sa valeur est donnée par l'équation (f) ; en y mettant à la place de N la quantité précédente, et réduisant, on trouve

$$u.\cos.uGK = \frac{Mv.\cos.HGK - M'v'.\cos.H'G'K'}{M + M'}.$$

C'est cette composante qu'il s'agissait de déterminer. Quand elle sera positive, elle sera dirigée du point G vers le point K ; et quand elle sera négative, elle sera dirigée en sens contraire, ou du point G vers le point K'. Sachant d'ailleurs que la vîtesse de ce point G, perpendiculaire à GK, est la même qu'avant le choc, il sera aisé d'en déduire la grandeur et la direction de la vîtesse u.

En vertu de l'équation (e), la vitesse du point G' après le choc, décomposée, suivant la direction $G'K'$, sera égale et de signe contraire à la vîtesse u, décomposée suivant GK; par conséquent, les deux centres de gravité G et G' auront, après le choc, des vîtesses égales et dirigées dans le même sens, suivant la normale $K\mu K'$.

437. Dans le cas particulier où les deux points G et G' se meuvent avant le choc, sur la normale $K\mu K'$, leurs vîtesses perpendiculaires à cette droite seront nulles, et elles le seront encore après le choc; la direction de la vîtesse u coïncidera avec la droite GK, ou avec son prolongement, et l'on aura $\cos.hGK = \pm 1$. Si les deux points vont dans le même sens avant le choc, par exemple, de K' vers K, l'angle HGK sera nul, et l'angle $H'G'K'$, égal à deux droits; on aura donc $\cos. HGK = +1$, $\cos. H'G'K' = -1$, et par conséquent

$$u.\cos.hGK = \pm u = \frac{Mv + M'v'}{M + M'}.$$

La valeur de u devant être positive, on prendra le signe supérieur, ce qui suppose $\cos.hGK = +1$; la vîtesse du point G sera donc dirigée dans le sens GK, comme avant le choc, et elle sera égale à la somme des quantités de mouvement Mv et $M'v'$, divisée par la somme des masses. Celle du point G' sera la même.

Si les deux points G et G' vont au-devant l'un de l'autre avant le choc, de manière que le point

G se meuve de K vers K', et le point G', de K vers K', on aura cos. $HGK = -1$, cos. $H'G'K' = -1$, et

$$u.\cos.hGK = \pm u = \frac{M'v' - Mv}{M + M'};$$

donc, à cause que u doit toujours être positive, il s'ensuit qu'on devra prendre cos.$hGK = +1$, ou' cos.$hGK = -1$, selon qu'on aura $M'v' > Mv$, ou $Mv > M'v'$; ce qui signifie que la vîtesse du point G après le choc, sera dirigée dans le sens de la plus grande des deux quantités de mouvement Mv et $M'v'$: cette vîtesse sera égale à l'excès de la plus grande sur la plus petite, divisé par la somme des masses.

Ces résultats sont les mêmes que ceux que nous avons trouvés, en considérant le choc de deux sphères homogènes et non élastiques (n° 422); mais nous voyons de plus qu'ils sont indépendans de la forme et du mouvement de rotation des corps, et qu'ils supposent seulement que les deux centres de gravité se meuvent avant le choc, sur la direction de la normale au point de contact.

438. Lorsque les deux corps M et M' sont élastiques, il faut employer les quantités V, X, Y, Z, pour déterminer le mouvement du point G; on a alors

$$aX + bY + cZ = \cos.hGK;$$

Gh étant toujours la direction du point G après le choc; les trois premières équations (d) donnent

$$2N - MV.\cos.HGK + Mv.\cos.hGK = 0;$$

substituant pour N la valeur qu'on vient de trouver, et réduisant, il vient

$$V.\cos.hGK = \frac{(M-M')v.\cos.HGK - 2M'v'.\cos.H'G'K'}{M + M'}$$

Cette formule fera donc connaître la vitesse du point G après le choc, suivant la direction GK; en la composant avec la vitesse du même point perpendiculaire à cette direction, et que le choc n'a pas changée, on en conclura la grandeur et la direction de la vitesse V.

Relativement au point G', on aura de même

$$V'.\cos.h'G'K' = \frac{(M'-M)v'.\cos.H'G'K' - 2Mv.\cos.HGK}{M + M'}.$$

Si l'on suppose $M = M'$, ces formules deviendront

$$V.\cos.hGK = - v'.\cos.H'G'K',$$
$$V'.\cos.h'G'K' = - v.\cos.HGK;$$

d'où l'on peut conclure que dans le choc de deux corps parfaitement élastiques et égaux en masse, les centres de gravité des mobiles échangent leurs vitesses parallèles à la normale au point de contact, en supposant toutefois que cette normale passe par les deux centres; de manière qu'après le choc, chaque centre se trouve avoir, suivant cette normale, la vitesse que l'autre avait auparavant suivant la même droite : les deux centres conservent en outre leurs vitesses parallèles au plan tangent.

II

Il est aisé de vérifier que ces formules coïncident avec celles du n° 427, dans le cas où les deux centres G et G' se meuvent sur la normale $K\mu K'$, dans le même sens ou en sens contraires.

439. Si le corps M' est en repos avant le choc, on fera $v'=0$; ce qui réduit les formules à

$$V.\cos.hGK = \frac{(M-M')v.\cos.HGK}{M+M'},$$

$$V'.\cos.h'G'K' = \frac{-2Mv.\cos.HGK}{M+M'};$$

et si, de plus, la masse M' est extrêmement grande par rapport à la masse M, de sorte qu'on puisse, sans erreur sensible, négliger M par rapport à M', la vîtesse de M' après le choc sera insensible, ou, autrement dit, ce corps pourra être regardé comme fixe. Or, en négligeant M dans la première formule, elle devient

$$V.\cos.hGK = -v.\cos.HGK;$$

lors donc qu'un corps parfaitement élastique vient choquer un obstacle fixe, et que la normale au point de contact passe par le centre de gravité du mobile, le choc imprime à ce centre, suivant cette droite, une vîtesse égale et contraire à celle qu'il avait auparavant; il ne change ni la vîtesse parallèle au plan tangent, ni le mouvement de rotation autour de ce point.

Il est aisé d'en conclure que le centre de gravité est réfléchi, en faisant avec la normale l'angle de

2.   16

réflexion égal à l'angle d'incidence. En effet, supposons que ce centre se meut avant le choc, suivant la droite gG (fig. 25), du point g vers le point G; prenons sur le prolongement de cette ligne, une partie GH, pour représenter la vitesse du mobile; soit toujours μGK, la normale au point de contact; dans le plan des deux droites gGH et μGK, menons les perpendiculaires Ha et Gb, et la parallèle Hb, à la droite μGK, de manière que le quadrilatère $bGaH$ soit un rectangle : les côtés Ga et Gb seront les composantes de la vitesse GH, avant le choc; par conséquent, d'après ce qu'on vient de prouver, celles de la vitesse après le choc seront Gb, que le choc n'a pas changée, et Gc, que je prends égale et contraire à Ga. Si donc on achève le rectangle $bGch$, sa diagonale Gh représentera, en grandeur et en direction, la vitesse après le choc. Or, on voit par cette construction, que l'angle de réflexion KGh est égal à l'angle d'incidence KGg; on voit aussi que les vitesses Gh et GH, après et avant le choc, sont de même grandeur.

440. Afin de montrer l'influence du choc sur le mouvement de rotation, prenons maintenant un exemple simple, dans lequel la normale au point de contact des deux mobiles, qu'on peut regarder comme la direction du choc, ne passe pas par leurs centres de gravité.

Supposons qu'avant le choc l'axe de rotation du corps M, coïncide avec l'un des axes principaux qui se coupent à son centre de gravité, par exemple, avec l'axe $Gz_{,}$ (fig. 26), ou avec son prolongement; on aura alors (n° 431) $l=0$, $m=0$, $n=\pm\omega$. Supposons aussi que la normale au point de contact soit comprise dans le plan des axes $Gx_{,}$ et $Gy_{,}$; l'ordonnée γ du point de contact, parallèle à l'axe $Gz_{,}$, sera nulle, ainsi que le cosinus c de l'angle que fait cette normale avec ce troisième axe; mais en faisant $l=0$, $m=0$, $\gamma=0$, $c=0$, dans les deux dernières équations (b), on trouve $p=0$, $q=0$; d'où l'on conclut que l'axe de rotation coïncidera encore après le choc, avec la droite $Gz_{,}$. Le choc changera donc seulement la vitesse de rotation, sans changer la direction de l'axe; ce qui est conforme à ce que nous avons déjà vu dans le n° 404. Il en serait de même, si les deux mobiles étaient parfaitement élastiques; car les deux dernières équations (d), qui se rapportent à ce cas, se réduisent aussi, dans notre hypothèse, à $P=0$, $Q=0$.

Prenons pour le corps M', une sphère homogène; la direction du choc passera nécessairement par son centre de gravité; on aura donc, comme dans le n° 436,

$$\mathfrak{C}'a' - a'b' = 0, \qquad a'c' - \gamma'a' = 0, \qquad \gamma'b' - \mathfrak{C}'c' = 0;$$

et l'équation (c) se réduira à

$$u(ax + by) + u'(a'x' + b'y' + c'z') + r(ab - \mathfrak{C}a) = 0,$$

J'élimine les quantités

$$u(ax + by) \quad \text{et} \quad u'(ax' + b'y' + i'z')$$

entre celle-ci et les deux équations (f) et (f') du n° cité, dans lesquelles je fais $c=0$; il vient

16..

$$\frac{N}{M} + \frac{N}{M'} + r(ab - \mathcal{C}a) + v(ae + bf) + v'(a'e' + b'f' + c'g') = 0.$$

Menons par le point de contact μ, deux droites μH et $\mu H'$, parallèles aux directions des vitesses v et v'; appelons δ et δ' les angles $K\mu H$ et $K\mu H'$, compris entre ces droites et la partie μK de la normale au point de contact; en observant que $H'\mu K$ est supplément de $H'\mu K'$, nous aurons

$$ae + bf = \cos.\delta, \qquad a'e' + b'f' + c'g' = -\cos.\delta' ;$$

substituant en outre, dans l'équation précédente, à la place de r, sa valeur tirée de la quatrième équation (b), on trouve

$$N = \frac{CMM'[v'.\cos.\delta' - v.\cos.\delta + n(\mathcal{C}a - ab)]}{CM + CM' + MM'(\mathcal{C}a - ab)^2}.$$

Cette valeur de N devra être essentiellement positive, ainsi que nous l'avons déjà remarqué. Les quantités C, M, M', v, v' qu'elle contient, sont toujours positives; les cosinus a, b, $\cos.\delta$, $\cos.\delta'$, et les coordonnées α, $\mathcal{C}$, peuvent être positifs ou négatifs; leurs signes sont donnés, dans chaque cas particulier, en même tems que leurs valeurs. Quant à la quantité n, elle est égale, abstraction faite du signe, à la vitesse angulaire ω, que nous regarderons toujours comme positive; mais, pour savoir le signe qu'on doit donner à n, je considère un point O, pris sur l'axe Gx, et tel que $x_, = GO = +1$: d'après les notations du n° 431, et à cause que $z_, = 0$, $x_, = 1$, la quantité n exprime la vitesse de ce point due

au mouvement de rotation, et décomposée suivant
l'axe $Gy_,$, car c'est à n que se réduit alors l'expression
$nx_, - lz_,$; il s'ensuit donc que n sera positive,
quand l'axe $Gx_,$, en tournant autour du point G,
s'avancera vers l'axe $Gy_,$, ou quand le mouvement
de rotation se fera dans le sens Oo, et négative,
dans le cas contraire. Par la même raison, la quantité r sera positive ou négative, selon que le mouvement de rotation, après le choc, se fera dans
le sens Oo, ou dans le sens Oo'.

441. Au moyen de cette valeur de N, et en la
substituant dans les formules précédemment trouvées, on déterminera immédiatement la vitesse de
rotation du corps M après le choc, et les vitesses
des centres de gravité de M et de M', suivant les
normales $K\mu K'$.

Je me dispenserai d'écrire les expressions de ces
dernières vitesses : on les déduira sans difficulté des
équations (f) et (f') du n° 436, si les deux mobiles
sont dénués d'élasticité; et s'ils sont élastiques, on
les obtiendra par un calcul semblable à celui du
n° 438.

La quatrième équation (b) donne, après l'élimination de N,

$$r = \frac{[CM + C'M']n + MM'(v'.\cos.\delta' - v.\cos.\delta)(ab - Ca)}{CM + C'M' + MM'(Ca - ab)^2};$$

comme on a $p = 0$, $q = 0$, cette quantité r est la

vîtesse de rotation qui a lieu après le choc, et que nous avons désignée par θ (n° 431). Le corps M tournera donc autour de l'axe $Gz_{,}$, avec cette vîtesse, dans le sens Oo ou dans le sens Oo', selon que la valeur de r sera positive ou négative.

Lorsque les deux mobiles seront parfaitement élastiques, on substituera la valeur de N dans la quatrième équation (d), et l'on en tirera la valeur de R, qui sera la vîtesse de rotation après le choc.

442. Jusqu'ici nous avons supposé les deux mobiles M et M' entièrement libres; mais s'ils sont retenus par un ou deux points fixes, la détermination de leurs mouvemens après le choc, dépendra toujours des mêmes principes, et ne différera que par le nombre des équations qu'on aura à considérer. Par exemple, si le corps M est retenu par un point fixe G (fig. 23), les trois premières équations (a) du n° 431 ne seront plus nécessaires à l'équilibre de la force N, et des quantités de mouvement perdues dans le choc par les molécules de M; ce point fixe ne sera pas toujours, comme dans le cas précédent, le centre de gravité de M; on n'aura donc plus $\int x_{,}dm = 0$, $\int y_{,}dm = 0$, $\int z_{,}dm = 0$; mais le point G étant fixe, on aura $v = 0$, $u = 0$; d'ailleurs, on pourra toujours prendre pour les droites $Gx_{,}$, $Gy_{,}$, $Gz_{,}$, les trois axes principaux de M, qui se coupent au point G; on aura donc $\int x_{,}y_{,}dm = 0$, $\int x_{,}z_{,}dm = 0$, $\int z_{,}y_{,}dm = 0$; et d'après cela, les trois dernières équations (a) se réduiront à

$$N(6a - ab) + C(r - n) = 0,$$
$$N(ac - \gamma a) + B(q - m) = 0,$$
$$N(\gamma b - 6c) + A(p - l) = 0,$$

comme dans le n° cité. En y joignant les six équations relatives au corps M', que je continue de supposer libre, et l'équation (c), dans laquelle on fera $u = 0$, on aura le nombre d'équations nécessaires pour déterminer le mouvement de l'un et de l'autre mobile, après le choc. Si les deux corps étaient élastiques, on aurait les trois dernières équations (d), pour déterminer les valeurs de P, Q, R, qui remplaceraient, dans ce cas, les quantités p, q, r.

Si le corps M est retenu par un axe fixe Gz, qu'on ne supposera plus un axe principal, la quatrième équation (a) sera seule nécessaire, pour l'équilibre de la force N et des quantités de mouvement perdues par les molécules de M. Comme l'axe de rotation coïncide alors avec l'axe $Gz_{,}$, avant et après le choc, on a $l = 0$, $m = 0$, $p = 0$, $q = 0$, ainsi que $v = 0$, $u = 0$; l'équation d'équilibre se réduit donc à

$$N(6a - ab) + C(r - n) = 0;$$

C étant toujours le moment d'inertie de M, par rapport à l'axe $Gz_{,}$. On joindra à cette équation, celles qui se rapportent au mouvement de M', et l'équation (c), dans laquelle on fera $l = 0$, $m = 0$, $p = 0$, $q = 0$ et $u = 0$. Quand les deux mobiles seront élastiques, on aura l'équation

$$2N(6a - ab) + C(R - n) = 0,$$

au lieu de la précédente.

443. Le problème du choc de deux corps étant un de ceux qui trouvent le plus souvent une application utile dans la pratique, on ne trouvera pas trop longs les détails dans lesquels je suis entré à ce sujet. Les formules et les principes exposés dans ce paragraphe, donneront la solution complète du problème, dans tous les cas qu'il peut présenter ; et cette solution est aussi simple qu'il est possible, puisqu'elle se réduit, dans chaque cas, à résoudre un nombre d'équations du premier degré égal à celui des inconnues qu'on a à déterminer. Il est rare qu'on ait à considérer le choc de plus de deux corps à-la-fois ; le choc simultanée d'un nombre quelconque de corps, qui va nous occuper dans le paragraphe suivant, n'est donc qu'une question de pure curiosité, remarquable par l'uniformité de l'analyse dont nous ferons usage, et par la généralité des résultats. Mais afin de ne pas compliquer cette question, nous supposerons que les mobiles sont des sphères homogènes qui pourront être de différens rayons et de différentes matières. Si ces corps ont un mouvement de rotation autour de leurs centres , il ne sera point altéré par le choc , et nous serons dispensés d'y avoir égard. Nous supposerons donc aussi que tous les points d'une même sphère se meuvent, avant et après le choc , avec la même vîtesse et dans la même direction que son centre ; mais cette vîtesse et cette direction varieront d'une sphère à une autre, et chaque mobile aura , dans l'espace, une direction et une vîtesse particulières.

§. III. *Choc simultanée d'un nombre quelconque de corps sphériques et homogènes.*

444. La question que nous nous proposons de résoudre, consiste à déterminer les vitesses et les directions de ces corps après le choc, connaissant leurs vitesses et leurs directions, avant le choc, les directions des droites qui joignent leurs centres deux à deux, à l'instant du choc, et enfin leurs masses.

Supposons d'abord les mobiles sans élasticité ; soient m, m', m'', etc., leurs masses ; v, v', v'', etc., leurs vitesses avant le choc ; u, u', u'', etc., leurs vitesses après le choc ; c, c', c'', etc., les centres de ces corps sphériques. Pour fixer les directions de ces vitesses, menons arbitrairement par un point quelconque O (fig. 27), trois axes rectangulaires Ox, Oy, Oz ; désignons par a, b, c, les trois angles que fait la direction de la vitesse v, avec des parallèles à ces axes ; par a', b', c' ; a'', b'', c'' ; etc., les angles analogues qui se rapportent aux directions des vitesses v', v'', etc. ; et par α, β, γ ; α', β', γ' ; α'', β'', γ'' ; etc., les angles qui déterminent de la même manière, les directions des vitesses u, u', u'', etc. : tous ces angles étant comptés comme il a été dit au commencement de ce Traité (n° 5), et les vitesses v, v', v'', etc. ; u, u', u'', etc., étant toutes des quantités positives. Quant aux directions des lignes cc', cc'', etc., qui joignent les centres deux à deux, nous n'emploierons pas de nouvelles lettres pour les désigner : cx, cy, cz, étant trois droites menées par le point c, parallèlement aux axes Ox, Oy, Oz, la direction de la ligne cc', ou de la force qui agit suivant cette droite, du point c vers le point c', sera fixée par les trois angles $c'cx$, $c'cy$, $c'cz$, aigus ou obtus, que cette ligne fait avec les parallèles; de même $c'x$, $c'y$, $c'z$, étant des parallèles aux mêmes axes, menées par le point c', la direction de la droite $c'c$, ou de la force qui agit suivant cette ligne, de c' vers c, sera déterminée par les trois angles $cc'x$, $cc'y$, $cc'z$, qui sont supplémens des trois premiers; et ainsi de suite pour toutes les autres lignes. Nous distinguons, comme on voit, la ligne cc' de la ligne $c'c$, afin de ne pas confondre la force qui agit de c vers c', avec la force contraire qui agit de c' vers c.

Cela posé, l'équilibre doit avoir lieu dans le système, en conservant à tous les points des masses m, m', m'', etc., leurs vitesses v, v', v'', etc., et leur imprimant, en outre, des vitesses égales et contraires à u, u', u'', etc. (n° 333); ce qui revient à appliquer aux centres c, c', c'', etc., de ces sphères, des forces mv, $m'v'$, $m''v''$, etc., dirigées dans le sens des vitesses v, v', v'', etc., et des forces mu, $m'u'$, $m''u''$, etc., dirigées en sens contraire des vitesses u, u', u'', etc. Or, pour que cet équilibre général subsiste, il faut qu'il ait lieu séparément dans chaque sphère, en ayant égard aux deux forces qui sont appliquées à son centre, et aux quantités de mouvement qui lui sont imprimées à l'instant du choc, par les sphères qui la touchent; et comme ces quantités de mouvement sont dirigées suivant les rayons de la sphère touchée, qui aboutissent aux points de contact, il s'ensuit que les directions de toutes les forces qui doivent se faire équilibre sur une même sphère, viennent concourir à son centre; par conséquent il suffit que les trois sommes de leurs composantes parallèles aux axes Ox, Oy, Oz, soient égales à zéro (n° 22).

Supposons donc qu'à l'instant du choc, la sphère m, dont le centre est c, est touchée par les sphères m', m'', etc., dont les centres sont c', c'', etc.; soit (c, c'), la quantité de mouvement que m reçoit de m', et qui est dirigée suivant la ligne $c'c$, de c' vers c; (c, c'') celle que m reçoit de m'', et qui est dirigée suivant la ligne $c''c$, de c'' vers c; et ainsi de suite : en décomposant ces forces, ainsi que les forces mv et mu, suivant les axes Ox, Oy, Oz, et égalant ensuite à zéro la somme des composantes, suivant chaque axe, on trouvera, d'après les notations convenues,

$$\left.\begin{aligned}
&mv.\cos.a - mu.\cos.\alpha + (c,c').\cos.cc'x \\
&\qquad\qquad\qquad + (c,c'').\cos.cc''x + \text{etc.} = 0, \\
&mv.\cos.b - mu.\cos.\mathfrak{b} + (c,c').\cos.cc'y \\
&\qquad\qquad\qquad + (c,c'').\cos.cc''y + \text{etc.} = 0, \\
&mv.\cos.c - mu.\cos.\gamma + (c,c').\cos.cc'z \\
&\qquad\qquad\qquad + (c,c'').\cos.cc''z + \text{etc.} = 0.
\end{aligned}\right\} (m)$$

On trouve de même, pour l'équilibre de m',

$$\left.\begin{aligned}
&m'v'.\cos.a' - m'u'.\cos.\alpha' + (c',c).\cos.c'cx \\
&\qquad\qquad\qquad + (c',c'').\cos.c'c''x + \text{etc.} = 0, \\
&m'v'.\cos.b' - m'u'.\cos.\mathfrak{b}' + (c',c).\cos.c'cy \\
&\qquad\qquad\qquad + (c',c'').\cos.c'c''y + \text{etc.} = 0, \\
&m'v'.\cos.c' - m'u'.\cos.\gamma' + (c',c).\cos.c'cz \\
&\qquad\qquad\qquad + (c',c'').\cos.c'c''z + \text{etc.} = 0;
\end{aligned}\right\} (m')$$

pour l'équilibre de m'',

$$\left.\begin{aligned}
m''v''.\cos.a''-m''u''.\cos.a''+(c'',c).\cos.c''cx \\
+(c'',c').\cos.c''c'x+\text{etc.}=0, \\
m''v''.\cos.b''-m''u''.\cos.6''+(c'',c).\cos.c''cy \\
+(c'',c')\cos.c''c'y+\text{etc.}=0, \\
m''v''.\cos.c''-m''u''.\cos.\gamma''+(c'',c).\cos.c''cz \\
+(c'',c').\cos.c''c'z+\text{etc.}=0;
\end{aligned}\right\}^{(m'')}$$

et ainsi de suite.

Dans ces équations, nous représentons, en général, par la notation $(c^{(n)}, c^{(m)})$, la quantité de mouvement que la sphère dont le centre est $c^{(m)}$, imprime à celle dont le centre est $c^{(n)}$, à l'instant du choc quantité de mouvement qui est dirigée suivant la droite $c^{(m)}c^{(n)}$, de $c^{(m)}$ vers $c^{(n)}$. La notation $(c^{(m)}, c^{(n)})$ représente la quantité de mouvement que la seconde sphère rend à la première, en sens contraire de celle qu'elle en a reçue. Ces deux forces n'existent pas, ou doivent être supposées nulles, lorsque les centres $c^{(n)}$ et $c^{(m)}$ appartiennent à des sphères qui ne se touchent pas à l'instant du choc; de sorte que le nombre de ces notations, qui entrent dans les équations précédentes, est égal au double des contacts de toutes les sphères entre elles.

En joignant à ces équations, celles-ci :

$$\cos^2.a+\cos^2.6+\cos^2.\gamma=1, \quad \cos^2.a'+\cos^2.6'+\cos^2.\gamma'=1, \text{ etc.,}$$

on en aura un nombre quadruple de celui des masses m, m', m'', etc., et par conséquent égal à celui des inconnues u, a, 6, γ; u', a', $6'$, γ'; u'', a'', $6''$, γ''; etc., qu'il s'agit de déterminer; mais comme ces équations renferment en outre les inconnues (c, c'), (c, c''), etc., il nous reste encore à trouver d'autres équations, en nombre égal à celui de ces dernières inconnues.

445. Pour cela, j'observe d'abord que l'on a généralement

$$(c^{(m)}, c^{(n)}) = (c^{(n)}, c^{(m)}).$$

En effet, au lieu de considérer isolément chaque sphère, comme nous venons de le faire, considérons à-la-fois deux de celles qui se touchent à l'instant du choc, par exemple, les deux sphères m et m', dont les centres sont c et c'. L'équilibre doit exister dans ce système de deux sphères, en ayant égard aux forces mv, mu, mv', mu', appliquées à leurs centres, et aux quantités de mouvement qui leur sont imprimées par toutes les autres sphères dont nous faisons abstraction pour un moment; mais alors la sphère m est soumise à l'action des forces mv, mu, (c, c''), (c, c'''), etc., dont les directions sont données et passent toutes par son centre, et dont la résultante, en vertu des équations (m), est égale et contraire à la force (c, c') ($n°\ 22$); de même, en vertu des équations (m'), la résultante des forces $m'v'$, $m'u'$, (c', c''), (c', c'''), etc., qui agissent sur la sphère m', est égale et contraire à la force (c', c); or, pour l'équilibre, il est nécessaire que ces deux résultantes soient égales et directement opposées; donc il faut que les deux forces (c, c') et (c', c) le soient aussi : elles sont déjà directement opposées, puisqu'elles agissent suivant la même droite cc', l'une de c vers c', l'autre de c' vers c; donc il suffira qu'on ait $(c, c') = (c', c)$.

On parviendra à des résultats semblables, en considérant successivement deux à deux toutes les sphères qui se touchent à l'instant du choc : de cette manière, le nombre des inconnues (c,c'), (c,c''), etc., sera réduit à moitié, et devient égal au nombre des contacts.

446. Après le choc, les deux sphères m et m' qui se touchent, doivent avoir une vîtesse commune dans le sens de la droite cc' qui joint leurs centres; car à l'instant de la percussion, on doit toujours supposer que ces deux corps se compriment l'un contre l'autre, dans le sens de cette droite, jusqu'à ce que leurs vîtesses, dans ce même sens, soient devenues égales entre elles (n°432). Si donc on désigne par cl et $c'l'$, les directions des vîtesses u et u', après le choc; la composante de la première, suivant la ligne cc', sera $u.\cos.c'cl$, et celle de la seconde, suivant la ligne $c'c$, sera $u'.\cos.cc'l'$: ces deux composantes devront être égales et de signes contraires, afin que les vîtesses, suivant la droite cc', soient égales et dirigées dans le même sens; par conséquent on aura

$$u.\cos.c'cl + u'.\cos.cc'l' = 0.$$

On a aussi (n° 78)

$$\cos.c'cl = \cos.\alpha.\cos.c'cx + \cos.\mathfrak{b}.\cos.c'cy + \cos.\gamma.\cos.c'cz;$$
$$\cos.cc'l' = \cos.\alpha'.\cos.cc'x + \cos.\mathfrak{b}'.\cos.cc'y + \cos.\gamma'.\cos.cc'z;$$

d'où l'on conclut

$$u.(\cos.\alpha.\cos.c'cx + \cos.6.\cos.c'cy + \cos.\gamma.\cos.c'cz)$$
$$+u'.(\cos.\alpha'.\cos.cc'x + \cos.6'.\cos.cc'y + \cos.\gamma'.\cos.cc'z) = 0,$$

En considérant ainsi deux à deux toutes les sphères qui se touchent, on trouvera une suite d'équations semblables à celle-ci, savoir :

$$u.(\cos.\alpha.\cos.c''cx + \cos.6.\cos.c''cy + \cos.\gamma.\cos.c''cz)$$
$$+u''.(\cos.\alpha''.\cos.cc''x + \cos.6''.\cos.cc''y + \cos.\gamma''.\cos.cc''z) = 0,$$

$$u'.(\cos.\alpha'.\cos.c''c'x + \cos.6'.\cos.c''c'y + \cos.\gamma'.\cos.c''c'z)$$
$$+u''.(\cos.\alpha''.\cos.c'c''x + \cos.6''.\cos.c'c''y + \cos.\gamma''.\cos.c'c''z) = 0,$$

   etc.

Ces équations n'ont lieu que relativement aux sphères qui ont un contact immédiat à l'instant du choc ; de sorte qu'elles sont en même nombre que ces contacts. En les réunissant à celles du n° 444, on en aura un nombre égal à quatre fois celui des corps, plus le nombre de leurs contacts ; or, d'après la remarque du n° précédent, ce nombre d'équations suffira pour éliminer toutes les quantités (c, c'), (c, c''), etc., et pour déterminer ensuite les inconnues $u, \alpha, 6, \gamma$; $u', \alpha', 6', \gamma'$; etc. Ainsi, dans chaque cas particulier, on pourra trouver, au moyen de ces équations, les grandeurs et les directions des vitesses des mobiles après le choc.

447. Nous avons déjà remarqué (n° 434) que l'effet de l'élasticité dans le choc est de doubler la quantité de mouvement, et par conséquent aussi la vitesse que chaque mobile reçoit, suivant la direction de la normale au point de contact ; pour étendre

cette loi au choc simultanée de plusieurs corps, il faut supposer que la communication du mouvement se fait au même instant entre tous ces corps; hypothèse admissible, dans le cas où l'un des mobiles touche à-la-fois tous les autres, mais qui n'est plus exacte, lorsque le mouvement se transmet successivement d'un corps à un autre. Par exemple, si nous considérons une suite de billes en repos A, A', A'', etc. (fig. 1re), parfaitement élastiques, juxta-posées et dont les centres sont rangés sur une même droite; et si nous supposons qu'une autre bille élastique B, dont le centre se meut sur la même droite, vient frapper la première bille A, la communication du mouvement n'aura pas lieu au même instant dans toute cette suite de corps; au contraire, le mouvement s'y propagera successivement d'une bille à la suivante, et il emploiera pour parvenir à la dernière, un intervalle de tems qui deviendrait appréciable, si le nombre des billes était fort grand. L'expérience prouve que les choses se passent alors comme si les billes ne se touchaient pas rigoureusement, et que chaque bille, avant d'agir sur celle qui la suit, eût le tems de prendre la vitesse que celle qui la précède doit lui communiquer. En effet, pour rendre le résultat plus évident, donnons la même masse à B, et à chacune des billes en repos A, A', A'', etc., et ne supposons pas ces corps en contact; dans le choc B contre A, ces deux corps de même masse et parfaitement élastiques, feront un échange de vitesses (n° 428); B sera donc réduit au repos et A prendra la vitesse de B avant le choc;

par

par la même raison, A sera réduit au repos en choquant A' qui prendra sa vîtesse; A' perdra ensuite
sa vîtesse qui passera à A''; et ainsi de suite, jusqu'au dernier de ces corps. Il arrivera donc qu'après
cette suite de chocs, tous les corps B, A, A', A'', etc.,
demeureront en repos, excepté le dernier, qui continuera de se mouvoir avec la vîtesse primitive de B.
Or, l'expérience montre que lors même que les billes
A, A', A'', etc., sont juxta-posées et forment une
suite non interrompue, le choc de B contre A
détache seulement la dernière bille de cette suite,
de sorte que toutes les autres billes et le mobile,
restent en repos et juxta-posés après ce choc.

Il serait difficile d'avoir égard à la durée de la
communication du mouvement dans le choc des
corps élastiques; nous nous bornerons donc à considérer les cas dans lesquels cette communication
a lieu au même instant entre tous les mobiles, en
quelque nombre qu'on les suppose; et nous admettrons, comme dans le n° 434, que l'effet de l'élasticité se réduit à doubler la vîtesse que chaque mobile a perdue ou gagnée pendant sa compression.

448. La vîtesse que la sphère m' (fig. 27), communique à la sphère m, suivant la droite $c'c$, conservera donc la même direction et deviendra double,
quand ces deux corps seront supposés parfaitement
élastiques; il en sera de même à l'égard de la vîtesse que m' rend à m, suivant la droite cc'; et généralement, si nous supposons tous les corps m, m',
m'', etc., doués d'une élasticité parfaite, les vîtesses

que chaque corps reçoit de tous ceux qui le touchent, et celles qu'il leur restitue, auront les mêmes directions que dans la supposition d'une élasticité nulle, mais elles seront doubles en grandeur, de ce qu'elles seroient dans cette hypothèse. En décomposant donc parallèlement aux trois axes Ox, Oy, Oz, les vîtesses qui sont imprimées à la sphère m, par toutes celles qui la touchent à l'instant du choc, et faisant les sommes des composantes suivant chaque axe, ces sommes seront doubles, dans le cas d'une élasticité parfaite, de ce qu'elles seraient dans le cas d'une élasticité nulle, toutes les données étant d'ailleurs les mêmes dans les deux cas; de plus, il est évident que la somme relative à chaque axe est égale à la différence des vîtesses du mobile, suivant cet axe, avant et après le choc; or, en conservant les notations précédentes, les différences de ces vîtesses, dans le cas de l'élasticité nulle, sont $u.\cos.\alpha - v.\cos.a$, suivant l'axe Ox; $u.\cos.\beta - v.\cos.b$, suivant l'axe Oy; $u.\cos.\gamma - v.\cos.c$, suivant l'axe Oz; donc, dans le cas de l'élasticité parfaite, ces mêmes différences seront

$$2(u.\cos.\alpha - v.\cos.a),\ 2(u.\cos.\beta - v.\cos.b),\ 2(u.\cos.\gamma - v.\cos.c).$$

Si on les ajoute aux composantes $v.\cos.a$, $v.\cos.b$, $v.\cos.c$, de la vîtesse de m avant le choc, on aura, en réduisant,

$$2u.\cos\alpha - v.\cos.a,\ 2u.\cos.\beta - v.\cos.b,\ 2u.\cos.\gamma - v.\cos.c,$$

pour les composantes de sa vîtesse après le choc; d'où il sera aisé de conclure la grandeur et la direction de cette vîtesse dans l'espace.

En accentuant une fois, deux fois, etc., les lettres v, a, b, c, u, α, β, γ, on aura les composantes parallèles aux mêmes axes Ox, Oy, Oz, des vitesses de m', m'', etc., après le choc, lesquelles composantes seront

$$2u'.\cos.\alpha'-v'.\cos.a', \quad 2u'.\cos.\beta'-v'.\cos.b', \quad 2u'.\cos.\gamma'-v'.\cos.c';$$
$$2u''.\cos.\alpha''-v''.\cos.a'', \quad 2u''.\cos.\beta''-v''.\cos.b'', \quad 2u''.\cos.\gamma''-v''.\cos.c'',$$

etc.

Lors donc que les vitesses u, u', u'', etc., après le choc, et les angles α, β, γ, α', β', γ', etc., dont leurs directions dépendent, auront été déterminées dans l'hypothèse d'une élasticité nulle, on pourra aussi assigner les vitesses et les directions de tous les mobiles après le choc, dans l'hypothèse d'une élasticité parfaite ; par conséquent la solution du problème de la communication du mouvement, entre des corps sphériques et homogènes, entièrement dénués d'élasticité, ou parfaitement élastiques, se réduit à résoudre, dans chaque cas particulier, les équations des n°s 444 et 446. On peut observer que ces équations sont seulement du premier degré par rapport aux inconnues (c, c'), (c, c''), etc., et aux produits $u.\cos.\alpha$, $u.\cos.\beta$, $u.\cos.\gamma$, $u'.\cos.\alpha'$, $u.\cos.\beta'$, $u.\cos.\gamma'$, etc., qui seront les vitesses des mobiles après le choc. De plus, ces équations sont en même nombre que toutes ces quantités ; de manière que le calcul de leurs valeurs sera toujours aussi simple qu'on peut le desirer.

Voici maintenant plusieurs conséquences générales qui se déduisent de ces équations, avec une grande facilité.

449. Dans le cas des corps non élastiques, les quantités de mouvement mv, $m'v'$, $m''v''$, etc., se détruiront dans le choc, et les corps resteront en repos, toutes les fois que les vîtesses u, u', u'', etc., après le choc, seront nulles; or, si l'on fait $u = 0$, $u' = 0$, $u'' = 0$, etc., les équations du n° 446 deviennent identiques, et les angles α, $\mathcal{C}$, γ, α', $\mathcal{C}'$, γ', etc., disparaissent en même tems que ces vîtesses, dans les équations (m), (m'), (m''), etc., du n° 444; éliminant donc entre ces dernières équations, les quantités (c, c'), (c, c''), etc., il restera des équations de condition entre les quantités données mv, $m'v'$, $m''v''$, etc.; a, b, c; a', b', c'; etc., qui devront être satisfaites pour que l'équilibre des quantités de mouvement mv, $m'v'$, $m''v''$, etc., ait lieu. Les équations d'équilibre seront donc en nombre égal à trois fois celui des corps, moins le nombre de leurs contacts; d'où l'on voit que le nombre des corps restant le même, celui des conditions d'équilibre sera d'autant plus grand, qu'il y aura moins de points de contact entre les corps, à l'instant du choc. L'équilibre serait impossible, comme on le verra bientôt, si les mobiles étaient élastiques.

450. Si l'on fait la somme des premières équations de tous les groupes (m), (m'), (m''), etc., on trouve, en ayant égard à la remarque du n° 445, que toutes les inconnues (c, c'), (c, c''), etc,, disparaissent, et que cette somme se réduit à

$$mv . \cos . a + m'v' . \cos . a' + \text{etc.}$$
$$- mu . \cos . \alpha - m'u' . \cos . a' - \text{etc.} = 0. \qquad (1)$$

On trouve de même pour les sommes des secondes et des troisièmes équations de ces groupes,

$$mv.\cos.b + m'v'.\cos.b' + \text{etc.}$$
$$- mu.\cos.\mathfrak{G} - m'u'.\cos.\mathfrak{G}' - \text{etc.} = 0, \qquad (2)$$
$$mv.\cos.c + m'v'.\cos.c' + \text{etc.}$$
$$- mu.\cos.\gamma - m'u'.\cos.\gamma' - \text{etc.} = 0. \qquad (3)$$

Or, on peut conclure de ces trois équations, que la vîtesse du centre de gravité de tous les corps m, m', m'', etc., est la même en grandeur et en direction, avant et après le choc.

En effet, soit G ce point; désignons à un instant quelconque, par $x_{,}$, $y_{,}$, $z_{,}$, ses coordonnées parallèles aux axes Ox, Oy, Oz; par x, y, z, celles du centre de m; par x', y', z', celles du centre de m', etc.; et enfin par M, la somme des masses m, m', m'', etc.; nous aurons, d'après les propriétés connues du centre de gravité,

$$Mx_{,} = mx + m'x' + m''x'' + \text{etc.},$$
$$My_{,} = my + m'y' + m''y'' + \text{etc.},$$
$$Mz_{,} = mz + m'z' + m''z'' + \text{etc.};$$

d'où l'on tire, en différentiant par rapport au tems dont l'élément sera représenté par dt, et divisant par cet élément,

$$M.\frac{dx_{,}}{dt} = m.\frac{dx}{dt} + m'.\frac{dx'}{dt} + m''.\frac{dx''}{dt} + \text{etc.},$$
$$M.\frac{dy_{,}}{dt} = m.\frac{dy}{dt} + m'.\frac{dy'}{dt} + m''.\frac{dy''}{dt} + \text{etc.},$$
$$M.\frac{dz_{,}}{dt} = m.\frac{dz}{dt} + m'.\frac{dz'}{dt} + m''.\frac{dz''}{dt} + \text{etc.}$$

Ces équations donneront les trois composantes $\frac{dx}{dt}$, $\frac{dy}{dt}$, $\frac{dz}{dt}$, de la vîtesse du point G à un instant quelconque, en y substituant à la place de $\frac{dx}{dt}$, $\frac{dy}{dt}$, $\frac{dz}{dt}$; $\frac{dx'}{dt}$, $\frac{dy'}{dt}$, $\frac{dz'}{dt}$; etc., les composantes des vîtesses de m, m', etc., au même instant. Or, on a, avant le choc,

$$\frac{dx}{dt} = v.\cos.a, \qquad \frac{dy}{dt} = v.\cos.b, \qquad \frac{dz}{dt} = v.\cos.c;$$

$$\frac{dx'}{dt} = v'.\cos.a', \text{ etc.};$$

désignant donc par V, V', V'', les trois composantes parallèles aux axes Ox, Oy, Oz, de la vîtesse de ce point G avant le choc, on aura aussi

$$MV = mv.\cos.a + m'v'.\cos.a' + m''v''.\cos.a'' + \text{etc.},$$
$$MV' = mv.\cos.b + m'v'.\cos.b' + m''v''.\cos.b'' + \text{etc.},$$
$$MV'' = mv.\cos.c + m'v'.\cos.c' + m''v''.\cos.c'' + \text{etc.}$$

Soient encore U, U', U'', les composantes parallèles aux mêmes axes, de la vîtesse de G après le choc. Si les corps m, m', m'', etc., ne sont point élastiques, on a

$$\frac{dx}{dt} = u.\cos.\alpha, \qquad \frac{dy}{dt} = u.\cos.\ell, \qquad \frac{dz}{dt} = u.\cos.\gamma;$$

$$\frac{dx'}{dt} = u'.\cos.\alpha', \text{ etc.};$$

d'où l'on conclut

$$MU = mu \cdot \cos.\alpha + m'u' \cdot \cos.\alpha' + m''u'' \cdot \cos.\alpha'' + \text{etc.},$$

$$MU' = mu \cdot \cos.\mathcal{6} + m'u' \cdot \cos.\mathcal{6}' + m''u'' \cdot \cos.\mathcal{6}'' + \text{etc.},$$

$$MU'' = mu \cdot \cos.\gamma + m'u' \cdot \cos.\gamma' + m''u'' \cdot \cos.\gamma'' + \text{etc.};$$

et par conséquent, en vertu des équations (1), (2), (3),

$$U = V, \quad U' = V', \quad U'' = V'';$$

donc, dans le cas des corps non élastiques, la vîtesse du centre de gravité est la même, parallèlement aux trois axes, avant et après le choc.

Si les mobiles sont parfaitement élastiques, on aura, après le choc (n° 448),

$$\frac{dx}{dt} = 2u \cdot \cos.\alpha - v \cdot \cos.a,$$

$$\frac{dy}{dt} = 2u \cdot \cos.\mathcal{6} - v \cdot \cos.b,$$

$$\frac{dz}{dt} = 2u \cdot \cos.\gamma - v \cdot \cos.c,$$

$$\frac{dx'}{dt} = 2u' \cdot \cos.\alpha' - v' \cdot \cos.a',$$

$$\frac{dy'}{dt} = 2u' \cdot \cos.\mathcal{6}' - v' \cdot \cos.b',$$

$$\frac{dz'}{dt} = 2u' \cdot \cos.\gamma' - v' \cdot \cos.c',$$

$$\text{etc.}$$

Substituant ces valeurs dans celles de $M \cdot \frac{dx_{,}}{dt}$, $M \cdot \frac{dy_{,}}{dt}$, $M \cdot \frac{dz_{,}}{dt}$, pour avoir les quantités MU, MU', MU'', on trouve encore, en ayant égard aux équations (1), (2), (3),

$$MU = mv . \cos . a + m'v' . \cos . a' + \text{etc.} = MV,$$
$$MU' = mv . \cos . b + m'v' . \cos . b' + \text{etc.} = MV',$$
$$MU'' = mv . \cos . c + m'v' . \cos . c' + \text{etc.} = MV'';$$

donc aussi, dans le choc des corps élastiques, la vîtesse du centre de gravité n'est altérée, ni en grandeur, ni en direction.

451. Soit maintenant δ l'angle compris entre la direction de la vîtesse v, et celle de la vîtesse u; de sorte qu'on ait (n° 78)

$$\cos . \delta = \cos . a . \cos . \alpha + \cos . b . \cos . \mathscr{C} + \cos . c . \cos . \gamma ;$$

désignons aussi par w la vîtesse de m après le choc, dans le cas des corps élastiques; nous aurons (n° 448)

$$w^2 = (2u . \cos . \alpha - v . \cos . a)^2 + (2u . \cos . \mathscr{C} - v . \cos . b)^2$$
$$+ (2u . \cos . \gamma - v . \cos . c)^2 ;$$

ou bien, en réduisant

$$w^2 = 4u^2 - 4uv . \cos . \delta + v^2.$$

En appelant de même δ' l'angle compris entre les directions des vîtesses v' et u', et w' la vîtesse de u', après le choc, dans l'hypothèse d'une élasticité parfaite; δ'' l'angle compris entre les directions des vîtesses u'' et v'', et w'' la vîtesse de m'', après le choc, dans la même hypothèse; et ainsi de suite : on aura semblablement

$$w'^2 = 4u'^2 - 4u'v' . \cos . \delta' + v'^2,$$
$$w''^2 = 4u''^2 - 4u''v'' . \cos . \delta'' + v''^2,$$
$$\text{etc.}$$

Or, si l'on ajoute ensemble toutes les équations (m), (m'), (m''), etc., après avoir multiplié la première des équations (m), par $u . \cos. \alpha$, la seconde par $u . \cos. \beta$, la troisième par $u . \cos. \gamma$; la première des équations (m'), par $u' . \cos. \alpha'$, la seconde par $u' . \cos. \beta'$, la troisième par $u' . \cos. \gamma'$; et ainsi des autres : on trouve, en faisant attention à la remarque du n° 445, et aux équations du n° 446, que les quantités (c, c'), (c, c''), etc., se détruisent dans cette somme, et qu'il reste seulement

$$muv . \cos. \delta - mu^2 + m'u'v' . \cos. \delta' - m'u'^2$$
$$+ m''u''v'' . \cos. \delta'' - m''u''^2 + \text{etc.} = \text{o}; \quad (4)$$

en multipliant tous les termes de cette équation, par 4, changeant leurs signes, et ajoutant la quantité $mv^2 + m'v'^2 + m''v''^2 + \text{etc.}$, aux deux membres, on a

$$mw^2 + m'w'^2 + m''w''^2 + \text{etc.} = mv^2 + m'v'^2 + m''v''^2 + \text{etc.};$$

équation qui nous apprend que dans le choc simultanée d'un nombre quelconque de corps parfaitement élastiques, la somme des forces vives de tous ces corps n'éprouve aucune altération; car on voit ici que cette somme est la même avant et après le choc. Si toutes les vîtesses w, w', w'', etc., pouvaient être nulles à-la-fois, il faudrait, pour satisfaire à cette équation, que les vîtesses v, v', v'', etc., le fussent aussi, puisqu'une somme de quantités positives ne peut être égale à zéro, sans que toutes ces quantités ne soient nulles. C'est pour cette raison que l'équilibre est impossible dans le choc des corps élastiques.

452. A l'égard des corps non élastiques, le choc produit toujours une perte de forces vives ; pour le prouver, et pour déterminer en même tems la somme des forces vives perdues, je mets d'abord l'équation (4) sous cette autre forme ,

$$mv^2 + m'v'^2 + m''v''^2 + \text{etc.} - mu^2 - m'u'^2 - m''u''^2 - \text{etc.}$$
$$= m(v^2 - 2uv.\cos.\delta + u^2) + m'(v'^2 - 2u'v'.\cos.\delta' + u'^2) + \text{etc.}$$

Ensuite je représente par p, p', p'', etc., les vitesses perdues dans le choc par les masses m, m', m'', etc. ; de sorte que, par exemple, p soit la résultante de la vitesse v, prise dans sa direction, et de la vitesse u, prise en sens contraire de la sienne ; résultante qui est égale au troisième côté d'un triangle dont les deux autres côtés sont u et v, et comprennent entre eux l'angle δ (n° 212). De cette manière , j'aurai

$$v^2 - 2uv.\cos.\delta + u^2 = p^2, \quad v'^2 - 2u'v'.\cos.\delta' + u'^2 = p'^2, \text{ etc. ;}$$

ce qui change l'équation précédente en celle-ci :

$$mv^2 + m'v'^2 + \text{etc.} - mu^2 - m'u'^2 - \text{etc.} = mp^2 + m'p'^2 + \text{etc.}$$

Or, son premier membre est l'excès de la somme des forces vives avant le choc, sur la somme des forces vives après le choc ; son second membre est une quantité essentiellement positive ; donc la seconde somme sera toujours plus petite que la première ; et l'on voit que leur différence est égale à la somme des forces vives dues aux vitesses perdues, conformément au théorème énoncé dans le n° 425.

CHAPITRE VIII.

PROPRIÉTÉS GÉNÉRALES DU MOUVEMENT D'UN SYSTÈME DE CORPS.

§. Iᵉʳ. *Principes de la conservation du mouvement du centre de gravité et des aires.*

453. Nous avons remarqué dans la Statique (n° 133), que les six équations d'équilibre d'un corps solide, entièrement libre et soumis à l'action de forces données, sont communes à tous les systèmes de points en équilibre, qui ne renferment aucun point fixe, et dans lesquels les points d'application des forces peuvent être liés entre eux de telle manière que l'on voudra. S'il s'agit d'un système qui renferme un point fixe, il n'y a plus que trois de ces six équations qui aient lieu, savoir, les trois équations relatives à l'équilibre d'un corps solide, retenu par un point fixe; une seule de ces équations subsiste quand deux points du système sont supposés fixes, et c'est l'équation relative à l'équilibre d'un corps solide retenu par un axe fixe; enfin, il n'en subsiste aucune, lorsque le système renferme trois ou un plus grand nombre de points fixes. En combinant ces remarques avec le principe général de dynamique (n°332), nous allons former des équations qui appartiendront au mouvement de tout système

de points matériels, renfermant moins de trois points fixes, et qui nous feront connaitre les propriétés générales de ce mouvement.

454. Soient, comme dans l'énoncé de ce principe, m, m', m'', etc., les masses des points matériels, et p, p', p'', etc., les vitesses perdues par ces points, à une époque quelconque du mouvement, en vertu de leur liaison réciproque; l'équilibre existera dans le système, si l'on applique aux points m, m', m'', etc., le forces $mp, m'p', m''p''$, etc., dans les directions des vitesses p, p', p'', etc.; ainsi, en ne supposant aucun point fixe, les six équations générales de l'équilibre doivent avoir lieu entre ces forces, les angles qui déterminent leur directions et les coordonnées de leurs points d'application.

Pour former ces équations, menons par un point O (fig. 28), choisi arbitrairement, trois axes fixes et rectangulaires Ox, Oy, Oz; désignons par x, y, z, les coordonnées de m, parallèles à ces axes; par α, β, γ, les angles que fait la direction de la vîtesse p, ou de la force mp, avec ces mêmes axes; de sorte que $mp . \cos . \alpha$, $mp . \cos . \beta$, $mp . \cos . \gamma$, soient les trois composantes de cette force, suivant ces axes. Afin d'abréger les expressions et de n'avoir jamais que le point m à considérer, convenons que la caractéristique Σ, placée devant une quantité quelconque qui se rapporte au point m, indiquera, comme dans le n° 342, la somme des quantités analogues, qui se rapportent à tous les points m, m', m'', etc., du système; d'où il suit, par exemple, que les expressions

$\Sigma mp.\cos.\alpha$, $\Sigma mp.\cos.\varepsilon$, $\Sigma mp.\cos.\gamma$, représenteront les sommes des composantes parallèles aux axes Ox, Oy, Oz, des forces mp, $m'p'$, $m''p''$, etc. , appliquées à tous ces points; et d'où il résulte aussi que les six équations d'équilibre demandées (n° 60) auront cette forme :

$$\Sigma mp.\cos.\alpha = 0, \quad \Sigma mp.\cos.\varepsilon = 0, \quad \Sigma mp.\cos.\gamma = 0;$$
$$\Sigma mp\,(x.\cos.\varepsilon - y.\cos.\alpha) = 0,$$
$$\Sigma mp\,(z.\cos.\alpha - x.\cos.\gamma) = 0,$$
$$\Sigma mp(y.\cos.\gamma - z.\cos.\varepsilon) = 0.$$

Dans le cas d'un point fixe, les trois premières de ces équations n'ont pas lieu, et les trois dernières subsistent seules, en plaçant l'origine des coordonnées en ce point (n° 62); dans le cas de deux points fixes, on prendra la droite qui joint ces points pour l'un des axes des coordonnées, par exemple, pour l'axe Ox, et alors la sixième équation devra être seule conservée (n° 63).

455. Maintenant, supposons que l'on réduise à trois forces constamment parallèles aux axes des coordonnées, toutes les forces accélératrices données, qui sollicitent le point m, pendant le mouvement du système ; soient X, Y, Z, les intensités de ces forces, on trouvera, comme dans le n° 398,

$$Xdt - \frac{d^2x}{dt}, \quad Ydt - \frac{d^2y}{dt}, \quad Zdt - \frac{d^2z}{dt},$$

pour les composantes parallèles aux axes, de la vitesse perdue par le point m, à la fin du tems quelconque t; de sorte que ces quantités sont, à cet instant, les valeurs de $p.\cos.\alpha$, $p.\cos.\beta$, $p.\cos.\gamma$. Je substitue donc ces valeurs dans les trois premières des équations précédentes, ce qui donne

$$\Sigma m.\frac{d^2x}{dt} = \Sigma mX, \quad \Sigma m.\frac{d^2y}{dt} = \Sigma my, \quad \Sigma m.\frac{d^2z}{dt} = \Sigma mZ; (1)$$

et en substituant les mêmes valeurs dans les trois dernières équations, il vient

$$\left. \begin{aligned} \Sigma m\,(xd^2y - yd^2x) &= \Sigma m\,(xY - yX).dt^2, \\ \Sigma m\,(zd^2x - xd^2z) &= \Sigma m\,(zX - xZ).dt^2, \\ \Sigma m\,(yd^2z - zd^2y) &= \Sigma m\,(yZ - zY).dt^2. \end{aligned} \right\} \quad (2)$$

Celles-ci sont les équations du mouvement de rotation d'un système de forme invariable autour du point O, supposé fixe; et par des transformations de coordonnées, on peut les ramener à la forme que nous leur avons donnée dans le n° 383.

456. Les seconds membres des équations (1) et (2) seront nuls toutes les fois que les forces motrices données, qui agissent sur les corps du système, seront telles qu'elles se feraient équilibre dans l'hypothèse où le système serait de forme invariable; car alors on aurait pour l'équilibre de ces forces, les six équations

$$\Sigma mX = 0, \quad \Sigma mY = 0, \quad \Sigma mZ = 0;$$
$$\Sigma m\,(xY - yX) = 0, \quad \Sigma m\,(zX - xZ) = 0, \quad \Sigma m\,(yZ - zY) = 0;$$

or, la supposition que les distances respectives de tous les points du système deviennent invariables, ne change ni les coordonnées de ces points, ni les forces qui les sollicitent ; donc ces équations, qui ne renferment que ces coordonnées et ces forces, subsistent encore, lorsque les points du système sont liés entre eux d'une manière quelconque.

Si une partie seulement des forces données se détruisent quand les distances des points du système deviennent invariables, les seconds membres de nos équations ne seront plus nuls, mais ils seront les mêmes que si cette partie des forces n'existait pas ; de sorte qu'on en pourra faire abstraction en formant leurs valeurs. On n'aura donc point égard, dans cette formation, à l'attraction mutuelle des corps du système, pourvu que l'on suppose, ce qui a effectivement lieu dans la nature, l'action égale à la réaction entre deux points matériels égaux en masse. En effet, en partageant tous les corps en molécules de masses égales, l'action d'une de ces molécules sur une autre, sera une force égale et contraire à la réaction de la seconde molécule sur la première, et ces deux forces se détruiront quand la distance des deux molécules sera supposée invariable ; donc les distances de toutes les molécules devenant invariables, le système entier demeurera en équilibre, en vertu de l'attraction mutuelle de ses parties, et par conséquent les seconds membres des équations (1) et (2) seront nuls, en ne considérant que cette attraction. C'est d'ailleurs ce qu'il est aisé de vérifier, en substituant dans ces seconds membres, les composantes des forces dues à cette attraction mutuelle, à la place de X, Y, Z.

457. Si l'on désigne par $\bar{x}$, $\bar{y}$, $\bar{z}$, les cordonnées du centre de gravité du système entier des masses m, m', m'', etc. , et par M, la somme des masses, on aura

$$M\bar{x} = \Sigma m x, \quad M\bar{y} = \Sigma m y, \quad M\bar{z} = \Sigma m z ;$$

et en différentiant deux fois, par rapport au tems,

$$M.\frac{d^2\bar{x}}{dt^2} = \Sigma m.\frac{d^2 x}{dt^2}, \quad M.\frac{d^2\bar{y}}{dt^2} = \Sigma m.\frac{d^2 y}{dt^2}, \quad M.\frac{d^2\bar{z}}{dt^2} = \Sigma m.\frac{d^2 z}{dt^2} ;$$

par conséquent les équations (1) deviennent

$$M.\frac{d^2\bar{x}}{dt^2} = \Sigma m X, \quad M.\frac{d^2\bar{y}}{dt^2} = \Sigma m Y, \quad M.\frac{d^2\bar{z}}{dt^2} = \Sigma m Z ;$$

d'où l'on conclut que le *centre de gravité d'un système de corps, qui ne renferme aucun point fixe, se meut dans l'espace comme si les masses de tous ces corps y étaient réunies, et que les forces motrices données, qui agissent sur ces corps, fussent appliquées à ce centre, parallèlement à leurs directions et sans changer leurs intensités.*

Lorsque le système renferme des points qui, sans être absolument fixes, sont seulement astreints à se mouvoir sur des courbes ou sur des surfaces données, on doit comprendre au nombre des forces qui agissent sur ces points, les résistances que ces courbes ou ces surfaces exercent, et qui sont égales et contraires aux pressions qu'elles supportent; après quoi, on fera abstraction de ces courbes et l'on considérera les mobiles comme entièrement libres.

458. Ce

458. Ce théorème est, comme on voit, une extension de celui du n° 398, qui n'était relatif qu'au mouvement d'un corps solide, ou d'un système de forme invariable et qui est démontré maintenant pour un système de points matériels, liés entre eux d'une manière quelconque.

Il en résulte que le mouvement du centre de gravité sera rectiligne et uniforme, toutes les fois que l'attraction mutuelle des corps du système sera la seule force accélératrice qui les sollicite, puisqu'alors les trois sommes Σmx, Σmy, Σmz, seront nulles, d'après la remarque du n° 456. Le mouvement de ce centre se conservera donc toujours le même, malgré les actions réciproques des points du système, provenant, ou de leur liaison, ou de leur attraction mutuelle, ou bien encore, de ressorts interposés entre eux et qu'on peut assimiler à des forces de répulsion : de même qu'un point matériel ne saurait changer le mouvement qu'il a reçu, sans le secours d'une cause étrangère, de même aussi, un système de corps, qui n'est retenu par aucun point fixe, ne peut altérer le mouvement de son centre de gravité, par la seule action des parties qui le composent. Ce résultat important constitue le principe de mécanique, auquel on a donné le nom de *principe général de la conservation du mouvement du centre de gravité.*

459. On peut aussi démontrer que si pendant le mouvement du système, deux ou un plus grand

2.

18

nombre des corps qui le composent, viennent à se rencontrer et à se choquer réciproquement, cette percussion ne changera pas la vîtesse du centre de gravité.

Pour le faire voir, observons que les composantes $\frac{d\bar{x}}{dt}$, $\frac{d\bar{y}}{dt}$, $\frac{d\bar{z}}{dt}$, de cette vîtesse à un instant quelconque, sont données par les équations

$$M\frac{d\bar{x}}{dt} = \Sigma m.\frac{dx}{dt}, \quad M\frac{d\bar{y}}{dt} = \Sigma m.\frac{dy}{dt}, \quad M.\frac{d\bar{z}}{dt} = \Sigma m.\frac{dz}{dt},$$

qui se déduisent des valeurs de $M\bar{x}$, $M\bar{y}$, $M\bar{z}$, en les différentiant par rapport au tems. Or, à cause de la liaison des corps du système, le choc simultanée d'une partie des mobiles, changera, en général, les vîtesses de tous les corps; soient donc a, b, c, les composantes de la vîtesse de m, ou les valeurs de $\frac{dx}{dt}$, $\frac{dy}{dt}$, $\frac{dz}{dt}$, immédiatement avant le choc; et A, B, C, les valeurs de ces composantes, immédiatement après le choc : on aura, avant le choc,

$$M.\frac{d\bar{x}}{dt} = \Sigma ma, \quad M.\frac{d\bar{y}}{dt} = \Sigma mb, \quad M.\frac{d\bar{z}}{dt} = \Sigma mc;$$

et après le choc,

$$M.\frac{d\bar{x}}{dt} = \Sigma mA, \quad M.\frac{d\bar{y}}{dt} = \Sigma mB, \quad M.\frac{d\bar{z}}{dt} = \Sigma mC.$$

L'équilibre doit exister dans le système, entre les

quantités de mouvement perdues par tous les mobiles à l'instant du choc ; les composantes de ces
forces sont $ma - mA$, $mb - mB$, $mc - mC$, et en
faisant les sommes de ces composantes, pour tous les
points du système, on a $\Sigma m a - \Sigma m A$, $\Sigma m b - \Sigma m B$,
$\Sigma m c - \Sigma m C$; lesquelles sommes doivent être nulles
dans le cas de l'équilibre, puisque le système ne
renferme aucun point fixe : on aura donc

$$\Sigma m a = \Sigma m A, \quad \Sigma m b = \Sigma m B, \quad \Sigma m c = \Sigma m C ;$$

d'où l'on voit que les valeurs de $\dfrac{d\overline{x}}{dt}$, $\dfrac{d\overline{y}}{dt}$, $\dfrac{d\overline{z}}{dt}$, sont les
mêmes avant et après le choc ; et d'où l'on conclut
que la vîtesse du centre de gravité reste aussi la
même, en grandeur et en direction.

460. Examinons maintenant les équations (2) du
n° 455. Leurs seconds membres sont les différen-
tielles des quantités $\Sigma m(x dy - y dx)$, $\Sigma m(z dx - x dz)$,
$\Sigma m(y dz - z dy)$; or, $x dy - y dx$ est le double de l'aire
décrite autour du point O, pendant l'instant dt, par
le rayon vecteur de la projection de m sur le plan des
x, y (n° 227) ; donc $\Sigma m(x dy - y dx)$ est le double de la
somme des aires décrites autour du même point O,
pendant cet instant, par les rayons vecteurs des projections sur le plan des x, y, de tous les points m, m',
m'', etc., du système, lesquelles aires sont multipliées
respectivement par les masses de ces points maté-
riels ; par conséquent si l'on désigne par $\frac{1}{2}.\lambda$, la somme
des aires décrites par ces mêmes rayons, pendant un
tems quelconque t, multipliées par les masses res-

18..

pectives, la quantité λ sera une fonction de t, égale à zéro pour la valeur $t = 0$, et qui aura pour différentielle, la somme $\Sigma m(x\,dy - y\,dx)$; de sorte que

$$\Sigma m\,(x\,dy - y\,dx) = d\lambda.$$

En désignant de même par $\frac{1}{2}.\lambda'$ et $\frac{1}{2}.\lambda''$, les sommes analogues à $\frac{1}{2}.\lambda$, et qui se rapportent aux projections de m, m', m'', etc., sur les plans des x, z, et des y, z, on aura aussi $\lambda' = 0$, $\lambda'' = 0$, quand $t = 0$, et pour une valeur quelconque de t,

$$\Sigma m\,(z\,dx - x\,dz) = d\lambda', \qquad \Sigma m\,(y\,dz - z\,dy) = d\lambda'';$$

d'où l'on tire, en différentiant une seconde fois,

$$\Sigma m\,(x\,d^2y - y\,d^2x) = d^2\lambda,$$
$$\Sigma m\,(z\,d^2x - x\,d^2z) = d^2\lambda',$$
$$\Sigma m\,(y\,d^2z - z\,d^2y) = d^2\lambda'';$$

ce qui change les équations (2) en celles-ci :

$$\left.\begin{aligned}
d^2\lambda &= \Sigma m\,(xY - yX).dt^2,\\
d^2\lambda' &= \Sigma m\,(zX - xZ).dt^2,\\
d^2\lambda'' &= \Sigma m\,(yZ - zY).dt^2.
\end{aligned}\right\} \quad (3)$$

Lors donc que l'attraction mutuelle des points m, m', m'', etc., sera la seule force accélératrice qui leur soit appliquée, on aura (n° 456)

$$d^2\lambda = 0, \qquad d^2\lambda' = 0, \qquad d^2\lambda'' = 0;$$

ou bien, en intégrant,

$$d\lambda = c\,dt, \qquad d\lambda' = c'\,dt, \qquad d\lambda'' = c''\,dt;$$

c, c', c'' étant des constantes arbitraires; intégrant une seconde fois, on a

$$\lambda = ct, \quad \lambda' = c't, \quad \lambda'' = c''t :$$

je n'ajoute pas de constantes arbitraires dans cette seconde intégration, parce qu'on doit avoir $\lambda = 0$, $\lambda' = 0$, $\lambda'' = 0$, quand $t = 0$. Ces trois dernières équations renferment le théorème remarquable, dont voici l'énoncé :

Dans le mouvement d'un système de points maté-
riels, liés entre eux d'une manière quelconque, soumis
à leur attraction mutuelle, qui ne sont sollicités par
aucune autre force accélératrice, et parmi lesquels il
ne se trouve aucun point fixe, les sommes des aires
décrites autour d'un point quelconque O, que nous
avons désignées par $\frac{1}{2}.\lambda$, $\frac{1}{2}.\lambda'$, $\frac{1}{2}.\lambda''$, sont propor-
tionnelles au tems employé à les décrire.

C'est dans ce théorème que consiste *le principe général de la conservation des aires.*

461. Le point O peut être choisi arbitrairement, ainsi que les directions des plans de projection, menés par ce point : le théorème est vrai pour tous les points de l'espace, et pour tous les plans qu'on peut mener par chaque point. Mais quand il existe un point fixe dans le système, les équations (3) n'ont lieu qu'en prenant ce point pour l'origine des coordonnées x, y, z (n° 454); et par consé-quent le principe des aires n'est vrai qu'en prenant ce même point pour centre des aires : la direction des plans de projection passant par ce point, est encore arbitraire. Enfin, si le système renferme

deux points fixes, une seule des trois équations (2) subsiste, et ce sera la première, si l'on prend la droite, qui joint ces deux points, pour l'axe des z; donc alors on aura seulement l'équation $\lambda = ct$: le principe des aires n'aura plus lieu, qu'en plaçant le centre des aires sur cette droite, et en prenant le plan de projection, perpendiculaire à cette même droite.

Dans le cas d'un point fixe, chacun des points matériels m, m', m'', etc., peut être sollicité par une force constamment dirigée vers ce point : le principe des aires aura toujours lieu par rapport à ce point fixe. En effet, ce point étant l'origine des coordonnées, les composantes X, Y, Z, de la force qui agit sur m, seront entre elles comme les coordonnées x, y, z de ce mobile, c'est-à-dire, que l'on aura

$$X : Y : Z :: x : y : z;$$

d'où l'on tire

$$xY - yX = 0, \quad zX - xZ = 0, \quad yZ - zY = 0;$$

et comme il en sera de même pour tous les autres mobiles, il s'ensuit que les seconds membres des équations (3), seront nuls; on aura donc $d^2\lambda = 0$, $d^2\lambda' = 0$, $d^2\lambda'' = 0$, et $\lambda = ct$, $\lambda' = c't$, $\lambda'' = c''t$, comme si la force dirigée vers le point fixe, n'existait pas. Nous étions déjà parvenu à ce résultat, par rapport au mouvement d'un seul point matériel, autour d'un point fixe (n° 227).

462. L'aire décrite pendant un instant, par le rayon vecteur de la projection d'un mobile sur un

plan quelconque, est évidemment la projection de l'aire décrite dans l'espace, pendant le même instant, par le rayon vecteur du mobile; pendant un tems fini, l'aire décrite sur le plan est la somme des projections des aires planes et infiniment petites, décrites dans l'espace : $\frac{1}{2}\lambda$, $\frac{1}{2}\lambda'$, $\frac{1}{2}\lambda''$, sont donc les sommes des projections sur les plans des coordonnées x, y, z, des aires décrites autour du point O, pendant le tems t, par les rayons vecteurs de m, m', m'', etc., multipliées respectivement par les masses de ces mobiles; par conséquent il existe un plan passant par le point O, pour lequel la somme de ces projections est un *maximum*; et si l'on désigne par $\frac{1}{2}.L$, cette plus grande somme, et par l, l', l'', les angles que fait la perpendiculaire élevée sur ce plan par le point O, avec les axes des z, des y, et des x, on aura (n° 84).

$$L^2 = \lambda^2 + \lambda'^2 + \lambda''^2;$$
$$L.\cos.l = \lambda, \quad L.\cos.l' = \lambda', \quad L.\cos.l'' = \lambda''.$$

En substituant dans ces équations, à la place de λ, λ', λ'', leurs valeurs ct, $c't$, $c''t$, on en déduit

$$\cos.l = \frac{c}{\sqrt{c^2 + c'^2 + c''^2}},$$
$$\cos.l' = \frac{c'}{\sqrt{c^2 + c'^2 + c''^2}},$$
$$\cos.l'' = \frac{c''}{\sqrt{c^2 + c'^2 + c''^2}} :$$

les angles l, l', l'', sont donc constans; ce qui nou

fait voir que le plan principal de projection conservera constamment la même position, pendant
le mouvement du système, toutes les fois que les
corps qui le composent ne seront soumis qu'à leur
attraction mutuelle et à l'action d'une force dirigée
vers le centre des aires, ou vers le point O. C'est
pour cette raison que M. Laplace a nommé ce plan
de projection, *le plan invariable*.

Quand la force dirigée vers le point O, n'existe
pas, et que le système ne renferme aucun point
fixe, on peut prendre tel point qu'on voudra pour
centre des aires; et pour chaque point de l'espace,
on aura un plan invariable particulier.

463. On peut, à chaque instant, construire le
plan invariable, relatif à un point déterminé de
l'espace, quand on connaît à cet instant, les vitesses
et les coordonnées de tous les mobiles; car la position de ce plan relatif au point O, dépend des trois
quantités c, c', c''; et comme on a

$$c = \frac{d\lambda}{dt} = \Sigma m \left(x \cdot \frac{dy}{dt} - y \cdot \frac{dx}{dt} \right),$$

$$c' = \frac{d\lambda'}{dt} = \Sigma m \left(z \cdot \frac{dx}{dt} - x \cdot \frac{dz}{dt} \right),$$

$$c'' = \frac{d\lambda''}{dt} = \Sigma m \left(y \cdot \frac{dz}{dt} - z \cdot \frac{dy}{dt} \right),$$

on voit que ces quantités dépendent elles-mêmes
des coordonnées des mobiles, rapportées aux axes
Ox, Oy, Oz, et des composantes de leurs vitesses,
parallèles à ces axes.

La quantité c est la somme des momens, pris par rapport au point O, et projetés sur le plan des x, y, des quantités de mouvement dont les corps m, m', m'', etc., sont animés à un instant quelconque; c', c'', sont les sommes des momens de ces forces, pris par rapport au même point, et projetés sur les plans des x, z, et des y, z; par conséquent le plan invariable coïncide avec le plan principal de ces momens (n° 86).

En général, la considération du plan invariable, ou du plan principal des momens, sera très-utile dans les problèmes de dynamique, parce qu'en le prenant pour l'un des plans des coordonnées, auxquels on rapporte la position des mobiles, deux des trois constantes arbitraires c, c', c'', seront nulles; ce qui rendra plus facile à traiter les équations dans lesquelles ces constantes devraient entrer. Nous avons déjà vu dans le n° 389, comment ce plan principal nous a servi à compléter la solution du problème du mouvement de rotation autour d'un point fixe.

464. Pour comparer entre eux les plans invariables relatifs à deux points différens de l'espace, désignons par α, $\mathfrak{b}$, γ, les coordonnées rapportées aux axes Ox, Oy, Oz, d'un nouveau point O', et par C, C', C'', ce que deviennent c, c', c'', quand on transporte l'origine des coordonnées de tous les mobiles en O'; de manière qu'on ait, par exemple,

$$C = \Sigma m \left[(x - \alpha) . \frac{dy}{dt} - (y - \mathfrak{b}) . \frac{dx}{dt} \right].$$

Si nous désignons par M, la somme des masses de tous les corps, et toujours par $\bar{x}, \bar{y}, \bar{z}$, les coordonnées du centre de gravité du système, nous aurons

$$\Sigma m.\frac{dy}{dt} = M.\frac{d\bar{y}}{dt}, \quad \Sigma m.\frac{dx}{dt} = M.\frac{d\bar{x}}{dt};$$

d'où nous conclurons

$$C = \Sigma m\left(x.\frac{dy}{dt} - y.\frac{dx}{dt}\right) - \alpha.\Sigma m.\frac{dy}{dt} + \mathfrak{G}.\Sigma m.\frac{dx}{dt}$$
$$= c + M\left(\mathfrak{G}.\frac{d\bar{x}}{dt} - \alpha.\frac{d\bar{y}}{dt}\right);$$

et nous aurons semblablement

$$C' = c' + M\left(\alpha.\frac{d\bar{z}}{dt} - \gamma.\frac{d\bar{x}}{dt}\right),$$
$$C'' = c'' + M\left(\frac{d\bar{y}}{dt} - \mathfrak{G}.\frac{d\bar{z}}{dt}\right).$$

On aura donc $C = c$, $C' = c'$, $C'' = c''$, et les plans invariables relatifs aux points O et O' seront parallèles entre eux, toutes les fois que les trois équations

$$\mathfrak{G}.\frac{d\bar{x}}{dt} - \alpha.\frac{d\bar{y}}{dt} = 0, \quad \alpha.\frac{d\bar{z}}{dt} - \gamma.\frac{d\bar{x}}{dt} = 0, \quad \gamma.\frac{d\bar{y}}{dt} - \mathfrak{G}.\frac{d\bar{z}}{dt} = 0,$$

seront satisfaites par les coordonnées $\alpha, \mathfrak{G}, \gamma$, du point O'.

Dans le mouvement que nous considérons, le centre de gravité du système se meut uniformément et en ligne droite (n° 458); les composantes $\frac{d\bar{x}}{dt}$, $\frac{d\bar{y}}{dt}$,

$\dfrac{d\bar{z}}{dt}$, de sa vîtesse sont constantes, et il est aisé d'en conclure que ces trois équations seront satisfaites lorsque le point O et le point O' se trouveront sur une parallèle à la droite décrite par le centre de gravité. Donc les plans invariables relatifs à tous les points d'une même parallèle à cette droite, sont parallèles entre eux, et la direction du plan invariable ne change qu'en passant d'une parallèle à une autre. Donc aussi le plan invariable, relatif au centre de gravité, conserve toujours la même direction, malgré le déplacement de ce centre : il est emporté avec le centre de gravité, dans le mouvement du système ; mais pendant ce mouvement, il reste constamment parallèle à lui-même.

465. Ce plan invariable jouit aussi de la propriété importante de pouvoir se déterminer, à chaque instant, au moyen des vîtesses relatives des points du système autour du centre de gravité et sans connaître leurs vîtesses absolues dans l'espace. En effet, supposons que O' soit le centre de gravité à un instant quelconque, de sorte que $\alpha = \bar{x}$, $\mathfrak{b} = \bar{y}$, $\gamma = \bar{z}$, et

$$C = \Sigma m \left[(x - \bar{x}) . \frac{dy}{dt} - (y - \bar{y}) \frac{dx}{dt} \right];$$

nous avons

$$\Sigma m (x - \bar{x}) . \frac{d\bar{y}}{dt} = (\Sigma mx - M\bar{x}) . \frac{d\bar{y}}{dt} = 0 ,$$

$$\Sigma m (y - \bar{y}) . \frac{d\bar{x}}{dt} = (\Sigma my - M\bar{y}) . \frac{d\bar{x}}{dt} = 0 ;$$

retranchant ces quantités nulles, de la valeur de C, elle devient

$$C = \Sigma m\left[(x-\bar{x}).\left(\frac{dy}{dt}-\frac{d\bar{y}}{dt}\right)-(y-\bar{y}).\left(\frac{dx}{dt}-\frac{d\bar{x}}{dt}\right)\right];$$

et l'on trouvera de même

$$C' = \Sigma m\left[(z-\bar{z}).\left(\frac{dx}{dt}-\frac{d\bar{x}}{dt}\right)-(x-\bar{x}).\left(\frac{dz}{dt}-\frac{d\bar{z}}{dt}\right)\right],$$

$$C'' = \Sigma m\left[(y-\bar{y}).\left(\frac{dz}{dt}-\frac{d\bar{z}}{dt}\right)-(z-\bar{z}).\left(\frac{dy}{dt}-\frac{d\bar{y}}{dt}\right)\right].$$

On voit donc que les valeurs de C, C', C'', et par conséquent la direction du plan invariable, ne dé-pendent que des vîtesses relatives $\frac{dx}{dt}-\frac{d\bar{x}}{dt}$, $\frac{dy}{dt}-\frac{d\bar{y}}{dt}$, $\frac{dz}{dt}-\frac{d\bar{z}}{dt}$, et des cordonnées $x-\bar{x}$, $y-\bar{y}$, $z-\bar{z}$, dont l'origine est au centre de gravité.

466. Soit que le système tourne autour d'un point fixe, soit qu'il se meuve librement dans l'espace, la position du plan invariable, relatif au point fixe, dans le premier cas, ou à un point quelconque, dans le second cas, ne sera pas changée, si deux ou un plus grand nombre de corps du système viennent à se choquer mutuellement. Cela revient à dire que les valeurs de c, c', c'' sont identique-ment les mêmes avant et après le choc ; or, cette identité résulte de ce que l'équilibre des quantités de mouvement perdues dans le choc, exige qu'on ait les trois équations

$$\Sigma m\left[x\left(b-B\right)-y\left(a-A\right)\right]=0,$$
$$\Sigma m\left[z\left(a-A\right)-x\left(c-C\right)\right]=0,$$
$$\Sigma m\left[y\left(c-C\right)-z\left(b-B\right)\right]=0,$$

qui font partie des six équations générales de l'équilibre (n° 60), et dans lesquelles on a conservé les dénominations du n° 459. On en déduit, en effet,

$$\Sigma m\left(xb-ya\right)=\Sigma m\left(xB-yA\right),$$
$$\Sigma m\left(za-xc\right)=\Sigma m\left(zA-xC\right),$$
$$\Sigma m\left(yc-zb\right)=\Sigma m\left(yC-zB\right);$$

d'après les expressions générales de c, c', c'', données dans le n° 463, les premiers membres de ces équations sont les valeurs de ces quantités immédiatement avant le choc, et les seconds membres sont leurs valeurs, immédiatement après ; donc ces valeurs sont les mêmes avant et après le choc.

On voit aussi, par là, que les sommes des aires désignées par λ, λ', λ'', et qui sont égales à ct, $c't$, $c''t$, ne sont point altérées par le choc mutuel des corps du système ; de manière que ces aires seront toujours proportionnelles au tems employé à les décrire, quoique dans cet intervalle de tems, les vitesses des mobiles aient éprouvé un ou plusieurs changemens brusques, produits par le choc mutuel de ces corps. Mais le choc d'un corps étranger au système changera, en général, les valeurs de ces aires, et par conséquent, la direction du plan invariable.

§. II. *Conservation des forces vives ; principe de la moindre action.*

467. Les principes généraux de la conservation des aires et du mouvement du centre de gravité, ne sont autre chose, comme on a pu le voir, que la traduction des six équations du mouvement d'un système de forme invariable, étendues à un système quelconque ; mais le principe de la conservation des forces vives, qui va maintenant nous occuper, n'est point compris dans les six équations du n° 455 ; et pour le démontrer dans toute sa généralité, il est nécessaire de recourir au principe des vitesses virtuelles, énoncé dans la Statique (n° 163). Appliquons donc ce principe aux quantités de mouvement perdues mp, $m'p'$, $m''p''$, etc. (n° 454), qui doivent se faire équilibre.

Pour cela, supposons qu'on imprime arbitrairement au système des points m, m', m'', etc., un des mouvemens qu'il peut prendre, et que par suite de ce mouvement, tous ces points soient transportés dans des positions infiniment voisines de leurs positions actuelles. Soient n la nouvelle position du point m, et δx, δy, δz, les projections sur les axes Ox, Oy, Oz, de la droite infiniment petite mn, décrite par ce point m, et que nous avons appelée sa vitesse virtuelle (n° 163). En substituant à la force mp, appliquée à ce point, ses trois composantes $mp.\cos.\alpha$, $mp.\cos.\delta$, $mp.\cos.\gamma$, le produit de cette force, par la vitesse virtuelle du point m, sera, d'après le n° 168, égal à

$$mp.\cos.\alpha.\delta x + mp.\cos.\mathcal{C}.\delta y + mp.\cos.\gamma.\delta z\,;$$

faisant donc la somme des produits semblables, pour tous les points du système, et indiquant toujours cette somme par la caractéristique Σ, l'équation générale des vîtesses virtuelles aura cette forme :

$$\Sigma(mp.\cos.\alpha.\delta x + mp.\cos.\mathcal{C}.\delta y + mp.\cos.\gamma.\delta z) = 0. \quad (1)$$

Cette équation a également lieu, lorsque les mobiles m, m', m'', etc., éprouvent, par une cause quelconque, un changement brusque dans leurs vîtesses, c'est-à-dire, lorsque leurs vîtesses perdues p, p', p'', etc., sont supposées des quantités finies ; et quand la loi de continuité n'est point interrompue dans le mouvement de ces corps, ou, ce qui revient au même, quand les vîtesses perdues p, p', p'', etc., sont infiniment petites. Elle subsiste pour tous les déplacemens que l'on peut faire subir au système, sans violer les conditions qui lient les corps entre eux, et qui en astreignent une partie à se mouvoir sur des surfaces ou sur des courbes données. Dans chaque cas, cette équation générale donnera autant d'équations particulières, qu'il y aura de ces mouvemens possibles, et l'ensemble de ces équations servira à déterminer le mouvement du système. Nous pourrions facilement en déduire les six équations générales du mouvement d'un système de forme invariable; mais nous ne nous arrêterons point à cette recherche, et nous continuerons de considérer un système quelconque de points matériels.

468. Les coordonnées de m, à un instant quelconque, étant x, y, z; celles de m', au même instant, étant x', y', z'; etc., on peut supposer les conditions du système, exprimées par des équations données entre ces coordonnées. Quelquefois ces équations contiendront aussi la variable t, qui représente le tems; ce cas arrivera, par exemple, quand un des mobiles devra se trouver constamment sur une surface, qui est elle-même en mouvement, suivant une loi donnée; car alors on aura une équation entre les coordonnées du mobile et la variable t, qui sera l'équation de cette surface, à un instant quelconque. Représentons donc, pour plus de généralité, par

$$F(t,\ x,\ y,\ z,\ x',\ y',\ z',\ \text{etc.}) = 0, \qquad (2)$$

une des équations de condition du système.

Pour que le mouvement arbitraire qu'on lui imprime à l'instant où l'on considère l'équilibre des forces mp, $m'p'$, $m''p''$, etc., soit permis, il faut que les coordonnées des mobiles dans la nouvelle position du système, satisfassent encore à cette équation ; or, ces coordonnées sont $x + \delta x$, $y + \delta y$, $z + \delta z$, relativement à m; celles de m', seront $x' + \delta x'$, $y' + \delta y'$, $z' + \delta z'$, si nous désignons par $\delta x'$, $\delta y'$, $\delta z'$, les projections de sa vîtesse virtuelle sur les axes Ox, Oy, Oz; et de même, pour tous les autres points : donc l'équation précédente devra être satisfaite

satisfaite, en y substituant $x+\delta x$, $y+\delta y$, $z+\delta z$, à la place de x, y, z; $x'+\delta x'$, $y'+\delta y'$, $z'+\delta z'$, à la place de x', y', z'; etc.; par conséquent la différentielle de la fonction F doit être égale à zéro, cette différentielle étant prise en regardant t comme une constante et en indiquant les variations des coordonnées x, y, z; x', y', z'; etc., par la caractéristique δ; c'est-à-dire, qu'on doit avoir

$$\frac{dF}{dx}.\delta x + \frac{dF}{dy}.\delta y + \frac{dF}{dz}.\delta z + \frac{dF}{dx'}.\delta x' + \text{etc.} = 0.$$

Mais les coordonnées des mobiles sont des fonctions du tems, qui satisfont à l'équation (2), pour toutes les valeurs de cette variable; la différentielle complète de la fonction F, par rapport à t, et en regardant x, y, z, x', etc., comme des fonctions de cette variable, est donc égale à zéro; de manière qu'on a toujours

$$T dt + \frac{dF}{dx}.dx + \frac{dF}{dt}.dy + \frac{dF}{dz}.dz + \frac{dF}{dx'}.dx' + \text{etc.} = 0;$$

le terme $T dt$ étant la différentielle de F, prise par rapport au tems que cette fonction renferme explicitement. En comparant cette équation à celle qui la précède, on voit qu'on satisfera à celle-ci, toutes les fois que le terme $T dt$ sera nul, en prenant $\delta x = dx$, $\delta y = dy$, $\delta z = dz$, $\delta x' = dx'$, etc.

Ainsi, lorsqu'aucune des équations de condition du système ne renferme le tems explicitement, on peut supposer les vîtesses virtuelles des mobiles, suivant les axes de leurs coordonnées, égales aux différentielles de ces coordonnées, qui sont les espaces

2.

parcourus par leurs projections sur ces axes, pendant l'instant dt; hypothèse qui revient à imprimer au système, le mouvement qu'il a réellement à l'instant où on le considère; et qui ne sera plus permise, dès qu'une des équations de condition contiendra le tems d'une manière explicite.

469. Dans cette supposition, l'équation (1) devient

$$\Sigma\,(mp.\cos.\alpha.dx + mp.\cos.\mathcal{C}.dy + mp.\cos.\gamma.dz) = 0. \qquad (3)$$

En y substituant les valeurs de $p.\cos.\alpha$, $p.\cos.\mathcal{C}$, $p.\cos.\gamma$, données dans le n° 454, savoir:

$$p.\cos.\alpha = Xdt - \frac{d^2x}{dt},$$

$$p.\cos.\mathcal{C} = Ydt - \frac{d^2y}{dt},$$

$$p.\cos.\gamma = Zdt - \frac{d^2z}{dt},$$

il vient, après avoir divisé par dt,

$$\Sigma m\left(\frac{dx\,d^2x + dy\,d^2y + dz\,d^2z}{dt^2}\right) = \Sigma m\,(Xdx + Ydx + Zdz).$$

Appelons v la vitesse de m, à un instant quelconque, nous aurons

$$v^2 = \frac{dx^2 + dy^2 + dz^2}{dt^2}, \quad d.v^2 = \frac{2dx\,d^2x + 2dy\,d^2y + 2dz\,d^2z}{dt^2},$$

et par conséquent,

$$d.\Sigma mv^2 = 2.\Sigma m\,(Xdx + Ydy + Zdz);$$

équation qui s'intégrera immédiatement, quand le

second membre sera la différentielle complète d'une fonction des coordonnées des mobiles, considérées comme des variables indépendantes. En supposant donc

$$\Sigma m\,(Xdx + Ydy + Zdz) = d.\varphi(x,\,y,\,z,\,x',\,y',\,z',\,\text{etc.})\,,$$

et intégrant, on aura

$$\Sigma m v^2 = C + 2.\varphi(x,\,y,\,z,\,x',\,y',\,z',\,\text{etc.});\qquad(4)$$

C étant une constante arbitraire que l'on déterminera d'après la valeur de $\Sigma m v^2$, dans une position déterminée du système.

Or, nous savons déjà que la formule

$$\Sigma m\,(Xdx + Ydy + Zdz)\,,$$

est une différentielle complète, lorsque les mobiles sont sollicités par des forces dirigées vers des centres fixes, et dont les intensités sont des fonctions de leurs distances à ces centres ; car alors $Xdx + Ydy + Zdz$ est une différentielle complète, pour chaque mobile isolément (n° 225). La même formule est encore une différentielle complète, en ayant égard à l'attraction mutuelle des mobiles, pourvu que les forces accélératrices dues à cette attraction soient proportionnelles aux masses des corps attirans, et exprimées par une fonction quelconque de la distance. En effet, soit f la distance des deux points m et m' du système ; F une fonction donnée de f ; $m'F$ la force accélératrice de m, provenant de l'attraction de m' : mF la force accélératrice de m', provenant de l'attraction de m : la force $m'F$ étant dirigée suivant la ligne qui joint les points m et m', de m vers m', il est aisé de voir que ses composantes parallèles aux axes Ox, Oy, Oz, seront

$$m'F.\frac{x'-x}{f}, \quad m'F.\frac{y'-y}{f}, \quad m'F.\frac{z'-z}{f};$$

donc en ne considérant que cette force, on aura

$$Xdx + Ydy + Zdz = \frac{m'F}{f}.[(x'-x)\,dx + (y'-y).dy + (z'-z).dz].$$

De même, en désignant par X', Y', Z', les composantes parallèles aux mêmes axes, des forces accélératrices qui agissent sur m', on aura, relativement à la force mF,

$$X'dx' + Y'dy' + Z'dz' = \frac{mF}{f}.[(x-x').dx' + (y-y').dy' + (z-z').dz'].$$

Multipliant la première de ces quantités par m, la seconde par m', et les ajoutant ensuite, on voit que l'attraction mutuelle de m et m', introduit dans la formule $\Sigma m(Xdx + Ydy + Zdz)$, le terme

$$\frac{mm'F}{f}.[(x'-x).(dx-dx')+(y'-y).(dy-dy')+(z'-z).(dz-dz')].$$

Mais on a

$$f^2 = (x-x')^2 + (y-y')^2 + (z-z')^2,$$

et en différentiant complètement, il vient

$$fdf = (x-x').(dx-dx')+(y-y').(dy-dy')+(z-z').(dz-dz');$$

le terme précédent devient donc $-mm'Fdf$, quantité qui est la différentielle d'une fonction de f, puisque F n'est fonction que de cette distance.

Ainsi, l'équation (4) a lieu dans le mouvement de tout système de corps soumis à leur attraction mutuelle et à d'autres attractions dirigées vers des centres fixes; les points du système peuvent être liés entre eux et à des points fixes, de telle manière qu'on voudra; tous ces mobiles, ou seulement une partie, peuvent être assujétis à se mouvoir sur des courbes ou sur des surfaces fixes et données : dans un pareil système, la somme des forces vives $\Sigma m v^2$, à un instant quelconque, sera donné par l'équation (4), quand on connaîtra la valeur de cette somme, à un instant déterminé, et les coordonnées des mobiles dans ces deux positions du système. L'accroissement ou la diminution de la somme des forces vives, en passant d'une position à l'autre, ne dépendra nullement des courbes décrites par les mobiles; cet accroissement sera nul, et la somme des forces vives redeviendra la même, toutes les fois que le système reviendra à la même position; enfin cette somme se conservera constamment la même, lorsque les mobiles ne seront sollicités par aucune force accélératrice.

On voit par là, comment le théorème relatif au carré de la vitesse, que nous avions trouvé (n° 300) en considérant le mouvement d'un point matériel isolé, s'étend au mouvement d'un système de corps. Ce théorème, qu'on a souvent l'occasion de citer, est connu sous le nom de *principe général de la conservation des forces vives.*

470. Ce que nous venons de dire, par rapport à l'attraction mutuelle des points du système, s'ap-

plique également à leur répulsion, produite par l'action de ressorts interposés entre eux, en observant que la force d'un ressort contracté entre deux points mobiles, ou entre un point mobile et un point fixe, ne peut être qu'une certaine fonction de la distance de ces points. Le principe des forces vives subsiste donc encore dans le cas de ces forces de ressort; d'où nous pouvons conclure que la somme des forces vives n'est point altérée, dans le choc des corps élastiques, entre eux ou contre des obstacles fixes; proposition que nous avons déjà vérifiée, à l'égard du choc mutuel des corps sphériques et homogènes (n° 451).

En effet, on peut considérer un système de corps élastiques qui se choquent simultanément, les uns contre les autres, ou contre des obstacles fixes, comme formant un assemblage de points matériels, entre lesquels sont interposés des ressorts immatériels, qui se contractent lorsque les corps se compriment. La somme des forces vives de tous les points du système, est donc variable pendant la durée du phénomène du choc, quelque courte qu'on la suppose; pour en avoir la valeur à un instant quelconque, au moyen de l'équation (4), il faudrait connaître la loi des forces de ressorts; mais si l'élasticité est parfaite, et que les corps reprennent exactement leur figure primitive, il suit du théorème précédent que la somme des forces vives se retrouvera, à la fin du choc, la même qu'elle était au commencement; donc cette somme a la même valeur immédiatement avant et immédiatement après le choc.

471. Le principe des forces vives n'a pas lieu, quand les mobiles se meuvent dans un milieu résistant, ou quand ils éprouvent un frottement contre des obstacles fixes ; car alors la formule $\Sigma m(X dx + Y dy + Z dz)$ ne satisfait plus aux conditions d'intégrabilité; et d'ailleurs il est facile de s'assurer que si les mobiles ne sont pas sollicités par d'autres forces que ces résistances, la somme de leurs forces vives diminue graduellement et finit par s'anéantir. Ce principe exige aussi que le mouvement du système soit soumis à la loi de continuité : chaque changement brusque qui survient dans les vitesses des mobiles, produit une diminution dans la somme des forces vives du système; et cette somme peut être réduite à zéro, par une suite de semblables diminutions. C'est pourquoi, lorsqu'on a à construire une machine dont l'objet est d'entretenir le mouvement d'un système, on doit surtout éviter les frottemens et les chocs des corps non élastiques du système, entre eux ou contre des obstacles fixes.

Nous avons précédemment évalué la perte des forces vives dans le choc des corps durs (n° 452); mais on peut parvenir au même résultat, d'une manière plus simple et plus générale, au moyen de l'équation (3). Pour cela, soit, comme dans le n° 459, a, b, c, les composantes parallèles aux axes Ox, Oy, Oz, de la vitesse de m, avant le choc; A, B, C, les composantes de sa vitesse après le choc : les composantes de la vitesse perdue par ce point matériel seront $a - A$, $b - B$, $c - C$; et par conséquent, à l'instant de ce changement brusque, on a

$$p.\cos.\alpha = a - A, \quad p.\cos.\mathcal{C} = b - B, \quad p.\cos.\gamma = c - C.$$

Immédiatement après le choc, les projections de m sur les axes, parcourront les espaces Adt, Bdt, Cdt, pendant l'instant dt; les valeurs des différentielles dx, dy, dz, qui entrent dans l'équation (3), sont donc

$$dx = Adt, \quad dy = Bdt, \quad dz = Cdt.$$

En faisant les substitutions convenables, et divisant par dt, l'équation (3) devient

$$\Sigma m\,[(a - A).A + (b - B).B + (c - C).C] = 0;$$

et si l'on suppose

$$a^2 + b^2 + c^2 = v^2, \quad A^2 + B^2 + C^2 = V^2,$$
$$(a - A)^2 + (b - B)^2 + (c - C)^2 = u^2,$$

il sera aisé de lui donner cette autre forme :

$$\Sigma m v^2 - \Sigma m V^2 = \Sigma m u^2.$$

Or, v et V sont les vitesses de m avant et après le choc, u est sa vitesse perdue dans le choc; cette dernière équation signifie donc que la somme des forces vives de tous les points du système avant le choc, est égale à la somme des forces vives dues aux vitesses perdues par tous ces points.

Lorsque le système est composé de points matériels libres, et de points qui se meuvent sur des courbes ou sur des surfaces données, assujéties à la loi de continuité, la vitesse perdue à chaque instant par chacun de ces points, en vertu de sa liaison avec tous les autres, est une quantité infiniment petite; la somme des forces vives perdues au même instant, par le système entier, n'est donc qu'une quantité infiniment petite du second ordre : répétée une infinité de fois, pendant un tems fini, il n'en résulte qu'une perte infiniment petite de forces vives; et voilà pourquoi la somme des forces vives se conserve constamment la même, dans un pareil système, si toutefois les mobiles ne sont sollicités par aucune force accélératrice.

472. L'équation (4) nous montre que $\Sigma m v^2$ est un *maximum* ou un *minimum*, en même tems que la fonction désignée par φ, c'est-à-dire, quand la différentielle de cette fonction est égale à zéro, ou quand on a

$$\Sigma m\,(X dx + Y dy + Z dz) = 0. \qquad (5)$$

Or, cette équation a lieu toutes les fois que le système se trouve dans une position où il resterait en équilibre, en vertu des forces accélératrices qui le sollicitent, si on l'y plaçait directement sans lui imprimer aucune vîtesse. En effet, dans une semblable position, on a, d'après le principe des vîtesses virtuelles,

$$\Sigma m\,(X \delta x + Y \delta y + Z \delta z) = 0; \qquad (6)$$

$\delta x, \delta y, \delta z$, étant les variations des coordonnées x, y, z, du point quelconque m, provenant d'un déplacement arbitraire, compatible avec les conditions du système; de plus, on vient de voir que, relativement au système que nous considérons, il est permis de prendre $\delta x = dx$, $\delta y = dy$, $\delta z = dz$;

supposition qui change l'équation (6) dans l'équation (5) : donc le premier membre de cette équation (5) est nul, et la somme des forces vives Σmv^2 atteint son *maximum* ou son *minimum*, toutes les fois que le système vient à passer, pendant son mouvement, par une des positions d'équilibre.

Ainsi, par exemple, lorsqu'un cylindre à base elliptique, pesant et homogène, roule sur un plan horizontal, la somme des forces vives de tous ses points est la plus grande ou la plus petite, quand l'un des quatre sommets de sa base atteint le plan horizontal; car c'est alors que le cylindre resterait en équilibre, si ses points n'avaient aucune vîtesse. En général, dans le mouvement d'un système de corps pesans, liés entre eux d'une manière quelconque, les positions d'équilibre correspondent aux instans où le centre de gravité est le plus haut ou le plus bas qu'il est possible (n° 176); donc la somme des forces vives est toujours, ou un *maximum* ou un *minimum*, quand le centre cesse de monter et commence à descendre, et quand il cesse de descendre et commence à monter. On peut même ajouter que le *minimum* a lieu dans le premier cas, et le *maximum* dans le second. En effet, si l'on prend l'axe des z, vertical et dirigé dans le sens de la pesanteur; que l'on désigne par g, cette force constante, par M, la somme des masses de tous les points matériels du système, par $z_{,}$, la valeur de z qui répond à leur centre de gravité, il est aisé de voir que l'équation (4), deviendra, relativement à ce système,

$$\Sigma mv^2 = C + gMz_{,};$$

où l'on voit clairement que $\Sigma m v^2$ atteindra son *maximum* ou son *minimum*, en même tems que $z_{,}$.

473. Supposons maintenant que le système étant sollicité par des forces accélératrices données, on le place dans une de ses positions d'équilibre : la valeur de la fonction φ, qui répond à cette position, sera toujours un *maximum* ou un *minimum*, par rapport à toutes les positions voisines qu'on pourrait faire prendre au système, sans violer les conditions de la liaison de ses parties. En effet, la variation de cette fonction, en passant d'une position à une autre, infiniment voisine de la première, est généralement exprimée par le premier membre de l'équation (6) ; or, si la première position est une position d'équilibre, ce premier membre sera nul pour tous les déplacemens compatibles avec les conditions du système ; ce qui est le caractère commun au *maximum* et au *minimum* de la fonction φ. Réciproquement, on voit aussi que ce n'est que dans les positions d'équilibre, que la valeur de la fonction φ peut être, ou plus grande, ou plus petite que dans toutes les positions voisines du système. Mais je dis de plus, que l'équilibre sera stable, ou seulement instantanée, dans une position donnée, selon que la fonction φ y sera un *maximum* ou un *minimum*.

Relativement aux systèmes de corps pesans, cette nouvelle proposition revient à dire que l'équilibre est stable dans les positions où le centre de gravité du système est le plus bas, et que l'équilibre n'est pas stable, dans les positions où ce centre est le plus haut, ainsi que nous l'avons déjà vérifié dans le n° 178, sur plusieurs exemples pour lesquels la différence des deux états d'équilibre était évidente.

474. Pour démontrer, d'une manière générale, la stabilité de l'équilibre dans le cas du *maximum* de la fonction φ, imaginons que l'on trouble l'équilibre, en imprimant des vîtesses très-petites à tous les points du système; soit, après un tems t quelconque, u la vîtesse du point m, u' celle de m', etc., et Σmu^2, la somme des forces vives de tous ces points; soit aussi, au même instant, $u+p$, $b+q$, $c+r$, les coordonnées de m, les constantes a, b, c étant les coordonnées de m, dans la position d'équilibre; $a'+p'$, $b'+q'$, $c'+r'$, les coordonnées de m', les constantes a', b', c', étant les coordonnées de m' dans la position d'équilibre; et ainsi de suite pour tous les autres points. En substituant ces coordonnées à la place de x, y, z; x', y', z'; etc., dans la fonction φ, nous aurons, d'après le principe des forces vives,

$$\Sigma mu^2 = C + \varphi(a+p,\ b+q,\ c+r,\ a'+p',\ \text{etc.}).$$

Je développe la fonction φ, suivant les dimensions croissantes des variables p, q, r, p', etc.; le premier terme de ce développement est $\varphi(a,b,c,a',\text{etc.})$, et il se réunit à la constante arbitraire C; la somme des termes de première dimension est nulle, puisque $\varphi(a,\ b,\ c,\ a',\ \text{etc.})$ est un *maximum*; on démontre aussi, dans le calcul différentiel, que la somme des termes de seconde dimension peut se mettre, lors du *maximum*, sous la forme d'une somme de carrés, pris avec le signe —, et qui sont en même nombre que les variables indépendantes du problème : si donc nous désignons ces carrés par s^2, $s_{\prime}^2$, $s_{\prime\prime}^2$, etc., de sorte que s, $s_{\prime}$, $s_{\prime\prime}$, etc., soient des fonctions linéaires de p, q, r, $p^{\prime}$, etc., qui deviennent nulles en même tems que ces variables, et si nous représentons par R, le reste du développement de la fonction φ, comprenant les termes de dimension supérieure à la seconde, nous aurons

$$\Sigma m u^2 = C - (s^2 + s_{\prime}^2 + s_{\prime\prime}^2 + \text{etc.}) + R.$$

La constante C est égale à la somme des forces vives dues aux vîtesses très-petites que l'on a imprimées aux mobiles ; cette constante est donc une quantité positive et très-petite, que l'on peut même supposer aussi petite que l'on voudra, en diminuant convenablement ces vîtesses. Les variables p, q, r, $p^{\prime}$, etc., qui sont nulles dans la position d'équilibre, commencent d'abord par être très-petites, quand le système commence à s'écarter de cette position ; tant que ces variables sont très-petites, les quantités s, $s_{\prime}$, $s_{\prime\prime}$, etc., le sont aussi ; et réciproquement, à des valeurs très-petites de s, $s_{\prime}$, $s_{\prime\prime}$, etc., correspondent toujours des valeurs très-petites de p, q, r, $p^{\prime}$, etc. ; d'ailleurs, on sait que pour de semblables valeurs, chaque terme de seconde dimension est plus grand, abstraction faite du signe, que R, qui ne renferme que des termes de dimension supérieure ; par conséquent, tant que tous les carrés s^2, $s_{\prime}^2$, $s_{\prime\prime}^2$, etc., sont encore très-petits, chacun d'eux surpasse la valeur de R.

Cela posé, nous sommes en droit de conclure

que les quantités $s, s_{,}, s_{,,}$, etc., demeureront toujours
très-petites, et qu'aucune d'elles ne deviendra
égale à $\sqrt{C}$; car si la plus grande de ces quantités,
s par exemple, pouvait devenir égale à $\sqrt{\overline{C}}$, on
aurait en même tems $s_{,}^2 > R$, $s_{,,}^2 < R$, etc., et

$$\Sigma mu^2 = - (s_{,}^2 + s_{,,}^2 + \text{etc.}) + R;$$

résultat absurde, puisque cette valeur de Σmu^2 serait
négative. Donc aussi les variables p, q, r, p', etc.,
resteront constamment très-petites, et le système
ne fera qu'osciller autour de sa position d'équilibre.

475. Lorsque la fonction φ est un *minimum*, la
somme des termes de seconde dimension, dans
son développement, est essentiellement négative ;
l'équation des forces vives peut alors être satisfaite,
sans que les variables p, q, r, p', etc., soient assujéties à rester toujours très-petites ; mais cela ne
suffit pas pour prouver que ces quantités n'ont pas
de limites. Ce n'est qu'en déterminant leurs valeurs,
en fonction du tems, qu'on parvient à prouver
qu'elles croissent indéfiniment, quelque petites que
soient les vîtesses initiales des mobiles : d'où l'on
conclut que l'état d'équilibre, qui répond au *minimum* de la fonction φ, n'est pas un équilibre stable. (*)

Si la fonction φ est un *maximum* ou un *minimum*,
selon que l'équilibre est stable ou non stable, il
suit de ce qu'on a vu dans le n° 472, que la somme
des forces vives d'un système de corps en mouvement, est la plus grande, quand le système passe

____

(*) Voyez, sur ce point, la *Mécanique analytique*, pag. 257.

par une position d'équilibre stable, et la plus petite, quand il passe par une position d'équilibre non stable.

476. La théorie des petites oscillations d'un système de corps autour d'une position d'équilibre stable, est une des plus intéressantes de la mécanique, à cause de ses nombreuses applications à des questions de physique. Les variables qui déterminent les lieux des mobiles à chaque instant, dépendent d'équations différentielles linéaires, qui sont susceptibles d'une solution générale ; mais quoique cette solution donnée par M. *Lagrange*, soit aussi simple qu'on peut le desirer, elle exige encore trop de développemens pour trouver place ici ; et nous sommes forcés de renvoyer à la cinquième section de la Mécanique analytique (2ᵉ partie), où elle est complètement exposée. Nous nous contenterons de faire connaître d'une manière générale et sans le démontrer, le principe de la *co-existence des petites oscillations*, que l'on doit à *Daniel Bernoulli*, et auquel il a été conduit par induction.

Les petites oscillations d'un système de corps dépendent de la cause qui a troublé son équilibre ; deux causes différentes produisent des oscillations différentes : or, d'après le principe de Daniel Bernoulli, si ces deux causes concourent ensemble à troubler l'équilibre du système, les deux espèces d'oscillations qu'elles auraient produites, en agissant séparément, ont lieu à-la-fois et sans se nuire ; et il en est de même pour un plus grand nombre de causes simultanées. La co-existence des petites oscillations est surtout remarquable dans les ondes qui sont produites à la surface de l'eau, en plusieurs points à-la-fois, et qui se superposent sans s'altérer mutuellement. Les sons qui se croisent en tous sens, dans une masse d'air, sans se modifier en aucune manière, offrent encore une application du principe que nous citons.

477. Nous terminerons cet exposé des propriétés générales du mouvement, en faisant voir que le principe de la moindre action qui s'observe dans le mouvement d'un point matériel (n° 304), a également lieu dans le mouvement d'un système de corps. Ce théorème général s'énonce de cette manière :

Dans le mouvement d'un système de corps, pour lequel le principe des forces vives a lieu, si l'on fait le produit de la vîtesse de chaque mobile, par sa masse et par l'élément de sa trajectoire, que l'on prenne la somme de tous ces produits, pour tous les mobiles, et que l'on intègre ensuite cette somme, depuis une position donnée du système, jusqu'à une position aussi donnée : la valeur de cette intégrale sera un *minimum*.

Ainsi, m étant la masse d'un des points matériels qui composent le système, v sa vitesse, ds l'élément de sa direction, il s'agit de prouver que l'intégrale de $\Sigma mv ds$, prise entre des limites données, est un *minimum*, ou que sa variation est nulle. Or, on a

$$\delta \int . \Sigma mv ds = \int . \Sigma m . \delta . v ds, \quad \text{et} \quad \Sigma m . \delta . v ds = \Sigma mv . \delta . ds + \Sigma m . \delta v . ds;$$

mais

mais dt étant l'élément du tems, on a aussi $ds = vdt$;
donc

$$\delta v . ds = v\delta v . dt = \frac{dt}{2} . \delta . v^2, \text{ et } \Sigma m . \delta v . ds = \frac{dt}{2} . \Sigma m . \delta . v^2.$$

En conservant les dénominations du n° 469, l'équation (4) donne

$$\Sigma m . \delta . v^2 = 2 . \Sigma m (X\delta x + Y\delta y + Z\delta z) ;$$

de plus, si l'on substitue dans l'équation (1) du
n° 467, à la place de $p . \cos . \alpha, p . \cos . \mathcal{C}, p . \cos . \gamma$,
leurs valeurs données dans le n° 469, il vient

$$dt . \Sigma m (X\delta x + Y\delta y + Z\delta z) = \Sigma m \left(\frac{d^2 x}{dt} . \delta x + \frac{d^2 y}{dt} . \delta y + \frac{d^2 z}{dt} . \delta z \right) ;$$

d'où l'on conclut

$$\Sigma m . \delta v . ds = \Sigma m \left(\frac{d^2 x}{dt} . \delta x + \frac{d^2 y}{dt} . \delta y + \frac{d^2 z}{dt} . \delta z \right). \qquad (a)$$

On a aussi (n° 3o4),

$$v . \delta . ds = \frac{dx}{dt} . d . \delta x + \frac{dy}{dt} . d . \delta y + \frac{dz}{dt} . d . \delta z ;$$

par conséquent

$$\Sigma mv . \delta . ds = \Sigma m \left(\frac{dx}{dt} . d . \delta x + \frac{dy}{dt} . d . \delta y + \frac{dz}{dt} . d . \delta z \right) ; \qquad (b)$$

En réunissant les deux parties de la valeur de
$\Sigma m . \delta . vds$, données par les équations (a) et (b), on
trouve

$$\Sigma m . \delta . vds = \Sigma m . d \left(\frac{dx}{dt} . \delta x + \frac{dy}{dt} . \delta y + \frac{dz}{dt} . \delta z \right) ;$$

et en intégrant, ce qui revient à supprimer la caractéristique d, devant les parenthèses, on aura

$$\delta.\textstyle\int.\Sigma mvds = \int.\Sigma m.\delta.vds = \Sigma m\left(\frac{dx}{dt}.\delta x + \frac{dy}{dt}.\delta y + \frac{dz}{dt}.\delta z\right).$$

Or, cette quantité est nulle aux deux limites de l'intégrale $\int.\Sigma mvds$; car à ces limites, les positions de tous les points du système étant données, les variations de leurs coordonnées doivent être nulles, de manière que les valeurs de δx, δy, δz, qui s'y rapportent, sont égales à zéro, pour tous ces points.

L'intégrale $\int.\Sigma mvds$, est la même chose que $\Sigma.\int mv^2 dt$; mais $\int mv^2 dt$, est la somme des forces vives du point m, pendant toute la durée du mouvement; $\Sigma.\int mv^2 dt$, est de même la somme des forces vives de tous les points du système, pendant le même tems : le principe de la moindre action revient donc à dire que la somme des forces vives du système, pendant le tems qu'il emploie à passer d'une position donnée, à une autre position aussi donnée, est un *minimum*.

Quand les mobiles ne sont sollicités par aucune force accélératrice, la somme des forces vives, à chaque instant, est constante; la somme des forces vives, pendant un tems quelconque, est donc proportionnelle à ce tems; d'où il suit qu'alors le système parvient, d'une position à une autre, dans le tems le plus court.

FIN DU TROISIÈME LIVRE.

LIVRE QUATRIÈME.

HYDROSTATIQUE.

CHAPITRE PREMIER.

NOTIONS GÉNÉRALES SUR LES FLUIDES.

478. Un *fluide* est un amas de points matériels qui cèdent au moindre effort que l'on fait pour les séparer les uns des autres. Les fluides que la nature nous présente, approchent plus ou moins de cet état de fluidité parfaite que notre définition suppose : l'adhérence qui existe entre les molécules de plusieurs de ces substances, et qui produit ce qu'on appelle la *viscosité* du fluide, s'oppose à la séparation de leurs parties ; mais dans la théorie que nous allons exposer, nous ferons abstraction de cette adhérence, et nous ne considérerons que des fluides parfaits.

On distingue deux espèces de fluides : les uns sont *incompressibles*, comme l'eau et tous les *liquides ;* ils peuvent prendre une infinité de figures différentes ; mais sous toutes ces formes, ils conservent toujours le même volume. Les fluides de la seconde espèce comprennent l'air, les gaz et les vapeurs ; ils sont *compressibles* et doués d'une élasticité parfaite; de sorte qu'ils peuvent changer à-la-fois de forme et de volume, par la compression, et revenir exactement à leur figure primitive, dès que cette compression a cessé. Les vapeurs diffèrent de l'air et des gaz permanens, en ce qu'elles perdent leur forme de fluides élastiques, et se réduisent en liquides, lorsqu'on les comprime à un certain degré, ou quand on diminue leur température; tandis que l'air et les gaz ont toujours conservé cette forme, quelles que soient la compression et la température, auxquelles on les a soumis jusqu'à présent.

479. La propriété caractéristique et fondamentale des fluides, celle qui les distingue des solides, et qui servira de base à la théorie de leur équilibre et de leur mouvement, est la faculté qu'ils ont de transmettre également, en tout sens, les pressions que l'on exerce à leur surface. Nous admettrons cette propriété, comme un fait constaté par l'expérience et avoué de tous les physiciens; c'est au reste la seule hypothèse sur laquelle est fondée *l'Hydrostatique*, ou la partie de la mécanique qui traite de l'équilibre des fluides.

Pour développer cette hypothèse, et nous en former une idée précise, considérons d'abord les fluides incompressibles; représentons-nous un vase BE (fig. 29), prismatique droit, posé sur un plan horizontal fixe, et rempli, jusqu'à une certaine hauteur BC, d'un liquide tel que l'eau, par exemple; supposons que l'on recouvre cette eau, par un *pis-*

ton horizontal CD, qui ferme le vase exactement ;
afin de ne pas compliquer l'état de la question,
faisons abstraction de la pesanteur de l'eau, de sorte
que ce fluide n'exerce, par lui-même, aucune pression sur les parois du vase ; enfin, posons sur le piston un poids donné P, qui sera, si l'on veut, le
poids même du piston. Il est évident que la base
horizontale du prisme, se trouve pressée de la
même manière que si le poids P était posé immédiatement sur cette base, et qu'il fût distribué uniformément sur toute son étendue : tous ses points
éprouveront des pressions verticales, égales entre
elles ; la pression qui en résultera pour une portion
quelconque a de cette base, sera proportionnelle
à a ; elle équivaudra à une force verticale, appliquée au centre de gravité de l'aire a, et égale à
$\frac{Pa}{A}$, A étant l'aire de la base entière. Or, le principe de *l'égalité de pression en tout sens*, consiste
en ce que la pression que le poids P exerce à la
partie supérieure de l'eau, se transmet par l'intermédiaire du fluide, non-seulement sur la base du
vase, mais encore sur toutes les autres parois : tous
les points du vase sont également pressés, dans
des directions perpendiculaires aux parois ; et
une aire a, prise sur une des faces latérales du
prisme, éprouve la même pression $\frac{Pa}{A}$, que si elle
faisait partie de la base horizontale.

Généralement, supposons que le vase ait la forme
d'un polyèdre quelconque (fig. 30), qu'il soit fermé

de toutes parts, et exactement rempli d'un liquide sans pesanteur ; détachons la face CD du polyèdre, et remplaçons-la par un piston ; appliquons à ce piston une force donnée P, perpendiculaire à la surface du liquide adjacent. Le fluide ne sera pas mis en mouvement par cette force, et d'après notre principe, la pression qu'elle exerce sur la surface adjacente, se transmettra, par l'intermédiaire du liquide, sur toutes les faces du polyèdre. Tous les points du vase, en y comprenant les points de la surface du piston, seront également pressés, de dedans en dehors, dans des directions perpendiculaires aux parois ; si l'on considère une aire a prise sur une de ces parois ou sur la surface du piston, sa pression sera une force perpendiculaire à son plan, appliquée à son centre de gravité, et égale à $\frac{Pa}{A}$, A étant l'aire entière du piston.

Ce résultat s'étend sans peine au cas où une partie des parois du vase sont des surfaces courbes, continues ou discontinues : il suffit alors de décomposer ces surfaces en élémens infiniment petits, que l'on regardera comme les faces planes d'un polyèdre d'une infinité de faces ; et si l'on désigne par ω l'aire d'un de ces élémens, on aura $\frac{P\omega}{A}$, pour la pression qu'il éprouve ; A étant toujours l'aire du piston, et P la force perpendiculaire qui y est appliquée. En appelant p la pression constante que supporterait une aire plane, égale à l'unité de surface, il est évident qu'on aura $\frac{P}{A} = p$; donc $p\omega$

sera la pression sur l'élément ω, et pa, la pression sur l'aire égale à a.

480. Quand le liquide contenu dans le vase, est pesant, il transmet les pressions que l'on exerce à sa surface, de la même manière que quand il est dénué de pesanteur; mais il exerce en outre sur les parois du vase, une pression due à son poids, et variable d'un point à un autre de ces parois. Il en est de même à l'égard d'une masse fluide en équilibre, dont les molécules sont sollicitées par des forces accélératrices données, et qui est contenu dans un vase fermé de toutes parts. Si les parois de ce vase sont nécessaires à l'équilibre, ensorte qu'on ne puisse pas y faire une ouverture sans que le liquide ne s'échappe aussitôt, il en faut conclure que ces parois éprouvent, en chaque point, une pression particulière, dirigée de dedans en dehors, suivant la normale à la surface du vase ; car ce n'est que suivant cette normale, qu'une surface peut éprouver une pression, et la détruire par sa résistance.

La grandeur de cette pression en chaque point, nous est inconnue; elle dépend des forces accélératrices données et de la position du point; nous apprendrons dans la suite à la déterminer; mais il est bon de dire d'avance comment on mesure cette pression variable. Comme elle change, en général, d'un point à un autre, on ne peut la supposer rigoureusement constante, que dans une étendue infiniment petite ; or, pour mesurer la pression qu'un élément déterminé de la surface éprouve, on conçoit une aire plane, que l'on prend pour unité, et qui soit pressée dans toute son étendue, comme cet élément : p étant la pression totale que cette aire supporte, et ω l'étendue infiniment petite de l'élément, le produit $p\omega$ exprime la pression de cet élément. La quantité p est ce que nous appellerons la pression en chaque point du vase, rapportée à l'unité de surface; quand on est parvenu à la déterminer en fonction des coordonnées de ce point, on a la pression $p\omega$ sur un élément quelconque; d'où l'on conclut, par les règles du calcul intégral, la pression sur une portion plane de la surface du vase. On trouve aussi le point d'application de cette force, au moyen de la théorie connue des momens des forces parallèles.

Cela posé, imaginons que l'on enlève une portion plane de la surface du vase, qu'on la remplace par un piston de même étendue, et qu'on applique à ce piston une force égale et contraire à la pression que le vase éprouvait en cet endroit. Il est évident que l'équilibre subsistera comme auparavant; il ne sera pas encore troublé, si, à cette première force, on ajoute une force quelconque P; car les forces appliquées aux molécules étant en équilibre, tout doit se passer, relativement à la force P, comme si ces forces n'existaient pas; donc, d'après le principe exposé dans le n° précédent, la force P ne mettra pas le fluide en mouvement, et la pression qu'elle exerce sur la surface du fluide adjacent au piston, sera transmise par le fluide, également en tous sens; par conséquent la pression p, rapportée à l'unité de surface, se trouvera augmentée, en chaque point du vase, d'une quantité constante et égale à $\frac{P}{A}$; A étant l'étendue de la surface plane du fluide, en contact avec le piston.

Il est important de bien distinguer, comme nous le faisons ici, les deux sortes de pressions que supportent les parois d'un vase qui contient un fluide en équilibre : l'une est due aux forces motrices des molécules du fluide, et varie d'un point à un autre du vase; l'autre, constante pour tous ces points, provient des pressions que l'on exerce directement à la surface, et qui sont transmises sur toutes les parois, par l'intermédiaire du fluide. Ces deux pressions s'ajoutent en chaque point, pour former la pression totale.

481. D'après le principe de l'égalité de pression en tout sens, un fluide incompressible, contenu dans un vase de position fixe, doit être regardé comme une véritable machine; car une *machine* est, en général, un appareil au moyen duquel une force agit sur des points qui sont hors de sa direction, et produit sur ces points un plus grand ou un plus petit effet que si elle y était immédiatement appliquée; or, c'est le cas d'une force appliquée à la surface du liquide, au moyen d'un piston, puisqu'elle agit, par l'intermédiaire de ce fluide, sur tous les points du vase, et qu'elle exerce, sur chaque portion plane des parois, une pression égale à son inten-

sité multipliée par le rapport de l'aire de la paroi à l'aire du piston.

Le principe des vîtesses virtuelles s'observe dans l'équilibre de cette machine, comme dans celui de toutes les autres machines connues. Pour le prouver, prenons un vase de position fixe et de forme quelconque (fig. 31), qui ait plusieurs ouvertures en e, e', e'', etc.; à chacune de ces ouvertures, ajustons un cylindre prolongé indéfiniment hors du vase; emplissons ce vase d'un liquide tel que l'eau, dont nous ne considérerons pas la pesanteur; supposons que cette eau s'élève dans tous les cylindres, jusqu'à une certaine hauteur, et qu'elle soit terminée, dans chaque cylindre, par une surface plane, perpendiculaire à la longueur du cylindre; enfin, posons sur ces surfaces, des pistons CD, $C'D'$, $C''D''$, etc., qui les recouvrent exactement, et qui puissent glisser sans frottement dans les cylindres. Soient A, A', A'', etc., les bases de ces pistons, qui sont aussi les bases des cylindres; appliquons à ces pistons, des forces données P, P', P'', etc.; la première, au piston dont la base est A, la seconde, au piston dont la base est A', etc.; et supposons que ces forces qui réagissent les unes sur les autres, par l'intermédiaire de l'eau, se fassent équilibre. Dans cet état, la pression rapportée à l'unité de surface doit être la même sur toutes les parois du vase, en y comprenant les bases des pistons (n° 479); en désignant donc sa valeur par p, on aura pA, pA', pA'', etc., pour toutes les pressions dirigées de dedans en dehors, que supportent les bases des pistons; mais ces pressions doivent évidemment être égales et contraires aux forces P, P', P'', etc.; donc on a ces équations:

$$P = Ap, \quad P' = A'p, \quad P'' = A''p, \text{ etc.}$$

L'une d'elles servira à déterminer l'inconnue p; éliminant ensuite cette quantité, on aura les équations d'équilibre du système, qui seront en nombre égal à celui des pistons moins un.

Maintenant, imaginons, conformément à l'énoncé du principe des vitesses virtuelles, que l'on déplace le système, de manière qu'une partie des pistons s'abaisse, et que l'autre partie s'élève dans les cylindres : par exemple, le piston CD est transporté en cd, et le piston $C'D'$, en $c'd'$. Comme l'eau qui remplit le vase est incompressible et doit toujours conserver le même volume, il est évident que la somme des quantités d'eau qui s'élève doit toujours être égale à la somme des quantités d'eau qui s'abaisse; d'ailleurs, le volume d'eau qui s'élève ou qui s'abaisse, dans chaque cylindre, est égal à sa base, multipliée par l'espace que le piston a parcouru; donc si l'on désigne cet espace par une quantité positive, quand le piston s'est abaissé, et par une quantité négative, dans le cas contraire, et que l'on représente par h, h', h'', etc., les espaces parcourus par les pistons dont les bases sont respectivement A, A', A'', etc., on aura l'équation de condition

$$Ah + A'h' + A''h'' + \text{etc.} = 0.$$

Multipliant cette équation par p, et remplaçant les pressions pA, pA', pA'', etc., par les forces P, P', P'', etc., il vient

$$Ph + P'h' + P''h'' + \text{etc.} = 0 :$$

or, il est facile de reconnaître dans ce résultat, le principe des vîtesses virtuelles, énoncé en statique (n° 163).

482. Le principe de l'égalité de pression en tout sens, convient aux fluides élastiques, comme aux fluides incompressibles ; mais relativement aux premiers, il n'est pas nécessaire que des forces motrices agissent sur leurs molécules, ou que l'on exerce des pressions sur leur surface, pour qu'ils pressent eux-mêmes les parois des vases qui les contiennent : il suffit pour cela de leur élasticité, en vertu de laquelle ces fluides font continuellement effort pour se dilater et pour occuper un plus grand volume. Ainsi, qu'une masse d'air ou d'un gaz quelconque, soit contenue dans un vase fermé de toutes parts, et qu'on fasse abstraction de la pesanteur du fluide, les parois du vase éprouveront des pressions égales en tous leurs points, et dirigées de dedans en dehors, suivant les normales à ces parois. La pression rapportée à l'unité de surface sera la même dans toute l'étendue du vase ; pour la déterminer, on fera une ouverture dans un endroit du vase, pris au hasard ; on y appliquera un piston, et à ce piston, la force nécessaire pour le maintenir en équilibre : cette force sera égale

et contraire à la pression que le piston éprouve; en la divisant par l'aire de la base du piston, on aura la pression rapportée à l'unité de surface; et l'on trouvera toujours le même quotient, quel que soit l'endroit du vase où l'on a appliqué le piston. Si, par exemple, le vase représenté par la figure 31, est rempli d'un fluide élastique, les forces, qu'il faudra appliquer aux différens pistons CD, $C'D'$, $C''D''$, etc., pour les empêcher de glisser dans les cylindres, seront proportionnelles aux bases A, A', A'', etc., de ces pistons, et le rapport de chaque force à sa base, sera le même pour tous les pistons.

Lorsque l'on aura égard à la pesanteur du fluide, ou plus généralement, quand ses molécules seront sollicitées par des forces accélératrices données, la pression variera d'un point à un autre du vase, suivant une certaine loi qu'il s'agira de déterminer dans la suite.

483. La pression constante qu'un fluide élastique exerce contre les parois du vase qui le renferme, et qui n'est pas due à sa pesanteur, mais seulement à son élasticité, dépend de la matière du fluide, de sa densité et de sa température. On appelle aussi cette pression, la *force élastique* du fluide. L'expérience a prouvé que pour un même fluide, pris à une même température, elle est proportionnelle à la densité; de manière qu'en désignant la pression par p, la densité par ρ, on a, dans chaque fluide,

$$p = k\rho;$$

k étant un coefficient qui ne dépend plus que de la matière et de la température du fluide.

CHAPITRE II.

ÉQUATIONS GÉNÉRALES DE L'ÉQUILIBRE DES FLUIDES.

484. P_{our} traiter la question de la manière la plus générale, considérons une masse fluide, homogène ou hétérogène, compressible ou incompressible, dont toutes les molécules sont sollicitées par des forces accélératrices données, et proposons-nous d'exprimer par des équations, les conditions de son équilibre.

Soient x, y, z, les coordonnées rectangulaires d'un point quelconque de cette masse, parallèles aux axes Ox, Oy, Oz (fig. 32). Nous supposerons, pour fixer les idées, le plan des x, y, horizontal et situé au-dessus de la masse fluide $ABCD$, et l'axe vertical Oz, situé au-dessous de ce plan. Désignons par X, Y, Z, les sommes des composantes parallèles aux axes des x, des y et des z, des forces accélératrices qui agissent sur ce point. Partageons la masse fluide en une infinité d'élémens infiniment petits, par des plans parallèles à ceux des coordonnées, et infiniment rapprochés les uns des autres; ces élémens seront des parallélépipèdes rectangles, qui auront leurs côtés parallèles aux axes et égaux aux différentielles des coordonnées; les deux bases horizontales de celui qui correspond aux coordonnées x, y, z, et qui est représenté dans la figure,

seront égales à $dxdy$; sa hauteur verticale sera égale
à dz; et l'on aura le produit $dxdydz$, pour son volume. La densité du fluide peut être regardée comme
constante dans toute l'étendue de cet élément; en
la désignant donc par ρ, et par dm, la masse, on
aura

$$dm = \rho \, . \, dxdydz :$$

ρ sera une quantité constante, dans les liquides homogènes, et une fonction de x, y, z, dans les fluides hétérogènes et dans les fluides élastiques homogènes, qui ne seront pas partout également comprimés. Dans cette même étendue de l'élément dm, les
forces X, Y, Z peuvent aussi être regardées comme
constantes; par conséquent les produits Xdm, Ydm,
Zdm, sont les forces motrices de dm, parallèles aux
axes Ox, Oy, Oz.

Cela posé, j'observe que le parallélépipède $dxdydz$
est pressé de dehors en dedans, sur ses six faces,
par le fluide environnant, et que les pressions qu'il
éprouve, doivent faire équilibre aux trois forces
Xdm, Ydm, Zdm. Désignons donc par p la pression
verticale rapportée à l'unité de surface, qui s'exerce
sur la base supérieure $dxdy$ suivant la direction cb,
de manière que p soit la pression totale que supporterait une aire plane, égale à l'unité de surface,
qui serait pressée dans tous ses points, comme l'aire
infiniment petite $dxdy$ (n° 480). Cette pression verticale varie avec la position de l'élément que l'on
considère; la quantité p, qui en représente la valeur,
et qui se rapporte à un élément quelconque, est

donc une fonction de x, y, z; alors x et y restant les mêmes, et z devenant $z + dz$, p devient $p + \frac{dp}{dz} . dz$, et exprime la pression verticale, rapportée à l'unité de surface, qui a lieu sur la base inférieure de l'élément $dxdydz$; d'où il suit que les pressions verticales et contraires, que cet élément éprouve sur ses deux bases horizontales, suivant les directions cb et $c'b'$, sont égales à $pdxdy$ et $\left(p + \frac{dp}{dz} . dz\right) . dxdy$: la première tend à l'abaisser, et la seconde, à l'élever; par conséquent il faut, pour que cet élément reste en équilibre, que l'excès de la seconde sur la première, soit égal à la force verticale Zdm; ce qui donne

$$\frac{dp}{dz} . dzdxdy = Zdm.$$

On trouvera de même les équations

$$\frac{dq}{dx} . dydxdz = Ydm, \qquad \frac{dr}{dx} . dxdzdy = Xdm,$$

qui sont nécessaires pour que l'élément ne se meuve, ni dans le sens des y, ni dans celui des x, et dans lesquelles q et r représentent les pressions rapportées à l'unité de surface, qui s'exercent sur les faces parallèles aux plans des x, z et des y, z, les plus voisines de ces plans. Substituant dans ces équations, la valeur de dm, et supprimant ensuite le facteur commun $dxdydz$, il vient

$$\frac{dp}{dz} = \varrho Z, \qquad \frac{dq}{dy} = \varrho Y, \qquad \frac{dr}{dx} = \varrho X.$$

Or

Or, si les élémens dans lesquels nous avons partagé la masse fluide, étaient solides au lieu d'être fluides, ensorte que cette masse fût un assemblage de parallélépipèdes rectangles, solides et juxtaposés, il n'y aurait aucune relation nécessaire entre les pressions que chacun de ces parallélépipèdes éprouverait sur ses faces non parallèles : l'élément $dx\,dy\,dz$ pourrait, par exemple, éprouver une pression quelconque sur ses bases horizontales, et n'en éprouver aucune sur ses faces verticales; mais ces élémens étant fluides, comme la masse entière, la propriété fondamentale des fluides leur convient aussi bien qu'à cette masse; et en vertu de cette propriété, les trois pressions p, q, r, sont égales entre elles, ou du moins, il ne peut exister entre ces pressions, qu'une différence infiniment petite.

En effet, la pression que le fluide environnant exerce sur une des faces de l'élément $dx\,dy\,dz$, se transmet sur les autres faces, par l'intermédiaire du fluide dont l'élément est composé; cette transmission se fait de la manière qu'on a expliquée précédemment, et dont il résulte que si l'on représente par $pdx\,dy$, la pression qui a lieu sur l'une des bases horizontales, les pressions transmises sur les faces verticales devront être représentées en même tems, par $pdx\,dz$ et $pdy\,dz$; donc, pour avoir la pression entière $qdx\,dz$, qu'éprouve la face verticale, parallèle au plan des x, z, et la plus voisine de ce plan, il faut encore ajouter au terme $pdx\,dz$, la pression due aux forces motrices Xdm, Ydm, Zdm de l'élément;

2.   21.

mais quoique nous ne sachions pas encore calculer cette dernière pression, il est néanmoins évident qu'elle est infiniment petite du troisième ordre, comme la masse dm; la quantité $qdxdz$ est donc égale à $pdxdz$, plus un terme infiniment petit du troisième ordre; et en divisant par $dxdz$, nous voyons que q ne diffère de p, que d'une quantité infiniment petite; conclusion qui s'applique également aux deux quantités r et p.

Si les trois pressions p, q, r, ne peuvent différer entre elles que d'une quantité infiniment petite, on doit les supposer égales dans les trois dernières équations, qui deviennent alors

$$\frac{dp}{dz}=\rho Z, \quad \frac{dp}{dy}=\rho Y, \quad \frac{dp}{dx}=\rho X. \qquad (1)$$

485. Telles sont les équations générales de l'équilibre des fluides que nous nous proposions de trouver. Les conditions d'équilibre qu'elles expriment, se réduisent, dans chaque cas particulier, à ce qu'on puisse trouver pour p, une fonction de x, y, z, qui satisfasse à-la-fois à ces trois équations; or, si on les ajoute après avoir multiplié la première par dz, la seconde par dy, la troisième par dx, il vient

$$dp = \rho\,(Xdx + Ydy + Zdz); \qquad (2)$$

il faudra donc, pour que la valeur de p soit possible, que cette formule $\rho(Xdx + Ydy + Zdz)$ soit une différentielle complète d'une fonction des trois variables x, y, z; réciproquement, quand cette condition sera remplie, on prendra la quantité p égale à l'intégrale de cette formule, et l'on satisfera de cette manière aux équations (1).

Cette valeur de p exprime la pression rapportée à l'unité de surface, que le fluide exerce en un point quelconque, dont les coordonnées sont x, y, z, et qui peut être situé dans son intérieur ou à sa surface : si donc la masse fluide $ABCD$ est contenue dans un vase, on aura la pression que ce vase éprouve en chacun de ses points, en mettant dans p, les coordonnées de ce point à la place de x, y, z; pression qui sera toujours détruite, pourvu que les parois du vase soient capables d'une résistance indéfinie ; mais dans les endroits où le vase est ouvert, et où le fluide est entièrement libre, rien ne peut détruire la pression qu'il exerce ; par conséquent il faut que la valeur de p soit nulle d'elle-même, pour tous les points de la surface libre d'une masse fluide en équilibre.

Dans les fluides élastiques, cette condition ne peut jamais être remplie ; car la pression étant proportionnelle à la densité (n° 483), tant que la densité n'est pas nulle, la pression ne l'est pas non plus : un fluide élastique ne peut donc rester en équilibre, à moins qu'il ne soit contenu dans un vase fermé de toutes parts, ou bien, à moins que sa masse, comme celle de l'atmosphère, par exemple, ne s'étende indéfiniment dans l'espace, jusqu'à ce que la densité soit tout-à-fait insensible.

486. La pression p devant être nulle à la surface libre d'un fluide incompressible en équilibre, il s'en-

suit que l'équation différentielle de cette surface est $dp = 0$, ou, à cause de l'équation (2),

$$Xdx + Ydy + Zdz = 0. \qquad (3)$$

Ce serait encore l'équation différentielle de cette surface, si le fluide y éprouvait une pression constante : si, par exemple, l'atmosphère pressait également sur toute son étendue.

On conclut facilement de cette équation, que la résultante des forces accélératrices X, Y, Z, qui agissent sur chaque point du fluide situé à sa surface, doit être perpendiculaire à cette surface. En effet, soit m un point de cette surface, qui répond aux coordonnées quelconques x, y, z; supposons que mn est la normale en ce point, et désignons par ε, ε', ε'', les angles compris entre cette droite et les axes des x, des y et des z; si l'on observe que l'équation différentielle précédente peut être mise sous cette forme :

$$dz = -\frac{X}{Z}.dx - \frac{Y}{Z}.dy,$$

on aura par les formules connues,

$$\cos.\varepsilon = \frac{X}{R}, \qquad \cos.\varepsilon' = \frac{Y}{R}, \qquad \cos.\varepsilon'' = \frac{Z}{R},$$

en faisant, pour abréger, $R = \sqrt{X^2 + Y^2 + Z^2}$; or, ces cosinus sont aussi ceux des angles compris entre les mêmes axes et la direction de la résultante des forces X, Y, Z; donc cette direction coïncide avec la normale.

Au reste, cette condition d'équilibre, exprimée

par l'équation (3), est évidente en elle-même; car si la résultante des forces qui agissent sur une molécule extérieure du fluide, n'était pas dirigée suivant la normale, elle se décomposerait en deux, l'une tangente, et l'autre normale à sa surface, et rien n'empêcherait la force tangente de faire glisser la molécule sur cette surface; par conséquent l'équilibre ne peut pas exister, tant que la surface du fluide n'est pas perpendiculaire en tous ses points, à la direction de cette résultante. On conçoit aussi que cette force doit être dirigée de dehors en dedans du fluide, ou suivant la partie mn de la normale, comprise dans son intérieur; condition qui n'est point exprimée par l'équation (3).

487. Supposons maintenant que le fluide en équilibre soit homogène et incompressible. La densité ρ est alors une quantité constante; il faut donc, d'après l'équation (2), que les forces données X, Y,Z, soient telles que la formule $Xdx+Ydy+Zdz$ soit une différentielle exacte d'une fonction de trois variables indépendantes. Si cela n'a pas lieu, l'équilibre sera impossible dans la masse fluide, quelque forme qu'on lui donne, et lors même qu'elle serait contenue dans un vase fermé de toutes parts.

Cette condition est remplie relativement aux forces d'attraction dirigées vers des centres fixes, et dont les intensités sont des fonctions quelconques des distances à ces centres (n° 225); par conséquent l'équilibre est possible dans un liquide homogène dont tous les points sont attirés vers un ou plusieurs centres fixes, et qui sont soumis, en outre, à leur attraction réciproque; mais pour qu'il ait effectivement lieu, il est nécessaire que la surface du fluide soit perpendiculaire à la résultante de toutes ces forces d'attraction, dans tous les endroits où le fluide n'est point appuyé contre les parois d'un vase immuable : c'est d'après cette condition que l'on déterminera, dans chaque cas particulier, la figure du liquide qui convient à l'équilibre.

Si, par exemple, il n'existe qu'une seule force d'attraction dirigée vers le point K, la figure de la masse $ABCD$, nécessaire à l'équilibre, sera une sphère qui aura pour centre le point K, quelle que soit la loi de cette force.

Lorsque ce centre s'éloigne à l'infini, la direction de la force devient parallèle à elle-même dans toute l'étendue de la masse fluide, et alors la surface d'équilibre est un plan perpendiculaire à cette direction. Ce cas est celui de la pesanteur : un liquide pesant et homogène, contenu dans un vase ouvert à sa partie supérieure, reste donc en équilibre quand sa surface est horizontale, ou perpendiculaire à la direction verticale de la pesanteur; réciproquement, quand ce liquide est en équilibre, on peut être certain que sa surface est parfaitement horizontale. La surface d'un fluide stagnant, d'une grande étendue, n'est plus une surface plane; c'est une portion de surface sphérique, dont le centre est celui de la terre; attendu que dans ce cas la pesanteur ne doit plus être regardée comme une force parallèle à elle-même, mais bien comme une force dirigée constamment vers ce centre, du moins en faisant abstraction de la force centrifuge et de l'aplatissement du sphéroïde terrestre.

488. Les forces d'attraction ou de répulsion, dirigées vers des centres fixes, et dont les intensités sont des fonctions des distances à leurs centres respectifs, comprennent toutes les forces de la nature qui peuvent agir sur les points d'un corps en repos; nous regarderons donc la formule $Xdx + Ydy + Zdz$ comme étant toujours une différentielle exacte; et nous désignerons par φ son intégrale, de manière que φ soit une fonction donnée de x, y, z, et qu'on ait

$$Xdx + Ydy + Zdz = d\varphi.$$

Egalant cette fonction φ à une constante arbitraire, on aura l'équation d'une infinité de surfaces, qui ne diffèrent entre elles que par les valeurs de cette constante. L'équation différentielle $d\varphi = 0$, ou $Xdx + Ydy + Zdz = 0$, sera commune à toutes ces surfaces; d'où il suit qu'elles auront toutes, comme la surface extérieure de la masse fluide, la propriété de couper à angle droit en chacun de leurs points, la direction de la résultante des forces données X, Y, Z. On les nomme, par cette raison, des *surfaces de niveau*. Si l'on fait croître, par degrés insensibles, la constante arbitraire qui entre dans leur équation générale, on aura une suite infinie de ces surfaces, qui partageront la masse fluide en une infinité de couches d'une épaisseur infiniment petite, dont chacune sera comprise entre deux surfaces de niveau, et qu'on appelle des *couches de niveau*. Dans les fluides pesans, par exemple, les couches de niveau sont horizontales; elles sont sphériques et concentriques, quand toutes les molécules de la masse fluide sont attirées vers un point fixe, et ce point est le centre commun de ces couches.

Cette division d'une masse fluide en couche de niveau, qui convient également aux fluides incompressibles et aux fluides élastiques, va nous fournir un énoncé fort simple des conditions d'équilibre de ces fluides.

489. Au moyen de la valeur de $d\varphi$, l'équation (2) prend cette forme :

$$dp = \varrho \cdot d\varphi.$$

Si le fluide est toujours incompressible, mais hétérogène, la densité ϱ sera variable; mais pour que le produit $\varrho \cdot d\varphi$ soit une différentielle exacte, il est nécessaire que le facteur ϱ soit une fonction de la variable φ, fonction qui peut d'ailleurs avoir telle forme que l'on voudra. Cela étant, la pression p sera aussi une fonction de φ; la pression et la densité seront donc constantes, en même tems que la valeur de φ, et par conséquent elles seront les mêmes pour tous les points d'une même couche de niveau.

Concluons donc qu'une masse fluide hétérogène ne peut demeurer en équilibre, à moins que chacune de ses couches de niveau ne soit homogène dans

toute son étendue. Cette condition sera la seule
nécessaire, quand le fluide sera contenu dans un
vase fermé de toutes parts ; s'il est ouvert dans une
partie, il faudra encore que la surface extérieure
du fluide soit perpendiculaire à la direction de la
résultante des forces qui lui sont appliquées. La loi
de la densité, en passant d'une couche à une autre,
dépendra de la valeur de p en fonction de φ ; et
puisque cette valeur est arbitraire, la loi de la
densité le sera aussi : lorsque la valeur de p sera
donnée, on en conclura celle de p, en intégrant
la formule $p \cdot d\varphi$.

Dans le cas où les forces appliquées aux molécules fluides se réduiront à une seule, dirigée vers
un point fixe, il faudra, pour l'équilibre, que la
masse entière soit composée de différens fluides homogènes, superposés en couches sphériques et concentriques autour du centre d'action de la force.

On voit encore que si l'on a plusieurs liquides
pesans, de différentes densités, contenus dans un
vase ouvert à sa partie supérieure, l'équilibre aura
lieu, quand tous les liquides seront superposés en
couches horizontales ; l'épaisseur et la densité de
chaque couche seront arbitraires : si l'on a deux
liquides, par exemple, il suffira pour l'équilibre,
que leur surface de séparation, et la surface qui
termine le liquide supérieur, soient toutes deux
des plans horizontaux. Les conditions d'équilibre
seront également remplies, soit que le liquide le
plus dense occupe le fond du vase, soit qu'il en
occupe la partie supérieure ; mais si l'on a égard à

la condition de stabilité (n° 178), il faudra que ce soit le liquide le moins dense qui surnage, car c'est alors que le centre de gravité du système entier sera le plus bas possible : dans le cas contraire, ce centre serait le plus haut possible, et l'équilibre ne serait pas stable.

490. Considérons enfin l'équilibre d'un fluide élastique dont toutes les molécules sont sollicitées par des forces d'attraction quelconques. En éliminant la densité ρ, entre les équations $p = k\rho$, du n° 483, et $dp = \rho \, . d\varphi$, du n° précédent, il vient $kdp = p \, . d\varphi$; d'où l'on tire

$$d \, . \log . p = \frac{1}{k} \, . d\varphi. \qquad (4)$$

Si la température est la même dans toute l'étendue de la masse fluide, et que cette masse soit en entier de la même matière, la quantité k sera constante; cette équation sera alors possible, et l'on y satisfera en prenant

$$\log . p = \frac{\varphi}{k} + \log . A, \qquad \text{ou} \qquad p = A . e^{\frac{\varphi}{k}};$$

A étant une constante arbitraire, et e, la base des logarithmes dont le module est l'unité. Cette valeur de p, et celle de ρ qui est égale à $\frac{p}{k}$, n'étant fonction, l'une et l'autre, que de la seule variable φ, il s'ensuit que la pression et la densité seront les mêmes dans toute l'étendue de chaque couche de

niveau, comme dans le cas des liquides hétérogènes ; mais les densités de ces différentes couches
ne pourront plus se succéder dans un ordre arbitraire : la loi de ces densités est déterminée, et elle
est donnée par l'équation

$$\varrho = \frac{p}{k} = \frac{A}{k}.e^{\frac{\varphi}{k}}.$$

Le fluide étant toujours d'une matière homogène,
si la température n'est pas la même dans toute son
étendue, la quantité k ne sera plus une constante ; et
en désignant par t cette température variable, k
sera une certaine fonction de t. Pour que l'équation (4) soit possible, il faut que k soit une fonction de φ ; par conséquent t sera de même une fonction de φ, dont la forme restera entièrement arbitraire ; donc, dans le cas de l'équilibre, la
température doit être uniforme dans toute l'étendue
de chaque couche de niveau, de même que la pres-
sion p et la densité ϱ, qui seront aussi des fonctions
de φ. La variation de la température, en passant
d'une couche à une autre, peut suivre telle loi qu'on
voudra ; mais cette loi étant déterminée, la loi des
densités et celle des pressions sont données par ces
équations

$$p = A.e^{\int \frac{d\varphi}{k}}, \qquad \varrho = \frac{A}{k}.e^{\int \frac{d\varphi}{k}},$$

dont la première est l'intégrale de l'équation (4),
A étant la constante arbitraire.

Lorsque le fluide que l'on considère est composé

de plusieurs autres fluides, par exemple, de plusieurs gaz de nature différente, les conditions d'équilibre peuvent être satisfaites de deux manières : quand ces gaz sont parfaitement mêlés ensemble, de sorte qu'ils forment un mélange homogène dans toutes ses parties ; et quand ils sont, au contraire, disposés en couches superposées les unes aux autres, et d'une épaisseur quelconque. Dans ce second cas, la loi des densités et des pressions, dans chaque couche, sera exprimée par les formules précédentes.

491. Quoique nous nous soyons seulement proposé de trouver les conditions d'équilibre d'une masse fluide, la théorie précédente peut encore servir à déterminer celles qui doivent être remplies, pour que cette masse conserve une forme constante, pendant qu'elle tourne autour d'un axe donné, avec une vitesse aussi donnée. En effet il est évident que ce mouvement de rotation ne fait qu'imprimer une force centrifuge aux molécules fluides ; il ne s'agira donc que de joindre cette force centrifuge aux forces accélératrices données, qui agissent sur ces molécules, et de chercher ensuite, d'après ce qui précède, les conditions d'équilibre de la masse fluide, en ayant égard à toutes ces forces.

Pour plus de simplicité, prenons l'axe de rotation, pour l'axe des z ; soit n la vitesse angulaire de rotation, commune à tous les points de la masse fluide ; r la distance à l'axe, du point qui répond aux coordonnées x, y, z, ou le rayon du cercle décrit par ce point : la vîtesse absolue de ce même point sera égale à rn, et sa force centrifuge sera exprimée par rn^2, (n° 259). Cette force étant dirigée suivant le prolongement du rayon r, il s'ensuit que sa composante suivant l'axe des z sera nulle, et que ses composantes parallèles aux axes des x et des y, seront égales à xn^2 et yn^2, comme nous l'avons déjà vu dans le n° 366. Donc en ayant égard à la force centrifuge, la formule $Xdx + Ydy + Zdz$, se trouvera augmentée d'une partie $n^2xdx + n^2ydy$, égale à n^2rdr; cette partie n'empêchera pas la formule d'être une différentielle exacte; ce qui vient de ce que la force centrifuge peut être regardée comme une force de répulsion, qui a son centre en un point de l'axe de rotation, et dont l'intensité est une fonction de la distance r, du mobile à ce centre. En conservant X, Y, Z, pour représenter les composantes des forces d'attraction qui agissent sur les molécules du fluide, nous aurons

$$Xdx + Ydy + Zdz + n^2rdr = 0, \qquad (5)$$

pour l'équation différentielle des couches de niveau et de la surface libre du fluide. Comme cette équation renferme la vîtesse n, il en résulte que cette vîtesse doit être constante, pour que le fluide puisse conserver constamment la même forme; il faut aussi, pour cela, que les composantes X, Y, Z, ne dépendent pas de la position des molécules par rapport aux plans fixes des x, y, z; ce qui exige que ces forces proviennent de l'attraction mutuelle de ces molécules, ou d'attractions dirigées vers des points de l'axe de rotation et vers d'autres points qui auraient, autour de cet axe, le même mouvement que la masse fluide.

492. Appliquons, par exemple, ce résultat, au cas d'une masse d'eau contenue dans un vase ouvert à sa partie supérieure, et tournant autour d'un axe vertical.

Comme ce fluide est incompressible et homogène, il suffira, pour qu'il conserve une forme constante, que sa surface supérieure soit celle qui est déterminée par l'équation (5). Soit donc g, la pesanteur; si nous comptons les z positives dans le sens de cette force, nous aurons $Z=g$, $X=0$, $Y=0$; par conséquent l'équation de la surface du fluide devient

$$gdz + n^2 rdr = 0.$$

Intégrant et observant qu'on a $r^2 = x^2 + y^2$, il vient

$$gz + \frac{n^2}{2} \cdot (x^2 + y^2) = C;$$

C étant la constante arbitraire. Nous voyons donc que le fluide, dans ce cas particulier, doit avoir la forme d'un paraboloïde de révolution, dont l'axe est celui de rotation. On déterminera la constante C, en cherchant le volume de la partie de ce corps qui est comprise dans le vase, et l'égalant au volume de la quantité d'eau qui doit être donné.

CHAPITRE III.

DE L'ÉQUILIBRE DES FLUIDES PESANS.

§. Ier. *Calcul de la pression due à ces fluides.*

493.   L_E calcul des pressions que les fluides pesans exercent sur les parois des vases qui les contiennent, se déduit facilement de la théorie qu'on
vient d'exposer, et de ce qui a été dit dans le n° 480;
nous allons entrer à ce sujet dans tous les détails
que son importance exige : c'est, en effet, un des
points de cette théorie qui présente les résultats les
plus remarquables, et dont on a fait les plus nombreuses applications.

Pour fixer les idées, supposons que l'eau est le
fluide pesant que nous considérons, et qu'elle est contenue dans un vase $ABCD$ (fig. 33), de forme quelconque, ouvert à sa partie supérieure, et dont le fond
ou la base AB est un plan horizontal, posé sur un plan
fixe. L'eau s'élève jusqu'à une certaine hauteur dans
ce vase ; dans l'état d'équilibre sa surface supérieure
$A'B'$, qu'on appelle son *niveau*, est plane et horizontale; je prends ce plan pour celui des coordonnées
x et y; l'axe des z est alors vertical; je le suppose
dirigé dans le sens de la pesanteur, que je désigne
par g. De cette manière, les composantes X et Y
sont nulles, et l'on a $Z = g$; la valeur de dp du n° 485,

se réduit donc à $dp = \rho g \cdot dz$; ρ étant la densité de l'eau ; d'où l'on tire, en intégrant,

$$p = \rho g z :$$

je n'ajoute pas de constante arbitraire, parce que la pression p doit être nulle au niveau de l'eau, où l'on a $z = 0$.

Cette valeur de la pression est la même pour tous les points qui sont à la même profondeur au-dessous du niveau de l'eau ; elle augmente avec cette profondeur, et c'est sur le fond du vase qu'elle est la plus grande. Si l'on désigne par h la hauteur du niveau $A'B'$ au-dessus de la base AB du vase ; par b, l'aire de cette base ; par P, la pression totale qu'elle supporte ; et si l'on observe que tous les points de cette base horizontale sont également pressés, on aura d'abord $P = bp$, puisque p est la pression rapportée à l'unité de surface, et en mettant pour p sa valeur $\rho g h$, on aura ensuite

$$P = \rho g h b.$$

Le produit bh est le volume d'un cylindre qui a pour base celle du vase, et pour hauteur celle du niveau de l'eau ; le produit $\rho g h b$ est le poids de ce cylindre rempli d'eau : donc la pression que la base éprouve est égale au poids de ce volume d'eau.

La pression P est, comme on voit, indépendante de la figure du vase : l'aire de sa base et la hauteur du niveau restant les mêmes, si la figure du vase vient à changer, cette pression conservera la même valeur. Ainsi, que l'on prenne trois vases (fig. 34),

qui

qui aient des bases égales posées sur un même plan horizontal, dont l'un s'élève en s'élargissant, l'autre en se rétrécissant, et le troisième soit cylindrique et vertical ; et qu'on les remplisse tous trois d'un même fluide pesant, jusqu'à une même hauteur ; leurs bases éprouveront des pressions égales, quoique les quantités d'eau contenues dans ces vases puissent être aussi différentes que l'on voudra. Ce résultat remarquable est pleinement confirmé par l'expérience.

494. Versons maintenant sur l'eau en équilibre dans le vase $ABCD$, un nouveau fluide, dont la densité soit ρ', qui ait sa surface supérieure $A''B''$, horizontale comme celle de l'eau, et qui s'élève dans le vase à une hauteur h' au-dessus du niveau $A'B'$ de l'eau. Ces deux fluides demeureront en équilibre dans le vase ; le nouveau fluide exercera une pression égale sur tous les points de la surface de l'eau, qui forme sa base horizontale ; en désignant l'aire de la surface $A'B'$, par b', la pression totale qu'elle éprouve sera égale à $\rho'gh'b'$; elle sera transmise par l'intermédiaire de l'eau, sur le fond AB du vase ; et il en résultera sur ce fond, dont l'aire est b, une nouvelle pression égale à $\rho'gh'b$ (n° 480) : donc la pression entière que les deux fluides réunis exercent sur la base horizontale du vase, est égale à $\rho ghb + \rho'gh'b$.

Si l'on verse un troisième fluide dans le vase, dont la surface supérieure $A'''B'''$ soit plane et horizontale, comme celle des deux premiers, l'équilibre ne sera pas troublé; ρ'' étant la densité de ce troisième fluide, h'' la hauteur de son niveau au-dessus de celui du second, ou au-dessus de $A'B'$, b'' l'aire de la surface supérieure de celui-ci, on aura $\rho''gh''b''$ pour la pression que cette surface éprouve de la part du troisième fluide. Cette pression se transmet par l'intermédiaire du second fluide, sur la surface $A'B'$ du premier; sur cette surface, dont l'aire est b', la pression transmise devient $\rho''gh''b'$; elle se transmet de nouveau par l'intermédiaire du premier fluide, sur le fond AB du vase, et il en résulte, sur ce fond, une pression égale à $\rho''gh''b$: donc la pression entière que les trois fluides superposés exercent sur le fond du vase, est égale à $\rho ghb + \rho'gh'b + \rho''gh''b$.

En continuant ainsi cette superposition de fluides de différentes densités, on déterminera la pression qu'un nombre quelconque de ces fluides, en équilibre dans un vase, exercent sur sa base horizontale. Cette pression ne dépend que de l'étendue de cette base, des hauteurs des différentes couches fluides, et de leurs densités; dans le cas où le vase est cylindrique et vertical, cette pression est précisément égale à la somme des poids de tous les fluides; elle ne change pas de valeur, quand on change la forme du vase, pourvu que la base reste la même, ainsi que l'épaisseur et la densité de chaque couche fluide.

Comme ce résultat est indépendant de l'épaisseur des couches fluides superposées, il subsiste également, quand ces couches deviennent infiniment minces, ou, ce qui est la même chose, quand

la densité de la masse fluide varie d'une manière
continue ; par conséquent, il s'applique au cas des
fluides élastiques. Il serait encore vrai, si la pesanteur , au lieu d'être constante , variait d'une couche
à l'autre , avec la densité ; ce qui arrive, lorsque
la hauteur verticale de la masse fluide est assez
grande pour que la variation de cette force devienne
sensible. Ainsi, par exemple, la pression que l'atmosphère exerce sur une surface plane et horizontale, est égale au poids de la colonne d'air, cylindrique et verticale, qui a pour base cette surface
et qui s'étend jusqu'à la limite de l'atmosphère.

Au reste, on parvient directement à ces résultats, au moyen de l'équation $dp = \rho g \cdot dz$, qui convient à tous les fluides pesans, élastiques ou non,
et dans laquelle il faut supposer la densité ρ, et la
pesanteur g, fonctions de la variable z ; mais la
superposition successive des couches horizontales
de fluides, que nous venons d'indiquer, a l'avantage de montrer suivant quelle loi la pression que
chaque couche exerce sur celle qui est placée immédiatement au-dessous, se transmet jusqu'au fond
du vase.

495. Supposons maintenant qu'une des parois d'un
vase rempli d'eau, est plane et non horizontale ; et
proposons-nous de déterminer la pression qu'elle
éprouve. Tous les points de cette paroi inclinée n'é-
tant point également pressés, je la décompose en
élémens infiniment petits ; soient ω l'un de ses élémens, et z sa distance au niveau de l'eau dans le vase ;

la pression sur cet élément, sera exprimée par $p\omega$, ou par $\rho g z \omega$, en mettant pour p sa valeur précédente. Comme les pressions de tous les élémens sont des forces perpendiculaires à la paroi, et parallèles entre elles, on aura leur résultante en prenant leur somme, ou en prenant l'intégrale de $\rho g z \omega$, étendue à l'aire entière de la paroi. Or, d'après les propriétés connues du centre de gravité, l'intégrale de $z \omega$ est égale au produit $az_{,}$, a désignant l'aire de la paroi, et $z_{,}$ étant la distance de son centre de gravité au niveau de l'eau ; donc, à cause que les facteurs ρ et g sont constans, l'intégrale de $\rho g z \omega$, ou la pression sur la paroi, sera égale à $\rho g a z_{,}$; résultat qui nous montre que cette pression ne dépend que de l'étendue de la paroi et de la profondeur de son centre de gravité, au-dessous du niveau de l'eau : si l'on fait tourner cette paroi autour de son centre de gravité, la pression qu'elle éprouve restera toujours la même et égale au poids d'un cylindre d'eau qui a pour base, la paroi, et pour hauteur, la distance de son centre de gravité au niveau de l'eau.

Quand le vase contiendra plusieurs fluides de différentes densités, on considérera chaque fluide en particulier, et l'on déterminera la pression qu'il exerce sur la paroi, soit directement, soit par l'intermédiaire des autres fluides placés au-dessous de lui ; faisant ensuite la somme de toutes ces pressions, on aura la pression totale que la paroi éprouve.

496. On peut aussi desirer de connaître le *centre*

de pression, c'est-à-dire, le point où la résultante des pressions de tous les élémens de la paroi vient la rencontrer, et où par conséquent la pression totale peut être censée appliquée. Or, les pressions des élémens étant des forces parallèles, le point d'application de cette résultante se déterminera, dans chaque cas particulier, par la théorie des momens de ces forces.

Si tous les points de la paroi étaient également pressés, le centre de pression se confondrait avec le centre de gravité; mais comme la pression augmente avec la distance au niveau du fluide, il s'ensuit que le centre de pression sera toujours plus bas que le centre de gravité. Un exemple suffira pour montrer comment on détermine la position du premier de ces deux centres.

Supposons que la paroi inclinée est un trapèze $CDC'D'$ (fig. 35) dont les deux bases parallèles CD et $C'D'$ sont horizontales; soit $CD = m$, $C'D' = n$; prolongeons les deux côtés $C'C$ et $D'D$ jusqu'à ce qu'ils se coupent en un point K, et abaissons de ce point sur les bases, une perpendiculaire qui les coupe aux points H et H' : HH' sera la hauteur de ce trapèze, et nous la représenterons par l. Concevons par cette ligne HH', un plan vertical qui coupe le fond du vase, suivant la ligne AB, et le niveau de l'eau, suivant ab. Si nous partageons le trapèze en une infinité de tranches horizontales, d'une largeur infiniment petite, la pression sera la même sur tous les points d'une même tranche; par conséquent nous pourrons prendre ces tranches pour les élémens de la paroi. Soit donc $cdc'd'$ un de ces élémens; appelons x, sa distance à la base CD, c'est-à-dire, la partie Hh de la perpendiculaire HH', h étant le point où cette perpendiculaire coupe la ligne cd; la largeur de cet élément ou la distance des deux parallèles cd et $c'd'$, sera dx, et son aire aura pour expression, le produit de l'une de ces lignes, multipliée par dx. Pour calculer la valeur de cd, on a la proportion

$$cd : CD :: hK : HK;$$

donc, en faisant $HK = y$, et observant que $CD = m$, $hK = y - x$, on aura

$$cd = \frac{my - mx}{y}.$$

Quand $x = HH' = l$, on a $cd = C'D' = n$; d'où il résulte

$$n = \frac{my - ml}{y};$$

tirant de cette équation, la valeur de y et la substituant dans la précédente, il vient

$$cd = \frac{ml - mx + nx}{l}.$$

Je multiplie cette quantité par dx pour avoir l'aire de l'élément $cdc'd'$, et ensuite par $\rho g z$, pour avoir la pression que cet élément éprouve, et qui sera

$$\frac{\rho g}{l} . (ml - mx + nx) . z dx.$$

La pression sur l'aire entière $CDC'D'$ sera donc

égale à l'intégrale de cette quantité, prise depuis $x = 0$, jusqu'à $x = l$. De plus, il suit de la théorie des forces parallèles, que si l'on multiplie la pression sur l'élément $cdc'd'$ par la distance x, de cet élément à la droite CD, et qu'on fasse la somme des produits semblables pour tous les élémens, cette somme sera égale à la pression totale, multipliée par la distance du centre de pression, à la même droite CD; donc, en appelant $x_{,}$, cette distance inconnue, nous aurons

$$x_{,} \int \frac{g\rho}{l} \cdot (ml - mx + nx) \cdot z dx = \int \frac{g\rho}{l} \cdot (ml - mx + nx) \cdot zx dx ;$$

la seconde intégrale étant prise, comme la première, depuis $x = 0$ jusqu'à $x = l$.

Dans cette équation, z est la distance de l'élément $cdc'd'$ au niveau de l'eau, c'est-à-dire, la perpendiculaire hf abaissée du point h sur la ligne ab. Pour effectuer les deux intégrations, il faut avoir la valeur de z en fonction de x; or, j'appelle α l'angle $HH'B$, qui mesure l'inclinaison du plan de la paroi, sur le fond du vase, et $\mathfrak{C}$ la distance de la base supérieure CD, au niveau de l'eau; je mène par le point H, la parallèle He, à la ligne ab, qui coupe la droite hf au point e; j'ai alors

$$ef = \mathfrak{C}, \quad eHh = HH'B = \alpha, \quad eh = Hh.\sin.eHh = x.\sin.\alpha ;$$

d'où je conclus

$$z = fh = \mathfrak{C} + x.\sin.\alpha.$$

Substituant cette valeur de z dans l'équation pré-

cédente, et supprimant les facteurs ρ, g et l, constans et communs aux deux membres, il vient

$$x_{,} . \int (ml - mx + nx) . (\mathcal{C} + x . \sin . \alpha) . dx$$
$$= \int (ml - mx + nx) . (\mathcal{C}x + x^2 . \sin . \alpha) . dx;$$

équation d'où l'on tire, en prenant les intégrales,
dans les limites prescrites

$$x_{,} = \frac{2l\mathcal{C}(m + 2n) + l^2(m + 3n) . \sin . \alpha}{6\mathcal{C}(m + n) + 2l(m + 2n) . \sin . \alpha} .$$

Cette valeur de $x_{,}$ suffit pour déterminer la position du centre de pression; car il est évident que
ce point doit se trouver sur la droite EE' qui joint
les milieux E et E' des deux bases CD et $C'D'$,
puisque cette droite partage tous les élémens du
trapèze $CDC'D'$ en deux parties égales : menant
donc dans le plan de ce trapèze une parallèle à la
base CD, à une distance de cette base égale à $x_{,}$,
le point où cette parallèle coupera la ligne EE', sera
le centre demandé.

497. Quand l'angle α est nul, la paroi est horizontale; le centre de pression doit alors coïncider
avec le centre de gravité : en effet, la valeur de $x_{,}$
se réduit à

$$x_{,} = \frac{l(m + 2n)}{3(m + n)};$$

et il est aisé de reconnaître dans cette expression,
la distance du centre de gravité du trapèze $CDC'D'$,
à sa base CD.

L'angle α ayant une valeur quelconque, si la base

CD est à *fleur d'eau*, on a $6 = 0$; la valeur de $x_{,}$ devient, toute réduction faite,

$$x_{,} = \frac{l(m + 3n)}{2(m + 2n)};$$

de sorte qu'elle est, dans ce cas, indépendante de l'inclinaison de la paroi. Le trapèze $CDC'D'$ se change en un parallélogramme; lorsqu'on a $CD = C'D'$, ou $m = n$; la valeur de $x_{,}$ se réduit à

$$x_{,} = \frac{2l}{3};$$

d'où l'on conclut que le centre de pression sur un parallélogramme, dont un des côtés est à fleur d'eau, se trouve sur la droite qui joint les milieux des deux bases horizontales, aux deux tiers de cette ligne à partir de la base supérieure.

Le même trapèze se change en un triangle, si l'une des deux bases CD et $C'D'$ est supposée nulle: en faisant successivement $n = 0$, $m = 0$, on aura

$$x_{,} = \frac{l}{2}, \qquad x_{,} = \frac{3l}{4};$$

dans le premier cas, la base CD du triangle est à fleur d'eau, et alors le centre de pression occupe le milieu de la droite qui joint le sommet et le milieu de cette base; dans le second cas, le sommet est à fleur d'eau, la base $C'D'$ opposée à ce sommet est horizontale, et le centre de pression se trouve sur la droite qui joint le sommet et le milieu de cette base, aux trois quarts à partir du sommet. On vérifie, dans tous ces cas particuliers, que le centre de pression sur une paroi inclinée est toujours plus bas que le centre de gravité de l'aire de cette paroi.

498. Lorsqu'un corps solide est plongé en tout ou en partie dans un fluide pesant, il éprouve, dans tous les points de la partie plongée de sa surface, une pression perpendiculaire à cette surface, et dirigée de dehors en dedans. La pression totale que supporte une portion plane de cette surface, se déterminera de la même manière que la pression qui a lieu sur une paroi plane du vase qui contient le fluide; si cette portion de surface est courbe, il faudra, pour déterminer sa pression totale, la partager en élémens infiniment petits; décomposer sa pression sur chaque élément, en trois forces parallèles à des axes rectangulaires; chercher ensuite, à l'aide du calcul intégral, la résultante des forces dirigées suivant chaque axe, et le point d'application de cette résultante; enfin, réduire, s'il est possible, les trois résultantes qu'on aura obtenues, en une seule force, qui sera la pression demandée. Mais cette recherche se simplifie beaucoup, quand on se propose de trouver la résultante des pressions que le fluide exerce sur la surface entière du corps plongé; car alors il est inutile d'avoir égard aux composantes horizontales des pressions élémentaires, à cause que ces composantes se détruisent deux à deux, quelle que soit la forme du corps.

Pour le prouver, soit AmB (fig. 36) le corps dont il est question; désignons par x, y, z, les coordonnées d'un point quelconque m de sa surface, et prenons, comme précédemment, le plan horizontal du niveau du fluide, pour le plan des x, y, et l'axe des z vertical et dirigé dans le sens de la pesanteur; considérons une portion de cette surface, infiniment petite dans ses deux dimensions, terminée par une courbe quelconque, et qui répond au point m; représentons toujours par ω, l'aire de cet élément, et par $p\omega$ la pression qu'il éprouve, p étant la pression rapportée à l'unité de surface : la valeur de p sera la même, dans l'état d'équilibre, pour tous les points qui sont à la même distance z du niveau du fluide, soit que ce fluide stagnant soit homogène, soit que seulement il soit composé de couches homogènes et horizontales. Appelons encore α, β, γ, les angles que la direction de la pression $p\omega$, ou la normale mn à la surface du corps, fait avec les axes des x, des y et des z; de sorte que $p\omega.\cos.\alpha$, $p\omega.\cos.\beta$, $p\omega.\cos.\gamma$, soient les composantes de cette force, suivant ces axes. Enfin, supposons qu'on projette l'élément ω sur les trois plans des coordonnées; et désignons ses projections, par a, sur le plan des y, z; par b, sur le plan des x, z; et par c, sur le plan des x, y. En observant que le plan tangent au point m, ou le plan perpendiculaire à la droite mn, n'est que le prolongement indéfini de l'élément ω, on aura, comme dans le n° 80,

$$a = \omega.\cos.\alpha, \quad b = \omega.\cos.\beta, \quad c = \omega.\cos.\gamma.$$

Multipliant ces équations par p, il vient

$$pa = p\omega.\cos.\alpha, \quad pb = p\omega.\cos.\beta, \quad pc = p\omega.\cos.\gamma;$$

donc pa, pb, pc, sont les composantes suivant les axes des x, des y et des z, de la pression $p\omega$; ce qui fait voir que la composante de cette pression, perpendiculaire à un plan quelconque, se déduit de la pression elle-même, en y remplaçant l'élément ω, par sa projection sur ce plan.

Or, le corps étant terminé de toutes parts, il y a nécessairement au moins un second élément de sa surface, qui a la même projection sur un plan donné, que l'élément ω. Ainsi, par exemple, en prolongeant dans l'intérieur du corps toutes les perpendiculaires abaissées du contour de l'élément ω, sur le plan des y, z, elles rencontreront une seconde fois la surface; elles détermineront donc sur cette surface un second élément, que je désignerai par ω', et qui aura la même projection que ω, sur le plan des y, z. Ces deux élémens ω et ω' seront à la même distance z du niveau du fluide; les pressions qu'ils éprouvent seront donc représentées par $p\omega$ et $p\omega'$, le coefficient p étant le même pour l'un et pour l'autre; donc leurs composantes parallèles à l'axe des x seront égales entre elles et représentées par pa, puisque a est la projection commune de ω et ω' sur le plan des y, z. D'ailleurs les pressions normales $p\omega$ et $p\omega'$ agissant de dehors en dedans du corps, il s'ensuit que leurs composantes suivant une droite quelconque, sont dirigées en sens contraire l'une de l'autre; donc les composantes parallèles à l'axe des x de ces deux pressions, se détruisent réciproquement. Dans la figure, l'élément ω' répond au point m'; la pression $p\omega$ s'exerce suivant la normale $m'n'$, et sa composante pa, suivant la droite $m'm$, du point m' vers le point m : au contraire, la composante pa de la pression $p\omega$, est dirigée suivant cette droite $m'm$, mais de m vers m'.

Si l'on prolonge de même les perpendiculaires abaissées du contour de ω sur le plan des x, z, jusqu'à ce qu'elles rencontrent une seconde fois la surface du corps, on déterminera un élément ω'' de cette surface, dont la projection sur le plan des x, z, sera b, comme celle de ω. La composante parallèle à l'axe des y, de la pression $p\omega''$ qui a lieu sur cet élément, sera égale et contraire à la composante parallèle au même axe, de la pression $p\omega$ qui a lieu sur l'élément ω; ces deux composantes se détruiront donc réciproquement; par conséquent les deux composantes horizontales de la pression $p\omega$, sont détruites, l'une par la composante suivant l'axe des x, de la pression $p\omega'$, l'autre par la composante suivant l'axe des y, de la pression $p\omega''$. C'est de cette manière que les pressions horizontales que le fluide exerce sur tous les élémens de la surface du corps, se détruisent mutuellement dans chaque tranche horizontale de ce corps.

499. Quant aux composantes verticales de ces pressions élémentaires, pour en trouver la résultante, je suppose que l'on prolonge les perpendiculaires abaissées du contour de l'élément ω, sur le plan des x, y, jusqu'à ce qu'elles rencontrent de nouveau la surface du corps, ce qui déterminera sur cette surface un autre élément ω, qui aura la même

projection horizontale que ω. Ces perpendiculaires formeront un cylindre vertical, terminé de part et d'autre à la surface du corps par les élémens ω et $\omega_{\prime}$; sa section horizontale est égale à la projection c, commune à ces deux élémens; sa hauteur verticale est la distance d'un de ces élémens à l'autre; nous la désignerons par l, et alors cl sera son volume. Dans la figure, l'élément $\omega_{\prime}$ répond au point $m_{\prime}$, et l est la longueur de la verticale $mm_{\prime}$. Si le corps est entièrement plongé dans le fluide, le cylindre terminé par les élémens ω et $\omega_{\prime}$, éprouvera, à ses deux extrémités, des pressions normales à la surface du corps, et représentées par $p\omega$ et $p_{\prime}\omega_{\prime}$; p et $p_{\prime}$ étant les pressions rapportées à l'unité de surface qui répondent aux élémens ω et $\omega_{\prime}$, et qui ne sont pas les mêmes, parce que ces élémens ne se trouvent pas à une même distance du niveau du fluide. Les composantes verticales de ces pressions sont pc et $p_{\prime}c$; elles agissent en sens contraire l'une de l'autre; la force verticale qui tend à élever le cylindre, est égale à l'excès de la pression inférieure sur la pression supérieure; elle sera donc exprimée par $(p-p_{\prime}).c$, en supposant que ω soit l'élément inférieur.

Quand le fluide est homogène, on a $p-p_{\prime}=g\rho l$, g étant la gravité, et ρ la densité; donc alors la différence des pressions devient $g\rho.cl$, c'est-à-dire, qu'elle est égale au poids d'un volume cl du fluide, égal au volume du cylindre que nous considérons. En partageant ainsi le corps en une infinité de cylindres verticaux, on voit que chacun de ces cylindres sera poussé de bas en haut par une

force verticale, égale et contraire au poids du cylindre fluide dont il tient la place; par conséquent
la résultante de toutes ces forces, sera aussi égale
et contraire au poids entier de la masse fluide remplacée par le corps; de sorte qu'en désignant par V
son volume, on aura $g\rho V$, pour l'intensité de cette
résultante; et cette force sera dirigée de bas en haut,
suivant la verticale qui passe par le centre de gravité de la masse fluide déplacée.

Quoique nous ayons supposé le corps entièrement
plongé dans le fluide, notre raisonnement s'applique
également au cas où il n'y est plongé qu'en partie:
il est aisé de voir que dans ce cas la résultante des
pressions verticales du fluide, est égale au poids
de la masse fluide déplacée par la partie plongée du
corps, et qu'elle est dirigée de bas en haut, suivant
la verticale menée par le centre de gravité de cette
masse.

Il est encore facile d'appliquer le même raisonnement au cas où le fluide est composé de couches
horizontales et homogènes, de différentes densités.
Pour avoir la résultante des pressions verticales
qu'un semblable fluide exerce sur un corps qui y est
plongé en tout ou en partie, on imaginera chaque
couche homogène prolongée dans l'intérieur du
corps; ce qui formera une masse fluide, analogue
à celle qui environne le corps, et de même volume
que sa partie plongée : la pression demandée sera
égale au poids de cette masse fluide et appliquée à
son centre de gravité.

5oo. On parvient immédiatement à tous ces résultats relatifs aux pressions horizontales et verticales, par une considération indirecte, qu'il est bon
de connaître.

Considérons un fluide pesant et homogène, ou seulement composé de couches horizontales et homogènes, en équilibre dans un vase ouvert à sa partie supérieure ; l'équilibre ne sera pas troublé, si l'on suppose
qu'une partie de ce fluide vient à se solidifier ; et l'on
peut prendre cette portion à la surface ou tout-à-fait
dans l'intérieur de la masse fluide entière. Dans l'un
et l'autre cas, on aura un corps solide pesant, suspendu et en repos dans le reste du fluide : il faut
donc que les pressions normales que le fluide exerce
sur la surface de ce corps, se réduisent à une seule
force, égale et contraire au poids du fluide solidifié.
Or, si l'on remplace ce corps solide par un autre ,
qui soit exactement de même forme, il est évident
que celui-ci éprouvera en tous ses points les mêmes
pressions que le premier ; d'où l'on conclut, 1°. que
les pressions qu'un corps fluide pesant exerce sur
tous les points de la surface d'un corps solide, plongé
dans ce fluide , ont une résultante unique ; 2°. que
cette résultante est verticale et dirigée de bas
en haut ; 3°. qu'elle est égale au poids de la portion
de fluide déplacée par le corps ; 4°. qu'elle est appliquée au centre de gravité de cette portion de fluide :
résultats qui s'accordent avec ceux des nᵒˢ précédens, et qui comprennent à-la-fois le cas où une
partie du corps surnage, et celui où le corps entier
est plongé dans le fluide.

5o1.

501. Connaissant en grandeur et en direction, la résultante des pressions qu'un fluide pesant exerce sur un corps solide, il est aisé d'en déduire les conditions d'équilibre de ce corps, en ayant égard à son poids et à cette résultante. Dans tous les cas, ces conditions se réduiront à deux : la première, que le centre de gravité du corps et celui de la portion de fluide déplacée, soient sur une même verticale; la seconde, que le poids de cette portion de fluide soit égal au poids du corps. Il est évident que ces deux conditions suffisent et sont nécessaires pour que la résultante des pressions et le poids du corps se fassent équilibre.

Quand le corps est homogène et entièrement plongé dans un fluide également homogène, la première condition est toujours remplie, parce qu'alors les deux centres de gravité coïncident; il suffit donc, pour que ce corps ne prenne aucun mouvement, que son poids soit égal à celui du fluide qu'il déplace; et comme le volume du fluide et celui du corps sont les mêmes, cette condition se réduit à ce que leurs densités soient égales : bien entendu qu'il faut en outre que le corps soit capable de résister aux pressions qu'il éprouve dans tous ses points, pressions qui tendent à le comprimer de toutes parts, et qui sont d'autant plus grandes que le corps est placé à une plus grande profondeur au-dessous du niveau du fluide. Si les densités sont différentes, le corps montera ou descendra selon que sa densité sera plus petite ou plus grande que celle du fluide : on le maintiendra en repos, dans le premier cas, en l'attachant au fond du vase par un fil inextensible; et dans le second cas, en le suspendant à l'extrémité inférieure d'un semblable fil, attaché par son autre extrémité à un point fixe. Or, si nous supposons, dans ce second cas, que le point de suspension soit pris sur un plateau d'une balance, il est évident que ce plateau ne soutiendra qu'une partie du poids du corps, savoir, l'excès de son poids entier sur celui qui représente la résultante des pressions verticales du fluide; on ne devra donc poser dans l'autre plateau de la balance, pour la tenir en équilibre, qu'un poids égal à la différence de ces deux poids; d'où l'on conclut ce principe d'hydrostatique, qu'*un corps pesé dans un fluide, y perd une partie de son poids, égale au poids du fluide qu'il déplace.*

502. Nous considérerons plus en détail, dans le chapitre suivant, les conditions d'équilibre des corps pesans, soutenus par un fluide; mais c'est ici le lieu d'indiquer l'usage de la *balance hydrostatique*, qui ne diffère pas essentiellement d'une balance ordinaire, et que l'on emploie à peser les corps successivement dans le vide et dans l'eau, afin de déterminer le rapport de leur densité à celle de ce fluide. Cette détermination se fait au moyen d'une formule très-simple dans laquelle il n'entre que le poids du corps dans le vide et dans l'eau. Soient, en effet, P le poids donné d'un corps dans le vide; P' le poids aussi donné du même corps, quand il est entièrement

plongé dans l'eau ; V son volume, D sa densité, π le poids de l'eau qu'il déplace, et dont le volume est le même que le sien, ρ la densité de ce fluide, G la gravité; nous aurons

$$P = VDG, \quad \pi = V\rho G ;$$

et à cause que le poids du corps pesé dans l'eau, est diminué du poids du volume d'eau qu'il déplace, nous aurons aussi

$$P - \pi = P'.$$

Eliminant V et π entre ces équations, G s'en va en même tems, et l'on trouve

$$\frac{P}{P-P'} = \frac{D}{\rho};$$

en prenant donc la densité de l'eau pour unité, cette équation fera connaître le nombre D qui doit représenter la densité du corps, ou ce que les physiciens appellent sa *pesanteur spécifique*.

Ce moyen ne s'applique qu'aux substances solides qui ne se dissolvent pas dans l'eau. On peut voir dans les Traités de physique, les méthodes que l'on a imaginées pour obtenir les pesanteurs spécifiques des autres substances, et pour en former des tables.

503. Il résulte du principe d'hydrostatique que nous venons d'énoncer, que les corps doivent être pesés dans le vide, si l'on veut connaître leur véritable poids. Deux corps que nous pesons dans l'air, et qui s'y font équilibre au moyen d'une balance

exacte, ne sont pas égaux en poids, à moins qu'ils ne soient de même volume; car s'ils ont des volumes différens, ils déplacent des quantités d'air différentes; leurs poids sont donc inégalement diminués; et puisqu'ils exercent des pressions égales sur les plateaux de la balance, il en faut conclure que le poids du corps qui a le plus grand volume, est aussi le plus grand. L'expérience montre effectivement qu'aussitôt qu'on transporte la balance dans le vide, l'équilibre se rompt en faveur du corps dont le volume est le plus grand.

504. Nous devons encore observer que lorsqu'un corps suspendu dans l'air, est abandonné à l'action de la pesanteur, sa force motrice, dans ce fluide, est égale à l'excès de son poids sur celui de l'air qu'il déplace; de sorte qu'il est sollicité par une force accélératrice constante, un peu plus petite que la pesanteur dans le vide. Pour comparer ces deux forces entre elles, désignons par g la première, par G la seconde, par V le volume du corps, par D sa densité, par ρ celle de l'air; nous aurons VD pour sa masse, et $GVD - GV\rho$ pour sa force motrice; divisant donc l'une par l'autre, afin d'obtenir la force accélératrice, il vient

$$g = G\left(1 - \frac{\rho}{D}\right).$$

Ainsi, l'air ralentit le mouvement des corps pesans, par deux raisons distinctes : parce qu'il agit sur eux comme milieu résistant, ce qui produit une force retardatrice dépendante de la vîtesse du mobile; et parce qu'il diminue la force accélératrice constante qui agit sur ces corps. Nous avons vu, dans le n° 273, que la première cause n'a aucune influence sur la durée de l'oscillation entière d'un pendule; mais il n'en est pas de même de la seconde : cette durée étant en raison inverse de la racine carrée de la force g, il s'ensuit qu'elle dépendra de la densité de l'air dans lequel le pendule fait ses oscillations, et qu'elle augmentera avec cette densité. Il s'ensuit aussi que la valeur de g qu'on détermine par les observations du pendule, faites dans l'air (n° 272), n'est pas exactement l'intensité de la pesanteur dans le vide; mais au moyen de la formule précédente, il est aisé de calculer la valeur de G d'après celle de g, quand on connait le rapport $\frac{\rho}{D}$ de la densité de l'air à celle du corps que l'on fait osciller.

505. Reprenons maintenant la théorie des pressions des fluides sur les parois des vases, dont nous nous sommes écartés un moment, et à laquelle il nous reste peu de choses à ajouter.

La démonstration du n° 498 s'applique sans difficulté aux composantes horizontales de ces pressions; on en conclut que ces composantes sont deux à deux égales et contraires, et qu'elles se détruisent toutes mutuellement quelle que soit la forme du vase; de manière que si un vase posé sur un plan horizontal fixe, contient un ou plusieurs fluides en équilibre, les pressions horizontales que ces fluides exercent sur ses parois, ne lui imprimeront aucun mouvement parallèlement à ce plan. Mais si l'on fait une ouverture aux parois, au-dessous du niveau du fluide, le vase glissera aussitôt sur le plan, en vertu de la pression qui a lieu sur la partie du vase opposée à celle que l'on a percée. Pour bien concevoir cet effet, supposons que le vase soit un parallélépipède rectangle AC (fig. 37), rempli d'eau jusqu'à une certaine hauteur; traçons sur une de ses faces verticales, au-dessous du niveau de l'eau, une courbe fermée mnl; par tous ses points, menons des perpendiculaires à son plan, qui formeront un cylindre horizontal, et qui intercepteront sur la face opposée du vase, une aire $m'n'l'$, égale et semblable à l'aire mnl : ces deux aires éprouveront des pressions horizontales qui sont parfaitement égales, et qui se détruisent mutuellement, parce qu'elles agissent de dedans en dehors du vase, et par conséquent en sens contraire l'une de l'autre. Or, si l'on fait une ouverture latérale au vase et qu'on enlève la portion mnl de ses parois, l'eau s'écoulera par cette ouverture, la pression qui a lieu sur $m'n'l'$ ne sera plus détruite, et le vase sera mis en mouvement par cette pression, dans le sens de sa direction. Cette force motrice du vase dépendra de l'étendue de $m'n'l'$, et de la hauteur du niveau de l'eau, au-dessus du centre de gravité de cette aire (n° 495); elle sera constante, quand le niveau sera entretenu constamment à la même hauteur; elle diminuera, lorsque ce niveau s'abaissera.

C'est sur cette remarque qu'est fondé le moyen ingénieux, proposé par *Daniel Bernoulli*, pour mouvoir les bateaux sans le secours des rames ni du vent.

506. Le raisonnement du n° 499, appliqué aux composantes verticales des pressions qu'un ou plusieurs fluides contenus dans un vase de forme quelconque, exercent sur toute l'étendue de ses parois, prouve aussi que la résultante de toutes ces pressions, n'est rien autre chose que le poids même de ces fluides. Ce poids, joint à celui du vase, forme donc la seule pression que supporte le plan horizontal sur lequel le vase est posé. On ne doit pas la confondre avec la pression qui a lieu sur une partie seulement des parois du vase, par exemple, sur son fond horizontal : celle-ci peut, dans certains cas, surpasser de beaucoup le poids du fluide contenu dans le vase (n° 493); mais cela n'arrive que quand le vase va en se rétrécissant à partir du fond : alors une partie de ses parois est pressée verticalement de bas en haut, et le plan qui le supporte n'est chargé que de la pression qui a lieu sur le fond, diminuée de celle qui a lieu en sens contraire sur la partie opposée.

§. II. *Conditions d'équilibre des fluides contenus dans des vases communiquans.*

507. La considération des couches de niveau nous a déjà fait connaître les conditions d'équilibre de différens fluides renfermés dans un même vase ;

mais ces conditions ne sont plus suffisantes, lorsque ces fluides sont contenus dans plusieurs vases,
dont chacun est ouvert à sa partie supérieure, et
qui communiquent entre eux par des ouvertures
latérales, de manière que les fluides peuvent couler
d'un vase dans l'autre. Si l'équilibre existe dans
un pareil système de fluides, il est certain qu'il
ne sera pas troublé, en supposant qu'on ferme les
ouvertures latérales des vases. Cet état ne saurait
donc subsister dans le système entier, à moins
qu'il n'ait lieu séparément dans chaque vase; ainsi,
il faudra d'abord que les fluides de différentes densités contenus dans un même vase, y soient disposés
par couches horizontales; cette condition étant remplie, il faudra en outre qu'il existe un certain rapport entre les densités des fluides et les hauteurs de
leurs niveaux dans les vases communiquans; et c'est
ce rapport qu'il s'agit maintenant de déterminer.

508. D'abord supposons qu'on ait un seul fluide,
homogène et incompressible, répandu dans plusieurs
vases communiquans, dont chacun est ouvert à sa
partie supérieure; il faudra que le fluide s'élève à
la même hauteur, ou qu'il ait le même niveau dans
tous ces vases. En effet, s'il y avait un vase dans
lequel le fluide s'élevât à une plus grande hauteur
que dans les autres, la pression ne saurait être nulle
à la surface libre du fluide dans ceux-ci : elle y
serait proportionnelle à la distance de cette surface
au niveau le plus élevé; par conséquent il faudrait,
pour l'équilibre, que le vase dans lequel le fluide

s'élève à la plus grande hauteur, restât seul ouvert, et que tous les autres fussent fermés par des parois fixes, adjacentes à la surface supérieure du fluide.

Ainsi, toutes les fois qu'un fluide, tel que l'eau, par exemple, peut couler d'un vase dans un autre, et que nous le voyons néanmoins demeurer en repos, nous en pouvons conclure que le fluide est alors de niveau dans les deux vases. L'usage qu'on fait du *niveau d'eau*, dans les opérations trigonométriques, est une application immédiate de ce principe.

509. L'eau étant ainsi de niveau dans deux vases communiquans ADC et BEF (fig. 38), versons un nouveau fluide dont la densité soit ρ', dans le premier, et un autre fluide dont la densité soit ρ'', dans le second; soit $cdef$ le niveau de l'eau dans les deux vases, $c'd'$ et $e'f'$, ceux des nouveaux fluides, h' et h'', les hauteurs de ces niveaux au-dessus du niveau de l'eau. Quelle que soit la forme des deux vases au-dessus du niveau $cdef$, la pression que le premier fluide exerce sur la surface cd de l'eau, sera égale à $ah'\rho'$, a étant l'aire de cette surface; et la pression exercée par le second fluide sur la surface ef, sera égale à $bh''\rho''$, b étant l'aire de la section ef du second vase (n° 493): or, pour que ces deux pressions ne troublent pas l'équilibre de l'eau, il faut qu'elles soient entre elles comme les surfaces a et b (n° 481); donc, il faut qu'on ait $h'\rho' = h''\rho''$, c'est-à-dire, que les hauteurs des deux fluides au-dessus du niveau primitif, doivent être réciproquement proportionnelles à leurs densités.

Sans entrer dans de plus grands détails, il est aisé de voir que si l'on a un nombre quelconque de vases communiquans par des ouvertures latérales, qu'ils soient remplis d'un premier fluide, d'eau par exemple, jusqu'à une certaine hauteur au-dessus de ces ouvertures, que ce fluide ait le même niveau dans tous les vases, et qu'on verse à-la-fois dans chaque vase, plusieurs fluides de différentes densités, disposés par couches horizontales : il suffira et il sera nécessaire pour l'équilibre, que la somme des hauteurs verticales de ces couches, multipliées respectivement par les densités, soit la même dans tous les vases.

Pour déterminer la pression sur le fond, ou sur toute autre paroi de l'un de ces vases, on aura seulement égard aux fluides qu'il contient, et l'on fera abstraction de ceux qui sont contenus dans les autres vases. En effet, on peut, sans troubler l'équilibre et sans rien changer aux pressions, fermer toutes les communications de ces vases par des parois fixes, et considérer ensuite chaque vase isolément.

510. Au lieu de verser un nouveau fluide dans les deux vases ADC et BEF, on aurait pu recouvrir la surface de l'un de ces vases, par une paroi mobile, et poser un poids quelconque sur cette paroi; en donnant au fluide versé dans l'autre vase, une hauteur convenable, au-dessus du niveau de l'eau, la pression due à ce fluide pourra toujours faire équilibre à ce poids quelque grand qu'il soit. C'est sur ce principe qu'est fondée la construction

de la *presse hydrostatique*, dans laquelle un simple filet d'eau peut faire équilibre à un poids énorme, et qu'on avait proposé, dans ces derniers tems, d'employer à peser à-la-fois les voitures et leurs charges.

Qu'on se représente, en effet, une caisse ouverte à sa partie supérieure, et à laquelle nous donnerons, pour plus de simplicité, la forme d'un parallélépipède rectangle MN (fig. 39) : cette caisse est remplie d'eau jusqu'à une certaine hauteur ; on pose sur la surface *abcd* de ce fluide, un couvercle, ou une paroi mobile, qui ferme la caisse exactement ; au-dessous du niveau de l'eau, on fait une ouverture E, à l'une des parois latérales, à laquelle on ajuste un tuyau recourbé EFG, ouvert à sa partie supérieure, et dont nous supposerons la branche FG, verticale. A cause du poids du couvercle, et de tout autre poids qu'on y peut ajouter, l'eau doit s'élever dans le tube au-dessus de son niveau dans la caisse ; ainsi k étant le point où le prolongement du plan horizontal *abcd* vient couper le tube, l'eau s'élevera jusqu'en un point n, situé au-dessus du point k. Pour déterminer la position de ce point n, appelons h la hauteur verticale nk, ρ la densité de l'eau, g la gravité, P le poids posé sur la surface *abcd* de l'eau, A l'aire de cette surface, a l'aire de la section horizontale du tube au point k ; la pression de l'eau en ce point sera égale au produit ρgha ; pour qu'elle fasse équilibre à la pression P qui s'exerce sur la surface A, il faudra qu'on ait

$$\rho gha : P :: a : A;$$

d'où l'on tire

$$P = \wp g A h.$$

Les choses étant dans cet état, ajoutons au point P, un nouveau poids X, inconnu et qu'il s'agit de déterminer : l'eau s'élevera au-dessus du point n jusqu'en un point tel que n'; en même tems le niveau de ce fluide s'abaissera dans la caisse et deviendra, je suppose, $a'b'c'd'$; soit k' le point où le plan horizontal $a'b'c'd'$ prolongé, vient couper le tube; faisons $nn' = x$, $kk' = y$; nous aurons dans ce nouvel état d'équilibre

$$P + X = \wp g A (y + x);$$

mais à cause que l'eau est un fluide incompressible, l'abaissement y et l'élévation x, devront être en raison inverse des surfaces A et a (n° 481), c'est-à-dire, qu'on aura $Ay = ax$; mettant donc ax à la place de Ay, et pour P sa valeur, dans la dernière équation, elle se réduit à

$$X = \wp g \, (A + a) . x;$$

formule qui fera connaître immédiatement le poids X, quand on aura mesuré la hauteur x, ou l'élévation de l'eau dans le tube, au-dessus de son niveau primitif, produite par ce poids X.

511. La pression atmosphérique qui s'exerce sur la surface des fluides contenus dans des vases communiquans, ne saurait jamais troubler l'équilibre de ces fluides ; car cette pression est toujours propor-

tionnelle à l'étendue de la surface du fluide, en contact avec l'air (n° 494), ou, ce qui est la même chose, la pression rapportée à l'unité de surface est la même partout ; condition suffisante et nécessaire pour qu'elle ne détruise pas l'équilibre des fluides qu'on suppose exister (n° 481). Mais si l'un de ces vases s'ouvre dans le vide, tandis que les autres s'ouvrent dans l'air, on conçoit que l'équilibre sera troublé, et que le fluide s'élevera au-dessus du niveau dans le vase où il n'éprouve pas la pression de l'air. En supposant donc que les vases communiquans ADC et EBF (fig. 38), soient tous deux ouverts à leur partie supérieure DC et EF, et que l'on y verse un fluide homogène, tel que l'eau : ce fluide se mettra de niveau dans les deux vases, et y demeurera malgré la pression atmosphérique ; mais si l'on fait le vide dans le vase EBF, et qu'on le ferme exactement dans sa partie supérieure, l'eau s'élevera aussitôt dans ce vase, et s'abaissera en même tems dans l'autre. Soit donc $e'f'$ le niveau de l'eau dans le vase, fermé EBF, et cd le niveau du même fluide dans le vase ouvert ADC. Sans la pression de l'air qui s'exerce sur la surface cd, le niveau dans le vase EDF serait ef, qui se trouve dans le même plan horizontal que cd ; appelons h la hauteur verticale du niveau $e'f'$, au-dessus de ef ; la pression rapportée à l'unité de surface que la portion d'eau $efe'f'$ exerce sur la surface ef, sera égale à $\rho g h$, ρ et g étant toujours la densité du fluide et la gravité ; donc, pour que cette pression fasse équilibre à celle de l'air, il faudra qu'on ait

$$y\varrho h = \Pi \, ;$$

en désignant par Π, la pression atmosphérique rapportée à l'unité de surface.

On voit, par cette équation, que l'élévation des fluides au-dessus de leur niveau, produite par la pression de l'air, ne dépend ni de l'étendue de la surface qui éprouve cette pression, ni de la forme des vases dans lesquels ces fluides sont contenus; elle ne dépend que de la densité de chaque fluide, et la pression de l'air restant la même, l'élévation d'un fluide quelconque est en raison inverse de sa densité. Relativement à un même fluide, cette élévation est la plus grande à la surface de la terre ; elle est moindre au sommet d'une montagne d'une hauteur sensible, et elle décroît à mesure qu'on s'élève au-dessus de cette surface, parce qu'alors la pression atmosphérique diminue. La loi de ce décroissement et l'application importante qu'on en a faite à la mesure des hauteurs verticales, seront l'objet spécial de l'un des chapitres suivans.

L'élévation de l'eau due à la pression atmosphérique, est d'environ 10 mètres et 4 décimètres, à la surface de la terre. En partant de cette donnée, il sera aisé de conclure l'élévation de tout autre fluide, produite par la même cause, quand on connaîtra le rapport de sa densité à celle de l'eau.

512. Tout ce que nous disons sur l'équilibre des fluides pesans dans les vases communiquans, con-

vient également aux fluides contenus dans des tubes recourbés. L'eau, ou tout autre liquide pesant, demeurera en équilibre dans un tube ACB (fig. 40 et 41), composé de deux branches AC et BC ouvertes en enhaut, tant que ce fluide sera de niveau dans les deux branches. Si l'une d'elles est fermée et vide d'air, l'eau s'élevera dans la branche fermée, jusqu'à une hauteur d'environ 10^m, 4, au-dessus de son niveau dans la branche ouverte. Les deux branches étant ouvertes, si le tube ACB est placé dans une position renversée (fig. 42), l'eau pourra encore s'y tenir en équilibre en vertu de la pression atmosphérique qui s'exerce de bas en haut dans chaque branche, et qui s'oppose à ce que l'eau descende ; mais en supposant que le fluide occupe la partie aCb du tube, il faudra 1°. que les deux points extrêmes a et b, se trouvent dans un même plan horizontal ; 2°. que la hauteur verticale du sommet C du tube, au-dessus de ce plan, soit plus petite que la hauteur à laquelle la pression de l'air peut élever et soutenir le fluide donné au−dessus de son niveau. Ainsi, en abaissant du point C, une perpendiculaire Cc sur l'horizontale ab, il faudra, dans le cas de l'eau, que Cc ne dépasse pas 10^m, 4, environ, sans quoi l'eau descendrait à-la-fois dans les deux branches AC et BC, en formant un vide au sommet C.

Au reste, on doit observer que l'équilibre de l'eau dans un tube renversé, n'est qu'instantanée, de manière que si le fluide descend un tant soit peu dans l'une des deux branches, et monte en même tems dans l'autre, il continuera indéfiniment à descendre par la première branche et à monter par la seconde. En effet, supposons que l'extrémité a soit descendue en a', et que l'extrémité b soit montée en b', de sorte que le fluide remplisse maintenant la partie $a'Cb'$ du tube ACB; menons par les points a' et b' des droites horizontales $a'e, b'f$, qui rencontrent la verticale Cc aux points e et f; faisons $Ce = h$, $Cf = h'$; désignons par ρ et g, la densité du fluide et la gravité, et comme précédemment, par Π, la pression atmosphérique, rapportée à l'unité de surface : la pression qui a lieu au point a' et qui tend à faire remonter le fluide dans la branche AC, sera l'excès de la pression Π sur celle de la portion Ca' du fluide; elle sera donc égale à $\Pi - g\rho h$; par la même raison, la pression au point b' est égale à $\Pi - g\rho h'$, et elle tend à faire remonter le fluide dans la branche BC; or, à cause de $h' < h$, la seconde quantité est plus grande que la première : la pression au point b' l'emportera donc sur la pression au point a', et par conséquent le fluide s'écoulera par la branche AC.

Lorsque le tube est dans une position droite, l'équilibre du fluide qu'il renferme est stable; de manière que si on l'abaisse dans une des branches au-dessous de son niveau, et qu'on l'élève dans l'autre au-dessus du même niveau, il tendra à revenir à sa position d'équilibre, et il fera dans l'une et l'autre branche, une suite indéfinie d'oscillations dont nous donnerons la loi, quand nous traiterons du mouvement des fluides.

515.

513. Rien n'est plus facile maintenant que d'expliquer le mécanisme du *siphon*, instrument qu'on emploie à transvaser les liquides, et qui consiste simplement en un tube recourbé dont une branche est plus longue que l'autre. Soit *ab* (fig. 43) le niveau du liquide dans le vase qu'il s'agit de vider; on plonge dans ce liquide la branche la plus courte *CB* d'un siphon *ACB*; on aspire ensuite l'air contenu dans ce tube, et aussitôt la pression atmosphérique qui s'exerce sur la surface *ab*, fait monter le fluide dans la branche *CB*; il s'élève jusqu'au sommet *C*, pourvu que sa hauteur au-dessus du niveau *ab*, ou la perpendiculaire *Cc*, abaissée de ce point sur la surface *ab*, n'excède pas la hauteur à laquelle le fluide peut être soutenu par la pression de l'air : parvenu au point *C*, le fluide redescend par la branche *AC*, et il s'écoule dans un autre vase par l'extrémité *A* de cette branche.

Pendant cet écoulement, le niveau *ab* s'abaisse, et la hauteur *Cc* augmente; il faudra donc, pour que l'écoulement ne soit point interrompu, que cette hauteur n'atteigne pas la limite qui lui est assignée, jusqu'à ce que le fluide soit entièrement écoulé : par exemple, si ce fluide est de l'eau, l'écoulement s'arrêtera de lui-même, aussitôt que la hauteur *Cc* sera devenue égale à 10^m,4.

514. La pesanteur est la seule force que nous ayons considérée dans ce paragraphe; nous n'avons point eu égard à l'attraction mutuelle des molécules fluides, non plus qu'à l'attraction des parois des vases

2.

sur ces mêmes molécules; cependant les lois de l'équilibre des fluides pesans sont modifiées en plusieurs points, par l'action de ces forces. Il ne faut pas confondre l'attraction dont je veux parler maintenant, avec celle dont il a été question dans le premier chapitre du livre précédent. Toutes les parties de la matière sont en effet soumises à deux sortes d'attractions mutuelles, essentiellement distinctes l'une de l'autre. L'intensité de l'une de ces forces suit la raison inverse du carré des distances des molécules. Son action s'étend à de très-grandes distances; c'est elle qui produit tous les phénomènes que nous présentent les mouvemens des corps célestes; et elle comprend, comme cas particulier, la pesanteur terrestre. Relativement aux plus grandes masses que l'on puisse considérer à la surface de la terre, cette attraction est toujours une force très-petite par rapport à la pesanteur (n° 328), et quand on cherche les conditions d'équilibre d'un fluide pesant contenu dans un vase, on peut, sans qu'il en résulte aucune erreur appréciable, négliger l'attraction de cette espèce que le vase exerce sur le fluide, et celle du fluide sur lui-même. L'autre espèce d'attraction est extrêmement grande dans le contact des molécules : son action s'étend à distance autour de la molécule attirante, mais elle décroît avec une extrême rapidité, et l'étendue de sa sphère d'activité sensible est plus petite qu'aucune distance que nous puissions apprécier. La loi de ce décroissement est inconnue; on ignore si elle est la même pour toutes les substances de la nature ; l'expérience a seulement appris que la grandeur absolue de cette force varie avec ces diverses substances, c'est-à-dire qu'une même molécule, dans les mêmes circonstances, n'exerce pas une attraction égale sur des molécules de différentes matières. Quoiqu'il en soit, la réaction est toujours égale à l'action, entre des molécules égales en masse, de sorte que cette attraction mutuelle ne peut jamais mettre en mouvement le centre de gravité d'un assemblage de molécules qui lui sont soumises.

C'est cette dernière espèce d'attraction qui modifie les conditions d'équilibre des fluides pesans. En vertu de cette force, la surface d'un fluide contenu dans un vase, n'est plus rigoureusement horizontale; elle est concave ou convexe près des parois de ce vase, et elle ne devient plane et horizontale qu'à une certaine distance de ces parois; mais de toutes ces modifications, la plus remarquable est l'élévation ou l'abaissement du niveau des fluides dans les *tubes capillaires*. L'expérience prouve, en effet, que si l'on plonge un tube très-étroit dans un fluide, ce fluide ne prend pas dans le tube le niveau qu'il a en dehors : le niveau s'élève dans un tube de verre, plongé dans l'eau; au contraire, le niveau du mercure s'abaisse dans le même tube ; or, cette élévation et cet abaissement sont dus à l'attraction du tube, sur les molécules du fluide, combinée avec l'attraction du fluide sur lui-même. On doit à M. *Laplace* une Théorie mathématique et complète du phénomène de la capillarité, et d'un grand nombre d'autres phénomènes qui dépendent d'une cause semblable, quoiqu'ils paraissent d'abord n'avoir aucun rapport entre eux : les bornes et la nature de ce Traité ne nous permettent pas d'exposer, d'une manière convenable, cette importante Théorie dont on trouvera tous les développemens dans le *Supplément au* 10ᵉ *Livre de la Mécanique céleste.*

§. III. *Notions sur les Pompes.*

515. Les machines que l'on emploie le plus communément à élever l'eau au-dessus de son niveau, sont les différentes espèces de pompes. Leur théorie est une application immédiate et fort simple des lois de l'équilibre des fluides pesans, et pour cette raison, nous allons maintenant en expliquer les points principaux.

Une *pompe* consiste, en général, en un tuyau cylindrique *CED* (fig. 44), dans lequel un *piston AB* glisse en le remplissant exactement et de façon que ni l'air, ni l'eau ne puissent passer entre le cylindre et le piston. Le tuyau *CED* est composé de deux parties *EC* et *ED*, qui sont le plus souvent des cylindres de différens diamètres, exactement joints l'un à l'autre, et séparés par une espèce de cloison *EF*, qui leur est fixement attachée. Cette cloison est percée vers son centre ; l'ouverture est fermée par un couvercle à charnière *S*, qu'on appelle une *soupape*, et qui s'ouvre de bas en haut, comme l'indique la figure. La soupape, en s'ouvrant, permet à l'eau de passer du cylindre inférieur *ED*, dans le cylindre supérieur *CE* ; mais quand elle est fermée, elle empêche ce fluide de revenir du second cylindre dans le premier. Le piston AB est pareillement percé vers son centre, et l'ouverture est aussi fermée par une soupape S', qui s'ouvre, comme la première, de bas en haut.

Dans toutes les espèces de pompes, l'eau est élevée d'un cylindre dans l'autre par le jeu du piston ; mais dans celles qu'on appelle *pompes foulantes*, le fluide est immédiatement foulé ou poussé par le piston ; dans les autres, c'est l'aspiration de l'air contenu entre le piston et l'eau, qui produit l'élévation de ce fluide, et pour cette raison, on les nomme *pompes aspirantes* : quelquefois aussi ces deux moyens sont combinés ensemble dans une même pompe, de manière qu'elle est à-la-fois *aspirante et foulante*. Examinons d'abord le mécanisme de la pompe aspirante.

516. Soit ab le niveau de l'eau que l'on veut élever, et dans laquelle le cylindre inférieur ED est plongé. Le piston AB se meut dans le cylindre supérieur EC, de sorte qu'il est toujours situé au-dessus de la cloison EF. L'espace compris entre le niveau de l'eau et le piston est rempli d'air ; en vertu de son élasticité, ce fluide exerce une certaine pression sur la surface de l'eau, et cette pression fait équilibre à celle de l'atmosphère, en supposant, toutefois, que l'eau soit de niveau dans l'intérieur et en dehors de la pompe. Si l'on abaisse le piston, l'air comprimé entre AB et EF, forcera la soupape S' de s'ouvrir, et s'échappera par cette ouverture. Pour

fixer les idées, je suppose que le piston soit d'abord abaissé jusqu'en EF; quand on le relevera ensuite, l'espace compris entre le piston et la cloison EF se trouvera vide d'air; mais alors la pression de l'air contenu entre EF et ab, contre la paroi EF, forcera la soupape S de s'ouvrir, et une partie de cet air passera dans le cylindre EC; par conséquent, l'air se dilatant, sa densité et sa force élastique diminueront, et cette force cessera de faire équilibre à la pression atmosphérique qui s'exerce sur la surface de l'eau en dehors de la pompe : l'eau montera donc dans le cylindre ED, jusqu'à ce que la pression due à l'eau élevée, augmentée de celle qui est due à la portion d'air comprise entre cette eau et le piston, fasse équilibre à la pression de l'air extérieur.

Supposons que le piston s'arrête lorsque l'eau sera parvenue en $a'b'$; la soupape S se fermera par son propre poids; quand le piston redescendra jusqu'en EF, l'air contenu entre AB et EF, ouvrira la soupape S' et s'échappera, comme la première fois, par cette ouverture; le piston se relevant de nouveau, le vide se fera entre AB et EF; la pression de l'air $a'b'EF$ ouvrira la soupape S; une partie de cet air passera dans le cylindre supérieur, et l'eau s'élevera au-dessus de $a'b'$. Ainsi, à chaque coup de piston l'eau s'élève d'une nouvelle quantité; je supposerai donc qu'après un certain nombre de coups, par exemple au troisième, l'eau ait dépassé la cloison EF, et soit parvenue en $a\mathcal{C}$: j'arrête le piston, la soupape S se ferme; le piston, en descendant ensuite, atteint la surface $\alpha\epsilon$ de l'eau, et s'enfonce dans ce fluide, de sorte que l'eau passe au-dessus du piston en ouvrant la soupape S'; je suppose toujours que le piston s'abaisse jusqu'en EF, et par conséquent que toute la portion d'eau $EF\alpha\epsilon$ passe au-dessus de AB. Quand le piston est parvenu en EF, la soupape S' se ferme; lorsqu'il remonte, il élève avec lui l'eau qui se trouve au-dessus de AB; en même tems la soupape S s'ouvre et laisse passer une nouvelle portion d'eau qui remplace la précédente, et qui est enlevée par le coup de piston suivant.

C'est de cette manière que l'eau s'élève dans une pompe aspirante, et quand elle est parvenue à une certaine hauteur, elle s'écoule hors de la pompe par un orifice latéral O, auquel est adapté un tuyau OH.

517. Il est évident que l'eau n'atteindra jamais le cylindre supérieur EC, si la hauteur de EF au-dessus du niveau ab, surpasse la plus grande hauteur à laquelle la pression atmosphérique peut soutenir l'eau dans le vide, et qui est égale, comme je l'ai déjà dit, à environ $10^m,4$; supposons donc la distance de EF à ab plus petite que $10^m.4$, et proposons-nous de déterminer en combien de coups de piston l'eau atteindra la paroi EF.

Pendant que l'eau s'élève dans le cylindre ED, son niveau s'abaisse hors de la pompe; mais si la surface du réservoir d'eau dans lequel la pompe est plongée , est très-grande par rapport à la section horizontale du cylindre ED, cet abaissement de niveau sera très-petit, et l'on pourra en faire abstraction, tant que l'eau n'aura pas atteint la paroi EF. Je regarde donc le niveau du réservoir d'eau comme constant; je désigne par h, la hauteur de EF au-dessus de ce niveau; par x, l'élévation inconnue de l'eau au-dessus du même niveau, après le premier coup de piston, c'est-à-dire, la distance de $a'b'$ à ab; par l, l'espace parcouru par le piston, qui part de EF et qui s'élève jusqu'en $E'F'$, de sorte que l exprime la distance de $E'F'$ à EF; par n, l'aire d'une section horizontale du cylindre DE; par m, celle d'une section du cylindre EC; par H, la plus grande hauteur à laquelle la pression atmosphérique soutient l'eau dans le vide; enfin, par ρ, la densité de l'eau, et par g la gravité. La pression atmosphérique rapportée à l'unité de surface, aura pour mesure $H\rho g$; avant que le piston commence à s'élever, la force élastique de l'air qui occupe le volume $EFab$, fait équilibre à la pression de l'air extérieur; cette force est donc aussi égale, dans cet état, à $H\rho g$; quand le piston est en $E'F'$, et l'eau en $a'b'$, cette même portion d'air occupe le volume $E'F'a'b'$; sa densité, et par conséquent sa force élastique, sont donc diminuées dans le rapport du second volume au premier; or, le volume $EFab$ est égal à nh, le volume $E'F'a'b'$ est la somme de deux cylindres, qui a pour valeur $n(h-x)+ml$; d'où il suit que la force élastique de l'air qui occupe le second volume, est égale à

$$\frac{nh}{n(h-x)+ml}\cdot H g\cdot$$

La pression due à l'eau élevée jusqu'en $a'b'$ par le premier coup de piston, a pour mesure le produit $x \rho g$; cette pression ajoutée à celle de l'air intérieur doit faire équilibre à celle de l'air extérieur; donc, quand le piston est parvenu en $E'F'$, on a cette équation

$$x \rho g + \frac{nh}{n(h-x)+ml}\cdot H\rho g = H\rho g,$$

pour déterminer l'élévation correspondante de l'eau, ou la valeur de x.

En supprimant le facteur ρg commun à tous les termes, et faisant disparaître le dénominateur, il vient

$$x^2 - x(H+h+\alpha l) + \alpha H l = 0,$$

où l'on a fait, pour abréger, $\frac{m}{n} = \alpha$. La résolution de cette équation du second degré, donne

$$x = \frac{1}{2}(H+h+\alpha l) \pm \frac{1}{2}\sqrt{(H+h+\alpha l)^2 - 4\alpha H l};$$

expression que l'on peut écrire sous cette autre forme :

$$x = \frac{1}{2}(H+h+\alpha l) \pm \frac{1}{2}\sqrt{(H-h-\alpha l)^2 + 4 H h}.$$

La quantité comprise sous le radical étant évidemment positive, les deux racines sont réelles; de plus, cette quantité est plus grande que le carré de $H-h-\alpha l$; d'où il suit que la racine qui répond au signe supérieur est plus grande que $\frac{1}{2}(H+h+\alpha l)$ $+\frac{1}{2}(H+h-\alpha l)$, ou $>H$. On doit donc la rejeter comme étrangère à la question, puisque la quantité x ne peut jamais surpasser la hauteur représentée par H. La racine qui répond au signe inférieur sera la vraie valeur de l'inconnue x, et elle fera connaître l'élévation de l'eau produite par le premier coup de piston. Si cette valeur de x se trouve plus grande que h, il en faudra conclure qu'un seul coup de piston suffit pour élever l'eau au-dessus de EF : je supposerai qu'on ait $x < h$, afin d'avoir à calculer l'élévation due à un second coup de piston.

518. Quand ce corps est parvenu en $E'F'$, il s'arrête, et la soupape S se ferme; il redescend jusqu'en EF; la soupape S' s'ouvre, et tout l'air contenu dans l'espace $EFE'F'$, s'échappe par cette ouverture. Lorsque le piston est remonté en $E'F'$, et que l'eau s'est élevée de nouveau au-dessus de $a'b'$, par exemple, jusqu'en $a''b''$, l'espace compris entre $a''b''$ et $E'F'$, est rempli par l'air qui occupait l'espace compris entre $a'b'$ et EF; son volume était donc $n(h-x)$, et il est devenu $n(h-x')+ml$, en appelant x' la hauteur de $a''b''$ au-dessus de ab; donc la densité et la force élastique de cette portion d'air sont diminuées par le second coup de piston, dans le rapport du premier volume au second; mais le premier coup de piston avait déjà réduit la force élastique de l'air intérieur, à $(H-x)\rho g$; après

le second coup, cette force sera donc exprimée par
le produit

$$\frac{n(h-x)}{n(h-x')+ml}\cdot(H-x)\rho g.$$

La pression de l'eau élevée jusqu'en $a''b''$, ou à la
hauteur x' au-dessus du niveau du réservoir, est
égale à $x'\rho g$; ajoutant cette pression à celle de l'air
intérieur, leur somme sera égale à la pression de
l'air extérieur, à laquelle elles font équilibre, et
il en résultera, pour déterminer x', l'équation

$$x'\rho g + \frac{n(h-x)}{n(h-x')+ml}\cdot(H-x)\rho g = H\rho g,$$

ou bien, en réduisant et faisant toujours $\dfrac{m}{n}=\alpha$,

$$x'^2-x'(H+h+\alpha l)+\alpha Hl+x(H+h)-x^2=0.$$

En résolvant cette équation on trouve

$$x'=\tfrac{1}{2}(H+h+\alpha l)+\tfrac{1}{2}\sqrt{(H-h-\alpha l)^2+4(H-x)(h-x)};$$

comme on suppose $x<h$ et $h<H$, la quantité
$(H-x)(h-x)$ est positive, et celle qui est comprise sous le radical, l'est aussi; les deux racines
sont donc réelles : celle qui répond au signe supérieur surpasse H, et doit être rejetée; l'autre racine
est la vraie valeur de x', et elle est connue, puisque celle de x, qui entre dans son expression, est
déterminée par le calcul du n° précédent.

Si la valeur de x' se trouve encore plus petite
que h, on cherchera l'élévation de l'eau produite

par un troisième coup de piston ; mais sans faire de nouveaux calculs, il est évident qu'elle se déduira de la valeur de x', comme celle-ci se ·déduit de la valeur de x, de manière qu'en mettant dans la dernière formule, x' à la place de x, et prenant toujours le radical avec le signe —, on aura l'élévation de l'eau au-dessus du niveau du réservoir, après le troisième coup de piston. On déterminera de même les élévations successives de ce fluide, jusqu'à ce qu'il ait atteint la paroi EF.

519. Nous avons supposé que le piston descendait, à chaque coup, jusqu'en EF; si cela n'était pas, il pourrait arriver que l'eau cessât de s'élever dans le cylindre DE, et ne parvînt jamais jusqu'en EF, quoique la hauteur de EF au-dessus du niveau du réservoir, fût moindre que 10^m, 4. En effet, après le premier coup de piston, par exemple ; quand ce corps est en $E'F'$, et la soupape S fermée, la force élastique de l'air comprimé entre EF et $E'F'$ est réduite à $(H-x).\rho g$, et son volume est égal à lm; si le piston parcourt, en redescendant, un espace l' plus petit que l, de manière qu'il s'arrête à une distance $l-l'$ de la paroi EF, le volume de cette portion d'air deviendra $(l-l')m$; par conséquent sa force élastique aura pour mesure, la quantité $(H-x).\rho g$, multipliée par le rapport du volume lm au volume $(l-l')m$; cette force sera donc égale à $\dfrac{(H-x).l\rho g}{l-l'}$; mais, pour que la pression qu'elle exerce de bas en haut contre le piston, puisse forcer la soupape S' de s'ouvrir, il faut qu'elle surpasse la pression atmo-

sphérique qui agit en sens contraire sur cette soupape ; il faut donc qu'on ait

$$\frac{(H-x).l\rho g}{l-l'} > H\rho g \, ;$$

d'où l'on tire, en réduisant,

$$xl < Hl', \quad \text{ou} \quad \frac{x}{H} < \frac{l'}{l}.$$

Donc toutes les fois que le rapport $\dfrac{l'}{l}$ sera, au contraire, plus petit que $\dfrac{x}{H}$, la soupape S' demeurera
fermée ; il y aura toujours la même masse d'air
entre la cloison EF et le piston, et quand celui-ci
sera remonté en $E'F'$, cet air reprendra sa force
élastique $(H-x).\rho g$, la même que celle de l'air
comprimé entre EF et l'eau élevée en $a'b'$; la soupape S, pressée également dans les deux sens, restera donc aussi fermée, et l'eau ne bougera pas dans
le cylindre ED. De cette manière le piston pourra
continuer de jouer indéfiniment dans le cylindre
EC, sans que ni l'une ni l'autre des deux soupapes
soit ouverte par les raréfactions et les condensa-
tions successives de l'air intérieur, et aussi, sans
que l'eau soit élevée au-dessus de $a'b'$.

Nous voyons par là qu'il est nécessaire, pour
qu'une pompe aspirante produise infailliblement
son effet, que le piston atteigne en descendant
l'extrémité du cylindre supérieur, ou du moins,
qu'il en approche aussi près qu'il est possible.

520. Quand une fois l'eau est parvenue dans le

cylindre supérieur, on peut ensuite l'élever à télle hauteur que l'on veut dans ce cylindre; le volume d'eau que chaque coup de piston fait monter est un cylindre qui a pour hauteur l'espace parcouru par le piston, et pour base la section intérieure du cylindre CE; en multipliant donc ce volume par le nombre de coups de piston qui ont lieu en un tems donné, et en supposant que le piston parcourt constamment le même espace, on aura, pour cet intervalle de tems, la quantité d'eau que la pompe fournit, et qui s'écoule par l'orifice O.

Cette évaluation du produit d'une pompe aspirante, se trouverait en défaut, si le niveau du réservoir venait à s'abaisser de manière que la plus grande élévation du piston au-dessus de ce niveau, devînt plus grande que la hauteur H. Le mouvement de l'eau ne serait point arrêté, pourvu que la hauteur de la cloison EF au-dessus du niveau du réservoir, fût toujours plus petite que H; mais, à chaque coup, le piston éleverait un moindre volume d'eau.

Pour le faire voir, soit *ef* une section du cylindre EC faite à une hauteur H au-dessus du niveau du réservoir; lorsque le piston monte et que la soupape S est ouverte, l'eau ne saurait s'élever au-dessus de *ef*; parvenue à ce terme, l'eau s'arrêtera donc, et si le piston continue à monter, le vide se fera entre ce corps et la surface de l'eau; la soupape S se fermera et elle interceptera un volume d'eau $EFef$, égal à $m(H-h)$; quand le piston redescendra jusqu'en EF, cette quantité d'eau passera en entier au-dessus de la soupape S; puis elle sera emportée par le piston dans son ascension suivante. Ainsi, quoique ce corps continue de parcourir l'espace $EFE'F'$, en montant et en descendant, il n'élevera cependant que la portion d'eau qui remplit l'espace $EFef$; de sorte que le volume d'eau fourni par chaque coup de piston, au lieu d'être constant et égal à ml, sera variable et égal à $m(H\!-\!h)$: la hauteur h dont ce volume dépend, augmente à mesure que le niveau de l'eau s'abaisse dans le réservoir; et en même tems, le produit des coups de piston successifs devient de plus en plus petit.

521. Si l'on excepte le cas où il se fait un vide dans l'intérieur de la pompe, la charge du piston, pendant tout le tems qu'il s'élève et que la soupape S est ouverte, est égale au poids d'un cylindre d'eau qui aurait pour base celle du piston ou l'aire m de la section intérieure du cylindre EC, et pour hauteur l'élévation de l'eau au-dessus du niveau du réservoir.

En effet, considérons d'abord le piston avant que l'eau ne soit passée au-dessus de ce corps, et quand il existe encore une portion d'air entre lui et la surface de l'eau; la force élastique de cet air jointe à la pression de la colonne d'eau élevée, fait équilibre à la pression de l'air extérieur, et pour cette raison, elle est égale à $(H - x)\rho g$, x étant la hauteur de l'eau au-dessus du niveau du réservoir; le piston est donc poussé verticalement de bas en haut, par une force égale au produit de l'aire m, multipliée par $(H\!-\!x).\rho g$; il éprouve, en sens contraire, la pression atmosphérique, égale à $H\rho g.m$, relativement à la surface m; retranchant donc la première de la seconde, il vient $\rho g x m$, pour l'intensité de la force qui pousse le piston dans le sens de la pesanteur.

Lorsqu'une partie de l'eau a passé au-dessus du piston, ce corps éprouve encore, en général, deux pressions contraires dont il faut trouver la différence. Celle qui s'exerce dans le sens de la pesanteur est égale au poids de la colonne d'eau supérieure au piston, augmenté de la pression atmosphérique; elle sera représentée par $\rho g y m + \rho g H m$, en désignant par y, la hauteur verticale de cette colonne d'eau. Appelons aussi y', la hauteur du piston au-dessus du niveau du réservoir, et supposons $y' < H$. Dans cette hypothèse, il n'y aura pas de vide entre l'eau et le piston; la pression atmosphérique qui s'exerce sur la surface du réservoir d'eau, tendra à élever encore ce fluide dans la pompe, et le piston sera poussé de bas en haut par l'excès de cette pression sur celle de la colonne d'eau dont la hauteur est y', c'est-à-dire, par une force égale à $\rho g H m - \rho g y' m$. En retranchant cette force de celle qui pousse le même corps dans le sens de la pesanteur, on a $\rho g (y + y') m$, pour la charge qu'il éprouve; résultat conforme à l'énoncé du théorème, puisque $y + y'$ est l'élévation totale de l'eau dans la pompe. Si l'on avait $y' > H$, il y aurait un vide entre l'eau et le piston, de sorte que ce corps n'éprouverait aucune pression de bas en haut; la charge qu'il supporterait, serait alors égale à $\rho g (y + H) m$, et par conséquent plus petite que $\rho g (y + y') m$.

Il résulte de là, qu'en général, pour élever l'eau à

une

une hauteur donnée par le moyen d'une pompe aspirante, il faut appliquer au piston une force capable de soutenir et de faire monter le poids de ce corps, augmenté du poids d'un cylindre d'eau qui aurait pour base celle du piston, et pour hauteur l'élévation du point où l'on veut élever l'eau au-dessus du niveau du réservoir. Il faut en outre que cette force puisse vaincre le frottement du piston contre la surface intérieure du cylindre dans lequel il se meut. Quand le piston descend, le frottement est le seul obstacle que la force ait à surmonter, et alors elle est favorisée par le poids même de ce corps.

522. Nous ne nous arrêterons point à décrire les effets de la pompe simplement foulante, et nous allons de suite considérer celle qui est à-la-fois foulante et aspirante.

Dans cette pompe (fig. 45), le piston AB n'est pas percé comme dans la précédente; il joue toujours dans le cylindre supérieur EC, et il s'élève et s'abaisse successivement au-dessus et au-dessous d'un orifice K, pratiqué latéralement au cylindre ; à cet orifice est adapté un tuyau recourbé KLO, ouvert à son extrémité supérieure; une soupape S' attachée fixement au point L, s'ouvre de bas en haut, et permet à l'eau de passer dans la partie LO de ce tuyau; c'est, en effet, dans ce tuyau qu'il s'agit d'élever l'eau jusqu'en un point donné O, d'où elle s'écoule ensuite par un second orifice latéral.

Le piston en descendant comprime l'air contenu dans le cylindre supérieur et dans le tuyau KL;

cet air comprimé force la soupape S' de s'ouvrir, une partie s'échappe par cette ouverture, et la partie qui reste, conserve la même densité et la même force élastique que l'air extérieur. Parvenu au point K, ou très-près de ce point, le piston cesse de descendre; la soupape S' se ferme par son propre poids; quand le piston remonte, l'air contenu entre ce corps et la paroi EF, se dilate, la soupape S s'ouvre, l'air contenu dans le cylindre inférieur se dilate également, sa force élastique diminue, et l'eau monte dans le cylindre ED; après un ou plusieurs coups de piston l'eau se trouve élevée jusqu'en EF, ensuite une partie de ce fluide passe dans le cylindre supérieur, et l'on voit que jusque-là le mécanisme est le même que celui de la pompe aspirante. Comme le piston ne descend pas plus bas que le point K, il est possible, d'après la remarque du n° 519, que l'eau cesse de monter dans le cylindre ED, avant d'avoir atteint son extrémité EF, quoique la hauteur de EF au-dessus du niveau du réservoir, soit supposée plus petite que $10^m,4$. Pour obvier à cet inconvénient dans la pratique, on a soin de placer le tuyau KL très-près de la cloison EF. Supposons donc l'eau parvenue dans le cylindre EC au-dessus du point K, par exemple en $E'F'$; si le piston s'arrête un moment, la soupape S se ferme, et quand il descend ensuite, il pousse l'eau devant lui, de manière que la soupape S' est forcée de s'ouvrir, ce qui permet à l'eau de pénétrer dans le tuyau LO. Le piston descend ainsi jusqu'au point K; il demeure un instant stationnaire, la soupape S' se referme aussitôt;

le piston se relève, la soupape S s'ouvre de nouveau, et l'eau suit le piston, du moins tant que ce corps ne s'élève pas à une hauteur plus grande que $10^m,4$, au-dessus du niveau du réservoir.

On conçoit maintenant que chaque fois que. le piston s'élève du point K jusqu'en $E'F'$, il passe du cylindre inférieur dans le cylindre supérieur, un volume d'eau qui remplit l'espace compris entre $E'F'$ et le point K; et chaque fois que le piston revient de $E'F'$ au point K, un pareil volume d'eau passe dans le tuyau LO. Ainsi le produit de chaque coup de piston est un volume d'eau équivalent à un cylindre qui aurait pour base, celle du cylindre EC, et pour hauteur, l'espace parcouru par le piston.

La charge que ce corps supporte n'est pas la même quand il monte et quand il descend. Pour la déterminer, considérons le piston dans une position quelconque, par exemple, lorsqu'il est en ef; s'il monte à cet instant, la soupape S sera ouverte, et la soupape S' sera au contraire fermée; or, on verra par un raisonnement semblable à celui du n° précédent, que ce corps est alors poussé dans le sens de la pesanteur, par une force égale au poids d'un cylindre d'eau qui aurait pour base celle du piston, et pour hauteur celle de ef au-dessus du niveau du réservoir, c'est-à-dire, la longueur de la colonne d'eau élevée dans la pompe. Lorsque le piston descend, c'est la soupape S, qui est fermée et la soupape S' est ouverte; k étant le point où le plan horizontal de la section ef vient couper le tuyau KO, la portion d'eau comprise au-dessous de ce point et de *ef*, est en équilibre d'elle-même (n° 508), et elle n'exerce aucune pression sur le piston situé en *ef*; mais la colonne d'eau élevée dans le tuyau LO, au-dessus du point k, exerce sur la base du piston une pression dirigée de bas en haut et proportionnelle à sa hauteur verticale. D'où il suit que pendant qu'il descend, le piston est repoussé de bas en haut par une force égale au poids d'un cylindre d'eau qui aurait pour base celle de ce corps, et pour hauteur l'élévation de l'eau dans le tuyau LO, au-dessus de la position actuelle du piston. Je n'ai point égard, dans cette évaluation, à la pression de la colonne atmosphérique qui s'appuie sur le piston et qui le pousse en en bas, parce que le tuyau LO étant ouvert à sa partie supérieure, cette pression est détruite par celle de l'air extérieur qui a lieu à l'extrémité de ce tuyau. Connaissant la charge du piston, le poids de ce corps, le frottement qu'il éprouve dans l'intérieur de la pompe, on déterminera dans chaque cas, l'effort qu'il faut faire et la force qu'on doit employer pour mouvoir le piston et pour élever l'eau à une hauteur donnée dans le tuyau LO.

CHAPITRE IV.

DE L'ÉQUILIBRE DES CORPS FLOTTANS.

523. Pour qu'un corps pesant puisse se tenir en
équilibre à la surface d'un fluide stagnant, il est
nécessaire que son poids soit plus petit que celui
d'un volume du fluide égal au sien. Cette règle
générale souffre cependant une exception, relativement aux corps d'un très-petit volume, formés
d'une matière qui n'exerce aucune attraction sur les
molécules du fluide, ou dont l'action est beaucoup
plus faible que celle du fluide sur lui-même. Dans
ce cas le fluide s'abaisse au-dessous de son niveau,
autour du corps flottant; il se forme un vide près
de sa surface; on peut regarder cet espace vide
comme faisant partie du volume du corps, et à raison
de cette augmentation de volume, on conçoit que
le corps peut surnager, quoique sa pesanteur spécifique soit plus grande que celle du fluide. Afin
de n'avoir pas à tenir compte de cet effet, nous
supposerons aux corps flottans, que nous allons considérer, un volume assez grand pour que l'espace
vide qui peut se former autour d'eux, et qui est
toujours fort petit, puisse être négligé, sans erreur
sensible par rapport à ce volume.

La condition que le poids du corps soit plus petit

que celui du fluide sous le même volume, étant remplie, le corps s'enfonce dans le fluide, jusqu'à ce que le poids du fluide déplacé soit devenu égal à celui du corps; et lorsque ces deux poids sont égaux, le corps reste en équilibre, si son centre de gravité et celui du fluide déplacé, se trouvent sur une même verticale (n° 501). Relativement aux corps homogènes, ce second centre de gravité coïncide avec celui de la partie du corps, plongée dans le fluide; pour que le poids du fluide déplacé soit égal à celui du corps, il faut que les densités soient en raison inverse des volumes, ou que le volume de la partie plongée soit au volume entier du corps, comme sa densité est à celle du fluide; il s'ensuit donc que la recherche des positions d'équilibre d'un corps homogène, placé à la surface d'un fluide d'une densité donnée et plus grande que celle du corps, se réduit à un problème de pure géométrie, dont l'énoncé est fort simple : il s'agit de couper le corps par un plan, de manière que le volume d'un des segmens soit à celui du corps entier, dans un rapport donné, et que les centres de gravité de ce segment et du corps, se trouvent sur une même perpendiculaire au plan coupant.

Dans chaque cas particulier, on exprimera ces deux conditions par des équations dont la solution complète fera connaître toutes les directions qu'on peut donner au plan coupant, et d'où résulteront autant de positions d'équilibre du corps. Quelquefois, le nombre de ces positions sera infini, comme, par exemple, dans le cas des solides de révolution dont l'axe de

figure est horizontal; d'autres fois, ce nombre sera
fini et déterminé; mais il serait difficile de démontrer, *à priori*, qu'il y a toujours au moins une position d'équilibre, quelle que soit la forme du corps.

524. Je choisirai pour exemple du problème relatif aux positions d'équilibre des corps homogènes, le
cas d'un prisme droit et triangulaire, considéré dans
une position renversée, c'est-à-dire, dans une position
où ses arêtes sont horizontales, et où, par conséquent,
le plan coupant leur est parallèle. Toutes les fois
qu'il s'agit d'un corps prismatique ou cylindrique, dont
les bases sont perpendiculaires aux arêtes, et que
l'on place horizontalement, il est évident que les
positions d'équilibre sont indépendantes de la distance des bases; on peut donc faire abstraction de
la longueur du corps, et il suffit de déterminer la
ligne d'intersection du plan coupant avec l'une
des deux bases; de sorte que le problème dépend
alors de la géométrie à deux dimensions seulement.

Soit donc ABC (fig. 46) l'une des bases du prisme
donné. Il peut arriver que deux sommets soient plongés dans le fluide, ou qu'il n'y en ait qu'un seul, ce
qui présente deux cas différens à considérer : j'exami-
nerai d'abord le second, et nous verrons ensuite comment le premier s'y ramène. Ainsi, je suppose que le
sommet C soit seul plongé dans le fluide, et que
mn soit l'intersection du plan coupant avec le plan
de la base, laquelle intersection représente le niveau du fluide. J'appelle a, b, c, les côtés donnés
du triangle ABC, qui sont respectivement opposés
aux angles A, B, C, et x et y les côtés inconnus Cn

et Cm du triangle en Cnm; de sorte qu'on ait

$$BC = a, \quad AC = b, \quad AB = c, \quad Cn = x, \quad Cm = y.$$

La surface d'un triangle quelconque est égale au produit de deux de ses côtés, multiplié par la moitié du sinus de l'angle compris; on aura donc

$$ABC = \tfrac{1}{2}.ab.\sin.C, \quad mnC = \tfrac{1}{2}.xy.\sin.C;$$

le prisme entier et le prisme plongé dans le fluide sont entre eux comme leurs bases ABC et mnC, puisqu'ils ont même hauteur; on doit donc avoir

$$mnC : ABC :: r : 1,$$

r étant une quantité plus petite que l'unité, qui désigne la densité du corps flottant, celle du fluide étant prise pour unité; mettant pour ABC et mnC, leurs valeurs, et supprimant le facteur commun $\sin.C$, cette proportion donne

$$xy = rab. \qquad (1)$$

Maintenant soit D le milieu de la base AB; menons la ligne CD, et prenons, sur cette droite, $DG = \tfrac{1}{3}.DC$, le point G sera le centre de gravité du triangle ABC ($n°$ 107); de même k étant le milieu de mn, si l'on prend kg, égal au tiers de kC, le point g sera le centre de gravité de mnC; la droite Gg devra donc être perpendiculaire à la ligne mn; mais à cause que les lignes CD et Ck sont coupées en parties proportionnelles aux points G et g, les droites Dk et Gg sont parallèles; donc la droite Dk, qui joint les milieux des deux bases

AB et mn, est aussi perpendiculaire à mn; par conséquent, les deux droites Dm et Dn sont égales. Réciproquement, si l'on a $Dm = Dn$, la droite Dk sera perpendiculaire à mn, ainsi que sa parallèle Gg; donc pour que la droite qui joint les deux centres de gravité G et g, soit perpendiculaire à l'intersection mn du plan coupant, il est nécessaire et il suffit que les valeurs des deux quantités Dm et Dn soient égales entre elles.

Pour avoir ces valeurs, faisons $CD = h$, et désignons par α et $\mathcal{C}$, les deux parties DCn et DCm de l'angle C; en considérant le triangle CDm, on aura

$$\overline{Dm}^2 = \overline{CD}^2 + \overline{Cm}^2 - 2 . CD . Cm . \cos . DCm = h^2 + y^2 - 2hy . \cos . \mathcal{C};$$

le triangle CDn donnera de même

$$\overline{Dn}^2 = h^2 + x^2 - 2hx . \cos . \alpha;$$

égalant ces valeurs de $\overline{Dm}^2$ et $\overline{Dn}^2$, il vient

$$y^2 - 2hy . \cos . \mathcal{C} = x^2 - 2hx . \cos . \alpha. \qquad (2)$$

Cette équation et la précédente $xy = rab$, expriment les deux conditions du problème, et suffisent pour déterminer les inconnues x et y.

En éliminant y entre ces deux équations, on trouve, toute réduction faite,

$$x^4 - 2h . \cos . \alpha . x^3 + 2hrab . \cos . \mathcal{C} . x - r^2a^2b^2 = 0; \qquad (3)$$

on tirera donc la valeur de x, de cette équation du quatrième degré, et l'on aura $y = \dfrac{rab}{x}$, pour la valeur correspondante de y.

525. On démontre dans les Elémens d'Algèbre, que toute équation de degré pair dont le dernier terme est négatif, a deux racines réelles, l'une positive et l'autre négative; l'équation (3) aura donc toujours deux semblables racines; mais les deux autres pourront être réelles ou imaginaires. Si les quatre racines de l'équation (3) sont réelles, la règle de *Descartes* fait voir qu'il y en aura trois positives et une seule négative; car en considérant les signes des termes de cette équation, soit qu'on suppose le signe $+$ ou le signe $-$, au troisième terme qu'on y peut rétablir avec un coefficient nul, on trouve toujours trois *variations* et une *permanence* de signes, ce qui annonce trois racines positives et une racine négative. Les inconnues x et y, qui sont les côtés Cn et Cm du triangle plongé dans le fluide, ne peuvent être que des quantités positives, et de plus, ces quantités doivent être respectivement plus petites que les côtés CB et CA du triangle CAB; on rejetera donc, comme étrangère à la question, la racine négative de l'équation (3), et pour la même raison, on n'admettra pas les racines positives qui seront plus grandes que a, ou bien celles qui étant plus petites que a, donneront pour y des valeurs plus grandes que b. Ainsi, il y aura au plus trois positions d'équilibre dans lesquelles le sommet C est seul plongé dans le fluide.

Si l'on suppose le sommet C hors du fluide, et les deux sommets A et B, au-dessous du niveau mn, le problème sera le même que dans le cas précédent, avec cette seule différence, que l'on devra rempla-

cer la densité r par $1 - r$ dans les équations (1) et
(3). En effet, à cause que les centres de gravité du
triangle ABC et de ses deux parties Cmn et $mnAB$
sont rangés sur une même droite, il faudra toujours que les triangles Cmn et CAB, aient leurs
centres de gravité sur une droite perpendiculaire à
la ligne mn, de sorte que l'on aura d'abord l'équation (2) sans aucun changement. D'ailleurs, la
proportion

$$mnAB : CAB :: r : 1 ,$$

se change en celle-ci :

$$Cmn : CAB :: 1 - r : 1 ;$$

d'où l'on conclut cette équation :

$$xy = (1 - r) ab ,$$

qui remplacera l'équation $xy = rab$ du n° précédent.
Si l'on en fait usage pour éliminer l'inconnue y,
dans l'équation (2), on retrouvera l'équation (3)
dans laquelle r sera remplacée par $1 - r$; c'est-à-
dire qu'on aura

$$x^4 - 2h.\cos.\alpha.x^3 + 2h(1-r)ab.\cos.\alpha.x - (1-r)^2a^2b^2 = 0. \quad (4)$$

D'après ce résultat et en raisonnant comme précédemment, nous voyons qu'il y a trois ou un plus
petit nombre de positions d'équilibre, pour lesquelles les deux sommets A et B sont plongés dans
le fluide.

En considérant successivement chacun des sommets A, B, C, et examinant, pour chaque sommet,

le cas où il est plongé dans le fluide et le cas où il est hors du fluide, on déterminera toutes les positions d'équilibre horizontales du prisme donné. Or, il résulte de notre analyse que le nombre de ces positions n'excédera jamais le nombre 18, mais qu'il pourra souvent être moindre.

526. Lorsque le triangle ABC est isocèle (fig. 47), le calcul des positions d'équilibre devient un peu plus simple : en supposant $AC = BC$, et le sommet C plongé dans le fluide, on peut se passer de la résolution de l'équation (3), et résoudre directement les équations (1) et (2). Dans ce cas, la droite CD est perpendiculaire sur le milieu de AB; le triangle rectangle ADC donne

$$h^2 = a^2 - \frac{1}{4} \cdot c^2, \quad a.\cos.\alpha = h;$$

substituant ces valeurs et faisant en outre $b = a$, $\mathcal{C} = \alpha$, dans les équations (1) et (2), elles deviennent

$$xy = ra^2, \quad y^2 - x^2 - \left(\frac{4a^2 - c^2}{2a}\right) \cdot (y - x) = 0.$$

On y satisfait d'abord en prenant

$$y = x = a\sqrt{r};$$

à cause que $r < 1$, on a aussi $a\sqrt{r} < a$; ces valeurs de y et x sont donc admissibles, et il en résulte une première position d'équilibre dans laquelle les deux côtés Cm et Cn sont égaux. Dans cette position, la base AB est horizontale, ou parallèle à la ligne mn; mais il peut en exister d'autres, pour lesquelles cette base soit inclinée.

En effet, en supprimant le facteur $y-x$ dans la seconde équation, il vient

$$y + x = \frac{4a^2 - c^2}{2a};$$

celle-ci et l'équation $yx = ra^2$, donnent la somme et le produit des deux inconnues x et y; ces quantités sont donc les deux racines différentes d'une même équation du second degré, de manière qu'on a, en formant et résolvant cette équation,

$$y \text{ ou } x = \frac{4a^2 - c^2 \pm \sqrt{(4a^2 - c^2)^2 - 16ra^4}}{4a};$$

on prendra successivement chacune de ces deux racines pour x et l'autre pour y, et quand ces racines seront réelles et que chacune d'elles sera plus petite que a, il en résultera deux nouvelles positions d'équilibre. Si le radical est nul, les deux racines deviennent égales; il n'y a plus qu'une position d'équilibre, qui se confond avec celle qu'on a déjà trouvée; car, pour que le radical disparaisse, il faut qu'on ait $4a^2 - c^2 = 4a^2 . \sqrt{r}$, ce qui donne $y = x = a\sqrt{r}$.

D'après la remarque du n° précédent, nous déterminerons les positions d'équilibre pour lesquelles la base AB est plongée dans le fluide, en mettant $1 - r$ à la place de r dans les formules relatives au cas contraire. Il y aura donc toujours une première position pour laquelle cette base sera horizontale:

les côtés x et y du triangle Cnm, situé, dans ce cas, hors du fluide, seront alors égaux entre eux, et auront pour valeur commune

$$x = y = a \sqrt{1 - r}.$$

Il pourra en outre exister deux autres positions correspondantes à une direction inclinée de la base AB, ou a des valeurs inégales de x et y, qui seront exprimées par

$$x \text{ ou } y = \frac{4a^2 - c^2 \pm \sqrt{(4a^2 - c^2)^2 - 16(1 - r)a^4}}{4a}.$$

527. Pour préciser davantage ces résultats, appliquons-les au cas d'un triangle équilatéral, ce qui se réduit à faire $c = a$, dans toutes ces formules. Les valeurs égales de x et y, ne seront pas changées; leurs valeurs inégales deviendront

$$\frac{a(3 \pm \sqrt{9 - 16r})}{4},$$

dans le cas d'un seul sommet plongé dans le fluide, et

$$\frac{a(2 \pm \sqrt{16r - 7})}{4},$$

dans le cas contraire : il s'agit de savoir quelle doit être la densité r, pour que ces valeurs soient réelles et toutes deux plus petites que a.

Or, si l'on a $r < \frac{9}{16}$ et $> \frac{1}{2}$, la première formule sera réelle, et ses deux valeurs seront l'une et l'autre plus petites que a; hors de ces limites, cette formule sera imaginaire, ou bien, l'une de ses deux valeurs, celle qui répond au signe supérieur, deviendra plus grande que a; et de même, pour que les valeurs de la seconde formule soient réelles et plus petites que a, il est nécessaire et il suffit que l'on ait $r < \frac{1}{2}$ et $> \frac{7}{16}$. On voit donc que depuis $r = \frac{9}{16}$, jusqu'à $r = \frac{1}{2}$, la première formule sera seule admissible; que ce sera au contraire la seconde depuis $r = \frac{1}{2}$, jusqu'à $r = \frac{7}{16}$; et que pour $r > \frac{9}{16}$, ou $r < \frac{7}{16}$, les deux formules devront être rejetées.

Comme le triangle ABC est supposé équilatéral, tout est semblable par rapport à chacun de ses sommets, de sorte que le nombre total des positions d'équilibre, sera nécessairement un multiple de trois. Ce nombre sera égal à 6 ou à 12, c'est-à-dire, qu'un prisme triangulaire et à base équilatérale, flottant à la surface d'un fluide d'une densité moindre que la sienne, a toujours ou douze ou six positions d'équilibre horizontales; il en a douze, quand le rapport de sa densité à celle du fluide, est compris entre les deux fractions $\frac{9}{16}$ et $\frac{7}{16}$; et six seulement, quand ce rapport tombe hors de ces limites. Dans le cas de douze positions, il y en a neuf ou trois pour lesquelles un seul sommet est plongé dans le fluide, selon que la densité du corps est plus grande ou plus petite que la moitié de la densité du fluide.

528. Outre leurs positions d'équilibre horizontales, les corps prismatiques ou cylindriques terminés par des bases perpendiculaires à leurs arêtes,

ont aussi des positions verticales dans lesquelles leurs bases sont parallèles au niveau du fluide, et qui sont doubles pour chaque corps, parce que l'une ou l'autre des deux bases peut être plongée dans le fluide. Il ne s'agit alors que de déterminer l'enfoncement du corps dans le fluide, et pour cela on prendra sur l'une des arêtes, à partir de la base plongée, une partie qui soit à la longueur entière de l'arête, comme la densité du corps est à celle du fluide : le volume du prisme plongé sera au volume du prisme entier dans le même rapport.

Les solides de révolution ont de même deux positions d'équilibre dans lesquelles l'axe de figure est vertical, et qui sont faciles à déterminer pour chaque solide en particulier. Si, par exemple, le solide est un cône droit, il pourra demeurer en équilibre, quand le sommet sera plongé dans le fluide, et lorsqu'il en sera dehors : dans le premier cas, le solide plongé sera un cône semblable au cône entier; leurs volumes seront entre eux comme les cubes de leurs hauteurs; donc en appelant x la hauteur du premier cône, où la partie de l'axe de figure, plongée dans le fluide, h la hauteur du cône entier, et r le rapport de la densité de ce corps à celle du fluide, il faudra qu'on ait

$$x^3 : h^3 :: r : 1 ;$$

d'où l'on tire $x = h . \sqrt[3]{r}$. Dans le second, on trouvera $h - y = h . \sqrt[3]{r}$, ou $y = h (1 - \sqrt[3]{r})$, en désignant

gnant par y, la hauteur du cône tronqué, plongé dans le fluide.

En général, les corps qui sont symétriques par rapport à une droite, jouissent de la même propriété que les prismes et les solides de révolution. J'entends ici par corps *symétrique*, un corps homogène ou hétérogène, composé d'une suite de tranches perpendiculaires à une même droite, d'une épaisseur infiniment petite, et qui ont toutes leurs centres de gravité sur cette droite, que j'appellerai l'*axe* du corps. Tout plan perpendiculaire à l'axe partage un corps de cette espèce en deux parties dont chacune a son centre de gravité sur l'axe, ainsi que le corps entier; par conséquent, en tenant l'axe vertical, et en plongeant une partie du corps dans un fluide, on sera toujours certain que le centre de gravité de la partie plongée et celui du corps entier, seront sur une même verticale; de sorte qu'il suffira, pour l'équilibre, que le poids du fluide déplacé soit égal au poids entier du corps. Cette égalité sera toujours possible, si la densité du corps, quand il est homogène, ou sa densité moyenne, quand il est hétérogène, est plus petite que celle du fluide ; d'où l'on peut conclure que dans ce cas le corps a deux positions d'équilibre, inverses l'une de l'autre, et dans lesquelles son axe est vertical.

L'instrument qu'on appelle *aréomètre* ou *pèse-liqueur*, est un corps symétrique par rapport à un axe vertical; on l'emploie à comparer entre elles les densités de différens fluides, dont il indique les rapports par ses différens degrés d'enfoncement dans

2.   26

ces fluides; on le fait aussi servir d'une manière ingénieuse, à déterminer la pesanteur spécifique des corps solides (*).

529. Les diverses positions d'équilibre d'un même corps solide flottant à la surface d'un fluide, jouissent d'une propriété remarquable, qui peut se démontrer sans aucun calcul. Supposons qu'on fasse tourner le corps autour d'un axe mobile, assujéti à rester constamment parallèle à une droite fixe et horizontale; et que de cette manière on le fasse passer successivement par toutes ses positions d'équilibre, dans lesquelles cet axe a cette direction; je dis que les positions d'équilibre stable et non-stable, se succéderont alternativement, de sorte que s'il part d'une position d'équilibre stable, la seconde position d'équilibre qu'il rencontrera, ne sera pas stable, la troisième le sera, la quatrième ne le sera pas; et ainsi de suite, jusqu'à ce qu'il soit revenu à sa position primitive.

En effet, tant qu'il sera encore très-voisin de sa position primitive, il tendra à y revenir, puisque cette position est supposée stable; cette tendance diminuera graduellement, et enfin le corps tendra à s'écarter de cette position; mais avant que cette tendance change, pour ainsi dire, de signe, il y aura une position dans laquelle elle sera nulle, et où le corps ne tendra ni à revenir à sa position primitive, ni à s'en écarter davantage; ce sera donc sa

(*) Voyez, sur ce point, le *Traité de Physique de* M. Haüy.

seconde position d'équilibre; or, on voit qu'en deçà
de cette position, le corps tend à revenir à la première; par conséquent à s'écarter de la seconde :
au-delà de cette même position, le corps tend à
s'écarter de la première, et en même tems de la
seconde; donc la seconde position d'équilibre n'est
pas stable, puisque de part et d'autre de cette position, le corps tend à s'en écarter davantage. Lorsqu'il a dépassé sa seconde position d'équilibre, sa
tendance à s'en écarter diminue continuellement;
elle devient nulle; puis le corps tend à revenir à
cette seconde position. La position où cette tendance est nulle, est une troisième position d'équilibre, qui est évidemment stable; car en-deçà et
au-delà, le corps tend à y revenir, soit pour s'éloigner, soit pour se rapprocher de la seconde position. Si la troisième position est stable, on prou-
vera par notre même raisonnement que la quatrième
ne l'est pas; et la quatrième ne l'étant pas, la cinquième le sera, et ainsi de suite.

Ainsi, quand le corps sera revenu à sa position
initiale, il aura nécessairement passé par un nombre
pair de positions d'équilibre, alternativement stable
et non stable. Par exemple, si l'on fait tourner autour
d'une droite horizontale, le prisme équilatéral que
nous venons de considérer (n° 527), il passera par
les six ou par les douze positions d'équilibre que
nous avons déterminées; or, la moitié de ces positions répondra à des états stables, et l'autre moitié
à des états non stables; et les positions d'équilibre

26..

de l'une et de l'autre espèce, se succéderont alternativement.

530. Il est important de savoir distinguer l'équilibre stable d'un corps flottant, de celui qui ne l'est pas. On a pour cela une règle générale, qui s'applique à tous les cas, et qui se déduit du principe des forces vives (n° 469); mais avant de la faire connaître, je crois utile de considérer un cas particulier qui se présente souvent, et dans lequel la stabilité dépend d'une condition très-facile à vérifier.

Ce cas est celui d'un corps qui est partagé par un plan vertical CED (fig. 48) en deux parties parfaitement semblables, et pour la forme, et pour la densité. On suppose de plus, que l'on écarte ce corps de sa position d'équilibre, de manière que cette section CED reste verticale, et qu'après l'avoir ainsi dérangé, on l'abandonne à lui-même sans lui imprimer aucune vîtesse initiale; de cette manière la section CED demeurera dans un même plan vertical, pendant tout le mouvement du corps; car, tout étant semblable de part et d'autre de cette section, il n'y a pas de raison pour qu'elle sorte jamais du plan vertical où elle se trouvait à l'origine. Par la même raison le centre de gravité du fluide déplacé, sera toujours un point de la section CED, ainsi que le centre de gravité du corps entier. Soit donc G, ce dernier centre; soit aussi, dans la position d'équilibre, O le centre de gravité du fluide déplacé, et AB l'intersection du niveau du fluide avec le plan CED; dans cette position, la droite GO qui joint les deux centres, est verticale, et par conséquent perpendiculaire à la droite AB ; elle s'incline en général, quand on écarte le corps de cette position ; et en même tems, le centre de gravité de la partie plongée, et la ligne d'intersection du niveau avec le plan CED, changent de position sur ce plan. Je supposerai donc que ce centre et cette ligne deviennent le point O' et la droite $A'B'$, après qu'on a troublé l'équilibre ; les forces qui mettront le mobile en mouvement, sont le poids du corps qui est dirigé suivant la verticale GH, menée par le centre de gravité G, et la résultante des pressions verticales du fluide sur la surface du corps ; résultante qu'on appelle la *poussée* du fluide, qui est égale au poids du fluide déplacé, et qui agit au point O' (n° 500), en sens contraire de la pesanteur, ou suivant la verticale $O'H'$. Cette verticale et la droite inclinée GO étant dans un même plan, se couperont en un certain point m ; on appelle ce point d'intersection, le *métacentre* ; et c'est, comme on va le voir, de la position de ce point par rapport au centre de gravité G, que dépend la stabilité de l'équilibre. Il est permis de le prendre pour point d'application de la poussée du fluide, qui agira alors suivant la droite mH' ; le corps sera donc sollicité par deux forces parallèles et contraires, appliquées aux extrémités de la droite GO ; or, il s'agit d'examiner le mouvement que prendra le mobile, et si ces forces tendront à le ramener à la position d'équilibre, ou à l'en écarter davantage.

D'abord elles produiront un mouvement d'oscillations du point G. En effet le centre de gravité doit se mouvoir comme si ces deux forces lui étaient directement appliquées (n° 398); donc, à cause que sa vitesse initiale est nulle, son mouvement sera rectiligne, vertical, et uniquement dû à l'excès de la plus grande des deux forces sur la plus petite. Si, à l'origine du mouvement, le poids du corps l'emporte sur la poussée du fluide, le point G commencera par descendre : son mouvement sera d'abord accéléré ; mais à mesure que le corps s'enfoncera dans le fluide, il en déplacera un plus grand volume ; la poussée du fluide augmentera donc ; et enfin, il arrivera un instant où elle sera égale au poids du corps. Le point G continuera encore de se mouvoir dans le même sens en vertu de sa vîtesse acquise; mais alors la poussée du fluide l'emportant sur le poids du corps, son mouvement sera retardé; le point G s'arrêtera quand il aura perdu toute sa vîtesse, puis il remontera vers sa position initiale, et il oscillera ainsi jusqu'à ce que la résistance que le fluide même oppose au mouvement du corps, ait entièrement détruit ce mouvement. L'amplitude de ces oscillations sera d'autant plus petite, que la différence initiale entre le poids du corps et celui du fluide déplacé sera elle - même plus petite par rapport au poids du corps. Si le corps a été très-peu écarté de sa position d'équilibre, cette différence sera très - petite, l'amplitude de ces oscillations le sera aussi, et ces petites oscillations du centre de gravité n'auront aucune influence sur la stabilité de l'équilibre.

Pendant les oscillations du point G, le corps tournera autour de ce centre comme s'il était fixe (n° 402);

son mouvement de rotation sera donc produit par
la poussée du fluide, qui agit au point m suivant la
direction mH'; et son état d'équilibre sera stable ou
non stable, selon que, dans ce mouvement, la droite
GO reviendra à la position verticale, ou s'en écartera
davantage. Or, l'inspection de la figure suffit pour
montrer que la poussée du fluide ramènera la droite
GO à la position verticale, toutes les fois que le point
m sera au-dessus du point G; au contraire, si le
métacentre est au-dessous du point G, en m', par
exemple, la poussée du fluide qui agira alors suivant $m'H''$, écartera la droite GO de la position
verticale, et fera *chavirer* le corps flottant. Donc
quand le métacentre est au-dessous du centre de
gravité d'un corps flottant, tel que celui que nous
considérons, l'équilibre n'est pas stable; et au contraire, lorsque le métacentre est au-dessus de ce
centre, l'équilibre est stable, du moins pour les
dérangemens dans lesquels le plan CED reste
vertical. Si, dans un cas particulier, le métacentre
coïncide avec le centre de gravité, il n'y aura pas
de mouvement de rotation, et la droite GO conservera l'inclinaison qu'on lui aura donnée.

53i. Lorsque la forme du corps flottant sera
connue, il sera toujours facile, en le mettant dans
une position très-voisine de sa position d'équilibre,
de déterminer le lieu du métacentre, ou plutôt de
reconnaître si ce point est au-dessus ou au-dessous
du centre de gravité du mobile. Supposons, par
exemple, que ce corps est un cylindre horizontal

à base elliptique homogène, et d'une densité égale à la moitié de celle du fluide ; soit $AEBD$ (fig. 49 et 50), une section verticale, faite à égale distance des deux bases ; dans la position d'équilibre , l'un des deux axes de cet ellipse sera vertical ; et comme la moitié du volume sera plongée dans le fluide , il s'ensuit que l'autre base se trouvera à *fleur d'eau*, et représentera le niveau du fluide. L'axe vertical ED est le grand axe dans la fig. 49, et le petit, dans la fig. 50 ; or, je dis que, dans le premier cas, le métacentre est au-dessous du centre G de l'ellipse qui est aussi le centre de gravité du cylindre, et qu'au contraire il est au-dessus dans le second cas.

En effet, menons par le point G une droite $E'D'$ qui fasse un angle très-petit avec ED ; concevons ensuite que l'on incline l'axe ED, de manière que $E'D'$ devienne verticale , et en même tems, supposons qu'on élève ou qu'on abaisse un tant soit peu le centre G, ensorte que le niveau du fluide devienne la droite $A'B'$, perpendiculaire à la droite $E'D'$ au point G'. Dans cette position, la partie $A'E'B'G'$ de l'ellipse $AEDB$ se trouvera plongée dans le fluide ; cette partie est divisée en deux portions inégales $A'E'G'$ et $B'E'G'$, par la droite $G'E'$; or, il est évident que le centre de gravité du fluide déplacé se trouvera quelque part en un point O', compris dans la plus grande de ces deux portions ; d'où l'on voit, en considérant les deux figures que la parallèle $O'm$, à la droite $E'D'$, ira rencontrer la droite DE au-dessous du centre G, dans la première figure, et au-dessus, dans la seconde. L'intersection m est le métacentre qui se trouve placé comme nous l'avions annoncé.

Ainsi le cylindre que nous considérons est dans une position d'équilibre stable ou non stable, selon que le petit axe ou le grand axe de sa base est vertical. En supposant que le corps tourne autour de la droite horizontale qui joint les centres de ses deux bases, il passera successivement par quatre positions d'équilibre, qui seront alternativement stables et non stables, ce qui est conforme au théorème du n° 529.

532. Considérons maintenant un corps de forme quelconque, en équilibre à la surface de l'eau; soit $ABCD$ (fig. 51) la section de ce corps, déterminée par la surface de l'eau; G le centre de gravité du corps entier, O celui du fluide déplacé par la partie plongée du corps, V le volume de cette partie plongée, M la masse entière du corps : puisqu'il est supposé en équilibre, le plan de la section $ABCD$ est horizontal, et la ligne GO est perpendiculaire à ce plan ; de plus, la masse d'eau déplacée et celle du corps sont égales entre elles; de sorte qu'en désignant par ρ, la densité de l'eau, on a

$$M = V\rho.$$

Si le corps était homogène, le point O serait le centre de gravité du segment de ce corps qui se trouve au-dessous du plan $ABCD$; dans ce cas, le point O serait nécessairement plus bas que le point G; car o étant le centre de gravité de l'autre partie du corps, celui du corps entier doit se trouver sur la droite Oo, entre les deux points o et O. Mais quand il s'agit d'un corps hétérogène, et que la densité de sa partie inférieure l'emporte sur celle de sa partie supérieure, il peut arriver que le point G soit placé au-dessous du point O. On conçoit même qu'on pourra toujours faire ensorte que le centre de gravité du corps entier, tombe au-dessous de celui du fluide déplacé, en augmentant convenablement la densité de la partie inférieure, et diminuant celle de la partie supérieure, sans changer la masse entière du corps. Nous représenterons donc par a la distance OG de ces deux centres, et nous ne ferons d'avance aucune hypothèse sur la position de l'un des centres par rapport à l'autre.

Supposons qu'on élève la section $ABCD$ au-dessus du niveau de l'eau, ou qu'on l'abaisse au-dessous de ce niveau, d'une quantité très-petite, et qu'en même tems on incline un tant soit peu le plan de cette section; l'équilibre sera troublé; en abandonnant le corps à lui-même, il prendra un certain mouvement; et la question de la stabilité consiste à examiner si la section $ABCD$ s'écartera de plus en plus du niveau de l'eau, ou si elle tendra à y revenir, en oscillant de part et d'autre de sa position primitive. Pendant ce mouvement, le plan du niveau de l'eau qui reste fixe, coupe le corps suivant une section variable qu'on appelle ordinairement le *plan de flottaison;* soit à un instant quelconque, $A'B'C'D'$ cette section; $ABC''D''$ une autre section du corps faite par un plan horizontal, mené par le centre de gravité de la section $ABCD$; AB la ligne d'intersection de $ABC''D''$ et $ABCD$; θ l'inclinaison mutuelle de ces deux sections; ζ la distance de $ABC'D'$ au plan de flottaison, laquelle distance sera regardée comme positive ou comme négative, suivant que cette section se trouvera au-dessous ou au-dessus du niveau de l'eau : ces quantités variables ζ et θ sont supposées très-petites à l'origine du mouvement; il s'agit de savoir si elles resteront très-petites pendant toute sa durée.

533. En appelant u la vitesse variable d'un élément quelconque dm de la masse du corps, la somme des forces vives de tous ses points sera donnée par l'intégrale $\int u^2 dm$ qui doit être étendue à la masse entière. L'équation qui renferme le principe général des forces vives aura donc cette forme :

$$\int u^2 dm = C + 2\varphi;$$

C étant une constante arbitraire, et φ une fonction dépendante des forces qui sont appliquées au mobile (n° 469). Ces forces sont la gravité et les pressions verticales que le fluide exerce en tous les points de la surface du corps, qui sont plongés dans l'eau; or, on peut substituer à ces pressions, des forces motrices, agissant sur tous les élémens matériels de la partie submergée du corps, dirigées en sens contraire de la pesanteur, et égales, pour chaque molécule, au poids d'une molécule d'eau de même volume; car la résultante de ces forces motrices sera identiquement la même que celle des pressions ver-

ticales du fluide (n° 5oo) : il s'ensuit donc qu'en
désignant par g la gravité, et par dv l'élément du
volume du corps, correspondant à l'élément dm de
sa masse, la force motrice de dm sera exprimée par
$gdm - g\rho dv$, si ce point matériel se trouve au-dessous
du niveau de l'eau, et par gdm, s'il se trouve au-
dessus. Soit de plus z la distance variable de dm au
plan de flottaison, z étant une quantité positive ou
négative, suivant que dm se trouve au-dessous ou
au-dessus de ce plan ; il résulte de la valeur générale de la fonction φ, donnée dans le n° 469, que
dans la question qui nous occupe, on doit avoir

$$\varphi = \int zgdm - \int zg\rho dv ;$$

la première de ces deux intégrales étant relative à
la masse entière du corps, et la seconde ne devant
s'étendre qu'à la partie submergée de son volume.
En appelant $z_{,}$ la distance variable du centre de
gravité G de la masse M, au plan $A'B'C'D'$, ou la
longueur de la perpendiculaire GH, abaissée de ce
point, sur ce plan, on aura d'abord

$$\int zgdm = g\int zdm = gMz_{,} ;$$

je partage ensuite la seconde intégrale en deux parties, l'une relative au volume V qui se trouve au-
dessous de la section $ABCD$, l'autre relative au volume compris entre les sections $ABCD$ et $A'B'C'D'$;
j'ai alors $gV\rho z_{,,}$, pour la valeur de la première partie, $z_{,,}$ étant la distance variable du centre de gravité
O du volume V, au plan de flottaison, c'est-à-dire,
la longueur de la perpendiculaire OE, abaissée du

point O sur le plan $A'B'C'D'$: donc en représentant pour un moment par K, la valeur de l'intégrale $\int z\,dv$, prise dans les limites du second volume, de manière que $g \varrho K$ soit la seconde partie de la seconde intégrale qui entre dans la valeur de φ, j'aurai

$$\varphi = gmz_{,} - g\varrho V z_{,,} - g\varrho K.$$

Mais la droite OG étant perpendiculaire au plan $ABCD$, l'angle qu'elle fait avec la verticale GH est égal à l'inclinaison θ de ce plan sur un plan horizontal ; d'ailleurs la longueur de cette droite OG a été représentée par a ; d'où l'on peut facilement conclure

$$z_{,} = z_{,,} \pm a.\cos.\theta\,;$$

le signe supérieur ayant lieu, quand le point G est plus bas que le point O, et l'inférieur dans le cas contraire. Substituant cette valeur de $z_{,}$ dans celle de φ, et observant que $M = V\varrho$, il vient

$$\varphi = \pm g\varrho V a.\cos.\theta - g\varrho K.$$

Pour avoir la valeur de K ou de $\int z\,dv$, je décompose l'aire de la section $ABCD$ en une infinité d'élémens infiniment petits ; je les projette tous sur le plan de flottaison ; ce qui forme une infinité de cylindres verticaux dont les bases infiniment petites, sont les projections des élémens ; je coupe ensuite un cylindre quelconque par une infinité de plans horizontaux ; et je prends pour l'élément dv du volume, la partie de ce cylindre comprise entre deux plans consécutifs, dont les distances au plan de flottaison, sont z et $z + dz$; de sorte que cet élément sera égal à la base du cylindre, multipliée par la différentielle dz. Or, $d\lambda$ étant l'élément différentiel de l'aire $ABCD$, sa projection horizontale, ou la base du cylindre qui lui correspond, est égale à $\cos.\theta.d\lambda$, puisque θ est l'inclinaison du plan de cet élément sur le plan horizontal; on aura donc

$$dv = \cos.\theta.d\lambda.dz;$$

par conséquent l'intégrale $\int z\,dv$, relative à l'un des cylindres, deviendra $\cos.\theta.d\lambda.\int z\,dz$, et devra être prise depuis $z = 0$, jusqu'à $z = h$, en désignant par h la distance de l'élément $d\lambda$, au plan de flottaison, ou la hauteur du cylindre; donc cette intégrale sera égale à $\frac{1}{2}h^2.\cos.\theta.d\lambda$.

Mais si l'on suppose que l'élément $d\lambda$ répond au point n de la section $ABCD$, que l'on abaisse de ce point des perpendiculaires ne et nf sur la droite AB et sur le plan $A'B'C'D'$, que f' soit le point où cette seconde perpendiculaire coupe le plan $ABC''D''$, et qu'on fasse $ne = l$: on aura d'abord $h = nf = nf' + f'f$; la partie $f'f$ sera la distance de la droite horizontale AB au plan de flottaison, et par conséquent égale à la variable ζ; l'autre partie nf' sera égale à $l.\sin.\theta$; d'où il suit

$$h = \zeta + l.\sin.\theta;$$

formule dans laquelle on devra regarder la quantité l comme positive ou comme négative, selon que le point n se trouvera au-dessous ou au-dessus du plan $ABC''D''$, ou, autrement dit, selon qu'il appartiendra à la partie ABD, ou à la partie ABC de la section $ABCD$. L'intégrale relative au cylindre qui répond à l'élément $d\lambda$, devient donc

$$\tfrac{1}{2}.\zeta^2.\cos\theta.d\lambda + \zeta.\sin.\theta.\cos.\theta.ld\lambda + \tfrac{1}{2}.\sin^2.\theta.\cos.\theta.l^2d\lambda.$$

Ainsi l'on aura la valeur de $\int z\,dv$ relative à tous les cylindres, en intégrant de nouveau cette formule différentielle par rapport à l et $d\lambda$, et étendant l'intégrale à l'aire entière de la section $ABCD$; ce qui donne

$$\int z\,dv = \tfrac{1}{2}.\zeta^2.\cos.\theta.\int d\lambda + \zeta.\sin.\theta.\cos.\theta.\int ld\lambda + \tfrac{1}{2}.\sin^2.\theta.\cos.\theta.\int l^2d\lambda.$$

Désignant cette aire entière, ou la valeur de $\int d\lambda$, par b; celle de $\int l^2d\lambda$, par γ, et observant que $\int ld\lambda = 0$, parce que la droite AB contient le centre de gravité de l'aire $ABCD$: la valeur de $\int z\,dv$ se réduit à

$$\int z\,dv = \tfrac{1}{2}.b\zeta^2.\cos^2.\theta + \tfrac{1}{2}.\gamma.\sin^2.\theta.\cos.\theta.$$

Cette valeur de $\int z\,dv$ n'est pas rigoureusement celle de K; pour qu'elle le fût, il faudrait que le solide compris entre les sections $A'B'C'D'$ et $ABCD$ fût un cylindre vertical tronqué par le plan de la section $ABCD$; mais quelle que soit sa forme, on conçoit que cette valeur doit très-peu différer de la valeur exacte de K, tant que les variables ζ et θ sont très-petites; et il est facile de s'assurer que la différence de ces valeurs est de l'ordre des produits de trois dimensions de ζ et de θ, c'est-à-dire, que si ζ et θ étaient infiniment petits, cette différence serait infiniment petite du troisième ordre. En négligeant donc les quantités de cet ordre et substituant la valeur de $\int z \, dv$ à la place de K, dans la valeur de φ, j'aurai

$$\varphi = \pm g\wp Va.\cos.\theta - \tfrac{1}{4}.g\wp b\zeta^2.\cos.\theta - \tfrac{1}{2}.g\wp\gamma.\sin^2.\theta.\cos.\theta.$$

Mais en développant $\sin.\theta$ et $\cos.\theta$, on a

$$\sin.\theta = \theta - \frac{\theta^3}{2.3} + \text{etc.}, \qquad \cos.\theta = 1 - \frac{\theta^2}{2} + \text{etc.};$$

négligeant donc toujours les termes de trois dimensions par rapport à θ et ζ, on aura

$$\varphi = \pm g\wp Va \mp \tfrac{1}{4}.g\wp Va.\theta^2 - \tfrac{1}{2}.g\wp b.\zeta^2 - \tfrac{1}{4}.g\wp\gamma.\theta^2;$$

ce qui change l'équation des forces vives, en celle-ci :

$$\int u^2 dm + g\wp(\gamma \pm Va).\theta^2 + g\wp b.\zeta^2 = C, \qquad (1)$$

en comprenant le terme $\pm 2g\wp Va$, dans la constante arbitraire.

534. La valeur de C se détermine d'après celles de u, θ et ζ à l'origine du mouvement; C est donc une quantité très-petite; et de plus l'équation (1) nous montre que cette quantité est positive, toutes les fois que la valeur du coefficient $\gamma \pm Va$ est positive. Si ce coefficient reste positif pendant toute la durée du mouvement, on peut conclure de cette équation, par le raisonnement déjà employé dans le n° 474, que les variables θ et ζ demeureront aussi très-petites, de manière qu'on aura toujours

$$\theta < \sqrt{\frac{C}{g\wp(\gamma \pm Va)}}, \quad \zeta < \sqrt{\frac{C}{g\wp b}};$$

ee qui montre que la stabilité de l'équilibre du corps que nous considérons, tient au signe du coefficient $\gamma \pm Va$; de manière que cet équilibre sera stable toutes les fois que ce coefficient sera positif à l'origine et pendant toute la durée du mouvement.

535. L'intégrale $\int l^2 d\lambda$, qui est représentée par γ, est une quantité essentiellement positive; car tous les élémens dont cette intégrale est la somme, sont positifs. Le terme $\pm Va$ doit être pris avec le signe $+$, quand le point G se trouve au-dessous du point O; donc dans ce cas le coefficient $\gamma \pm Va$ est positif, et l'équilibre stable. Lors donc que le centre de gravité de la masse entière d'un corps flottant est plus bas que celui du volume d'eau qu'il déplace dans sa position d'équilibre, on peut être certain que cet équilibre est stable, par rapport à tous les petits mouvemens qu'on peut imprimer à ce corps.

Si au contraire le point O est au-dessous du point G, le terme $\pm Va$ doit être pris avec le signe $-$; il faut alors qu'on ait $\gamma > Va$, pour que le coefficient $\gamma \pm Va$ soit positif, et qu'on puisse assurer la stabilité de l'équilibre. La quantité γ varie avec la position de la ligne AB; cette ligne passe constamment par le centre de gravité de l'aire $ABCD$; mais pendant le mouvement, elle peut se déplacer sur le plan de cette aire, en tournant autour de ce centre. Or, en lui faisant faire une révolution entière autour de ce point, il est évident qu'elle passera par une position dans laquelle la valeur de γ sera plus petite que dans toute autre; si donc on calcule cette plus petite valeur, et qu'on la trouve plus grande que le produit Va, il sera certain que le coefficient $\gamma \pm Va$ ne peut devenir négatif, et par conséquent, que l'équilibre est stable.

Ainsi, par exemple, dans un vaisseau, il est aisé de voir que la droite par rapport à laquelle l'intégrale $\int l^2 d\lambda$ est un *minimum*, est la ligne qui va de la proue à la poupe; on partagera donc l'aire du plan de flottaison, ou de la section faite à fleur d'eau, en élémens infiniment petits; puis on prendra la somme de tous ces élémens multipliés respectivement par le carré de leurs distances à cette ligne; et pourvu que cette intégrale soit plus grande que le produit du volume d'eau déplacé par le vaisseau, multiplié par la distance du centre de gravité de ce volume à celui du vaisseau, on pourra assurer que l'équilibre est stable par rapport à tous les petits mouvemens du vaisseau, lors même que le second centre de gravité serait plus haut que le premier.

536. D'après la théorie exposée dans les chapitres IV et V du livre précédent, nous pourrions entreprendre de déterminer le mouvement d'un corps flottant, de forme quelconque, que l'on écarte un tant soit peu de sa position d'équilibre; nous confirmerions de cette manière le théorème général, que nous venons de démontrer, sur la stabilité de cet équilibre; mais pour ne pas nous jeter dans de trop longs calculs, nous nous bornerons à considérer le cas particulier du n° 530; nous supposerons donc que dans sa position d'équi-

libre, le corps est coupé en deux parties parfaitement identiques, par un plan vertical CED; qu'en
l'écartant de cette position, cette section CED reste
verticale; et qu'après l'avoir ainsi dérangé, on l'a-
bandonne à lui-même, sans lui imprimer aucune
vîtesse initiale. De cette manière, la section CED
restera dans un même plan vertical, pendant toute
la durée du mouvement; et nous aurons seulement
à déterminer le mouvement du centre de gravité G,
et le mouvement de rotation du corps autour d'un
axe horizontal, passant par le point G et perpendiculaire au plan CED.

Or, le centre de gravité G se meut comme si la
masse entière M y était réunie, et que les deux forces
qui agissent sur le corps, fussent transportées en ce
point parallèlement à leurs directions; ces forces
sont le poids Mg du corps, et la poussée du fluide dont
la direction est contraire à celle de la pesanteur, et
dont l'intensité est égale au poids du volume d'eau
déplacé; la force motrice du point G sera donc toujours verticale; et comme sa vîtesse initiale est nulle,
il s'ensuit que son mouvement sera rectiligne et vertical, ainsi que nous l'avons déjà remarqué (n° 530).
En désignant par V le volume d'eau déplacé dans
la position d'équilibre, et par $V + U$, celui qui est
déplacé à un instant quelconque, la force motrice
du point G, à cet instant, sera exprimée par Mg
$- (V + U).g\rho$; quantité qui se réduit à $- Ug\rho$,
à cause que $M = V\rho$: l'équation différentielle du
mouvement de ce centre sera donc

$$M.\frac{d^2z_{\prime}}{dt^2} = - U g\rho \ ; \qquad (2)$$

$z_{\prime}$ étant la distance GH du point G au niveau de l'eau, ou au plan $A'B'C'D'$, et dt désignant l'élément du tems. U représente ici le volume compris entre le plan de flottaison $A'B'C'D'$, à un instant quelconque, et la section $ABCD$ qui était le plan de flottaison dans la position d'équilibre ; or, tant que les variables ζ et θ du n° 532, sont très-petites, et qu'on néglige les termes de seconde dimension par rapport à ces quantités, on a

$$U = \int (\zeta + l.\sin.\theta).\cos.\theta.d\lambda \ ;$$

l'intégrale étant relative à l et $d\lambda$, et devant s'étendre à l'aire entière $ABCD$. En effet, le cylindre vertical qui a pour base la projection de l'élément $d\lambda$ de cette aire, sur le plan $A'B'C'D'$, et qui se termine au plan $ABCD$, est égal à sa hauteur $\zeta + l.\sin.\theta$, multipliée par sa base $\cos.\theta.d\lambda$; et la somme des cylindres semblables, relatifs à tous les élémens $d\lambda$, forme à très-peu près le volume U, compris entre ces deux plans. Cette valeur de U se réduit à

$$U = \zeta.\cos.\theta.\int d\lambda + \sin.\theta.\cos.\theta.\int l d\lambda = \zeta b \ ,$$

à cause que $\int l d\lambda = 0$ et $\int d\lambda = b$ (n° 533), et que $\cos.\theta = 1$, quand on néglige le carré de θ.

Pour simplifier encore ces calculs, je supposerai que la perpendiculaire GP, abaissée du point G sur la section $ABCD$, vient tomber sur la droite AB au centre de gravité de cette section ; je désignerai par c, la longueur de cette perpendiculaire ; menant par le point P, une horizontale PQ qui coupe au point Q, la verticale GH, j'aurai $GQ = c.\cos.\theta$; donc en observant que ζ est la distance QH du point Q ou du point P au plan $A'B'C'D'$ (n° 532), on aura

$$z_{,} = GH = c.\cos.\theta + \zeta = c + \zeta,$$

puisqu'on néglige le carré de θ.

Ces valeurs de $z_{,}$ et de U étant substituées dans l'équation (2), elle devient

$$M \cdot \frac{d^2\zeta}{dt^2} + bg\varrho.\zeta = 0;$$

d'où l'on tire, en intégrant,

$$\zeta = \alpha.\cos.\left(t.\sqrt{\frac{bg\varrho}{M}} + \alpha' \right);$$

α et α' étant les constantes arbitraires. Comme la vîtesse initiale du point G est nulle, il en résulte que si l'on compte le tems t de l'origine du mouvement, il faudra qu'on ait à-la-fois $t = 0$ et $\frac{d\zeta}{dt} = 0$, ce qui exige qu'on prenne $\alpha' = 0$. L'autre constante représente alors la valeur initiale de ζ. Cette constante peut être positive ou négative; elle exprime la quantité dont le centre de gravité G a été abaissé ou élevé, à l'origine du mouvement, au-dessous ou au-dessus de sa position d'équilibre.

On aura, après un tems t quelconque,

$$z_{,} = c + \alpha.\cos\left(t.\sqrt{\frac{b\varrho}{M}} \right);$$

d'où l'on peut conclure que le point G fera, de part et d'autre de sa position d'équilibre, des oscillations égales et d'égale durée, analogues à celles d'un pendule simple. En désignant par T, le tems d'une oscillation entière, et par π, le rapport de la circonférence au diamètre, on aura

$$T.\sqrt{\frac{bg\varsigma}{M}}=\pi, \quad \text{ou} \quad T=\pi\sqrt{\frac{M}{bg\varsigma}}.$$

537. Quant au mouvement de rotation du corps autour de l'axe horizontal passant par son centre de gravité, il est le même que si cet axe était fixe, et que cependant les forces motrices qui agissent sur le corps ne fussent pas changées (n° 402); on pourroit donc en trouver les lois, au moyen de la formule du n° 369, qui sert à déterminer la vîtesse angulaire d'un corps solide, autour d'un axe fixe; mais pour prévenir quelques difficultés relatives aux signes des quantités, il vaut mieux employer l'une des trois équations (2) du n° 455. En effet, en remplaçant dans ces équations la masse m par l'élément dm de la masse d'un corps solide, et la caractéristique Σ par le signe intégral $\int$, chacune d'elles sert à déterminer le mouvement de rotation de ce corps autour de l'un des trois axes des coordonnées x, y, z; si l'on suppose, par exemple, que l'axe de rotation soit celui des y, on a à considérer la seconde de ces équations, savoir :

$$\int\left(z.\frac{d^2x}{dt^2}-x.\frac{d^2z}{dt^2}\right).dm=\int(zX-xZ).dm; \quad (3)$$

dans laquelle les deux intégrales sont relatives à l'élément dm, et doivent être étendues à la masse entière.

Or $X dm$ et $Z dm$ sont ici les forces motrices parallèles aux axes des x et des z, de l'élément dm : en prenant donc la verticale Gz, dirigée dans le sens de la pesanteur, pour l'axe des z, et par conséquent l'horizontale Gx pour l'axe des x, la première de ces forces sera nulle; de plus, dv étant l'élément du volume qui correspond à l'élément dm de la masse, nous aurons $Z dm = g dm - g \rho dv$, ou $Z dm = g dm$, selon que cet élément dm appartiendra à la partie du corps qui est au-dessous du niveau de l'eau, ou à celle qui est au-dessus (n° 533); donc le second membre de l'équation précédente deviendra

$$\int (zX - xZ) . dm = - g . \int x dm + g \rho . \int x dv \, ;$$

la première intégrale étant relative à la masse entière du corps, et la seconde devant seulement s'étendre à la partie de son volume, qui est plongée dans l'eau; mais, à cause que le plan des y, z, passe par le centre de gravité G de cette masse, on a $\int x dm = 0$; ce second membre se réduit donc à $g \rho . \int x dv$. A un instant quelconque, le volume plongé dans l'eau est la somme des deux volumes V et U; l'intégrale $\int x dv$ se compose donc de deux parties : l'une relative au volume V, l'autre relative au volume U; la première est égale au produit $V x_,$, $x_,$ étant la valeur de x qui correspond au point O, centre de gravité de V; pour avoir l'autre partie, je décompose, comme précédemment, le volume U, en une infinité de cylindres verticaux; le volume d'un de ces cylindres est exprimé par $(\zeta + l\theta).d\lambda$, en négligeant le carré de θ; de sorte que la partie de $\int x dv$, relative à U, devient $\int x(\zeta + l\theta).d\lambda$. La variable x est ici la distance de l'élément $d\lambda$ au plan des y, z, et l'intégrale doit être étendue à l'aire entière $ABCD$; or, il est aisé de voir qu'on a, d'après ce que signifient θ, h et l (n° 533),

$$x = h.\sin.\theta + l.\cos.\theta = h\theta + l,$$

en négligeant toujours le carré de θ. On conclut de là

$$\int x(\zeta + l\theta).d\lambda = \int (h\theta + l).(\zeta + l\theta).d\lambda = \gamma\theta,$$

en faisant, comme plus haut, $\int l^2 d\lambda = \gamma$, observant que $\int l d\lambda = 0$, et négligeant le produit $\zeta\theta$. Je réunis maintenant les deux parties de l'intégrale $\int x dv$, je multiplie leur somme par ρg, et j'ai $g\rho(Vx, + \gamma\theta)$, pour le second membre de l'équation (3).

Soit R la projection de l'élément dm sur le plan CED; menons la droite RG, et désignons sa longueur par r; désignons aussi par f, l'angle que cette droite GR fait avec l'axe Gx, quand le corps est dans sa position d'équilibre; angle dont les valeurs relatives aux différens points du corps, s'étendront depuis zéro jusqu'à quatre angles droits; de sorte que cet angle sera, par exemple, égal à 100° pour tous les points situés sur l'axe Gz, et égal à 300° pour tous ceux qui sont situés sur son prolongement Gz'. On aura de cette manière $x = r.\cos.f$, $z = r.\sin.f$. Dans la position d'équilibre, la ligne GO coïncide avec l'axe des z ou avec son prolongement; pendant le mouvement, elle s'en écarte de l'angle variable θ qui doit ainsi s'ajouter à l'angle f, pour tous les points du corps; on a donc, à un instant quelconque,

$$x = r.\cos.(f + \theta), \quad z = r.\sin.(f + \theta);$$

d'où l'on tire

$$z.\frac{d^2 x}{dt^2} - x.\frac{d^2 z}{dt^2} = \frac{d.\left(z.\dfrac{dx}{dt} - x.\dfrac{dz}{dt}\right)}{dt} = - r^2.\frac{d^2\theta}{dt^2}.$$

Par conséquent le premier membre de l'équation (3) est la même chose que $Mk^2.\dfrac{d^2\theta}{dt^2}$; Mk^2 représentant le moment d'inertie de la masse M, qui se rapporte à l'axe de rotation.

Relativement au point O, on a $f = 100°$, quand ce point est au-dessous du point G; $f = 300°$, quand il est au-dessus; et $r = GO = a$, dans l'un et l'autre cas; on a donc $x_, = a.\cos.(100° + \theta) = - a.\sin.\theta$, dans le premier cas, et $x_, = a.\cos.(300° + \theta) = a.\sin.\theta$, dans le second; ou bien, en négligeant le carré de θ, $x_, = \pm a\theta$. Le second membre de l'équation (3) est donc égal à $g\rho(\gamma \pm Va)\theta$, et cette équation prend la forme :

$$Mk^2.\frac{d^2\theta}{dt^2} + g\rho\,(\gamma \pm Va).\theta = 0;$$

où l'on doit prendre le signe supérieur ou le signe inférieur, selon que le point O est au-dessus ou au-dessous du point G.

Dans le cas particulier qui nous occupe, la quantité γ est constante; car elle représente la somme des élémens de l'aire $ABCD$, multipliés respectivement par le carré de leurs distances à la ligne AB, qui est l'intersection du plan de la section $ABCD$ avec le plan horizontal $ABC''D''$; cette ligne passe constamment par le centre de gravité de cette section, et de plus elle est parallèle à l'axe de rotation; elle ne change donc pas de position sur le plan $ABCD$; par conséquent l'intégrale $\int l^2 d\lambda$ ne change pas non plus de valeur. Lors donc que le coefficient constant $\gamma \pm Va$ sera positif, nous aurons, en intégrant l'équation précédente,

$$= C \cos.\left(t . \sqrt{\frac{g\varsigma(\gamma \pm Va)}{Mk^2}} + C' \right);$$

C et C' étant les deux constantes arbitraires. La seconde doit être nulle, pour qu'on ait à-la-fois $t = 0$ et $\frac{d\theta}{dt} = 0$; condition qui résulte de ce que le corps n'a aucune vitesse initiale. La constante C représente alors la valeur de θ à l'origine du mouvement, ou la quantité dont on a écarté primitivement la ligne OG, de la direction verticale; la valeur de θ exprime le même écart, après un tems quelconque t; et nous voyons par la forme de cette valeur, que la ligne OG oscille de part et d'autre de la verticale comme un pendule simple : T' étant la durée d'une oscillation entière, et π le rapport de la circonférence au diamètre, on aura

$$T' . \sqrt{\frac{g\rho(\gamma \pm Va)}{Mk^2}} = \pi , \quad \text{ou} \quad T' = \pi . \sqrt{\frac{Mk^2}{g\rho(\gamma \pm Va)}} .$$

Lorsque le coefficient $\gamma \pm Va$ est négatif, la valeur de θ n'est plus exprimée par un cosinus ; elle l'est alors par une exponentielle ; par conséquent elle ne reste plus très-petite, pendant toute la durée du mouvement, quoiqu'elle soit aussi petite que l'on voudra à l'origine ; d'où l'on doit conclure que, dans ce cas, la position d'équilibre dont le corps a été écarté, n'est pas stable.

538. Dans le cas de la stabilité, les oscillations de la ligne GO ont lieu en même tems que celles du centre de gravité G; les unes sont dues à l'abaissement primitif de ce centre, au-dessous de sa position d'équilibre; les autres à l'écartement primitif de la ligne GO, de la verticale menée par le point G, avec laquelle cette ligne coïncidait dans la position d'équilibre du corps. Cet abaissement et cet écartement primitifs sont deux causes différentes, qui peuvent troubler cet équilibre; si l'abaissement primitif du point G, que nous avons appelé α, était nul, les oscillations du point G seraient aussi nulles, et celles de la ligne GO subsisteraient seules; si, au contraire, la ligne GO était restée

verticale à l'origine du mouvement, on aurait $\varepsilon = 0$; les oscillations de cette ligne seraient nulles, et celles du point G auraient seules lieu; mais quand le déplacement du point G et la déviation de la ligne GO, ont concouru à écarter le corps de sa position d'équilibre, ces deux espèces d'oscillations existent ensemble, sans se gêner mutuellement; résultat qui nous offre un exemple et une vérification remarquables du principe de la coexistence des petites oscillations (n° 476).

CHAPITRE V.

USAGE DU BAROMÈTRE POUR LA MESURE DES HAUTEURS VERTICALES.

539. Un *baromètre* est formé, en général, d'un tube de verre recourbé ABC (fig. 52); la branche AB est fermée à son extrémité supérieure A; l'autre branche BC est ouverte en C; le tube est en partie rempli de mercure qui s'élève à des hauteurs inégales dans les deux branches. Je suppose que ce fluide s'élève jusqu'au point D, dans la branche AB, et que l'intervalle AD, compris entre son niveau et le sommet de la branche, soit exactement vide d'air; soit aussi E, le niveau du mercure dans la branche BC qui communique avec l'atmosphère; par le point E, concevons un plan horizontal qui coupe en F la branche AB; la portion FEB de mercure sera d'elle-même en équilibre; il faut donc, quand la masse entière est en repos, que la pression rapportée à l'unité de surface, exercée en F par la colonne DF de mercure, soit égale à celle que l'air exerce en E. La première de ces pressions est exprimée par gmh, g étant la pesanteur, m la densité du mercure, h la hauteur verticale de son niveau D, au-dessus du point F; puisque le tube est ouvert au point C, la colonne d'air qui presse

sur le mercure en E, doit être censée prolongée indéfiniment dans l'atmosphère; la pression que la surface du mercure éprouve, est donc égale au poids de la colonne cylindrique d'air, qui a pour base cette surface, et qui se termine à la limite de l'atmosphère; donc la pression rapportée à l'unité de surface, qui a lieu au point E, est égale au poids d'une semblable colonne, dont la base serait la surface qu'on prend pour unité : on aura donc, en désignant ce poids par Π,

$$gmh = \Pi.$$

Diverses circonstances, telles que les vents, la température, la quantité d'eau suspendue dans l'air, font varier le poids Π de la colonne atmosphérique; la hauteur h du mercure dans le baromètre, doit varier dans le même rapport; aussi cette hauteur n'est-elle pas constamment la même dans le même lieu de la terre. La hauteur la plus commune du baromètre, à Paris, paraît être de 76 centimètres; ses variations sont très-petites au-dessus de ce terme; mais au-dessous, elles s'élèvent souvent jusqu'à $\frac{1}{12}$ environ de la hauteur moyenne.

A mesure qu'on s'élève au-dessus de la surface de la terre, le poids Π et la hauteur h diminuent; ces diminutions dépendent de la hauteur à laquelle on s'est élevé, et de la loi que suivent les densités des couches atmosphériques; si cette loi nous était connue, on conçoit qu'on pourrait déterminer la différence des hauteurs verticales de deux points, par la comparaison des hauteurs du baromètre en ces deux points; mais pour découvrir cette loi, il est nécessaire de recourir à quelques données de l'expérience qui sont relatives à la densité de l'air sous différentes pressions et à différentes températures, et que nous allons d'abord exposer.

540. Supposons que la branche BC de notre tube, au lieu de s'ouvrir dans l'air libre, s'ouvre maintenant dans un vase fermé, de petites dimensions, et rempli d'air ou d'un gaz quelconque. On peut alors faire abstraction du poids de cette petite portion de fluide; mais à raison de son élasticité, ce gaz exerce une certaine pression sur les parois du vase, qui est la même en tous leurs points (n° 482); c'est la pression qu'il exerce sur la surface du mercure, en E, qui soutient ce fluide au-dessus du niveau F dans la branche AB; par conséquent, h étant toujours la hauteur DF du mercure, le produit gmh sera la mesure de la pression du gaz, due à son élasticité, et rapportée à l'unité de surface; c'est-à-dire, la mesure de ce qu'on appelle la *force élastique* du gaz. L'appareil qui sert à la mesurer, se nomme un *manomètre* : il consiste, comme on voit, en un baromètre ordinaire ABC, dont la branche ouverte BC communique dans un vaisseau fermé, dans lequel on place le gaz ou la vapeur dont on veut connaître la force élastique. La hauteur du mercure dans un baromètre dont la branche ouverte communique avec l'atmosphère, donne la mesure de la force élastique de l'air, au point où ce fluide est en contact avec le mercure; car si l'on

ferme l'ouverture C du tube ABC, sans rien changer à l'état de l'air contenu dans la branche EC, il est évident que l'équilibre du mercure et de cet air ne sera pas troublé; la force élastique de cette portion d'air EC, fait donc équilibre à la pression de la colonne de mercure FD; donc cette force élastique a pour mesure le produit gmh.

La force élastique d'une portion d'air, contenue dans un vaisseau fermé, ne varie pas tant que cet air conserve la même densité et la même température; si donc on transporte un manomètre d'un lieu dans un autre, et qu'on ait soin de ne changer en aucune manière l'état de l'air qu'il contient, le produit gmh, qui mesure la force élastique de cet air, ne devra pas changer non plus; par conséquent, si la gravité g varie d'un lieu à l'autre, la hauteur h du mercure variera en raison inverse, en supposant que la densité m de ce fluide ne change pas; d'où l'on voit comment les variations des hauteurs du mercure dans le manomètre, peuvent rendre sensibles celles de la pesanteur à la surface de la terre, et servir même à les déterminer (n° 94).

541. L'expérience a appris que, la température restant la même, la force élastique d'un même gaz à différentes densités, est proportionnelle à ces densités. Ainsi, que l'on ait un gaz quelconque, contenu dans un vase cylindrique vertical, et recouvert à sa partie supérieure, d'un piston qui ferme exactement ce vase; que ce piston soit chargé d'un poids donné P, en y comprenant le poids même du piston;

piston; qu'on substitue successivement à ce poids P, une suite de poids $2P$, $3P$, $4P$, etc. : le gaz se comprime de plus en plus, et l'expérience prouve que son volume devient successivement la moitié, le tiers, le quart, etc., de ce qu'il était d'abord; sa densité devient donc, au contraire, double, triple, quadruple, etc., de sa densité primitive; c'est-à-dire, que la densité croît dans le même rapport que le poids comprimant; or, ce poids est la mesure de la force élastique du gaz; donc la densité est toujours proportionnelle à la force élastique, et réciproquement.

Maintenant supposons que le poids P restant le même, on élève la température du gaz soumis à sa pression; ce gaz se dilatera, son volume croîtra et sa densité diminuera; or, on sait, par les expériences de M. *Gay-Lussac*, 1°. que tous les gaz se dilatent uniformément, du moins dans l'intervalle de la température zéro, à celle de 100° du thermomètre centigrade; 2°. que la dilatation due à un même accroissement de température, est exactement la même pour tous les gaz, vapeurs ou mélanges de gaz et de vapeurs; 3°. que le volume du gaz à la température zéro, étant pris pour unité, cette dilatation commune est de 0,00375, par chaque degré du thermomètre; de sorte qu'à la température x, ce volume sera exprimé par $1+(0,00375).x$. Quoique cette loi de dilatation ne soit vérifiée par l'expérience, qu'entre les limites zéro et 100°, nous pouvons l'étendre, par analogie, hors de ces limites, et supposer que x représente ici un nombre

2.

quelconque de degrés du thermomètre centigrade,
positif quand la température est au-dessus de zéro,
négatif quand elle est au-dessous. On peut ramener
ce volume $1 + (0,00375).x$, à son état primitif,
soit en ramenant la température à zéro, soit en changeant le poids P, qui comprime le gaz, sans changer
la température; de cette seconde manière, il faudra
substituer au poids P, un poids $P.[1 + (0,00375).x]$,
qui sera la mesure de la force élastique du gaz ra-
mené à sa densité première; d'où l'on conclut que
le volume et la densité d'un gaz quelconque restant les mêmes, sa force élastique augmente dans
le même rapport que sa température.

Si, d'une part, la force élastique d'un gaz est
proportionnelle à sa densité, quand la température
ne varie pas; que d'un autre côté, cette force croisse
dans le même rapport que la température, lorsque
la densité reste la même, il est aisé d'en conclure
l'intensité de cette force, en fonction de ces deux
élémens supposés variables ensemble : en désignant
par ρ, la densité ; par x, le nombre de degrés du
thermomètre centigrade, qui marque la température; par p la force élastique du gaz, ou la pression qu'il exerce sur l'unité de surface, nous aurons

$$p = a\rho.[1 + (0,00375).x]; \qquad (1)$$

a étant le rapport de la force élastique à la densité, à la température zéro. Ce coefficient a est
constant pour un même fluide élastique; mais il
varie d'un fluide à un autre, et il doit être déter-

miné par l'expérience, pour chaque gaz en particulier.

542. Appliquons maintenant ces résultats de l'expérience, à la masse d'air qui compose l'atmosphère terrestre.

Pour cela, considérons dans cette masse, une colonne d'air cylindrique et verticale, qui s'appuie sur la surface de la terre, et se prolonge indéfiniment. Supposons que le reste de l'atmosphère se solidifie, de manière que cette colonne d'air se trouve contenue latéralement, par les parois d'un cylindre vertical : si la masse entière de l'air est en équilibre, cet état ne doit pas être troublé par notre supposition ; ainsi la colonne d'air doit être séparément en équilibre. La force qui sollicite les molécules d'air est la pesanteur, que l'on peut, sans erreur sensible, regarder comme dirigée suivant la longueur du cylindre, dans toute son étendue, ou du moins, jusqu'à la hauteur où la densité de l'air devient insensible et peut être négligée ; par conséquent il faut, pour l'équilibre, que la densité, la pression et la température soient uniformes dans toute l'étendue d'une même couche horizontale d'une hauteur infiniment petite (n° 490). Soit z la distance d'une couche quelconque, à la surface de la terre, ρ sa densité, x sa température, g' sa pesanteur, p sa force élastique, de sorte que ρ, x, g' et p soient des fonctions de z ; soit aussi dz, la hauteur de cette couche, et A sa largeur, ou la section du cylindre, perpendiculaire à sa longueur : Ap sera la

28..

pression qui a lieu sur sa base inférieure ; $A(p+dp)$, celle qu'éprouve sa base supérieure ; l'excès $-Adp$, de la première sur la seconde, doit être égal au poids $A\rho g'.dz$ de cette même couche ; on aura donc, en supprimant le facteur commun A, l'équation

$$-dp = \rho g'.dz,$$

qui revient à celle du n° 485. Substituant pour ρ sa valeur tirée de l'équation (1), il vient

$$\frac{dp}{p} = \frac{-g'dz}{a(1+\alpha x)};$$

où l'on a mis, pour abréger, α à la place de la fraction 0,00375.

On ne peut rien conclure de cette équation, tant que la valeur de x n'est pas donnée en fonction de z ; or, les physiciens savent que la température décroît à mesure que l'on s'éloigne de la surface de la terre ; mais l'expérience n'a point encore fait connaître d'une manière tout-à-fait satisfaisante, la loi de ce décroissement. Heureusement cette loi a peu d'influence sur le résultat du calcul des hauteurs par le baromètre, à cause de la petitesse du coefficient α ; et l'on peut, dans cette question, regarder la température comme constante, pourvu qu'on prenne pour x, dans chaque cas particulier, une température moyenne entre celles qui ont lieu aux deux points extrêmes de la hauteur qu'on veut déterminer. D'ailleurs, r étant le rayon de la terre, et g la pesanteur à sa surface, on a, à la distance $r+z$

de son centre,

$$g' = \frac{gr^2}{(r+z)^2},$$

puisque cette force varie en raison inverse du carré de cette distance. L'équation précédente devient donc

$$\frac{dp}{p} = \frac{-gr^2 \cdot dz}{a(1+\alpha x)\,(r+z)^2};$$

intégrant dans la supposition de x constante, on en déduit

$$\log. p = \frac{kgr^2}{a(1+\alpha x)} \cdot \frac{1}{r+z} + C;$$

C étant la constante arbitraire. Le logarithme de p est pris dans les tables ordinaires, et k représente le module de ces tables, c'est-à-dire, le nombre 0,434295. Pour déterminer la constante C, soit Π la valeur de p, qui répond à $z=0$, nous aurons

$$\log. \Pi = \frac{kgr}{a(1+\alpha x)} + C;$$

et en retranchant l'équation précédente de celle-ci, il vient

$$\log. \frac{\Pi}{p} = \frac{kgr}{a(1+\alpha x)} \cdot \frac{z}{r+z}. \qquad (2)$$

Cette équation, jointe à l'équation (1), donnera les valeurs de p et de ρ en fonction de z; ainsi ces équations renferment les lois de la densité et de la force élastique de l'air, qui conviennent à l'état d'équilibre de l'atmosphère.

543. Pour faire servir l'équation (2) à la mesure

des hauteurs verticales, d'après celles du baromètre,
supposons qu'on ait observé la hauteur barométrique
à la surface de la terre, et à la hauteur z au-dessus
de cette surface ; soient h la première hauteur obser-
vée, et h' la seconde ; soient aussi, lors de ces deux
observations, T et T' les températures du mercure
qui sont marquées par un thermomètre en contact
avec le baromètre. Le mercure se condense de $\dfrac{1}{5412}$
par chaque degré centigrade de diminution dans la
température ; d'où il suit que si m est la densité
de ce fluide qui correspond au nombre T de ces
degrés, ou à la première observation, $m\left(1 + \dfrac{T - T'}{5412}\right)$
sera celle qui répond au nombre T', ou à la seconde
observation ; nous aurons donc (n° 539),

$$\Pi = mgh, \quad \text{et} \quad p = mg'h'\left(1 + \frac{T - T'}{5412}\right).$$

Pour abréger, nous comprendrons le facteur
$1 + \dfrac{T - T'}{5412}$ dans h', de sorte que la lettre h' représentera la hauteur du baromètre, telle qu'elle est
donnée par la seconde observation, multipliée ensuite par ce facteur. Alors en mettant pour g' sa
valeur précédente, on aura simplement

$$\frac{\Pi}{p} = \frac{h}{h'} \cdot \frac{(r + z)^2}{r^2},$$

et par conséquent

$$\log. \frac{\Pi}{p} = \log. \frac{h}{h'} + 2.\log.\left(1 + \frac{z}{r}\right).$$

Soient encore t et t' les températures de l'air, à
la surface de la terre et à la hauteur z. Elles diffèrent
en général des températures T et T' du mercure
contenu dans le baromètre, parce que ce fluide n'a
pas toujours le tems de prendre la température de l'air
ambiant. Celles-ci t et t' sont données par des thermo-
mètres isolés et suspendus dans l'air. Nous prendrons

$$x = \frac{t + t'}{2} \text{ ; nous devrions aussi prendre } a = 0,00375 ;$$

mais il est bon d'augmenter un peu ce coefficient,
afin de tenir compte, autant qu'il est possible, de
la quantité d'eau en vapeur que l'air contient. En
effet, sous la pression ordinaire de l'atmosphère,
la densité de l'eau en vapeur est à celle de l'air,
comme 10 est à 14; l'air est donc d'autant plus
léger qu'il contient plus de cette vapeur ; or, il
en contient d'autant plus que la température est plus
élevée; ce qui fait que quand l'air est dilaté par la
chaleur, son poids doit diminuer dans un plus grand
rapport que son volume n'augmente. Nous augmen-
terons donc le coefficient α, et pour la commodité

du calcul, nous prendrons $\alpha = 0,004 = \frac{1}{250}$; d'où
il suit

$$\alpha x = \frac{2(t + t')}{1000}.$$

Si l'on substitue ces valeurs de $\log. \frac{\Pi}{p}$ et αx,
dans l'équation (2), il est ensuite aisé d'en déduire

$$z = \frac{a}{kg} \cdot \left[1 + \frac{2(t+t')}{1000} \right] \cdot \left[\log. \frac{h}{h'} + 2.\log.\left(1 + \frac{z}{r} \right) \right] \cdot \left[1 + \frac{z}{r} \right]. \quad (3)$$

Le moyen le plus sûr de déterminer avec exac-
titude le coefficient $\frac{a}{kg}$ qui entre dans cette formule,
c'est de faire usage d'une hauteur bien connue d'après
des mesures trigonométriques : on substituera cette
hauteur à la place de z, dans cette équation ; on y
mettra en même tems, à la place de t, t', h et h',
les températures de l'air et les hauteurs du baromètre, observées au pied et au sommet de cette
hauteur z; et à la place de r, le rayon moyen de la
terre, savoir, $r = 6366198$ mètres : de cette manière,
on aura une équation de condition d'où l'on tirera
la valeur de $\frac{a}{kg}$. En prenant une moyenne entre
les résultats d'un grand nombre d'observations,
faites avec le plus grand soin, par M. *Ramond*,
on a trouvé $\frac{a}{kg} = 18336$ mètres, à la latitude de 50°.
Ce coefficient varie avec la latitude du lieu de
l'observation, à cause de la gravité g qui se trouve
à son dénominateur et qui se rapporte à cette latitude; d'après la loi de cette force citée dans le
n° 194, on aura, à une latitude quelconque ψ,

$$\frac{a}{kg} = 18336^m.[1 + (0,002837).\mathrm{co}.2\psi].$$

Au moyen de cette valeur de $\frac{a}{kg}$, l'équation (3)
servira à déterminer la hauteur de z, dans tous les
lieux de la terre, d'après les valeurs de h, h', t, t',
qui ont lieu, en même tems, aux deux extrémités de
cette hauteur. Comme la fraction $\frac{z}{r}$ sera toujours très-

petite, on aura une première valeur très-approchée de z, en négligeant cette fraction dans le second membre de cette équation ; on substituera cette première valeur dans le second membre, ce qui donnera une seconde valeur de z plus approchée que la première ; on en pourrait trouver une troisième encore plus approchée, en substituant la seconde dans ce même second membre ; mais on aura, dans tous les cas, une exactitude suffisante, en bornant l'approximation à la seconde valeur de z.

544. L'équation (3) ne diffère pas essentiellement de celle que M. *Laplace* a donnée, pour le même objet, dans le 10ᵉ livre de la *Mécanique céleste*. Ces deux équations coïncident ensemble, quand on néglige le carré de $\frac{z}{r}$, dans le second membre de l'équation (3) ; ce qu'on peut toujours faire sans erreur sensible. Il existe une autre formule, moins exacte, mais aussi plus simple et d'un calcul plus facile que la précédente ; elle s'en déduit en y négligeant entièrement la fraction $\frac{z}{r}$, ce qui la réduit à

$$ z = \frac{a}{kg} \cdot \left[1 + \frac{2(t + t')}{1000} \right] . \log . \frac{h}{h'} ; $$

mais on conçoit que pour satisfaire aux observations, le coefficient $\frac{a}{kg}$ ne doit pas avoir la même valeur dans cette formule, que dans l'équation (3) ; et en effet, les observations citées de M. Ramond, donnent pour la valeur du coefficient qu'on doit employer dans cette nouvelle formule,

$$\frac{a}{kg} = 18393 \text{ mètres :}$$

ainsi l'on aura

$$z = 18393^m \cdot \left[1 + \frac{2(t + t')}{1000} \right] \cdot \log \cdot \frac{h}{h'}.$$

Si l'on excepte les cas où il s'agit d'une très-grande hauteur, cette formule est celle qui sert presque toujours à la mesure des hauteurs par l'observation du baromètre. Elle donne immédiatement et avec une exactitude suffisante, la différence des hauteurs verticales de deux points, quand on connaît la température de l'air et la hauteur du baromètre en ces deux points : t et h se rapportent à la station inférieure, t' et h', à la station supérieure ; la hauteur h', relative à cette seconde station, ne doit être employée qu'après l'avoir corrigée de la différence des températures T et T', du mercure aux deux stations, c'est-à-dire, après l'avoir multipliée par le facteur $1 + \frac{T - T'}{5412}$. Le coefficient 18393 se rapporte à la latitude de 50° ; il change avec celle du lieu de l'observation ; et l'on aura sa valeur à une latitude quelconque ψ, en le multipliant par $1 + (0,002837) \cdot \cos \cdot 2 \psi$.

FIN DU QUATRIÈME LIVRE.

LIVRE CINQUIÈME.

HYDRODYNAMIQUE.

CHAPITRE PREMIER.

DU MOUVEMENT D'UN FLUIDE PESANT.

545. L'ʜʏᴅʀᴏᴅʏɴᴀᴍɪQᴜᴇ est la partie de la mécanique rationnelle qui traite du mouvement des fluides;
l'application des principes de cette science à l'art de
conduire les eaux et de les faire servir à mouvoir
les machines, se nomme *hydraulique*.

En appliquant aux fluides le principe de D'Alembert, on formera immédiatement les équations générales de leur mouvement, d'après celles de leur
équilibre; mais comme ces équations sont très-
compliquées, il y a des questions relatives au mouvement des fluides, dont il est plus simple de chercher directement la solution, que d'essayer de la
déduire de ces équations générales; c'est pour cette
raison qu'avant de les donner, je vais considérer
en particulier le mouvement des fluides pesans, et
résoudre, par rapport à ces fluides, plusieurs problèmes importans qui dépendent d'une analyse fort
simple.

§. Ier· *Hypothèse du parallélisme des tranches ;
mouvement de l'eau qui sort d'un vase de figure
quelconque.*

546. Considérons un vase rempli d'eau jusqu'à
une certaine hauteur, et dont le fond soit horizontal ; supposons que l'on fasse une ouverture au
fond de ce vase, et proposons-nous de déterminer
le mouvement de l'eau qui va s'écouler par cet orifice. Pendant ce mouvement, chaque molécule prendra une vîtesse particulière, variable d'une molécule
à une autre, en grandeur et en direction ; mais pour
simplifier la solution de ce problème, nous supposerons que toutes les molécules qui appartiennent à
une même tranche horizontale, ont au même instant
la même vîtesse, de sorte que chaque tranche d'une
épaisseur infiniment petite reste parallèle à elle-
même, et est formée des mêmes molécules fluides
pendant toute la durée du mouvement. Une tranche
quelconque prend ainsi la place de celle qui lui
est inférieure ; par conséquent sa largeur augmente
ou diminue, selon que le vase s'élargit ou se rétrécit,
et en même tems, son épaisseur varie en raison inverse de sa largeur. Pour que cet effet ait lieu, il
est nécessaire que les molécules qui composent cette
tranche s'aplatissent en s'élargissant, ou s'alongent
en se rétrécissant ; d'où il résulte qu'elles changent
aussi de position dans le sens horizontal. Ainsi,
outre la vîtesse verticale commune à toutes les molécules d'une même tranche horizontale, chaque

molécule a encore une vîtesse horizontale qui lui est particulière; mais la question deviendrait trop compliquée, si l'on voulait tenir compte des vîtesses horizontales; nous ferons donc abstraction de ces vîtesses, et nous ne nous occuperons que de la détermination de la vîtesse verticale des tranches fluides.

On conçoit, et l'expérience prouve, que quand il s'agit d'un vase qui s'écarte peu de la forme cylindrique, ou lorsque la hauteur de l'eau est très-grande, par rapport à la différence des largeurs des tranches, les vîtesses horizontales des molécules sont très-petites, par rapport à leurs vîtesses verticales qui, en même tems, sont à-peu-près égales, pour toutes les molécules d'une même tranche : il y a donc un grand nombre de cas, dans lesquels le *parallélisme des tranches* s'observe, sinon exactement, du moins par approximation; et pour tous ces cas, le calcul fondé sur cette hypothèse, devra conduire à une solution approchée de la question. La théorie mathématique du mouvement des fluides est encore peu avancée : ce n'est qu'en restreignant l'étendue de la question, par des hypothèses plus ou moins admissibles, que l'on est parvenu jusqu'à présent, à quelques résultats généraux, utiles dans la pratique, et conformes à l'expérience.

547. Soit $ABCD$ (fig. 53), une section verticale du vase, AB l'orifice, Oz un axe vertical sur lequel on compte les distances des tranches fluides à un point fixe O, ou au plan horizontal, mené par

ce point; après un tems t, écoulé depuis l'origine du mouvement, désignons par v, la vîtesse d'une tranche quelconque du fluide, et par z, sa distance au point O, de sorte que z et v soient deux fonctions inconnues de la variable t. Pour fixer les idées, supposons que $mqnm'q'n'$ représente alors la section verticale de cette tranche quelconque; on aura $Oq = z$, l'épaisseur qq' de la tranche sera exprimée par la différentielle dz, et son volume sera égal à sa largeur multipliée par dz. Or, sa largeur est l'aire de la section du vase faite par un plan horizontal mené par le point q; cette aire est une fonction de z, dépendante de la forme du vase, et donnée dans chaque cas particulier : nous la représenterons par y, et nous aurons ydz, pour le volume de la tranche mobile que nous considérons. Enfin, désignons toujours la gravité par g.

Pendant l'instant dt, la vîtesse de la tranche gdz croîtrait de la quantité gdt, si cette tranche était libre et isolée; dv est l'augmentation de vîtesse qui a réellement lieu; $gdt — dv$ est donc la vitesse infiniment petite, perdue à chaque instant par cette tranche; or, d'après le principe de d'Alembert, le fluide resterait en équilibre, si toutes ses tranches étaient sollicitées par des forces motrices, capables de leur imprimer les vîtesses qu'elles perdent à chaque instant; supposons donc ces tranches sollicitées par de semblables forces, et cherchons dans cette hypothèse, les conditions de leur équilibre.

La force accélératrice de la tranche quelconque

$y\,dz$, sera exprimée par $g - \dfrac{dv}{dt}$, puisqu'elle doit produire la vitesse $g\,dt - dv$, dans l'instant dt. Sa force motrice sera donc égale au produit $\left(g - \dfrac{dv}{dt}\right) \cdot \rho y\,dz$, ρ étant la densité de l'eau. Appelons aussi p, la pression rapportée à l'unité de surface, que cette tranche éprouve sur sa base supérieure mqn ; pression qui se transmet par l'intermédiaire du fluide dont la tranche est composée, non‑seulement sur sa base inférieure $m'q'n'$, mais aussi sur les parois du vase qui terminent sa circonférence ; de sorte que quand la valeur de p sera déterminée en fonction de z et de t, on connaîtra à chaque instant la pression que ce vase éprouve en tous ses points. Outre la pression p, la base inférieure de la tranche $y\,dz$, éprouve encore, dans l'état d'équilibre que nous considérons, une pression due à la force motrice de cette tranche, et égale à cette force ou à $\left(g - \dfrac{dv}{dt}\right) \cdot \rho y\,dz$; divisant par y, afin d'avoir la pression due à cette même force et rapportée à l'unité de surface, il vient $\left(g - \dfrac{dv}{dt}\right) \cdot \rho\,dz$: par conséquent $p_{\prime}$ étant la pression entière qu'éprouve cette base inférieure, on aura

$$p_{\prime} = p + \left(g - \frac{dv}{dt}\right) \cdot \rho\,dz.$$

Mais la différence $p_{\prime} - p$ est évidemment la différentielle de la fonction p, prise par rapport à la variable z ; on a donc aussi

$$dp = \left(g - \frac{dv}{dt} \right) \cdot \varrho\, dz\,;$$

équation qui fera connaître la valeur de la pression p, quand celle de la vîtesse v sera déterminée.

548. Comme le fluide qui s'écoule dans le vase, est incompressible, il doit passer, dans un intervalle de temps quelconque, le même volume de fluide par toutes les sections horizontales du vase; d'où l'on peut conclure que les vîtesses de deux tranches prises au hasard, doivent être, à chaque instant, en raison inverse de leurs largeurs; si donc nous désignons par u, la vîtesse du fluide à l'orifice horizontal AB, par lequel il s'écoule, et par k, l'aire de cet orifice, nous aurons, en comparant cette vîtesse à celle de la tranche $y\,dz$, l'équation $yv = ku$, qui donne

$$v = \frac{ku}{y}.$$

Dans cette valeur de v, u est une fonction de t, et y une fonction de z; on peut donc en prendre la différentielle, par rapport à l'une ou l'autre de ces variables : la différentielle relative à z, exprimerait la différence entre les vîtesses de deux tranches consécutives, qui ont lieu au même instant; en différentiant par rapport à t, on aurait la différence entre les vîtesses de deux tranches du fluide, qui répondent successivement à la même section du vase; mais pour avoir la différence entre les vîtesses successives d'une même tranche, il faut différentier

rentier la valeur de v, par rapport aux deux variables t et z, en considérant la seconde comme une
fonction de la première ; ce qui donne

$$\frac{dv}{dt} = \frac{k}{y} \cdot \frac{du}{dt} - \frac{ku}{y^2} \cdot \frac{dy}{dz} \cdot \frac{dz}{dt}.$$

C'est cette expression qu'il faut substituer à la place
de $\frac{dv}{dt}$, dans la valeur de dp; et en remplaçant aussi
$\frac{dz}{dt}$, par la vîtesse v, ou par sa valeur $\frac{ku}{y}$, on aura

$$dp = g\varrho \cdot dz - k\varrho \cdot \frac{du}{dt} \cdot \frac{dz}{y} + k^2 \varrho u^2 \cdot \frac{dy}{y^3}.$$

En intégrant par rapport à z, et observant qu'alors
les quantités u et $\frac{du}{dt}$ doivent être regardées comme
constantes, il vient

$$p = g\varrho z - k\varrho \cdot \frac{du}{dt} \cdot \int \frac{dz}{y} - \frac{k^2 \varrho u^2}{2y^2} + C.$$

L'arbitraire C, qu'on ajoute à cette intégrale, peut
être une fonction de t; sa valeur dépend de la pression que supporte la surface supérieure de l'eau;
pour fixer les idées, nous supposerons que cette
pression est celle de l'atmosphère, et nous la représenterons par Π. Soit aussi EHF le niveau de
l'eau dans le vase; faisons $OH = z'$, c'est-à-dire,
désignons par z' la valeur de z relative à ce niveau;
représentons par y', la section du vase qui répond
au même niveau, de sorte que y' soit ce que
devient y, quand on y fait $z = z'$; en supposant de

2.

plus que l'intégrale $\int \frac{dz}{y}$ s'évanouisse , pour cette valeur $z = z'$, on aura, pour cette même valeur,

$$\Pi = g_i z' - \frac{k^2 u^2}{2 y'^2} + C.$$

Eliminant C au moyen de cette équation, la précédente devient

$$p = + \Pi\, g\varrho\, (z - z') - k\varrho . \frac{du}{dt} . \int \frac{dz}{y} - \frac{k^2 \varrho u^2}{2 y^2} + \frac{k^2 \varrho u^2}{2 y'^2}. \quad (2)$$

Cette valeur de p convient à tous les points du vase ; or, la pression qui a lieu à l'orifice AB, est donnée : elle est égale à la pression atmosphérique, si le fluide, en sortant du vase, s'écoule dans l'air ; elle est nulle, s'il s'écoule dans le vide ; et en général, nous pouvons la représenter par $\Pi - c$, c étant la différence des pressions au niveau du fluide et à l'orifice du vase. Soit aussi $OA = l =$ la valeur de z qui répond à l'orifice AB, valeur qui est constante et donnée ; h la hauteur du fluide au - dessus de cet orifice , c'est - à - dire , $h = HA = l - z$; N l'intégrale $\int \frac{dz}{y}$, prise dans toute l'étendue de cette hauteur, ou, depuis $z = z'$ jus- $z = l$: N sera une fonction de h, donnée dans chaque cas particulier, et dépendante de la forme du vase. Nous aurons en même tems,

$$z - z' = h, \quad \int \frac{dz}{y} = N, \quad y = k, \quad p = A - c ;$$

donc d'après l'équation (2),

$$h\rho N.\frac{du}{dt}=c+g\rho h-\left(1-\frac{k^2}{y'^2}\right).\frac{\rho u^2}{2}. \qquad (3)$$

549. Cette analyse renferme la solution complète du problème que nous nous sommes proposé de résoudre; mais on doit observer que le mouvement de l'eau qui s'écoule par un orifice horizontal, présente deux cas qu'il importe de distinguer : celui où le fluide est entretenu constamment à la même hauteur, au-dessus de l'orifice, et celui où le niveau EF s'abaisse à mesure que le fluide s'écoule.

Dans le premier cas, h, N et y' sont des quantités constantes et données; on intégrera donc, sans difficulté, l'équation (3); cette intégration, que nous effectuerons dans un des numéros suivans, fera connaître la vîtesse u à l'orifice du vase, en fonction du tems t; et en la substituant dans les équations (1) et (2), on aura en fonction de t et de z, la vîtesse v et la pression p, pour tous les points du vase.

Dans le second cas, N et y' seront toujours des fonctions données de h; mais h sera variable, et pour déterminer sa valeur en fonction du tems, il faudra une équation de plus que dans le premier cas. Or, au niveau de l'eau, la vîtesse est $\dfrac{dz'}{dt}$, et elle est égale à $\dfrac{ku}{y'}$, d'après l'équation (1); de plus, à cause de $h=l-z'$, on a $\dfrac{dh}{dt}=-\dfrac{dz'}{dt}$, puisque l est une constante; donc

$$\frac{dh}{dt}+\frac{ku}{y'}=0. \qquad (4)$$

En joignant celle-ci à l'équation (3), on aura deux équations différentielles du premier ordre, qui suffiront pour déterminer h et u en fonction de t; on connaîtra donc, en les intégrant, la hauteur du niveau et la vîtesse du fluide à l'orifice, à chaque instant; ensuite les équations (1) et (2) donneront, comme dans le premier cas, la vîtesse et la pression en un point quelconque du vase. Au reste, ce n'est que dans un petit nombre de cas, choisis exprès, qu'on peut espérer d'intégrer les équations (3) et (4), sous forme finie; leurs intégrales ne pourront s'obtenir, en général, que sous forme de séries, et les valeurs de h et u qui en dépendent, ne se détermineront que par approximation.

550. Lorsque l'orifice AB est très-petit par rapport aux dimensions du vase, de manière qu'on puisse négliger, sans erreur sensible, les termes multipliés par k dans l'équation (3), elle se réduit à

$$0 = c + g\varrho h - \tfrac{1}{2} \cdot \varrho u^2 \, ;$$

et si de plus la pression est la même à l'orifice et au niveau de l'eau, auquel cas la quantité c est nulle, cette équation donne alors $u = \sqrt{2gh}$; d'où il résulte ce théorème important, savoir, que *la vîtesse de l'eau qui sort d'un vase par un très-petit orifice, est égale à celle d'un corps pesant qui serait tombé de toute la hauteur du niveau au-dessus de l'orifice.*

Si l'eau éprouvait une plus grande pression à son niveau qu'à l'orifice du vase, la vîtesse u serait augmentée par cet excès de pression, et son augmentation serait la même que si le niveau était plus élevé; ainsi h' étant une quantité telle que $g\rho h' = c$, on aura $u = \sqrt{2g(h+h')}$; c'est-à-dire, que la vîtesse u serait la même que si la hauteur du niveau était $h+h'$.

En négligeant de même les termes multipliés par k, dans l'équation (2), on a

$$p = \Pi + g\rho(z - z');$$

d'où l'on peut conclure que dans le cas de l'orifice très-petit, la pression en un point quelconque du vase, est égale à la pression appliquée à la surface supérieure du fluide, plus à la pression $g\rho(z - z')$ due à la hauteur du niveau au-dessus de ce point; de sorte que cette pression est la même à chaque instant, que si le fluide n'avait aucun mouvement dans le vase.

Ces deux théorèmes, relatifs à la pression p et à la vîtesse u, ont également lieu, quand le niveau s'abaisse, et quand il est entretenu à une hauteur constante.

551. La vîtesse des molécules d'eau qui sortent du vase, leur est imprimée par la pression de l'eau contenue dans le vase; or, cette pression étant une force motrice, il serait absurde de supposer qu'elle produit instantanément une vîtesse finie; ce n'est donc qu'après un intervalle de tems fini, que la vîtesse u peut se trouver égale à la quantité $\sqrt{2gh}$.

Pour vérifier cette assertion, supposons le niveau constant, et la quantité c égale à zéro; et intégrons

l'équation (2) dans cette hypothèse. En la résolvant
par rapport à dt, il vient

$$dt = \frac{2kN.du}{2gh - u^2.\left(1 - \frac{k^2}{y'^2}\right)};$$

valeur qu'on peut mettre sous cette autre forme :

$$dt = \frac{kN}{\sqrt{2gh}} . \left(\frac{du}{\sqrt{2gh} + u.\sqrt{1 - \frac{k^2}{y'^2}}} + \frac{du}{\sqrt{2gh} - u.\sqrt{1 - \frac{k^2}{y'^2}}} \right),$$

et d'où l'on tire en intégrant

$$= \frac{kN}{\sqrt{2gh}.\sqrt{1 - \frac{k^2}{y'^2}}} .\log. \left(\frac{\sqrt{2gh} + u.\sqrt{1 - \frac{k^2}{y'^2}}}{\sqrt{2gh} - u.\sqrt{1 - \frac{k^2}{y'^2}}} \right) + C.$$

Si l'on compte le tems t, de l'origine du mouvement, la constante arbitraire C doit être nulle ;
car le fluide partant du repos, on aura, à cette
origine, $t = o$ et $u = o$, ce qui donne $C = o$. Supprimant donc cette constante et passant des logarithmes aux nombres, on trouve

$$\sqrt{2gh} - u.\sqrt{1 - \frac{k^2}{y'^2}} = \left(\sqrt{2gh} + u.\sqrt{1 - \frac{k^2}{y'^2}} \right).e^{-\lambda t}, \qquad (5)$$

en faisant pour abréger

$$\lambda = \frac{\sqrt{2gh}.\sqrt{1 - \frac{k^2}{y'^2}}}{kN},$$

et désignant par e, la base des logarithmes, dont le module est l'unité.

Or, quand t est nul, l'exposant λt l'est aussi ; cet exposant et la valeur de u croissent avec t ; et comme le facteur k qui se trouve au dénominateur de λ, est supposé très-petit, il s'ensuit que le facteur λt acquerra une très-grande valeur, dans un intervalle de tems très-court : alors le second membre de l'équation (5), qui a pour facteur l'exponentielle $e^{-\lambda t}$, sera devenu à très-peu près égal à zéro ; par conséquent, on aura

$$\sqrt{2gh} - u \cdot \sqrt{1 - \frac{k^2}{y'^2}} = 0 ;$$

ou plus simplement, $u = \sqrt{2gh}$ en négligeant la fraction $\dfrac{k^2}{y'^2}$.

On voit par là qu'à parler rigoureusement, $\sqrt{2gh}$ est une limite que la vîtesse u n'atteint jamais, mais dont elle ne diffère plus, d'une manière sensible, après un intervalle de tems très-petit, et en général d'autant plus court que l'orifice k est moins grand.

Ce n'est aussi qu'après un certain intervalle de tems, que la pression du fluide contre les parois du vase, devient constante en chaque point de ces parois. Lorsque le fluide commence à s'écouler, cette pression est d'abord moindre que dans l'état d'équilibre ; et tant que le mouvement n'a point atteint l'uniformité, ou tant que la valeur de u est encore variable, la pression varie également avec le tems : on aura sa valeur, en substituant dans l'équation (2), celle de u, tirée de l'équation (4).

552. Quand l'orifice n'est pas supposé très-petit, il est nécessaire qu'il soit horizontal, pour que l'hypothèse du parallélisme des tranches ne s'écarte pas trop de la vérité ; mais si l'on fait une ouverture très-petite au fond ou en un endroit quelconque d'un vase, et que la hauteur de l'eau au-dessus de cette ouverture soit très-grande par rapport à la largeur du vase, l'observation de ce qui se passe alors, prouve que ce parallélisme a sensiblement lieu dans toute l'étendue de la masse fluide, excepté près de l'orifice, où les molécules d'eau prennent des vîtesses dont les directions concourent vers ce point. Les résultats que nous venons d'obtenir, et qui sont fondés sur l'hypothèse du parallélisme des tranches, subsistent donc dans le cas d'un orifice très-petit, horizontal ou incliné ; ainsi, la vîtesse de l'eau qui sort d'un vase par une très-petite ouverture, dont le plan a une inclinaison quelconque, devient toujours égale, dans un intervalle de tems fort court, à la vîtesse qu'un corps pesant acquiert en tombant de la hauteur du niveau, au-dessus de cette ouverture ; par conséquent si l'on donne au jet, par le moyen d'un tuyau, une direction verticale, les molécules d'eau qui partent avec cette vîtesse, s'éleveront dans le vide à la hauteur du niveau. C'est, en effet, ce que l'expérience avait appris depuis long-tems. Elle montre également que

si la direction du jet n'est pas verticale, l'eau décrit dans le vide une parabole dont l'amplitude dépend de cette direction et de la vitesse à l'orifice. Cette amplitude varie quand le niveau n'est pas constant; quand il est invariable, elle est d'abord nulle, puis elle augmente rapidement jusqu'à ce qu'elle ait atteint une limite constante ; ce qui fait voir que la vitesse à l'orifice , emploie aussi un intervalle de tems fini, à parvenir à sa plus grande valeur.

553. Connaissant la vitesse du fluide à l'orifice, et la largeur de cet orifice , il est aisé d'en conclure le volume d'eau qui sort du vase dans un tems donné. En effet, ce volume, pendant l'instant dt, est égal au produit $kudt$; k étant toujours la largeur de l'orifice , et u la vitesse de l'écoulement; si donc x représente le volume d'eau sorti, ou ce qu'on appelle la *dépense* pendant le tems t, on aura

$$dx = kudt;$$

d'où l'on conclura, par l'intégration, la valeur de x en fonction de t.

Dans le cas d'un orifice très-petit , on a $u = \sqrt{2gh}$; donc $dx = k.\sqrt{2gh}.dt$, et $x = k.\sqrt{2gh}.t$, si la hauteur h du niveau au-dessus de l'orifice est constante. Soit h' la hauteur dont un corps pesant tombe dans le tems t, de sorte que $h' = \dfrac{gt^2}{2}$; nous aurons

$$x = 2k.\sqrt{hh'};$$

d'où l'on voit que la dépense, dans le cas du niveau constant, est égale au double du volume d'un cylindre qui aurait pour base, l'orifice k, et pour hauteur, une moyenne proportionnelle entre h et h'.

Si le niveau était variable, il faudrait connaître h en fonction de t; or, en faisant $u = \sqrt{2gh}$ dans l'équation (4), on en tire

$$y' \cdot \frac{dh}{\sqrt{h}} + k \cdot \sqrt{2g} \cdot dt = 0;$$

équation qu'il sera facile d'intégrer, toutes les fois qu'on fera une supposition particulière sur la forme du vase, d'où résultera la valeur de y' en fonction de h. Cette intégration donnera la valeur de h en fonction de t, en la substituant dans l'équation $dx = k \cdot \sqrt{2gh} \cdot dt$, on aura, par une seconde intégration, la dépense x en fonction du tems.

554. La dépense par un orifice très-petit, calculée d'après cette théorie, ne s'accorde point avec celle qui résulte de l'expérience : celle-ci est toujours moindre que la première, et il paraît que le rapport de l'une à l'autre est une quantité constante qui ne varie ni avec la largeur de l'orifice, ni avec la hauteur du niveau. D'après les expériences les plus récentes, ce rapport est égal à la fraction 0,62 ; de sorte que la dépense qui a réellement lieu, par l'orifice k, la hauteur du niveau étant constante et égale à h, doit être exprimée par $2k.(0,62). \sqrt{hh'}$, au lieu de $2k. \sqrt{hh'}$; h' étant toujours la hauteur qu'un

corps pesant parcourt dans le vide , pendant le tems
correspondant à cette dépense.

Cette différence entre la théorie et l'expérience est
due à la *contraction* que le fluide éprouve à la sortie
du vase ; phénomène qu'on attribue aux directions
que prennent les molécules, quand elles s'approchent de l'orifice, et d'après lesquelles elles concourent toutes vers cet orifice : lorsqu'elles sont sorties
du vase , elles conservent encore, en partie, ces directions; ce qui produit un rétrécissement dans la
largeur de la veine fluide, qui subsiste jusqu'à une
certaine distance de l'orifice. On s'est assuré par
l'expérience, qu'en enfermant la veine fluide dans
une enveloppe exactement de même forme qu'elle,
partant de l'orifice, et se terminant à l'endroit de
la plus grande contraction, la dépense n'est ni augmentée, ni diminuée par l'addition de cette paroi;
d'où l'on a conclu que la dépense est la même que
si le vase se prolongeait jusqu'à la plus petite section
de la veine fluide, et que cette plus petite section
fût effectivement l'orifice par lequel l'eau s'écoule.
La distance à l'ouverture du vase est toujours très-
petite, de manière que la hauteur h du niveau reste
à-peu-près la même , en substituant un orifice à
l'autre ; en désignant donc par k', la largeur de la
veine fluide à l'endroit de la plus grande contraction , on devra avoir $2k' . \sqrt{hk'}$, pour la dépense
pendant un tems donné; or, cette dépense est égale,
d'après l'expérience, à $2k(0{,}62) . \sqrt{hk'}$; il en faut
donc conclure que $k' = k(0{,}62)$, c'est-à-dire, que la
plus petite largeur de la veine fluide est à la largeur

de l'orifice, dans le rapport constant de la fraction 0,62 à l'unité : conclusion qui est confirmée par des mesures directes (*).

§. II. *Oscillations de l'eau dans un tube recourbé.*

555. Nous avons vu (n° 512) qu'un fluide pesant et incompressible, tel que l'eau, contenu dans un tube recourbé *ACB* (fig. 40), dont les deux branches sont ouvertes par en haut, reste en équilibre toutes les fois que son niveau est le même dans l'une et l'autre branche ; de sorte que la droite *ab* étant supposé horizontale, l'équilibre existe si le fluide s'élève jusqu'en *a* dans la branche *AC* et jusqu'en *b* dans la branche *BC*. De plus, nous avons remarqué que cet équilibre est stable, c'est-à-dire, que le fluide oscille au-dessus et au-dessous du niveau *ab*, quand on l'écarte d'une manière quelconque de ce niveau, et qu'on l'abandonne ensuite à l'action de pesanteur ; or, nous nous proposons maintenant de déterminer la loi de ces oscillations.

Nous regarderons le tube comme infiniment étroit, et le fluide comme un simple filet d'eau, de manière que nous aurons à déterminer la vitesse de chaque molécule, seulement dans le sens de la longueur du tube. D'ailleurs la largeur infiniment petite de ce tube, ou l'aire de la section perpendiculaire à sa longueur, pourra varier dans les différens points

---

(*) Voyez pour de plus grands développemens, le Mémoire de M. Prony, sur le *Jaugeage des eaux courantes*.

du tube; ainsi, A étant un point fixe choisi arbitrairement sur le tube, j'appellerai α la largeur en ce point, et je représenterai par $\alpha\omega$, sa largeur en un autre point quelconque m. Appelant aussi s la distance du point m au point A, comptée sur la courbe ACB, ou la longueur de l'arc Am de cette courbe, la quantité ω sera une fonction de s, donnée dans chaque cas particulier : quand la largeur du tube sera la même dans toute son étendue, on aura $\omega = 1$.

La courbe que forme le tube, et qui peut être à simple ou à double courbure, sera déterminée par ses équations qui seront données dans chaque cas ; mais, comme on va le voir, nous aurons seulement besoin de connaître le rapport des arcs de la courbe aux ordonnées verticales de ses différens points; soit donc Az une verticale passant par le point A; menons par le point quelconque m, une perpendiculaire mq à cet axe Az, et soit $Aq = z$: nous regarderons la variable z comme une fonction donnée de l'arc s. Cet arc croissant depuis le point A jusqu'au point B, l'ordonnée z croît depuis le point A jusqu'au point C, et décroît depuis C jusqu'en B ; de manière que le coefficient différentiel $\frac{dz}{ds}$, est positif pour tous les points de la branche AC, et négatif pour tous ceux de la branche CB : il est nul au point C où la tangente à la courbe est horizontale. Généralement si l'on mène par le point m une tangente mT à la courbe, et une verticale mH, on aura

$$\frac{dz}{ds} = \cos . TmH ;$$

par rapport à un point m' de la branche CB, cet angle deviendra obtus, en supposant toujours la tangente dirigée dans le sens du prolongement de l'arc ACm'.

556. Maintenant, supposons le filet d'eau qui oscille dans le tube, partagé en élémens infiniment petits, et considérons à un instant quelconque, l'élément mn, qui se trouve à la distance s du point A. Sa longueur sera exprimée par ds; comme sa largeur est $\alpha\omega$, nous aurons $\alpha\omega.ds$ pour son volume et $\alpha\omega\rho.ds$ pour sa masse, ρ désignant la densité de l'eau. Soit aussi v sa vîtesse, et t le tems écoulé depuis l'origine du mouvement, de sorte qu'on ait $v=\dfrac{ds}{dt}$. Appelons g la gravité; cette force décomposée suivant la tangente mT sera égale à $g.\dfrac{dz}{ds}$; c'est la force accélératrice qui agit sur l'élément mn; d'où l'on conclut, comme dans le n° 547, que $g.\dfrac{dz}{ds}.dt-dv$, sera la vîtesse infiniment petite, perdue par cette molécule pendant l'instant dt, et $\left(g.\dfrac{dz}{ds}-\dfrac{dv}{dt}\right).\rho\alpha\omega.ds$, la force motrice qui produirait cette vîtesse. Or, d'après le principe de D'Alembert, le fluide doit rester en équilibre, en supposant toutes ses molécules sollicitées par des forces capables de leur imprimer les vîtesses perdues ou gagnées à un instant quelconque; nous aurons donc, comme dans le n° cité,

$$dp=\left(g.\frac{dz}{ds}-\frac{dv}{dt}\right).\rho.ds\,;$$

p étant la pression rapportée à l'unité de surface, qui a lieu au point m, au bout du tems t, pendant le mouvement du fluide. Cette pression est, ainsi que la vitesse v, une fonction de t et de s; mais la différentielle dp est prise seulement par rapport à s, et la différentielle dv est prise, par rapport à t et à s considérée comme fonction de t.

A cause de l'incompressibilité du fluide, les vitesses en différens points du tube, sont en raison inverse de sa largeur en ces points; si donc, nous désignons par u, la vitesse en un point déterminé, par exemple, au point C, et par k la valeur de ω qui se rapporte à ce point, nous aurons $a\omega v = aku$; d'où l'on tire

$$v = \frac{ku}{\omega};$$

différentiant pour avoir la valeur de $\frac{dv}{dt}$, et observant que $\frac{ds}{dt} = v = \frac{ku}{\omega}$, on trouve

$$\frac{dv}{dt} = \frac{k}{\omega} \cdot \frac{du}{dt} - \frac{k^2 u^2}{\omega^3} \cdot \frac{d\omega}{ds}.$$

Je substitue cette valeur dans celle de dp, il vient

$$dp = \varsigma g dz - k\varsigma \cdot \frac{du}{dt} \cdot \frac{ds}{\omega} + \frac{\varsigma k^2 u^2}{\omega^3} \cdot d\omega;$$

intégrant par rapport à s, on a

$$p = \varsigma g z - k\varsigma \cdot \frac{du}{dt} \cdot \int \frac{ds}{\omega} - \frac{\varsigma k^2 u^2}{2\omega^2} + C;$$

C étant la constante arbitraire, qui peut être une

fonction de t. Pour la déterminer, supposons qu'au bout du tems t l'eau s'élève jusqu'en a', dans la branche CA; soient s' et z', les valeurs de s et de z qui se rapportent à ce point, c'est-à-dire, soient $s' = Oa'$ et $z' = Oq'$, $a'q'$ étant la perpendiculaire abaissée de a' sur l'axe Oz; désignons par Π la pression que le fluide supporte dans la branche AC, qui s'exerce au point a', et qui sera, si l'on veut, la pression atmosphérique ; enfin, représentons par ω', ce que devient ω quand on fait $s = s'$, et supposons que l'intégrale $\int \frac{ds}{\omega}$ s'évanouit pour cette valeur $s = s'$. On aura, à-la-fois,

$$z = z', \quad \omega = \omega', \quad \int \frac{ds}{\omega} = 0, \quad p = \Pi,$$

et par conséquent

$$\Pi = \varrho g z' - \frac{\varrho k^2 u^2}{2\omega'^2} + C;$$

retranchant cette équation, de la précédente, il vient

$$p = \Pi + \varrho g (z - z') - k\varrho \cdot \frac{du}{dt} \cdot \int \frac{ds}{\omega} - \frac{\varrho k^2 u^2}{2\omega^2} + \frac{\varrho k^2 u^2}{2\omega'^2}. \qquad (1)$$

Soit b' l'extrémité du fluide dans la branche CB; pour plus de simplicité, je supposerai que le fluide éprouve en ce point, la même pression Π qu'à son autre extrémité a'; désignons par z'', s'', ω'', les valeurs de z, s, ω qui se rapportent à ce point b', et par N l'intégrale $\int \frac{ds}{\omega}$, prise dans toute l'étendue du fluide, ou depuis $s = s'$ jusqu'à $s = s''$, de manière que

que N soit une fonction de s' et s'', qui sera déterminée quand la valeur de ω sera donnée en fonction de s. On aura, relativement au point b',

$$p = \Pi, \qquad \int \frac{ds}{\omega} = N, \qquad \omega = \omega'', \qquad z = z'';$$

et l'équation précédente deviendra, en supprimant le facteur ρ commun à tous les termes :

$$g(z'' - z') - kN.\frac{du}{dt} + \frac{k^2}{2} \cdot \left(\frac{1}{\omega'^2} - \frac{1}{\omega''^2} \right).u^2 = 0. \qquad (2)$$

Comme N, z', z'', ω', ω'' sont des fonctions données de s' et s'', il s'ensuit que cette équation renferme trois inconnues, savoir, u, s' et s'', qu'il s'agit de déterminer en fonction de t; il faut donc pour cela, deux autres équations; or, on a, en un point quelconque,

$$v = \frac{ds}{dt} = \frac{ku}{\omega}; \text{ donc aux points } a' \text{ et } b', \text{ on aura}$$

$$\frac{ds'}{dt} = \frac{ku}{\omega'}, \qquad \frac{ds''}{dt} = \frac{ku}{\omega''}. \qquad (3)$$

Les intégrales de ces trois équations différentielles premières feront connaître les valeurs des trois inconnues s', s'', u; on connaîtra donc, à chaque instant, la position des deux points extrêmes du fluide, et la vitesse au point C; d'où l'on conclura la vitesse en un point quelconque, au moyen de l'équation $v = \frac{ku}{\omega}$, et la pression, au moyen de l'équation (1). Ainsi, la solution complète du problème qui nous occupe, est ramenée à intégrer dans chaque cas particulier, les équations (2) et (3).

2.

557. On peut toujours réduire ces trois équations différentielles du premier ordre, à une seule équation du second ordre. En effet, la quantité d'eau qui oscille dans le tube, reste la même pendant toute la durée du mouvement ; son volume est exprimé par l'intégrale $\int a\omega ds$, ou $a\int\omega ds$, prise depuis $s = s'$ jusqu'à $s = s''$; cette intégrale est donc une quantité constante et donnée ; nous représenterons sa valeur par al, et nous aurons

$$\int\omega ds = l.$$

Or, quand ω sera donnée en fonction de s, on aura l'expression de l'intégrale définie $\int\omega ds$, en fonction de s' et s'' ; il en résultera donc une équation entre ces deux quantités, dont on pourra se servir pour exprimer l'une au moyen de l'autre, par exemple, s'' en fonction de s'. Substituant la valeur de s'' dans l'équation (2), et mettant aussi à la place de u, sa valeur $\frac{\omega'}{k}\cdot\frac{ds'}{dt}$, tirée de la première équation (3), cette équation (2) se changera en une équation différentielle du second ordre par rapport à s'. La solution complète du problème ne dépendra plus que de l'intégration de cette dernière équation.

Il n'est pas inutile d'observer que l'équation $\int\omega ds = l$, est une conséquence des deux équations (3), et peut même en être regardée comme une intégrale. En effet ces équations donnent

$$\omega''\cdot\frac{ds''}{dt} - \omega'\cdot\frac{ds'}{dt} = 0 ;$$

or, d'après ce qu'on a vu dans le n° 290, relativement à la différentiation d'une intégrale définie, il est aisé de reconnaître dans le premier membre de cette équation, le coefficient différentiel par rapport à t, de l'intégrale $\int \omega ds$, prise depuis $s = s'$ jusqu'à $s = s''$; de sorte qu'on a

$$\frac{d.\int \omega ds}{dt} = \omega'' . \frac{ds''}{dt} - \omega' . \frac{ds'}{dt} = 0;$$

il s'ensuit donc que la fonction de s' et s'' qui exprime la valeur de $\int \omega ds$, est une quantité indépendante de la variable; par conséquent, en indiquant par l une constante arbitraire, on a $\int \omega ds = l$.

558. Considérons en particulier le cas où la largeur du tube est la même dans toute son étendue. Dans ce cas, la vîtesse du fluide est aussi la même en tous les points du tube; on a $\omega = 1$, les trois quantités ω', ω'' et k sont aussi égales à l'unité; l'équation $\int \omega ds = l$ donne $\int \omega ds = s'' - s' = l$; de sorte que la constante l exprime la longueur du filet d'eau, ou l'arc $a'Cb'$ compris entre ses deux extrémités a' et b'. On a en même tems $N = \int \frac{ds}{\omega} = s'' - s' = l$; faisant donc toutes ces substitutions dans l'équation (2), elle devient

$$g(z'' - z) - l . \frac{du}{dt} = 0;$$

ou bien, à cause de $u = \frac{ds'}{dt}$ et $\frac{du}{dt} = \frac{d^2 s'}{dt^2}$, elle se change en celle-ci :

$$g(z'' - z') - l . \frac{d^2 s'}{dt^2} = 0. \qquad (4)$$

Telle est donc l'équation qu'il s'agira d'intégrer lorsque les valeurs de z' et z'' auront été déterminées d'après la forme du tube.

559. Pour donner un exemple de cette intégration, je suppose que le tube soit formé de deux branches droites AA' et BB' (fig. 41) et d'une partie courbe $A'CB'$. Cette courbe peut être tout ce qu'on voudra ; sa forme n'aura aucune influence sur le mouvement du fluide, pourvu que ses deux extrémités oscillent dans les branches droites AA' BB', c'est-à-dire, pourvu que les points a' et b' ne descendent jamais au-dessous de A' et B'. Les directions des branches cylindriques AA' et BB' font avec la direction verticale, chacune un angle donné ; Az et Bz étant des lignes verticales, nous ferons

$$zAA' = \gamma, \quad zBB' = \gamma'.$$

Soit toujours ab la ligne de niveau du fluide dans l'état d'équilibre ; prolongeons cette horizontale jusqu'au point c où elle coupe l'axe Az ; par les points a' et b' qui représentent les extrémités du fluide à un instant quelconque, menons les droites horizontales $a'q'$ et $b'q''$, qui rencontrent le même axe aux points q' et q'' ; Aq' et Aq'' seront les coordonnées des points a' et b', qu'on a désignées par z' et z'', et la différence $z'' - z'$ sera égale à $q'q''$. Or, nous aurons

$$cq' = aa'.\cos.\gamma, \quad cq'' = bb'.\cos.\gamma' ;$$

de plus, la longueur du filet fluide restant constante et la même que dans l'état d'équilibre, on a toujours $a'Cb' = aCb$; d'où il suit $aa' = bb'$; donc en faisant $aa' = x$, et observant que $q'q''$, ou $z'' - z'$, est égale à la somme $cq' + cq''$, on aura

$$z'' - z' = x.\cos.\gamma + x.\cos.\gamma',$$

équation dans laquelle x est une variable, positive quand le point a' est au-dessus du point a, et négative quand il est au-dessous. Il sera plus simple d'introduire cette variable à la place de s' dans l'équation (4) ; on a $s' = Aa' = Aa - x$, et comme Aa est une constante, il en résulte

$$\frac{ds'}{dt} = - \frac{dx}{dt}, \qquad \frac{d^2s'}{dt^2} = - \frac{d^2x}{dt^2} ;$$

substituant ces valeurs de $\frac{d^2s'}{dt^2}$ et $z'' - z'$ dans notre équation, elle devient

$$\frac{d^2x}{dt^2} + \frac{g\,(\cos.\gamma + \cos.\gamma')}{l}.x = 0.$$

L'intégrale de cette équation est

$$x = \mathcal{C}.\cos.(nt + \varepsilon) ;$$

en désignant par $\mathcal{C}$ et ε, les deux constantes arbitraires, et en faisant pour abréger

$$\frac{g\,(\cos.\gamma + \cos.\gamma')}{l} = n^2.$$

La vitesse du fluide qui est la même en tous les points du tube, est exprimée par $u = \frac{ds'}{dt} = - \frac{dx}{dt}$; on a donc à un instant quelconque $u = \mathcal{C}n . \sin . (nt + \varepsilon)$; donc, si l'on veut que la vîtesse initiale soit nulle, il faudra qu'on ait à-la-fois $t = 0$ et $u = 0$; condition qui sera remplie en prenant $\varepsilon = 0$. Les valeurs générales de x et de u se réduiront alors à

$$x = \mathcal{C} . \cos . nt , \qquad u = \mathcal{C}n . \sin . nt.$$

La constante $\mathcal{C}$ reste arbitraire ; elle peut être positive ou négative, et elle représente la valeur de x à l'origine du mouvement, c'est-à-dire, la quantité dont le fluide a été élevé ou abaissé à cette époque, dans la branche $A'A$, au-dessus ou au-dessous du niveau ab.

D'après cette valeur de x, on voit que l'extrémité a' du fluide fait des oscillations égales et d'égale durée, de part et d'autre du point a. L'amplitude d'une oscillation entière est le double de la constante $\mathcal{C}$; la durée de chaque oscillation est indépendante de cette amplitude ; elle est égale à l'intervalle de tems pendant lequel l'angle nt augmente d'une demi-circonférence ; de sorte qu'en la désignant par T, et par π, le rapport de la circonférence au diamètre, on a $nT = \pi$, ou bien, en remettant pour n sa valeur,

$$T = \pi . \sqrt{\frac{l}{g(\cos . \gamma + \cos . \gamma')}}.$$

Si l'on compare cette formule à celle qui détermine le tems des petites oscillations d'un pendule simple (n° 270), on voit que le fluide fait ses oscillations dans le même tems qu'un pendule dont la longueur serait égale à $\dfrac{l}{\cos.\gamma+\cos.\gamma'}$. Quand les deux branches $A'A$ et $B'B$ sont verticales, on a $\gamma=0$, $\gamma'=0$, et cette longueur se réduit à $\dfrac{l}{2}$. Donc à cause que l représente la longueur du filet fluide, il s'ensuit qu'il oscille alors dans le même tems qu'un pendule égal en longueur à la moitié de la sienne.

CHAPITRE II.

ÉQUATIONS GÉNÉRALES DU MOUVEMENT DES FLUIDES.

560. Nous allons maintenant considérer le mouvement des fluides sous le point de vue le plus général, et chercher les équations du mouvement de la masse fluide $ABCD$ (fig. 52) dont nous avons déterminé les conditions d'équilibre dans le n° 484. Ce fluide peut être homogène ou hétérogène, incompressible ou élastique ; tous ses points sont sollicités par des forces données, telles que leurs attractions mutuelles et d'autres attractions dirigées vers des centres fixes ou vers des centres mobiles; mais en quelque nombre que soient les forces qui agissent sur un même point, nous les supposons réduites à trois, parallèles à trois axes fixes et rectangulaires Ox, Oy, Oz, qui seront aussi les axes des coordonnées. Ainsi, x, y, z, étant les coordonnées d'un point quelconque de la masse fluide, nous représenterons par X, Y, Z, les composantes parallèles aux axes, des forces qui agissent sur ce point. Les quantités X, Y, Z sont simplement des fonctions de x, y, z, lorsque les forces dont elles sont les composantes, ne changent pas d'intensité pendant le mouvement et sont dirigées vers

des centres fixes; quand ces forces seront dirigées vers des centres mobiles, et quand elles proviendront de l'attraction mutuelle des molécules fluides, les valeurs de X, Y, Z renfermeront le tems dans leurs expressions; de sorte qu'en désignant à un instant quelconque, par t le tems écoulé depuis l'origine du mouvement, les valeurs de X, Y, Z seront en général des fonctions de x, y, z et t.

Décomposons de même suivant les axes Ox, Oy, Oz, la vîtesse du point qui répond aux coordonnées x, y, z, et soient u, v, w, les composantes respectivement parallèles à ces axes; u, v, w seront des fonctions inconnues de x, y, z, t : elles dépendront des coordonnées x, y, z, parce qu'au même instant, ou pour une même valeur de t, la vîtesse varie, d'une molécule à une autre, en grandeur et en direction; elles dépendront aussi du tems t, parce qu'en un même lieu, ou pour les mêmes valeurs de x, y, z, la vîtesse change d'un instant à un autre. Si l'on veut comparer entre elles, les vîtesses d'une même molécule fluide, dans deux instans consécutifs, il faudra supposer que la variable t devient $t + dt$, et qu'en même tems les coordonnées $x, y,$ z de cette molécule, deviennent $x + u dt, y + v dt,$ $z + w dt$; car en vertu des vîtesses $u, v, w,$ la même molécule qui répondait aux coordonnées $x, y, z,$ à la fin du tems t, répondra aux coordonnées $x + u dt,$ $y + v dt, z + w dt$, à la fin du tems $t + dt$. Il s'ensuit donc que pour avoir la variation des quantités u, v, w, relatives à une même molécule, il faut différentier, par rapport à t, et par rapport à $x, y, z,$

en prenant udt, vdt, wdt, pour accroissemens de ces dernières variables. De cette manière, on aura

$$du = \frac{du}{dt}.dt + \frac{du}{dx}.udt + \frac{du}{dy}.vdt + \frac{du}{dz}.wdt,$$

$$dv = \frac{dv}{dt}.dt + \frac{dv}{dx}.udt + \frac{dv}{dy}.vdt + \frac{dv}{dz}.wdt,$$

$$dw = \frac{dw}{dt}.dt + \frac{dw}{dx}.udt + \frac{dw}{dy}.vdt + \frac{dw}{dz}.wdt.$$

Partageons, comme dans la recherche des conditions d'équilibre, la masse fluide $ABCD$ en parallélépipèdes rectangles et infiniment petits, dont les côtés soient parallèles aux axes Ox, Oy, Oz. Le volume de l'élément qui répond aux coordonnées x, y, z, aura pour expression le produit $dx\, dy\, dz$; on peut regarder la densité du fluide comme constante dans toute l'étendue de ce volume, et en la désignant par ρ, la masse de l'élément sera égale à $\rho.dxdydz$. Représentons aussi par p la pression rapportée à l'unité de surface, que le fluide environnant exerce sur les différentes faces de ce parallélépipède, et qui est la même de toutes parts, d'après la propriété fondamentale des fluides. Les deux quantités ρ et p sont, ainsi que les vîtesses u, v, w, des fonctions inconnues de x, y, z et t; ces cinq quantités u, v, w, ρ et p sont les inconnues du problème qui nous occupe; quand elles seront déterminées en fonction de x, y, z et t, l'état de la masse fluide sera connu à chaque instant, puisque l'on connaîtra alors, la vîtesse, la direction, la densité du fluide et la pression qu'il exerce, en tel point qu'on voudra, pris à la surface ou dans l'intérieur de cette masse. Cherchons donc les équations dont dépendent les valeurs de ces cinq inconnues et la solution complète du problème.

561. Trois de ces équations nous sont immédiatement fournies par le principe de D'Alembert. En effet, les vîtesses perdues pendant l'instant dt par la molécule soumise à l'action des forces X, Y, Z, sont $Xdt - du$, $Ydt - dv$, $Zdt - dw$; car du, dv, dw expriment les accroissemens de vîtesse qui ont réellement lieu pendant cet instant, et Xdt, Ydt, Zdt, sont ceux qui seraient produits par les forces X, Y, Z, si la molécule était libre et isolée. Je divise ces vîtesses par dt, afin d'avoir la mesure des forces accélératrices qui seraient capables de les produire; en désignant ces forces par X', Y', Z', et mettant pour du, dv et dw leurs valeurs précédentes, je trouve

$$X - \frac{du}{dt} - \frac{du}{dx}.u - \frac{du}{dy}.v - \frac{du}{dz}.w = X',$$

$$- \frac{dv}{dt} - \frac{dv}{dx}.u - \frac{dv}{dy}.v - \frac{dv}{dz}.w = Y',$$

$$Z - \frac{dw}{dt} - \frac{dw}{dx}.u - \frac{dw}{dy}.v - \frac{dw}{dz}.w = Z'.$$

Or, d'après le principe cité, l'équilibre aurait lieu dans la masse fluide, si toutes les molécules étaient sollicitées par des forces capables de leur imprimer les vîtesses perdues ou gagnées à chaque instant; les équations générales de l'équilibre des fluides, trouvées dans le n° 484, doivent donc être satisfaites, en prenant X', Y', Z', pour les forces accélératrices parallèles aux coordonnées, qui agissent sur tous les points d'un élément quelconque, et qui sont représentées par X, Y, Z, dans ees équations générales; par conséquent on aura

$$\frac{dp}{dx}=\varrho X', \qquad \frac{dp}{dy}=\varrho Y', \qquad \frac{dp}{dz}=\varrho Z';$$

ou bien, en mettant pour X', Y', Z', leurs valeurs, et divisant par ϱ,

$$\left. \begin{aligned} \frac{1}{\varrho}\cdot\frac{dp}{dx} &= X - \frac{du}{dt} - \frac{du}{dx}\cdot u - \frac{du}{dy}\cdot v - \frac{du}{dz}\cdot w,\\[4pt] \frac{1}{\varrho}\cdot\frac{dp}{dy} &= Y - \frac{dv}{dt} - \frac{dv}{dx}\cdot u - \frac{dv}{dy}\cdot v - \frac{dv}{dz}\cdot w,\\[4pt] \frac{1}{\varrho}\cdot\frac{dp}{dz} &= Z - \frac{dw}{dt} - \frac{dw}{dx}\cdot u - \frac{dw}{dy}\cdot v - \frac{dw}{dz}\cdot w. \end{aligned} \right\} \qquad (a)$$

562. Chacun des élémens dans lesquels nous avons partagé la masse fluide, changera de forme pendant l'instant dt, et il changera même de volume, si le fluide est compressible; mais comme sa masse devra toujours rester la même, il s'ensuit que si nous cherchons ce que deviennent son volume et sa densité à la fin du tems $t+dt$, leur produit devra être le même qu'à la fin du tems t; égalant donc à zéro la variation de ce produit, il en résultera une nouvelle équation du mouvement.

Pour former cette équation, considérons le parallélépipède rectangle dont le volume était exprimé par $dxdydz$, à la fin du tems t, et voyons la forme que prendra cette portion du fluide, à la fin du

tems $t+dt$. Soit m (fig. 54) le sommet de ce parallélépipède qui répond aux coordonnées x, y, z;
soient aussi mn, ml, mk, les trois côtés adjacens à
ce sommet et respectivement parallèles aux axes
Oz, Oy, Ox; de sorte qu'on ait $mn=dz$, $ml=dy$,
$mk=dx$; supposons que e, f, g, h sont les quatre
autres sommets, et que pendant l'instant dt, les
huit points m, n, l, k, e, f, g, h sont transportés
en m', n', l', k', e', f', g', h'; je dis que le polyèdre
dont ces derniers points sont les sommets, sera
encore un parallélépipède; et pour le prouver, je
vais déterminer et comparer entre elles les longueurs et les directions de ses douze côtés, $m'n'$,
$m'l'$, etc.

Les coordonnées x, y, z du point m deviennent
au bout de l'instant dt,

$$x+udt, \quad y+vdt, \quad z+wdt;$$

ces quantités sont donc les coordonnées du point
m'; on en déduira celles de tout autre sommet, en
y remplaçant x, y, z, par les coordonnées primitives de ce sommet; ainsi on aura les coordonnées
de n', en y conservant x et y, et en mettant $z+dz$
à la place de z, parce que x, y et $z+dz$ sont les
coordonnées de n; de cette manière, les coordonnées de n' seront

$$x+udt+\frac{du}{dz}.dzdt,$$

$$y+vdt+\frac{dv}{dz}.dzdt,$$

$$z+dz+wdt+\frac{dw}{dz}.dzdt;$$

Connaissant les coordonnées des deux points m' et n', il est aisé d'en conclure la longueur de la droite $m'n'$; on trouve, par la formule connue,

$$m'n' = \sqrt{\left(\frac{du}{dz}\right)^2 . dz^2 dt^2 + \left(\frac{dv}{dz}\right)^2 . dz^2 dt^2 + \left(dz + \frac{dw}{dz} . dz dt\right)^2};$$

extrayant la racine carrée, et négligeant les termes infiniment petits du troisième ordre, on a

$$m'n' = dz + \frac{dw}{dz} . dz dt.$$

Les coordonnées de e' se déduiraient de celles de m', et les coordonnées de f', de celles de n', en y mettant $x + dx$ et $y + dy$ à la place de x et y; par conséquent, la longueur du côté $e'f'$ se déduira de la même manière, de celle du côté $m'n'$; ce qui donne

$$e'f' = dz + \frac{dw}{dz} . dz dt + \frac{d'w}{dz dx} . dx dz dt + \frac{d^2 w}{dz dy} . dy dz dt;$$

donc, en négligeant les derniers termes, qui sont du troisième ordre, la valeur de $e'f'$ sera la même que celle de $m'n'$. On trouvera de même que les côtés $k'h'$ et $l'g'$ sont égaux au côté $m'n'$, aux quantités près du troisième ordre; de sorte qu'on a

$$m'n' = e'f' = k'h' = l'g'.$$

Si l'on change z en y et w en v, dans la valeur de $m'n'$, elle deviendra évidemment celle de $m'l'$, savoir:

$$m'l' = dy + \frac{dv}{dy} . dy dt;$$

changeant de même z en x et w en u, on aura la valeur de $m'k'$, qui sera

$$m'k' = dx + \frac{du}{dx}.dxdt.$$

On trouvera aussi

$$m'l' = k'e' = h'f' = n'g',$$
$$m'k' = n'h' = g'f' = l'e'.$$

Nous voyons donc que les côtés qui étaient égaux entre eux dans le parallélépipède primitif, sont encore restés égaux après son changement de forme; le parallélisme de ces côtés est une conséquence de leur égalité; par conséquent l'élément que nous considérons conserve au bout de l'instant dt, la forme d'un parallélépipède, mais qui n'est pas rectangle comme au commencement de cet instant.

On aura le volume de cet élément, en multipliant l'une de ses faces, par exemple, la face $m'k'e'l'$, par la perpendiculaire $n'q'$, abaissée du sommet n' sur cette face; l'aire du parallélogramme $m'k'e'l'$ est égale au produit de ses deux côtés $m'k'$ et $m'l'$, multiplié par le sinus de l'angle $l'm'k'$ qu'ils comprennent; la perpendiculaire $n'q'$ est égale au côté $m'n'$, multiplié par le sinus de l'angle $n'm'q'$; donc le volume du nouveau parallélépipède sera égal à

$$m'n'.m'l'.m'k'.\sin.l'm'k'.\sin.n'm'q'.$$

Or, les angles $l'm'k'$ et $n'm'q'$ étaient droits dans le parallélépipède primitif; chacun d'eux ne peut donc maintenant différer de 100°, que d'une quantité infiniment petite; mais le sinus d'un pareil angle ne diffère de l'unité, que d'une quantité infiniment petite du second ordre; si donc on néglige les termes du cinquième ordre, il faudra faire $\sin . n'm'q' = 1$ et $\sin . l'm'k' = 1$, dans le produit précédent, ce qui le réduira à

$$m'n' . m'l' . m'k'.$$

Mettant pour $m'n'$, $m'l'$, $m'k'$, leurs valeurs qu'on vient de donner; effectuant la multiplication et négligeant toujours les termes du cinquième ordre, il vient

$$dxdydz . \left(1 + \frac{du}{dx} . dt + \frac{dv}{dy} . dt + \frac{dw}{dz} . dt \right).$$

Tel est donc à la fin du tems $t + dt$, le volume de l'élément qui était $dxdydz$, à la fin du temps t. La densité ρ étant une fonction de t, x, y, z, il s'ensuit que quand t devient $t + dt$, et qu'en même tems x, y, z se changent en $x + udt, y + vdt, z + wdt$, elle devient

$$\rho + \frac{d\rho}{dt} . dt + \frac{d\rho}{dx} . udt + \frac{d\rho}{dy} . vdt + \frac{d\rho}{dz} . wdt.$$

Je multiplie cette densité par le volume correspondant; le produit exprime la masse de l'élément à la fin du tems $t + dt$. Retranchant le terme $\rho dxdydz$ qui représente sa masse à la fin du tems, on aura la variation de cette masse, laquelle variation doit être égale à zéro. En négligeant les termes qui renferment le carré de dt, et supprimant les facteurs $dxdydz$ et dt,

communs

communs à tous les termes, on trouve

$$\frac{d\xi}{dt} + \frac{d\varrho}{dx}\cdot u + \frac{d\varrho}{dy}\cdot v + \frac{d\varrho}{dz}\cdot w + \varrho\cdot\frac{du}{dx} + \varrho\cdot\frac{du}{dy} + \varrho\cdot\frac{dw}{dz} = 0\,;$$

ou, ce qui est la même chose,

$$\frac{d\varrho}{dt} + \frac{d\cdot\varrho u}{dx} + \frac{d\cdot\varrho v}{dy} + \frac{d\cdot\varrho z}{dz} = 0. \qquad (b)$$

563. Jusqu'ici nous n'avons pas distingué les fluides élastiques des fluides incompressibles, et les équations (a) et (b) appartiennent au mouvement de ces deux espèces de corps; mais dans le cas des fluides incompressibles, l'équation (b) se décompose en deux autres; car alors non-seulement la masse de chaque élément doit rester constamment la même, mais la densité et le volume doivent aussi être invariables; égalant donc séparément à zéro la variation de la densité et celle du volume, nous aurons ces deux équations

$$\left.\begin{array}{l} \dfrac{d\varrho}{dt} + \dfrac{d\varrho}{dx}\cdot u + \dfrac{d\varrho}{dy}\cdot v + \dfrac{d\varrho}{dz}\cdot w = 0, \\[2mm] \dfrac{du}{dx} + \dfrac{dv}{dy} + \dfrac{dw}{dz} = 0, \end{array}\right\} \qquad (c)$$

qui remplaceront l'équation (b), et qui, jointes aux trois équations (a), serviront à déterminer les cinq inconnues p, ϱ, u, v, w, en fonction de x, y, z, t. Quand le fluide incompressible est homogène, la densité ϱ est une quantité constante, ce qui rend la première équation (c) identique; on n'a plus alors que quatre inconnues p, u, v, w, dont la détermina-

2.   31

tion dépend des équations (a) et de la seconde équation (c).

Relativement aux fluides élastiques, nous n'avons aussi que quatre équations, savoir, les équations (a) et l'équation (b); mais nous savons que dans cette espèce de fluide, la densité est toujours liée à la pression, ce qui réduit à une seule les deux inconnues ϱ et p (n° 483). Si la température est la même dans toute l'étendue de la masse fluide, on aura $p=k\varrho$, k étant un coefficient constant et donné; substituant cette valeur de p dans les équations (a), il vient

$$\left. \begin{aligned} \frac{1}{k}\cdot\frac{d.\log.\varrho}{dx} &= X - \frac{du}{dt} - \frac{du}{dx}.u - \frac{du}{dy}.v - \frac{du}{dz}.w, \\ \frac{1}{k}\cdot\frac{d.\log.\varrho}{dy} &= Y - \frac{dv}{dt} - \frac{dv}{dx}.u - \frac{dv}{dy}.v - \frac{dv}{dz}.w, \\ \frac{1}{k}\cdot\frac{d.\log.\varrho}{dz} &= Z - \frac{dw}{dt} - \frac{dw}{dx}.u - \frac{dw}{dy}.v - \frac{dw}{dz}.w; \end{aligned} \right\} \quad (d)$$

en les joignant à l'équation (b), on aura les quatre équations nécessaires pour déterminer les valeurs de ϱ, u, v, w. Lorsque la température sera variable suivant une loi connue, de manière que la température qui a lieu à chaque instant, et pour chaque point de l'espace, soit une fonction donnée de t et des coordonnées x, y, z, le coefficient k sera aussi une fonction donnée de ces variables, et les équations (d) et (b) suffiront encore à la détermination des valeurs de p, u, v, w.

564. Il resulte de cette analyse que, soit qu'il

s'agisse du mouvement d'un fluide incompressible , homogène ou hétérogène , ou de celui d'un fluide élastique , dont la température peut être constante ou variable suivant une loi donnée, on aura , dans tous les cas, un nombre d'équations égal à celui des inconnues que renferme le problème ; mais ces équations sont, comme on voit, aux différences partielles entre quatre variables indépendantes, savoir, les coordonnées $x, y, z,$ et le tems t; leur intégration générale est impossible par les moyens connus jusqu'ici ; et lors même qu'on parvient à les intégrer , en les simplifiant par quelqu'hypothèse particulière, il reste à déterminer, d'après l'état du fluide à l'origine du mouvement, les fonctions arbitraires que leurs intégrales contiennent ; ce qui présente encore de très-grandes difficultés.

565. Dans les endroits où le fluide est appuyé contre une paroi fixe , la valeur de p fait connaître la pression qu'il exerce suivant la normale à cette paroi ; cette pression doit être nulle dans tous les points de la surface du fluide, où il est entièrement libre ; car elle est due aux forces motrices perdues à chaque instant par les molécules fluides , en vertu de leur juxta-position ; ces forces se font équilibre dans la masse fluide , et pour cet équilibre, il est nécessaire que la pression soit nulle en tous les points de la surface où elle ne peut pas être détruite par la résistance d'une paroi fixe.

Nous avons déjà remarqué (n° 485) que cette condition ne peut être remplie que dans les fluides incompressibles; lors donc que la valeur de p sera connue en fonction de x, y, z, t, on aura, en l'égalant à zéro, l'équation de la surface libre d'un fluide incompressible, pendant toute la durée de son mouvement. Si cette valeur de p ne contient pas la variable t, il en faudra conclure que la surface du fluide conserve constamment la même forme et la même position dans l'espace; au contraire, elle changera à chaque instant de forme, ou du moins de position, quand la variable t entrera dans l'équation $p = 0$.

566. Observons encore que quand on sera parvenu à déterminer les valeurs de u, v, w, en fonction de x, y, z, t, on en pourra conclure la position d'une molécule quelconque de la masse fluide, à telle époque qu'on voudra, connaissant sa position à l'origine du mouvement. En effet, si nous considérons les coordonnées x, y, z, comme appartenant à la même molécule pendant toute la durée du mouvement, ces variables seront alors des fonctions de t, et à un instant quelconque, les vîtesses de cette molécule, parallèles aux axes Ox, Oy, Oz, seront exprimées par $\frac{dx}{dt}$, $\frac{dy}{dt}$, $\frac{dz}{dt}$; on aura donc

$$\frac{dx}{dt} = u, \qquad \frac{dy}{dt} = v, \qquad \frac{dz}{dt} = w; \qquad (e)$$

mettant pour u, v, w, leurs valeurs en fonction de x, y, z, t, qui sont supposées connues, et intégrant ensuite ces trois équations différentielles du premier ordre, on en déduira les valeurs de x, y, z, en fonction de la variable t. Ces valeurs contiendront en outre trois constantes arbitraires, que je désignerai par a, b, c; on les déterminera d'après les valeurs de x, y, z, qui répondent à l'origine du mouvement, et qui sont données, puisque l'on connaît la position de la molécule à cette époque. Les valeurs de x, y, z, relatives à un instant quelconque, seront donc complètement déterminées; par conséquent on pourra assigner à chaque instant, la position de la molécule fluide, qui occupait une position donnée à l'origine du mouvement.

En éliminant le tems t entre ces valeurs de x, y, z, on aura en x, y, z, les deux équations de la courbe décrite par la molécule que l'on considère; la forme et la position de cette trajectoire changeront d'une molécule à une autre, à raison des quantités a, b, c que ses équations renferment, et qui changent de valeur avec la position initiale de la molécule.

567. Il existe un cas particulier très-étendu, dans lequel les équations différentielles du mouvement des fluides, prennent une forme beaucoup plus simple. Ce cas a lieu toutes les fois que la formule $u\,dx + v\,dy + w\,dz$ est la différentielle complète d'une fonction des trois variables x, y, z, de sorte qu'on a

$$u\,dx + u\,dy + w\,dz = d\varphi\,;$$

φ désignant une fonction quelconque de x, y, z, qui peut en outre contenir la variable t, mais qui n'est pas différentiée par rapport à cette variable.

On aura alors

$$u = \frac{d\varphi}{dx}, \qquad v = \frac{d\varphi}{dy}, \qquad w = \frac{d\varphi}{dz};$$

ce qui change d'abord l'équation (b) en celle-ci :

$$\frac{d\varrho}{dt} + \frac{d.\varrho\,\frac{d\varphi}{dx}}{dx} + \frac{d.\varrho\,\frac{d\varphi}{dy}}{dy} + \frac{d.\varrho\,\frac{d\varphi}{dz}}{dz} = 0. \qquad (f)$$

En différentiant l'équation identique

$$u dx + v dy + w dz = d\varphi,$$

successivement par rapport à t, à x, à y, et à z, il vient

$$\frac{du}{dt}.dx + \frac{dv}{dt}.dy + \frac{dw}{dt}.dz = \frac{d.d\varphi}{dt} = d.\frac{d\varphi}{dt},$$

$$\frac{du}{dx}.dx + \frac{dv}{dx}.dy + \frac{dw}{dx}.dz = \frac{d.d\varphi}{dx} = d.\frac{d\varphi}{dx},$$

$$\frac{du}{dy}.dx + \frac{dv}{dy}.dy + \frac{dw}{dy}.dz = \frac{d.d\varphi}{dy} = d.\frac{d\varphi}{dy},$$

$$\frac{du}{dz}.dx + \frac{dv}{dz}.dy + \frac{dw}{dz}.dz = \frac{d.d\varphi}{dz} = d.\frac{d\varphi}{dz}.$$

D'après cela, si l'on ajoute les équations (a), après avoir multiplié la première par dx, la seconde par dy, la troisième par dz, on aura

$$\frac{1}{\varrho}.dp = X dx + Y dy + Z dz - d.\frac{d\varphi}{dt} - u.d.\frac{d\varphi}{dx}$$

$$- v.d.\frac{d\varphi}{dy} - w.d.\frac{d\varphi}{dz};$$

et en mettant $\frac{d\varphi}{dx}$, $\frac{d\varphi}{dy}$, $\frac{d\varphi}{dz}$, à la place de u, v, w, cette équation pourra s'écrire ainsi :

$$\frac{1}{\varrho}.dp = Xdx + Ydy + Zdz - d.\frac{d\varphi}{dt}$$
$$- \tfrac{1}{2}.d.\left(\frac{d\varphi^2}{dx^2} + \frac{d\varphi^2}{dy^2} + \frac{d\varphi^2}{dz^2}\right).$$

Les différentielles de p, $\frac{d\varphi}{dt}$ et $\frac{d\varphi^2}{dx^2}+\frac{d\varphi^2}{dy^2} + \frac{d\varphi^2}{dz^2}$, qui sont indiquées dans cette équation, doivent être prises par rapport à x, y, z, et sans faire varier t.

Il est permis de supposer la formule $Xdx+Ydy+Zdz$ une différentielle complète par rapport à x, y, z, d'une fonction de ces variables et de t, puisqu'elle l'est en effet dans le cas des forces d'attraction dirigées vers des centres fixes ou mobiles, ce qui comprend toutes les forces de la nature qui peuvent agir sur les molécules de la masse fluide; soit donc

$$Xdx + Ydy + Zdz = dV;$$

V étant une fonction donnée de x, y, z; nous aurons en intégrant tous les termes de l'équation précédente,

$$\int \frac{dp}{\varrho} = V - \frac{d\varphi}{dt} - \tfrac{1}{2}.\left(\frac{d\varphi^2}{dx^2} + \frac{d\varphi^2}{dy^2} + \frac{d\varphi^2}{dz^2}\right). \qquad (g)$$

Comme l'intégration est relative à x, y, z, il faudrait ajouter à l'un des deux membres, une fonction arbitraire de t; mais cette fonction peut être censée comprise dans la quantité inconnue φ.

Ainsi, les équations du mouvement des fluides se réduisent, dans le cas que nous examinons, aux deux équations (f) et (g); mais on doit observer que pour qu'on puisse faire usage de l'équation (g), qui comprend le terme $\int \frac{dp}{\varrho}$, il faut que p soit, ou une constante ou une fonction quelconque de p et de t.

Quand le fluide est incompressible et homogène, la densité p est constante; on a $\int \frac{dp}{\varrho} = \frac{p}{\varrho}$; l'équation (g) fait connaître la valeur de p, au moyen de la quantité φ, laquelle se déduira de l'équation (f), qui se réduit dans ce cas à

$$\frac{d^2\varphi}{dx^2} + \frac{d^2\varphi}{dy^2} + \frac{d^2\varphi}{dz^2} = 0.$$

Il suffira donc d'intégrer cette équation, et de déterminer, d'après l'état initial du fluide, les fonctions arbitraires qui seront contenues dans son intégrale; la valeur de φ étant connue, on en conclura la valeur des vitesses u, v, w, en prenant les différences partielles de cette fonction par rapport à x, y, z.

S'il s'agit d'un fluide élastique et d'une égale température dans toute son étendue, on aura $p = k\varrho$, k étant un coefficient constant; donc $\int \frac{dp}{\varrho} = \frac{1}{k} . \log . \varrho$: on pourra se servir de l'équation (g) pour éliminer p dans l'équation (f); il en résultera une équation contenant la seule inconnue φ, et que nous nous dispenserons d'écrire. L'intégrale de cette équation fera connaître la valeur de la fonction inconnue φ; d'où l'on conclura ensuite celle des vitesses u, v, w, et celle de la densité p, au moyen de l'équation (g). Lors-

que la température sera variable, le coefficient k le
sera aussi; mais si k est une fonction donnée de ρ
et de t, c'est-à-dire, si la variation de la température est telle, que chaque couche de même densité ait à chaque instant la même température dans
toute son étendue, on pourra encore effectuer l'in-
tégrale $\int \dfrac{dp}{\varsigma}$, et se servir des équations (f) et (g)
pour déterminer les quantités ρ et φ.

568. Il reste à savoir maintenant quels sont les
cas dans lesquels on peut regarder la formule
$udx + vdy + wdz$ comme une différentielle exacte.
Or, je dis que cette formule sera une différentielle
exacte pendant toute la durée du mouvement, ou
pour toutes les valeurs de t, si elle l'est à une
époque déterminée. En effet soit t', une valeur particulière de t, et supposons que pour cette valeur,
on a

$$ udx + vdy + wdz = d\varphi' ; $$

ou, ce qui est la même chose,

$$ u = \frac{d\varphi'}{dx}, \quad v = \frac{d\varphi'}{dy}, \quad w = \frac{d\varphi'}{dz} ; $$

φ' étant une fonction de x, y, z. Désignons aussi
par u', v', w', les valeurs de $\dfrac{du}{dt}$, $\dfrac{dv}{dt}$, $\dfrac{dw}{dt}$, qui répondent à cette valeur $t = t'$; de sorte qu'on ait
aussi

$$ \frac{du}{dt} = u', \quad \frac{dv}{dt} = v', \quad \frac{dw}{dt} = w'. $$

Si t devient $t'+\theta$, θ étant un accroissement infiniment petit, positif ou négatif, les valeurs de u, v et w, deviendront, en négligeant le carré de θ,

$$u = \frac{d\varphi'}{dx} + u'\theta, \quad v = \frac{d\varphi'}{dy} + v'\theta, \quad w = \frac{d\varphi'}{dz} + w'\theta;$$

par conséquent, la formule $udx+vdy+wdz$, deviendra, au bout du tems $t'+\theta$,

$$d\varphi' + (u'dx + v'dy + w'dz).\theta;$$

donc elle sera encore, au bout de ce tems, une différentielle exacte, si la formule $u'dx+v'dy+w'dz$, en est une.

Or, en mettant les valeurs de u, v, w, $\frac{du}{dt}$, $\frac{dv}{dt}$, $\frac{dw}{dt}$, relatives au tems t', dans les équations (a), elles deviennent

$$\frac{1}{\varrho} \cdot \frac{dp}{dx} = X - u' - \frac{d\varphi'}{dx} \cdot \frac{d^2\varphi'}{dx^2} - \frac{d\varphi'}{dy} \cdot \frac{d^2\varphi'}{dydx} - \frac{d\varphi'}{dz} \cdot \frac{d^2\varphi'}{dzdx},$$

$$\frac{1}{\varrho} \cdot \frac{dp}{dy} = Y - v' - \frac{d\varphi'}{dx} \cdot \frac{d^2\varphi'}{dxdy} - \frac{d\varphi'}{dy} \cdot \frac{d^2\varphi'}{dy^2} - \frac{d\varphi'}{dz} \cdot \frac{d^2\varphi'}{dzdy},$$

$$\frac{1}{\varrho} \cdot \frac{dp}{dz} = Z - w' - \frac{d\varphi'}{dx} \cdot \frac{d^2\varphi'}{dxdz} - \frac{d\varphi'}{dy} \cdot \frac{d^2\varphi'}{dydz} - \frac{d\varphi'}{dz} \cdot \frac{d^2\varphi'}{dz^2};$$

je les ajoute après avoir multiplié la première par dx, la deuxième par dy, la troisième par dz, et en mettant dV à la place de $Xdx+Ydy+Zdz$, il vient

$$\frac{1}{\varrho} \cdot dp = dV - u'dx - v'dy - w'dz - \tfrac{1}{2} \cdot d.\left(\frac{d\varphi'^2}{dx^2} + \frac{d\varphi'^2}{dy^2} + \frac{d\varphi'^2}{dz^2}\right):$$

d'où l'on tire

$$u'dx + v'dy + w'dz = \frac{1}{\varrho}.dp - dV + \tfrac{1}{2}.d.\left(\frac{d\varphi'^2}{dx^2} + \frac{d\varphi'^2}{dy^2} + \frac{d\varphi'^2}{dz^2}\right) ;$$

donc en regardant p comme une constante, ou plus généralement, comme une fonction quelconque de p, cette valeur de $u'dx + v'dy + w'dz$, sera une différentielle exacte, et par conséquent la valeur de $udx + vdy + wdz$, au bout du tems $t'+\theta$, en sera une aussi.

Il est donc prouvé que la formule $udx + vdy + wdz$, est une différentielle exacte au bout du tems $t'+\theta$, en supposant qu'elle le soit au bout du tems t' ; par la même raison, elle le sera pour la valeur $t = t'+2\theta$, si elle l'est pour la valeur $t = t'+\theta$; pour $t = t'+3\theta$, si elle l'est pour $t = t'+2\theta$; et ainsi de suite : et comme on peut prendre θ positif ou négatif, il s'ensuit que la formule $udx + vdy + wdz$, est une différentielle exacte pour toutes les valeurs de t, si l'on s'est assuré qu'elle l'est pour telle valeur qu'on voudra de cette variable.

Lorsque le fluide part de l'état de repos, et qu'il est mis en mouvement en écartant les molécules de leurs positions d'équilibre, sans leur imprimer aucune vitesse initiale, on a, à l'origine du mouvement, $u = 0$, $v = 0$, $w = 0$; la formule $udx + vdy + wdz$ est donc, à cette époque, une différentielle exacte; par conséquent elle l'est pendant toute la durée du mouvement.

569. De quelque manière que le mouvement ait été produit, la formule $udx + vdy + wdz$, devra encore être regardée comme une différentielle

exacte , toutes les fois que le fluide ne fera que de très-petites oscillations, et qu'on négligera dans le calcul, les carrés et les produits des vitesses de ses molécules. En effet, dans cette hypothèse les équations (a) se réduiront à

$$\frac{1}{\varrho}\cdot\frac{dp}{dx}=X-\frac{du}{dt}\,,\quad \frac{1}{\varrho}\cdot\frac{dp}{dy}=Y-\frac{dv}{dt}\,,\quad \frac{1}{\varrho}\cdot\frac{dp}{dz}=Z-\frac{dw}{dt}\,,$$

puisqu'on néglige les termes de deux dimensions par rapport aux vitesses u, v et w. On en déduit

$$\frac{du}{dt}\cdot dx + \frac{dv}{dt}\cdot dy + \frac{dw}{dt}\cdot dz = \frac{1}{\varrho}\cdot dp - dV;$$

mais si l'on multiplie par dt, et qu'on intègre tous les termes par rapport à t, on aura $\int dV\cdot dt = d.\int V dt$, et en faisant $\int\frac{dp}{\varrho} = P$, l'intégrale du premier terme du second membre sera $d.\int P dt$; il en résultera donc

$$udx + vdy + wdz = d.\int P\, dt - d.\int V dt;$$

par conséquent la formule $udx + vdy + wdz$, sera la différentielle exacte d'une fonction de x, y, z, savoir, de la fonction $\int P dt - \int V dt$.

Soit donc, comme précédemment,

$$udx + vdy + wdz = d\varphi;$$

et nous aurons, dans le cas de petites oscillations,

$$\int\frac{dp}{\varrho}=V-\frac{d\varphi}{dt}:$$

en joignant celle-ci à l'équation (f), on aura les deux équations du mouvement du fluide.

570. Pour fixer les idées, supposons que le fluide soit un liquide homogène et pesant, tel que l'eau, on aura $\int \frac{dp}{\varrho} = \frac{p}{\varrho}$; en prenant l'axe des z vertical et dirigé dans le sens de la pesanteur, et désignant cette force constante par g, on aura aussi $X = 0$, $Y = 0$, $Z = g$, $dV = g\,dz$ et $V = gz$; par conséquent

$$\frac{p}{\varrho} = gz - \frac{d\varphi}{dt}.$$

Cette équation fera connaître la pression en un point quelconque de la masse fluide; en l'égalant à zéro, on aura l'équation

$$gz - \frac{d\varphi}{dt} = 0,$$

qui sera celle de la surface libre du fluide pendant son mouvement. Les vitesses de ses molécules dans le sens horizontal et dans le sens vertical, seront exprimées au moyen de la fonction φ, par ces équations

$$u = \frac{d\varphi}{dx}, \quad v = \frac{d\varphi}{dy}, \quad w = \frac{d\varphi}{dz};$$

et la fonction φ sera elle-même déterminée par celle-ci :

$$\frac{d^2\varphi}{dx^2} + \frac{d^2\varphi}{dy^2} + \frac{d^3\varphi}{dz^2} = 0.$$

La théorie des petites oscillations des fluides homogènes, incompressibles et pesans, est donc renfermée dans ces équations; mais, quoiqu'elles paraissent très-simples, si on les compare aux équations générales du mouvement des fluides, on n'est cependant point encore parvenu à en déduire d'une manière satisfaisante, les lois de ces oscillations. Cette théorie comprend celle des ondes que l'on voit se former et se propager à la surface de l'eau, suivant des lois qui n'ont point été déterminées jusqu'à présent, ni par le calcul, ni par l'observation. Les recherches des géomètres et des physiciens, sur les petites oscillations de l'air et sur la propagation du son, ont été plus heureuses; l'exposition des résultats qu'ils ont obtenus, nous mènerait beaucoup trop loin, et nous renverrons sur ce point, à un Mémoire inséré dans le 14e cahier du Journal de l'Ecole-Polytechnique.

571. On pourrait douter s'il existe des mouvemens pour lesquels la formule $udx + vdy + wdt$ ne soit pas une différentielle exacte: mais on a un exemple fort simple d'un pareil mouvement, en considérant celui d'un fluide incompressible qui tourne sans changer de forme et avec une vîtesse constante, autour d'un axe fixe, c'est-à-dire, le mouvement du fluide dont nous avons déterminé la surface dans le n° 491. En effet, les composantes des vîtesses des molécules sont alors les mêmes que si la masse fluide formait un corps solide; en prenant donc l'axe fixe pour celui des z, on aura (n° 345),

$$u = -ny, \quad v = nx, \quad w = 0:$$

le coefficient n étant une quantité indépendante des

coordonnées x, y, z, qui exprime la vitesse angulaire de rotation, et qui est aussi indépendante de t, puisqu'on suppose le mouvement de rotation uniforme ; il en résulte donc

$$udx + vdy + wdz = n\,(xdy - ydx)\,;$$

expression qui n'est point une différentielle exacte.

Il suit de là que pour déterminer la pression en un point quelconque, et l'équation de la surface, il faudra, dans le cas actuel, recourir aux équations (a) ; or, en y mettant pour u, v et w, leurs valeurs, elles se réduisent à

$$\frac{1}{\varrho}\,\frac{dp}{dx} = X + n^2 x, \qquad \frac{1}{\varrho}\cdot\frac{dp}{dy} = Y + n^2 y, \qquad \frac{1}{\varrho}\cdot\frac{dp}{dz} = Z\,;$$

d'où l'on tire

$$\frac{1}{\varrho}\cdot dp = Xdx + Ydy + Zdz + n^2\,(xdx + ydy)\,;$$

équation qui conduira aux résultats que nous avons précédemment obtenus (n° 491), et sur lesquels il serait inutile de revenir.

FIN DU CINQUIÈME LIVRE.

ADDITION aux propriétés des momens d'inertie et des axes principaux. (Pages 75 et suiv.)

Depuis l'impression du paragraphe où ces propriétés sont exposées, j'ai eu l'occasion de résoudre un problème relatif aux momens d'inertie, qui complète la théorie de ces momens et des axes principaux, et dont la solution, que je vais donner dans cette addition, devrait être placée à la suite du n° 365.

Trouver les points d'un corps, si toutefois il en existe, par rapport auxquels les trois momens d'inertie principaux, et par conséquent tous les momens d'inertie sont égaux?

Soit dm, un élément quelconque de la masse du corps; x, y, z, les coordonnées de ce point matériel, rapportées aux trois axes principaux qui se coupent au centre de gravité; A, B, C, les momens d'inertie relatifs à ces axes : de sorte qu'on ait

$$\int x\,dm = 0, \quad \int y\,dm = 0, \quad \int z\,dm = 0,$$

parce que l'origine des coordonnées est placée au centre de gravité; de plus

$$\int xy\,dm = 0, \quad \int yz\,dm = 0, \quad \int yz\,dm = 0,$$

parce que les axes des x, y, z, sont des axes principaux; et enfin

$$A = \int (y^2 + z^2)\,dm, \quad B = \int (x^2 + z^2)\,dm \quad C = \int (y^2 + x^2)\,dm,$$
$$\text{d'après}$$

d'après la définition des momens d'inertie, toutes ces intégrales devant être étendues à la masse entière du corps.

Désignons par α, ϵ, γ, les coordonnées inconnues d'un des points demandés, rapportées aux axes des x, y, z, de manière qu'on ait par rapport à ce point, $x=\alpha$, $y=\epsilon$, $z=\gamma$; transportons-y l'origine des coordonnées, sans changer la direction des axes; les coordonnées de l'élément dm, deviendront $x-\alpha$, $y-\epsilon$, $z-\gamma$; mais si l'on veut que les momens d'inertie, relatifs à toutes les droites qui passent par ce point, soient égaux, il faut que toutes ces droites soient des axes principaux; car l'une de ces propriétés est une suite nécessaire de l'autre (n° 365); les axes des coordonnées $x-\alpha$, $y-\epsilon$, $z-\gamma$, doivent donc être des axes principaux, et par conséquent on a

$$\int(x-\alpha)(y-\epsilon)dm=\int xydm-\alpha.\int ydm-\epsilon.\int xdm+\alpha\epsilon.\int dm=0,$$
$$\int(x-\alpha)(z-\gamma)dm=\int xzdm-\alpha.\int zdm-\gamma.\int xdm+\alpha\gamma.\int dm=0,$$
$$\int(y-\epsilon)(z-\gamma)dm=\int yzdm-\epsilon.\int zdm-\gamma.\int ydm+\epsilon\gamma.\int dm=0;$$

équations qui se réduisent, en vertu des précédentes, à

$$\alpha\epsilon M=0, \quad \alpha\gamma M=0, \quad \epsilon\gamma M=0,$$

en désignant par M, la masse du corps ou l'intégrale $\int dm$. Or, pour satisfaire à ces équations, il est nécessaire que deux des trois quantités, α, ϵ, γ, soient nulles; si donc le point demandé existe, il ne peut se trouver que sur l'un des axes des coordonnées x, y, z. Je fais $\epsilon=0$, $\gamma=0$, et je laisse α indéterminée, ce qui revient à supposer le point demandé sur l'axe des x, à une distance α de l'origine ou du centre de gravité. Alors les momens d'inertie du corps, relatifs à ce point, seront A par rapport à l'axe des x, et, en vertu du théorème du n° 354, $B + M\alpha^2$ et $C + M\alpha^2$, par rapport aux axes parallèles à ceux des y et des z. D'après la condition du problème, on aura donc

$$B + M\alpha^2 = C + M\alpha^2 = A;$$

mais pour que ces équations soient possibles, il faut qu'on ait $B = C$; et quand ces deux quantités seront effectivement égales, on aura

$$\alpha^2 = \frac{A - C}{M};$$

il faudra donc encore que $A < C$, afin que la quantité α soit réelle. Cela étant, on aura pour α deux valeurs réelles, égales et de signes contraires, savoir :

$$\alpha = \pm \sqrt{\frac{A - C}{M}};$$

par conséquent il existera deux points qui jouiront de la propriété demandée, et qui seront situés sur l'axe des x, à égale distance de part et d'autre du centre de gravité.

Maintenant on déduit de cette analyse, les conséquences suivantes :

1°. Quand les trois momens d'inertie A, B, C, relatifs aux axes principaux qui se coupent au centre de gravité d'un corps, sont inégaux, il n'existe aucun point par rapport auquel les momens d'inertie de ce corps soient tous égaux.

2°. Si deux des trois momens A, B, C sont égaux, et que le moment inégal soit le plus grand des trois, il existe deux points par rapport auxquels tous les momens d'inertie sont égaux : ces points sont situés sur l'axe principal qui se rapporte au plus grand des trois momens A, B, C, et sont placés symétriquement de part et d'autre du centre de gravité.

3°. Lorsque les trois momens A, B, C sont égaux, il n'y a pas d'autre point que le centre de gravité, par rapport auquel tous les momens d'inertie soient égaux.

En appliquant ces résultats à l'ellipsoïde, on voit que s'il s'agit d'un ellipsoïde quelconque dont les trois diamètres principaux sont inégaux, il n'y aura aucun point pris en dedans ou en dehors de ce corps, par rapport auquel tous les momens d'inertie soient égaux ; mais si l'on considère un ellipsoïde de révolution, engendré par une ellipse tournant autour de son petit axe, il y aura deux points sur cet axe, relativement auxquels tous les momens d'inertie de l'ellipsoïde seront égaux ; car dans ce cas, deux des trois momens relatifs aux diamètres principaux seront égaux, et le moment inégal se rapportant au plus petit diamètre, sera le plus grand des trois (n° 549). Si l'on appelle a et b les demi-axes de l'ellipse génératrice, et que l'on suppose $a < b$, de sorte que a soit l'axe de révolution, les valeurs des trois quantités A, B, C, relatives à l'ellipsoïde aplati, seront exprimées par

$$A = \frac{2Mb^2}{5}, \quad B = C = \frac{M(a^2 + b^2)}{5};$$

valeurs qui se déduisent des expressions des momens d'inertie, trouvées dans le n° 349, en y faisant $c = b$. Je substitue ces valeurs de A et C, dans la valeur précédente de α^2, et il vient

$$\alpha^2 = \frac{b^2 - a^2}{5};$$

ce qui fera connaître la distance de chacun des points demandés, au centre de l'ellipsoïde. Selon qu'on aura $b^2 > 5a^2$, ou $b^2 < 5a^2$, ces points se trouveront sur le prolongement de l'axe de révolution, en dehors du corps, ou sur l'axe même en dedans du corps; quand on aura $b^2 = 5a^2$, ces deux points se trouveront à la surface et coïncideront avec les pôles de l'ellipsoïde.

M. Binet jeune est parvenu d'une autre manière à ces mêmes résultats, dans un Mémoire sur les propriétés des momens d'inertie, qu'il a lu dernièrement à l'Institut.

FIN DU SECOND VOLUME ET DE L'OUVRAGE.

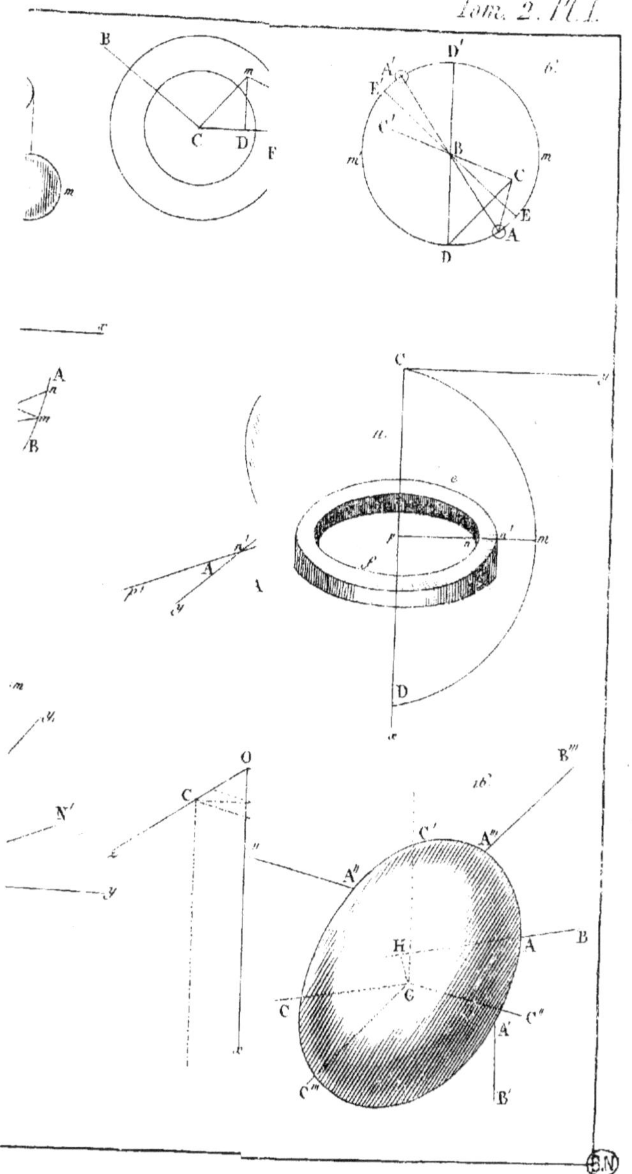
B
m
C
D
F
D'
A'
F'
C'
B
m
m
C
E
A
D
6.
A
n
m
B
C
u
e
p
n
a'
m
f
D
e
A
m
N'
O
C
x
y
B'''
16.
C'
A'''
A''
B
A
H
C
C''
G
A'
C'''
B'
B.N

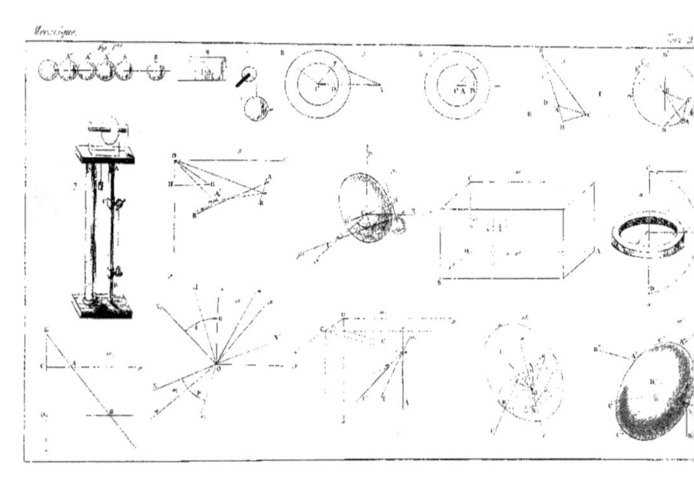

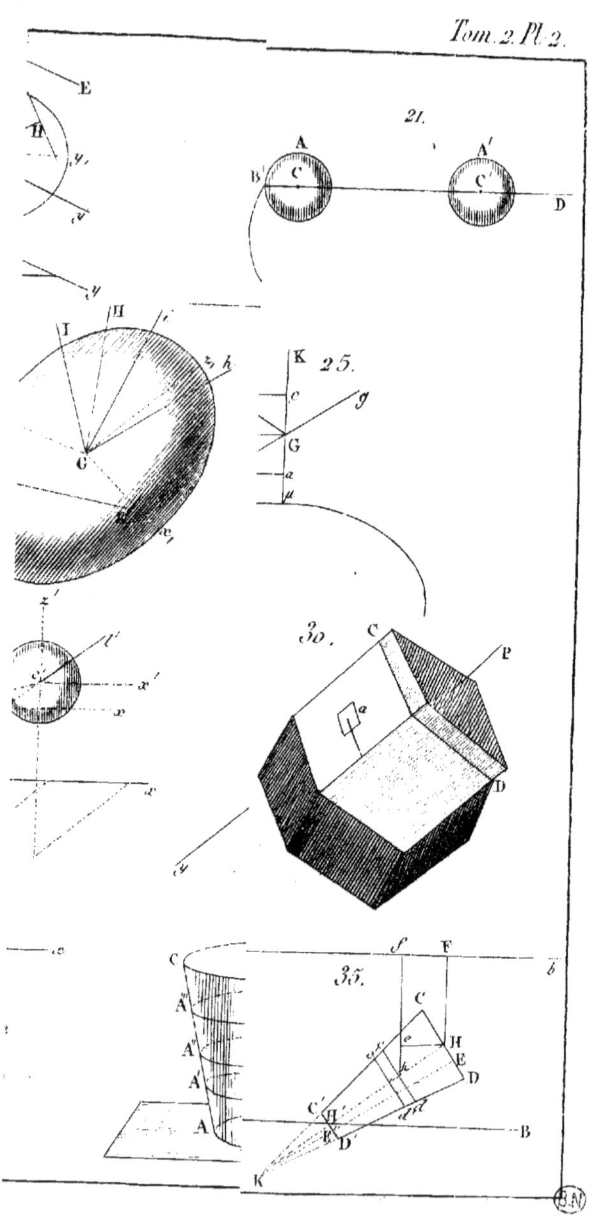
E
H
21.
A
A'
B
C
C'
D
H
I
K 25.
c
g
G
a
µ
G
z'
30.
C
P
e
x'
x
D
c
C
f
F
35.
b
A"
C
A'
e
H
A'
E
D
A
C'
H
B
E
D
K

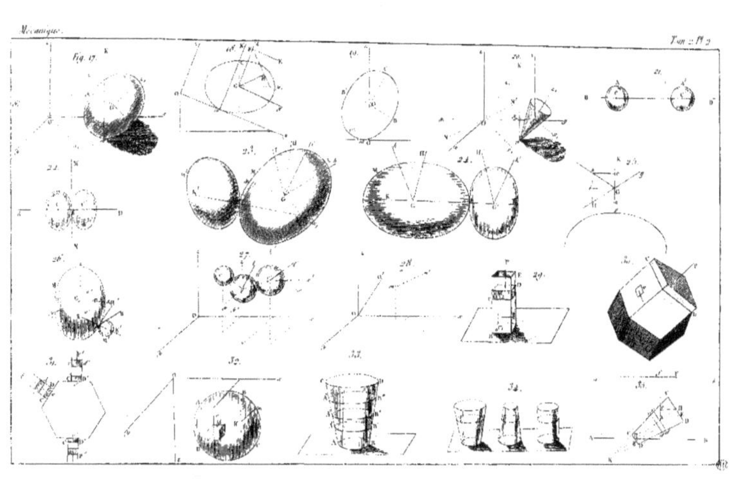

Fig. 17.
18.
19.
20.
21.
22.
23.
24.
25.
26.
27.
28.
29.
30.
31.
32.
33.
34.
35.

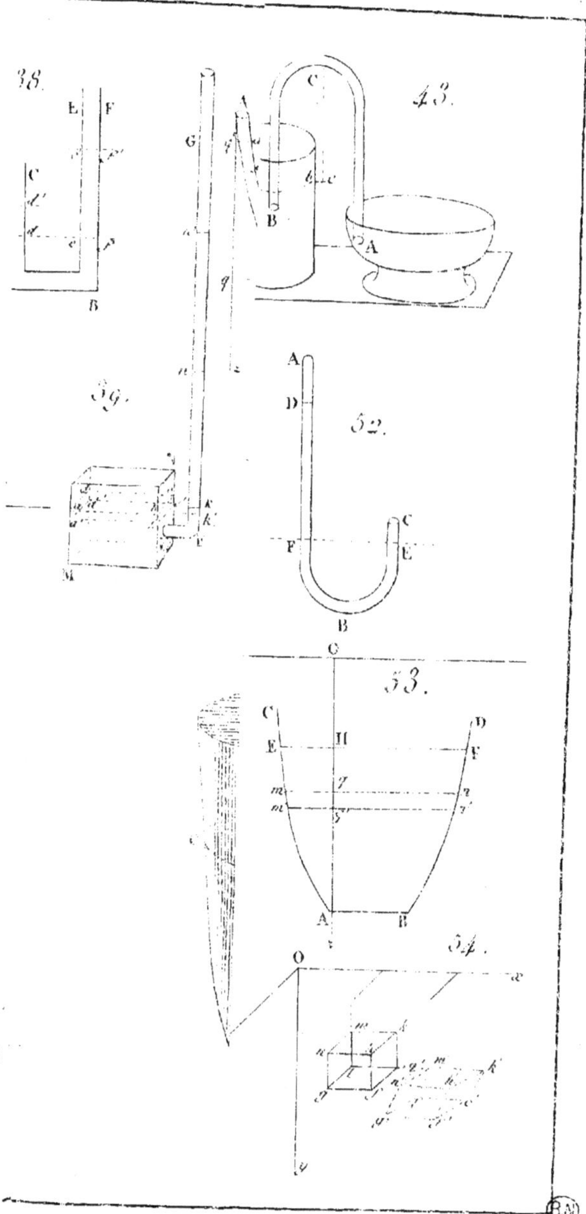
38.
E F
C
B
43.
C
A
B
A
39.
M
52.
A
D
F E
C
B
53.
C
C D
E H F
m n
m n
A B
O
54.

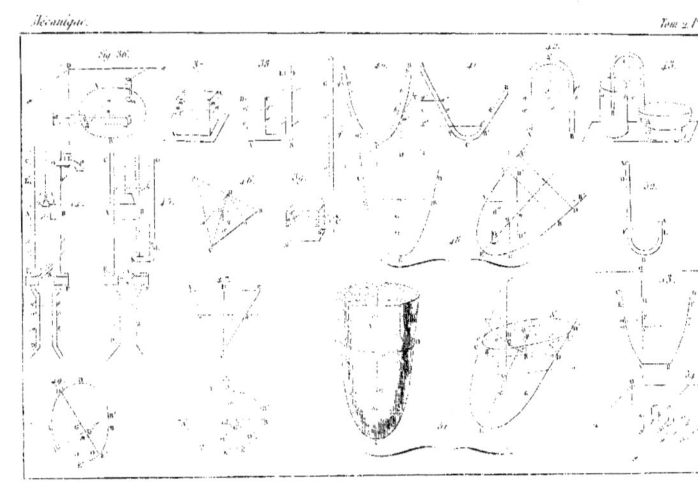

a seconde équation peut se mettre sous la forme

$$c = (a + b) \sqrt{\left\{ 1 - \left(\frac{2\sqrt{ab}}{a+b} \cos \tfrac{1}{2} C \right)^2 \right\}};$$

i l'on fait

$$\frac{2\sqrt{ab}}{a+b} \cos \tfrac{1}{2} C = \cos \beta ,$$

ı résulte

$$c = (a + b) \sqrt{(1 - \cos^2\beta)} = (a + b) \sin \beta.$$

si l'on peut employer l'une ou l'autre de ces tranforma-
s ; elles conduisent également à des formules aisément
:ulables par logarithmes.

ιuand le côté c est connu, les angles se déterminent fa-
ιnent à l'aide des équations (1). On aurait par exemple,

$$\sin A = \frac{a}{c} \sin C , \quad \sin B = \frac{b}{c} \sin C;$$

plutôt, quand l'angle A est trouvé ,

$$B = \pi - A - C.$$

ιous donnerons plus bas (n° 45) une solution différente
même problème.

4. 3°. *Étant donnés trois côtés, trouver les angles.*
es équations (4), (5), (6) et (7) donnent également la so-
ιn de ce cas ; car on en tire, par exemple,

$$\Box = \frac{a^2 + b^2 - c^2}{2ab};$$

$$C = \frac{c^2 - (a-b)^2}{4ab} = \frac{(c+a-b)(c-a+b)}{4ab};$$

$$C = \frac{(a+b)^2 - c^2}{4ab} = \frac{(a+b+c)(a+b-c)}{4ab};$$

$$\Box = \ldots\ldots\ldots = \frac{(a+b+c)(a+b-c)(a-b-c)(b+c-a)}{4a^2b^2}.$$